风景园林专业综合实习指导书
——规划设计篇

■ 魏民 主编

中国建筑工业出版社

图书在版编目(CIP)数据

风景园林专业综合实习指导书——规划设计篇/魏民主编. —北京：中国建筑工业出版社，2007（2024.3重印）

ISBN 978-7-112-09162-1

Ⅰ.风… Ⅱ.魏… Ⅲ.园林设计-高等学校-教学参考资料 Ⅳ.TU986.2

中国版本图书馆 CIP 数据核字(2007)第 035983 号

责任编辑：杜　洁
责任设计：郑秋菊
责任校对：刘　钰　关　健

风景园林专业综合实习指导书
——规划设计篇
魏　民　主编
*
中国建筑工业出版社出版、发行(北京西郊百万庄)
各地新华书店、建筑书店经销
北京天成排版公司制版
北京云浩印刷有限责任公司印刷
*
开本：787×1092 毫米　1/16　印张：20¼　插页：9　字数：520 千字
2007 年 6 月第一版　　2024 年 3 月第十五次印刷
定价：48.00 元
ISBN 978-7-112-09162-1
　　　(15826)
版权所有　翻印必究
如有印装质量问题，可寄本社退换
(邮政编码 100037)

《风景园林专业综合实习指导书——规划设计篇》
编 委 会

主 编 魏 民

副主编 张红卫　曾洪立

编 委（以姓氏笔画为序）

王沛永（北京林业大学）
王丽君（苏州园林局）
许先升（华南热带农业大学）
刘丹丹（北京林业大学）
刘红滨（北京植物园）
李　飞（北京林业大学）
李永红（杭州园林设计院）
张玉竹（华南农业大学）
张红卫（北京交通大学）
张　媛（北京林业大学）
杨　葳（福建农林大学）
陈云文（北京林业大学）
赵　鹏（浙江省城乡规划设计研究院）
谢爱华（苏州园林设计院）
曾洪立（北京林业大学）
童存志（杭州园林设计院）
魏　民（北京林业大学）

前 言

风景园林专业综合实习既是教学过程中的一个重要组成部分，也是培养综合性高素质人才的重要途径。实践教学不仅仅是使学生获得感性认识和掌握风景园林规划设计的基本程序、基本方法、基本技术的必要教学环节，其更深刻的内涵是通过综合实习，培养学生掌握从科学与艺术等不同角度去分析实例，学习各地区、各类型、各层次风景园林范例的造景理法、工程措施、管理模式等多方面的知识与技能，以求学生在课堂所建立的专业知识体系得到梳理、整合与巩固。

综合实习指导书的内容涵盖了国内风景园林专业所涉及的风景名胜区、绿地系统、古代园林、城市公园、滨水绿地、植物园等多种类型与层次，选取了分布于北京、承德、杭州、苏州、上海、无锡、扬州等地的60多个优秀实例作为实习内容。本指导书力争在图文并茂的基础上，强调对各项实习内容的概括与分析，更多内容还需要广大师生亲临实地去分析、去体验、去总结。同时，也希望以编写本书为契机，逐步建立起风景园林专业综合实习教学体系的构架，并通过不断地丰富与完善，使综合实习这一重要的教学环节科学化、系统化、实用化。

本书的编写工作，由来自北京林业大学、北京交通大学、华南热带农业大学、华南农业大学、杭州园林设计院、苏州园林设计院等多所高校及设计院的教师与设计师，共同编写完成。编写过程中杭州园林设计院、浙江省城乡规划设计院、苏州园林设计院、苏州市园林局、北京植物园等多家单位，以及梁伊任教授、王向荣教授等多位专家为本书提供了宝贵的图文资料，在此表示真诚的感谢！同时，感谢刘红秀、郭屹岩、孙海涛等同学，在图纸描绘过程中所付出的辛劳与汗水。再次感谢所有为本书编写提供帮助的人！

由于编者学识和对资料的学习深度所限，不妥和错误之处，恳请广大师生指教。

风景园林专业综合实习指导书编写组
2006.8 北京

目 录

前言

【北方实习】

承德避暑山庄和外八庙 ……………… 3
颐和园 ……………………………… 33
圆明园 ……………………………… 39
北海 ………………………………… 45
紫禁城乾隆花园 …………………… 55
紫竹院公园 ………………………… 60
陶然亭公园 ………………………… 68
玉渊潭公园 ………………………… 74
菖蒲河公园 ………………………… 80
皇城根遗址公园 …………………… 83
元大都土城遗址公园（海淀段）…… 86
北京植物园（北园）………………… 89

【南方实习】

苏州园林概况 …………………… 99
拙政园 ……………………………… 102
留园 ………………………………… 109
网师园 ……………………………… 115
艺圃 ………………………………… 119
沧浪亭 ……………………………… 122
狮子林 ……………………………… 127
环秀山庄 …………………………… 131
虎丘 ………………………………… 134
退思园 ……………………………… 143
寄畅园 ……………………………… 148
个园 ………………………………… 151
苏州环古城风貌保护工程 ………… 154

西湖风景名胜区概况 …………… 159
西湖湖西综合整治工程 …………… 167
西湖新湖滨景区 …………………… 177
平湖秋月 …………………………… 183

环湖南线景区 ……………………… 186
虎跑 ………………………………… 195
灵隐寺 ……………………………… 198
曲院风荷 …………………………… 202
花港观鱼 …………………………… 207
三潭印月 …………………………… 212
湖心亭 ……………………………… 216
杭州花圃 …………………………… 218
西泠印社 …………………………… 224
太子湾公园 ………………………… 228
玉泉观鱼 …………………………… 232
万松书院 …………………………… 236

上海园林概况 …………………… 239
豫园 ………………………………… 244
秋霞圃 ……………………………… 251
方塔园 ……………………………… 257
古猗园 ……………………………… 260
醉白池公园 ………………………… 266
长风公园 …………………………… 270
黄浦公园 …………………………… 274
静安公园 …………………………… 277
复兴公园 …………………………… 280
中山公园 …………………………… 284
鲁迅公园 …………………………… 288
古城公园 …………………………… 293
世纪公园 …………………………… 296
太平桥绿地 ………………………… 300
徐家汇公园 ………………………… 303
延安中路绿地（广场公园）………… 309
龙华烈士陵园 ……………………… 314

参考文献 …………………………… 318

北方实习

风景园林

【承德避暑山庄和外八庙】

1. 背景资料

避暑山庄坐落于承德市中心以北，武烈河西岸一带的狭长谷地上，占地面积564hm²。它始建于1703年，历经清朝三代皇帝：康熙、雍正、乾隆，耗时87年建成，形成了不同时期的不同风格，"避暑山庄"又名承德离宫，或称热河行宫，是清帝夏日避暑和处理政务的场所，有第二政治中心之称。新中国建立后，经过不断维修，避暑山庄和外八庙已成为中外著名的旅游胜地。1982年经国务院审定为全国第一批历史文化名城，全国第一批重点风景名胜区之一。1994年12月承德避暑山庄和周围寺庙根据文化遗产遴选标准C(II)(IV)被列入《世界遗产名录》。

承德位于长城古北口外的冀北山地，属燕山山脉，自古为"引弓之国、刍牧之地"。清初，属直隶省，雍正元年(1223年)设热河直隶厅，十一年(1734年)设置承德直隶州，"承德"名自此始。承德地处燕山腹地，属亚热带向亚寒带过渡地带，夏季多温凉，冬季少严寒，中心区年平均气温8.8℃，雨量适中。

康熙时期的建造分为两个阶段：

1705~1708年为第一阶段，主要是疏浚湖泊，筑堤建洲，着重湖区风景的开发和园庭的筑造。山区保持原有植被景观，仅在峪口依势筑园庭，踞顶筑亭。

1709~1713年为第二阶段，重点修筑山庄的正宫，开辟两处新湖面，增建部分园林建筑。

主要艺术构思在于突出自然山水之美，循自然景观修筑建筑，不事彩画，以淳朴素雅格调为主。

乾隆时期进行了大规模的改造和扩建，也可分为两个阶段。

1741~1754年为第一阶段，主要是维修原有建筑，调整、改建、扩建湖州区几组园院。

1755~1790年为第二阶段，主要修建了外八庙，在山庄内增建了仿江南各名胜的多组园庭，重点营造了山区各峪内、山上、峪底深处的建筑组群及山庄内八处寺庙。逐渐改变了原来的风格，亦步亦趋于汉唐建筑宫苑，以豪华而错落有致、布局新颖而富有变化的建筑群见胜。

避暑山庄及外八庙是中国古代帝王宫苑与皇家寺庙完美融合的典型范例，它成为与私园并称的中国两大园林体系中帝王宫苑体系中的典范之作。园林建造实现了"宫"与"苑"形式上的完美结合和"理朝听政"与"游息娱乐"功能上的高度统一。寺庙建筑具有鲜明的政治功用。在造园上，它继承和发展了中国古典园林"以人为之美入自然，符合自然而又超越自然"的传统造园思想，总结并创造性地运用了各种造园素材、造园技法，使其成为自然山水园与建筑园林化的杰出代表。

山庄园林的艺术特色在于充分运用园外借景，突出自然山水之美。山庄整体布局巧用地形，因山就势，分区明确，景色丰富，以朴素淡雅的山村野趣为格调，取自然山水之本色，吸收江南塞北之风光，按照地形地貌特征进行选址和总体设计，完全借助于自然地势，因山就水，顺其自然，同时融南北造园艺术的精华于一身。在建筑上，它继承、发展并创造性地运用各种建筑技艺，撷取中国南北名园名寺的精华，仿中有创，表达了"移天缩地在君怀"的建筑主题。展示了中国古代木架结构建筑的高超技艺，并实现了木架结构与砖石结构、汉式建筑形式与少数民族建筑形式的完美结合。

避暑山庄不仅仅是素材与技艺的单纯运用，而是把中国古典哲学、美学、文学等多方面文化的内涵融注其中，使其成为中国传统文化的缩影。

避暑山庄的建设目的可以归纳为以下几个方面：

(1) 避暑、游览

清代满族统治者来自关外，入京后不耐北京暑天的炎热，皇族有到塞外消暑的活动。康熙从北京到围场营建了约二十处行宫，最后确定在山庄的位置兴建避暑山庄，主要原因在于这里土肥水甘、泉清峰秀，有优越的风景、水源和气候条件。

(2) 听政、怀柔、肄武、会嘉宾

清王朝入关前即与蒙古族结成联盟，入关后一直对蒙族上层人士采取笼络的团结政策，自康熙十六年起，玄烨定期出古北口北巡塞外，对蒙古王公作例行的召见。针对入关后八旗军队逐渐暴露出来的腐败习气，玄烨定期于秋季率领万余人的军队到此行围，政府官员随行，通过带有军事性质的大规模狩猎活动来严格训练部队。行猎期间，以排场盛大的宴会、比武、召见、赏赐、封赠等活动来团结、笼络蒙古各部的王公贵族。山庄的地理位置有"北压蒙古、右引回部、左通辽沈、南制天下"的军事意义，是塞外的政治活动中心。因此山庄中的活动除了日常的理政和接见、赏赐和赏宴外，还有祭祀、狩猎、观射和阅马戏、戏剧和游息等。

2. 实习目的

(1) 了解园主建庄的目的和志向。

(2) 学习其相地有术的优点。

(3) 在总体设计方面主要掌握其分区、理水的手法，包括水源利用、进出水口和利用各种水体造景的做法。

(4) 专项设计方面要求掌握其正宫布置的特征并与紫禁城、圆明园、颐和园作比较。以湖区为例认识集锦式布局手法的特征、水面空间划分的变化、人工土山的运用和建筑布置的各种变化，并追溯盛期植物布置的特色和具体做法。

(5) 以山区景点为踏查重点，从遗址追溯当初在因山构室手法方面的成就。外八庙则着重在相地选址、如何避开山洪和组织内部排水，并根据地形地势布置建筑、山石和植物等方面。

3. 实习内容

3.1 相地

康熙四十一年(1702年)夏，玄烨在行围射猎的同时踏察新的行宫地址。当他路过武烈河边的热河下营时，觉得这里气候宜人，风景优美，于是经过勘察，选定此址。

康熙选址的着眼点是多方面的，但主要的标准是环境卫生、清凉和自然风景优美。康熙为选避暑行宫，足迹几乎踏遍半个中国，他相地选址是先选面，再从面中选择最理想的点，相地的方法是反复实地踏查、考察碑碣、访问村老，从感性向理性推进。他在《芝径云堤》的诗和序中记述了他决定在此建苑的理由。

山庄不仅有丰富的水源可保证生活和造景用水之需，而且水质上好。山庄优美的自然风景合于帝王的心理和意识形态的追求。从整个地形地势看，山庄居群山环抱之中，假武烈河穿流之湄，是一块山区"丫"形河谷中崛起的一片山林地。众山周环又呈奔趋之势朝向此地，有如众辅弼拱揖于君王左右。山庄内的自然地形复杂，有山地、湖沼、谷原，具有在有限面积集中囊括多种地形和地貌的优点。总的地势西北高、东南低。巍巍的高山雄踞于西；具有蒙古牧原的"试马埭"守北；具有江南秀色的湖区安排在东南，恰如中国版图的缩影。避暑山庄周围有优美山峦景色可资因借，南望有形似僧帽的冠帽峰；东南望，近处有宛如一尊弥勒佛盘坐在武烈河畔的罗汉山，远处有峰峦高低不一如鸡冠的鸡冠山；东望近处山巅上挺立着磬锤，有昂首缩腹好似要一跃入蓝空的块石，叫蛤蟆石，再远处有天桥山，因在山峰高处，仿佛鬼斧神工在峰石中部横凿出一个桥洞；西望广仁岭一带冈峦起伏；北望金山黑山一带峰峦重叠，景色如画。

3.2 立意

山庄用以体现建庄目的、指导兴建构思的原则包括以下几方面：

3.2.1 静观万物，俯察庶类

这显然是最高统治者的境界和心情。标榜帝王扇被思风、重农爱民。这反映在山庄许多风景的意境中。如山庄西南山区鹫云寺侧有"静含太古山房"。意含"山仍太古留，心在羲皇上"。又如东宫的"卷阿胜境"，其自然条件为"有卷者阿，飘风自来"，即曲"折"的山坳有清风徐来。其寓意为选贤任能，君臣和谐。又如位于山区松林峪西端的"食蔗居"中有一个临山涧的建筑叫"小许庵"说的是尧帝访贤的典故。至于"重农"、"爱民"等"俯察庶类"的思想就不胜枚举了。

3.2.2 崇朴鉴奢，以素药艳

崇朴一方面是宁拙舍巧"治群黎"，缓和帝王和黎民间的矛盾，同时也出于因地制宜兴造园林的目的。后者是保护山庄自然景色和创造山庄艺术特色的高招。山庄的设计以清幽、朴素取胜，山庄建筑无雍容华贵之态，却颇具松寮野筑之情。在这种思想指导下，山区有不少大石桥不用雕栏，以往湖区的桥多是带树皮的木板平桥，加上水位以下用驳岸，水面上以水草护坡的自然水岸处理，有意识地创造朴素雅致的山居。

3.2.3 博采名景，集锦一园

山庄无论湖区或山区都有很肖神的几组风景点控制整个局面。山庄不仅是塞外的江南，也是漠北的东岳。取山仿泰山，理水写江南，借芳甸作蒙古风光可以说抓住了中国几种典型的风景特征。多样的采景都纳入统一的总体布局，融各景为炉火纯青之一园，保证格调的统一，有独特的艺术性格。

3.2.4 外旷内幽，求寂避喧

避暑的要求反映在气候方面是清凉宜人，因此必须舍浓艳取淡泊、避喧哗求寂静以适应"避喧听政"的要求，无论湖区或山区都以静赏为主。"月色江声"、"梨花伴月"、"冷香亭"、"烟雨楼"、"静好堂"、"永恬居"、"素尚斋"无不给人以宁静的感受，都是追求山居雅致的反映。山庄的风景性格可概括为旷远和幽婉。帝王为显示宫庭气魄必仰仗旷远而取得雄伟壮观的观赏效果。欲求苑之景色莫穷又必须以幽婉给人婉约之情。山庄之湖区和平原区为旷远景色奠定了基础。而占园地五分之四的山区又以其深奥狭曲的地形创造了布置幽深景色的优越条件。这种有明有暗的造景意识也是和山水画的传统息息相关的。

3.3 总体布局

避暑山庄的总体布局按"前宫后苑"的规制，宫殿区设在南面，其后即为广大的苑林区。苑林区又分湖泊区、平原区、山峦区三大部分，三者成鼎足而三的布局。

3.3.1 宫殿区

宫殿区位于山庄南部，湖泊南岸的一块地形平坦的高地上，是皇帝处理朝政、举行庆典和生活起居的地方，宫殿区占地约10万m^2，包括三组平行的院落建筑群：正宫、松鹤斋、东宫。

正宫在丽正门之后，前后共九进院落。南半部的五进院落为前朝，正门午门额曰"避暑山庄"，正殿瞻泊敬诚殿全部用楠木建成，俗称楠木殿。前朝的建筑物外形朴素、尺度亲切，院内散植古松，幽静的环境极富园林情调，气氛与紫禁城的前朝全然不同。北半部的四进院落为内廷，正殿烟波致爽殿有殿七楹，进深两间，是皇帝日常起居的地方。后殿为两层的云山胜地楼，不设楼梯，利用庭院内的叠石做成室外蹬道。从楼上可北望苑林区的湖山。内廷的建筑物均以游廊联贯，庭院空间既隔又透，配以花树山石，园林气氛更为浓郁。

上，最后一进院落以北地势陡然下降约6m，万壑松风怡居陡坡之巅，是宫殿区与湖区的过渡建筑。万壑松风坐南朝北，周围有大松林，山风吹来，松涛声不绝于耳。举目北望，苑林区的湖光山色尽收眼底，景界极为开阔。

东宫位于正宫和松鹤斋的东面，地势低于前者。南临园门德汇门，共六进院落。内有三层楼的大戏台"清音阁"，设天井、地井及转轴、升降等舞台设备，可作大型演出。原为清帝举行庆宴大典的场所，后毁于战火。东宫的最后一进为卷阿胜境殿，北面紧临苑林区的湖泊区。

3.3.2 湖泊景区

湖泊区在宫殿区的北面，是人工开凿的湖泊及其岛堤和沿岸地带，面积大约43hm²。有十个岛屿将湖面分割成大小不同的区域，层次分明，洲岛错落，碧波荡漾，富有江南鱼米之乡的特色。东北角有清泉，即著名的热河泉。

整个湖泊可以视为以洲、岛、桥、堤划分成若干水域的一个大水面，这是清代皇家园林中常见的理水方式。湖中共有大小岛屿十个，最大的如意洲4hm²，最小的仅0.4hm²。大岛有：文园岛、清舒山馆岛、月色江声岛、如意洲、文津岛；小岛有：戒得堂岛、金山岛、青莲岛、环碧岛、临芳墅岛，洲岛之间由桥堤相连。

湖区东部景点包括下湖、镜湖水域和岛屿。包括水心榭、文园狮子林、清舒山馆、戒律堂、汇万总春之庙(花神庙)、金山和热河泉等地方。东半部与西半部之间有堆山的障隔，东面紧邻园墙，这里多半是幽静的局部近观的水景小品。

湖区中部"芝径云堤"仿苏州堤，位于湖区中心，堤身"径分三枝，列大小洲三，形若芝英、若云朵，复若如意"，造型宽窄曲伸非常优美。连接着环碧、月色江声、如意洲等岛屿。

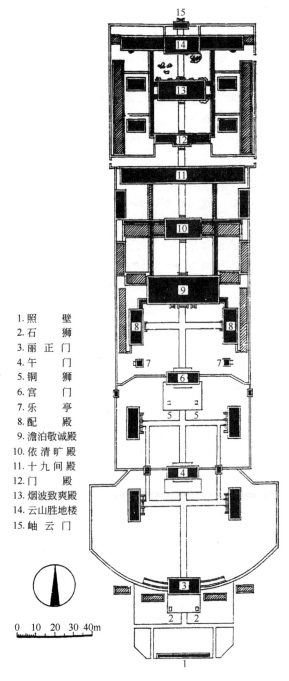

1. 照　　壁
2. 石　　狮
3. 丽　正　门
4. 午　　门
5. 铜　　狮
6. 宫　　门
7. 乐　　亭
8. 配　　殿
9. 澹泊敬诚殿
10. 依清旷殿
11. 十九间殿
12. 门　　殿
13. 烟波致爽殿
14. 云山胜地楼
15. 岫　云　门

正宫平面图(引自《承德古建筑》)

松鹤斋的建筑布局与正宫近似而略小，是皇后和嫔妃们居住的地方。松鹤斋寓意"松鹤延年"，供太后居住，建于乾隆年间。

正宫与松鹤斋建置在山庄南端的小台地

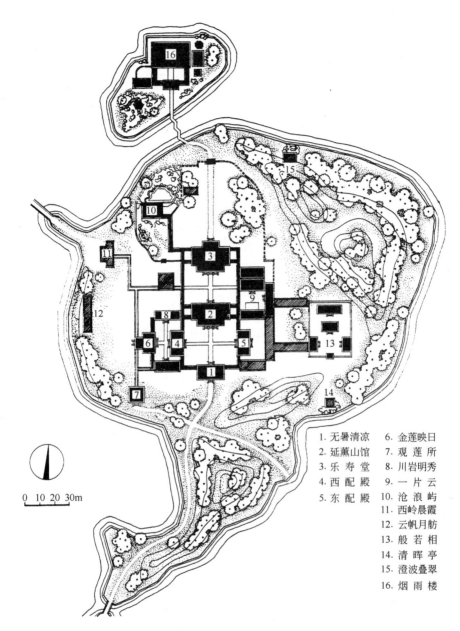

如意洲平面图(改绘自《清代御苑撷英》)

1. 无暑清凉
2. 延薰山馆
3. 乐寿堂
4. 西配殿
5. 东配殿
6. 金莲映日
7. 观莲所
8. 川岩明秀
9. 一片云
10. 沧浪屿
11. 西岭晨霞
12. 云帆月舫
13. 般若相
14. 清晖亭
15. 澄波叠翠
16. 烟雨楼

如意洲北即青莲岛,上有著名的烟雨楼,上下两层,单檐,周围有廊。登楼可欣赏到雨中濛濛的烟雾。

如意湖及西岸一带属西区,湖面顺着山的东麓紧嵌于坡脚成狭长的新月状,东麓倒影水中形成一景。沿山坡散布着许多泉流和小瀑布。这里有如意湖亭、芳园居,沿湖岸有芳清临流、长虹饮练、临芳墅、知鱼矶等胜迹。

湖泊景区的自然景观是开阔深远与含蓄曲折兼而有之,虽然人工开凿,但整体而言,水面形状、堤的走向、岛的布列、水域的尺度等,都经过精心设计,能与全园的山、水、平原三者构成的地貌形势相协调,再配以广泛的绿化种植,宛若天成地就。即便一些局部的处理,如像山麓与湖岸交接处的坡脚、驳岸、水口以及水位高低、堤身宽窄等，都以江南水乡河湖作为创作的蓝本，设计推敲极精致而又不落斧凿之痕，完全达到了"虽由人作，宛自天开"的境地。因而通体显示出浓郁的江南水乡情调，尺度十分亲切近人，是为北方皇家园林中理水的上品之作。

湖泊景区面积不到全园的六分之一，却集中了全园一半以上的建筑物，是避暑山庄的精华所在，所谓"山庄胜处，正在一湖"。这个景区以金山亭为总绾全局的重点，以如意洲作为景区的建筑中心。金山是靠如意湖东岸的一个小岛，这个景点在湖泊景区内发挥了重要的"点景"和"观景"的作用，它是景区内主要的成景对象，许多风景画面的构图中心，又与山岳景区的"南山积雪"、"北枕双峰"遥相呼应成对景。

3.3.3 平原景区

平原景区，南临湖、东界园墙、西北依山，呈狭长三角形地带，占地53hm²。平原景区的地势开阔，位于热河泉北，有春好轩、嘉树轩、永佑寺等9组建筑，是赏花纳凉的地方。永佑寺是平原区最大一组建筑物，山门前有牌坊3座，山门以北有钟鼓楼，中轴线上有天王殿、宝轮殿、后殿、舍利塔、御容楼。塔仿南京报恩寺塔修建，八角形10层，高60m。平原中部有万树园和试马埭，是一片碧草茵茵，林木茂盛，茫茫草原风光。试马埭是放牧、"调试"马匹之处。万树园面积辽阔，芳草如茵，一派草原景色。万树园还是山庄政治活动中心之一，体现了草原游牧民族的风俗习惯。西部平原位于万树园以西的西岭山麓，有文津阁、宁静斋、玉琴轩等建筑。

平原区建筑物很少，大体上沿山麓布置以便显示平原之开旷。在它的南缘即如意湖的北岸建置四个形式各异的亭子，从西至东依次是水流云在、濠濮间想、莺啭乔木、甫田丛樾，作为观水、赏林的小景点，也是湖区与平原交接部位的过渡处理。平原北端的收束处恰好是它与山岭交汇的枢纽部位，在这里建置园内最高的建筑物永佑寺舍利塔，作为湖泊、平原而景区南北纵深尽端收束处的一个着力点，其位置的安排非常恰当。

3.3.4 山峦区

山峦区在山庄的西北部，面积422hm²，占避暑山庄总面积的五分之四。这里山峦起伏，沟壑纵横，山形饱满，峰峦涌匮，形成起伏连绵的轮廓线。几个主要的峰头高出平原50~100m，最高峰达150m。山岭多沟壑，自北而南有松云峡、梨树峪、松林峪、榛子峪等四条大的峡谷。康、乾时期在山区修建了40余处楼、亭、庙、舍，均有游览御路和羊肠步道相通，与山水林泉巧于因借，宜亭斯亭、宜轩斯轩、宜庙斯庙。

这个景区正以其浑厚优美的山形而成为绝好的观赏对象，又具有可游、可居的特点。建筑的布置也相应地不求其显但求其隐，不求其密集但求其疏朗，以此来突出山庄天然野趣的主调。因此，显露的点景建筑只有四处——南山积雪、北枕双峰、四面云山、锤峰落照，均以亭子的形式出现在峰头，构成山区制高点的网络。其余的小园林和寺庙建筑群，绝大部分均建置在幽谷深壑的隐蔽地段。

3.4 理水造山

避暑山庄的水系规划充分发挥水的造景作用，以溪流、瀑布、平池、湖沼等多种形式来表现水的动态和静态的特点，不仅观水形而且听水音。因水成景乃是避暑山庄园林景观最精彩的一部分，所谓"山庄以山名而趣实在水。瀑之溅，泉之淳，溪之流咸汇于湖中。"

3.4.1 理水

理水的首要问题是沟通水系，也就是"疏水之去由，察源之来历"。最忌水出无源和一潭死水，这是保持水体卫生的先决条件。

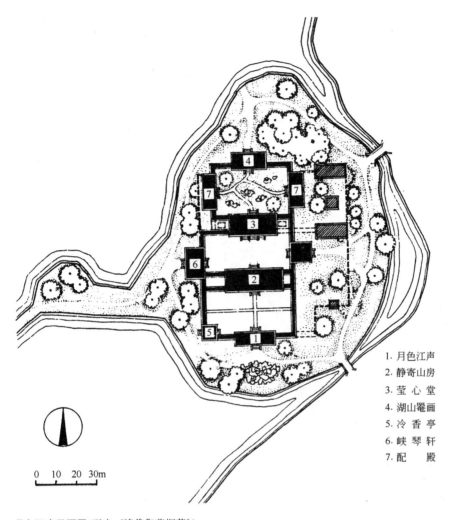

1. 月色江声
2. 静寄山房
3. 莹心堂
4. 湖山罨画
5. 冷香亭
6. 峡琴轩
7. 配　殿

月色江声平面图(引自《清代御苑撷英》)

山庄水源有三方面，主要是武烈河水，并汇入狮子沟和裴家河水。二是热河泉，三是山庄山泉和地面径流。由于武烈河向南递降，所以进水口定在山庄东北隅，以较高的水位输入。顺水势引武烈河向西南流，过水闸控制才入宫墙。入水口前段布置了环形水道，需时放水，无需时水循另道照常运行。

山庄之引水工程除了必须满足水工的一般要求外，还利用水利工程造景。进水闸前引水道由于闸门控制而有降低流速、沉淀泥沙的功能。"暖流喧波"上若城台，台上建卷棚歇山顶阁楼，水自台下石洞门流入。再西有板桥贯通。桥之西南，水道转收而稍放，

开挖为"半月湖"。半月湖在水工方面又成为沉淀泥沙的沉淀池，外观上又仿自然界承接瀑布之潭。半月湖以下为长河，在松云峡、梨树峪等谷口则又扩大为喇叭口形。长湖在纳入"旷观"之山溪后分东西两道南流而夹长岛，居于长岛西侧的河道的线形基本和西部山区的外轮廓线相吻合。为了摹仿杭州西湖和里西湖的景色，又逐渐舒展为"内湖"，然后以"临芳墅"所在的岛屿锁住水口，将欲放为湖面的水体先抑控为两个水口。水口上又各横跨犹如长虹的堤桥，形成"双湖夹镜"等名景。

山庄开湖的工程可分为两阶段。康熙时

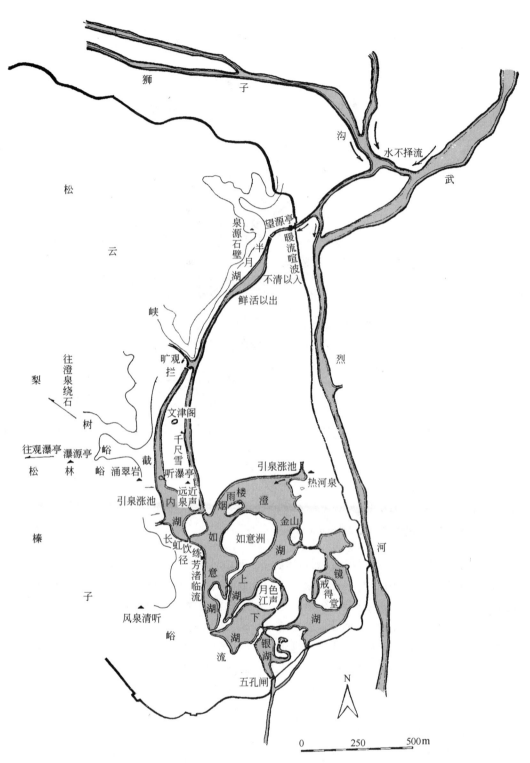

避暑山庄的水系(改绘自《避暑山庄园林艺术》)

的湖区东尽"天宇咸畅"南至水心榭,亦即澄湖、如意湖、上湖和下湖。至于其东之镜湖和银湖都是在乾隆年间新拓的。湖区水景布局包括湖、堤、岛、桥、岸和临水建筑、树木等综合因素。当初施工是由开"芝径云堤"为始的。总的结构是以山环水，以水绕岛。

山庄湖区多是中距离观赏。但也有三条旷远的水景线，它们的共同特点是纵深长而水道较直。一条是自"万壑松风"下面的湖边上北眺，视线可经水直达"南山积雪"。另一条为自同一起点至金山，水面最为辽阔。还有一条是自热河泉西望。如果自"水流云在"东望，则因热河泉收缩于内，东船坞又沿水湾北转，一目难穷，又有幽远、深邃之感。

在乾隆十六年至十九年这段时间里，山庄湖区又往东、南扩展了一次。使武烈河东移一段，在腾出的地面上挖出了银湖和镜湖，同时也开辟了文园狮子林、清舒山馆和戒得堂等风景点。在原水闸之位置建"水心榭"。出水闸则推移至五孔闸。水心榭实际上是一个控制水位的水工构筑物，使新旧湖保持不同的水位。新湖水位略低于旧湖，但水心榭给人并不是水闸的感觉，而是"隐闸成榭"的园林建筑，形成跨水的一组亭榭。把闸门化整为零，加闸墩成八孔，闸板隐于石梁内，从而又构成水平纵长的特殊形体。

3.4.2 造山

山庄真山雄踞，无须大兴筑山之师。但借挖湖之土可用以组织局部空间，协调景点间的关系以弥补天然之不足。如"试马埭"位于文津阁侧溪河之东。须筑防水之土堤，这就是"埭"的含义。万树园要求倾向湖面以利排水，也要垫土平整。如意洲由东而北都有土山作屏障，分隔金山岛与如意洲上的宫庭建筑。从"环碧"至如意洲一段土山，夹石径于山间，形成路随山转，山尽得屋的典型景象。由热河泉而南，路随土山起伏，土山交拥，形成狭长的低谷地。"卷阿胜境"之南筑曲山两卷以象征景题所寓的地貌特征。上述筑山工程都在布局中起了重要作用。

在掇山方面，宫区以"云山胜地"、"松鹤斋"和"万壑松风"为重点。湖区以"狮子林"、"金山"、"烟雨楼"和"文津阁"为重点。山区则以"广元宫"、"山近轩"、"宜照斋"、"秀起堂"等为重点。这些遵循"是石堪堆"、"便山可采"的原则，选用附近的一种细砂岩，体态顽夯、雄浑沉实，正好衬托山庄雄奇的山野气氛。这和以透、漏、瘦为审美标准的湖石完全是两种风格。山庄很少用特置的单体奇峰异石取胜，而是着眼于掇山的整体效果，掇山虽不是同一时期所为，但始终得以保持统一的风格而又不乱其布局之章法。

3.5 植物配置

避暑山庄突出天然风致、绿化比重大。这与建园之初就注重保护天然植被的原始面貌和后期有计划的种植都很有关系。据文献记载，园内原来树木花卉繁茂，品种也很多，而且善于以植物配置结合地貌环境和麋鹿仙鹤等禽鸟来丰富园林景观。"七十二景"之中，有一半以上是与植物有关或以植物作为主题的。

植物配置方面，避暑山庄山区以松柏为主、湖区以柳为主、水面多栽植荷花。松柏四季常青，在常绿树种中色彩比较凝重。大片成林，适合于作山区景观的色彩基调。主要山峪"松云峡"一带尽是郁郁苍苍的松树纯林，但也以其他树种的成林或丛植来恰如其分地强调局部地段的风景特征。如像"榛子峪"以种植榛树为主，"梨树峪"种植大片的梨树，"梨花伴月"一景即因此而得名。

湖区植物以柳树为主，柳树近水易于生长，姿态婀娜，最能体现江南水乡的宛约多姿。

平原景区的植物配置是把园林造景和建园的政治意图结合起来考虑的。东半部的"万树园"丛植虬健多姿的老榆树数千株，麋鹿成群奔逐于林间。西半部的"试马埭"则为一片如茵的草毡，形成塞外草原的粗犷风光。它与南面湖泊景区的江南水乡的宛约情调，并陈于一园之内。

3.6 因山构室

山庄的风景特色还体现在依山傍溪的山居建筑处理上。山庄取山居实为上乘，这是"以人为之美入天然"的中国传统山水园最宜于发挥的地方。山区的风景点大多在乾隆时兴建。乾隆深谙建筑结合山水的传统，他在北海琼华岛所立《塔山四面记》石碑中总结了建筑结合地形的理论："室之有高下，犹山之有曲折，水之有波澜。故水无波澜不致清，山无曲折不致灵，室无高下不致情。然室不能自为高下。故因山以构室者，其趣恒佳"。以下就几个风景点加以分析。

3.6.1 悬谷安景——"青枫绿屿"

这是始建于康熙的一组园林建筑。它处

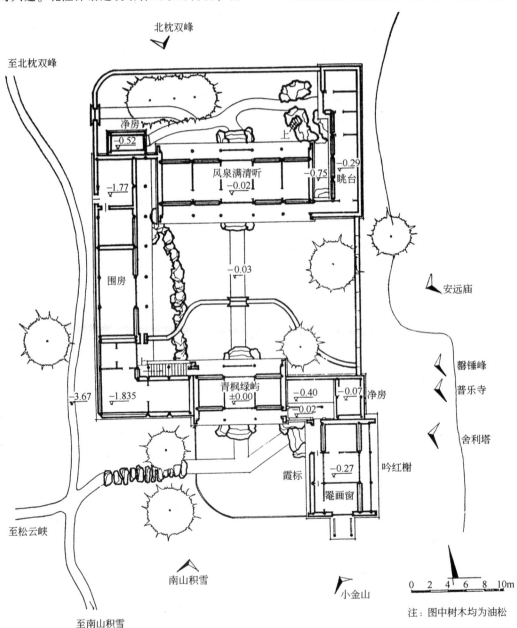

青枫绿屿平面图(改绘自《林业史园林史论文集(第二集)》)

青枫绿屿复原鸟瞰图(引自《林业史园林史论文集(第二集)》)

于松云峡北山东端之高处。这里是平原和山区接壤的所在,又和湖区有风景联系,因此是造景的要点。居此,南望湖区浩渺烟波,西挹西岭秀色,东借磬锤峰,具有得景和成景的优越条件。

"青枫绿屿"的平面布局是北方宅居四合院的变体。虽有轴线关系但东西不求对称。头进院落不落俗套,南面、西面以篱为墙,似有"编篱种菊,因之陶令当年"的联想。头进东侧有屋三楹,此地惟东、西两面景深最大,为此坐东向西,为了得景而不惜东西晒之不利。东向命名为"吟红榭",西向定名为"霞标"。

主要建筑"风泉满清听"坐落于主要院落中。此院地面西边原地形低下,建院落时没有采取填平的办法,而是将西边低地安排为廊墙,随后又改为偏房供侍者用。自南端起一段爬山廊与"青枫绿屿"相接。院东远景纷呈,因此安置一段什锦窗墙,这样不仅从窗窥景,而且也丰富了整个建筑群东立面的变化。主要建筑东接眺台,后有东西向通道通达西后门。

此景点植物种植简练有致。油松树丛有三处,一丛在门外迎客,一丛在东向挺立,由平原仰视,造景效果特别显著,另一丛则作为主要建筑的背景树。另外就是成片的枫林。

3.6.2 山怀建轩——"山近轩"

"山近轩"这组建筑是隐藏在万山深处的山居。无论从"斗姥阁"或"广元宫"下来,或从松云峡北进都会很自然地产生这种感觉。这一组建筑虽藏于山之深处,但仍和广元宫、古俱亭、翼然亭组成一个园林建筑组群的整体。后三景均成为山近轩仰借之景。反之,它又是三者俯借的对象。

山近轩坐落的朝向取决于这片山坡地的朝向,在建筑布局方面照顾到自广元宫往东南下山的视线处理。尽管主体建筑居偏,但

山近轩平面图（引自《林业史园林史论文集（第二集）》）

由"清娱室"、"养粹堂"构成的建筑组也构成以从西北到东南为纵深的数进院落。因此，它在总体布局方面做到了两全其美。

山近轩采用辟山为台的做法安排建筑，台分三层。大小相差悬殊，自然跌落上下。这里原是西临深壑的自然岗坡。兴建后仍然保留了这一特殊的山容水态。通向广元宫的石桥不采取填壑垫平的办法，而是把金刚座抬得高高的跨涧而过，桥本身因适应深壑的地形构成一种朴实雄奇的性格。过桥后则依山势由缓到陡辟台数层。桥头让出足够回旋的坡地。头层窄台作为"堆子房"。第二层台地是主体建筑"山近轩"坐落的所在，由主体建筑构成主要院落。周环的建筑都不在同一高程上，用爬山廊把这些随山势高低错落相安的建筑连贯合围，使之产生"内聚力"而形成变化多端的山庭。庭中并用假山分隔空间，以山洞和磴道连贯上下。

在山近轩这座庭院的南角有楼高起。此楼底层平接庭院地面，底层之西南向外拱出一个半圆形的高台，高台地面又与二层相接，形成很别致的山楼。挑伸楼台以近山和远眺山色，近山楼台亦可先得山景。

山近轩建筑的主要层次反映在顺坡势而上的方向。第三层台地既陡又狭。建筑即依此基局大小而设，形成既相对独立，又从属于整体的一小组建筑。"养粹堂"正对"延山楼"山墙。其体量虽比山近轩小，但因居高而得一定的显赫地位。东北端以廊、房作曲尺形延展，直至最高处建草顶的"古松书屋"外的围墙，水平距离不过100多米，高差却有50多米。就从桥面起算也有40多米的高差。这样悬殊的地形变化，在保持原有地貌的前提下使所有建筑都各得其所，十分困难。可是这正是"先难而后得"，出奇而制胜。

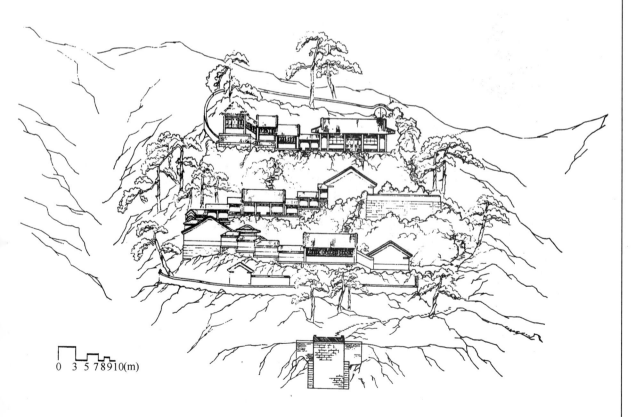

山近轩立面图(引自《林业史园林史论文集(第二集)》)

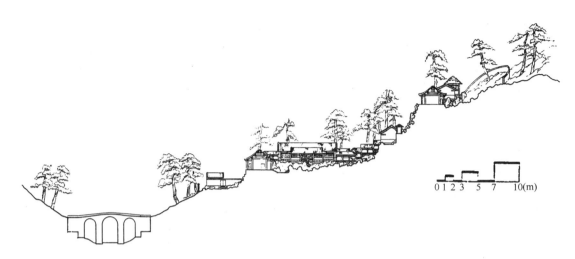

山近轩甲—甲剖面图(引自《林业史园林史论文集(第二集)》)

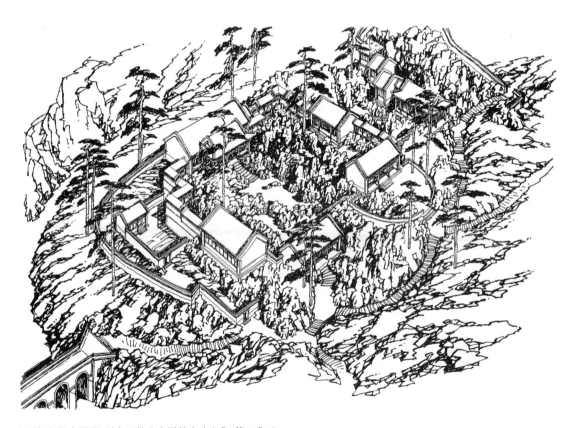

山近轩复原鸟瞰图(引自《林业史园林史论文集(第二集)》)

3.6.3 绝巘座堂——"碧静堂"

在松云峡近西北末梢处，有一条幽深的支谷引向西南。这里分布了三个相隔甚近的风景点。虽近在咫尺，却因山径随势迂回而各自形成独立的空间，互不得见。

一般常见的山壑是两山脊夹一谷，给人以空山虚壑之感。这里的地形却是大山衍生小山，形成三条山脊间夹两条山涧的奇观。这就是"巘(yǎn)"的景观，意即大小成两截的山，小山别于大山。这里自然地形固然优

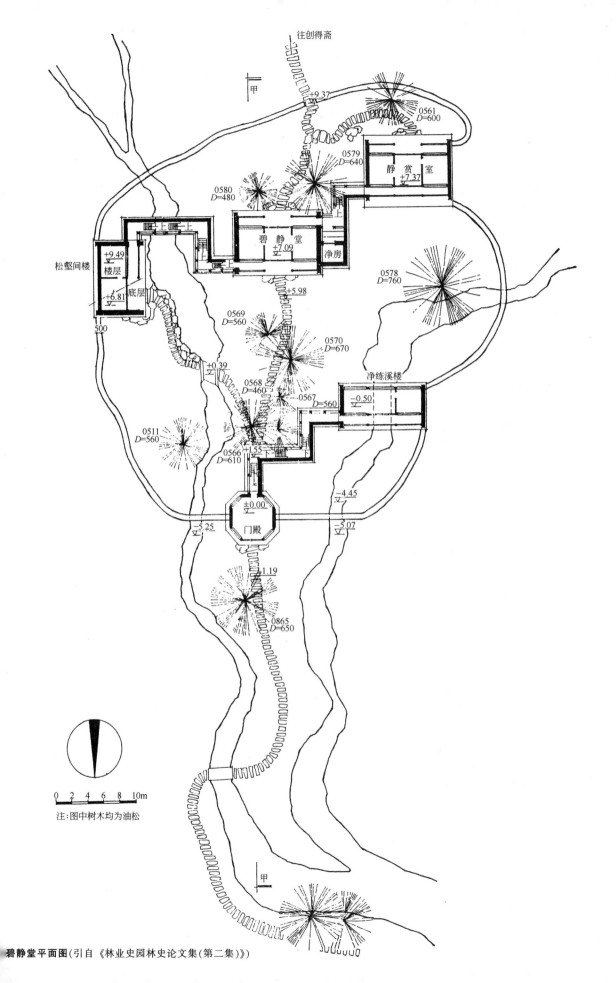

碧静堂平面图(引自《林业史园林史论文集(第二集)》)

美,但地面破碎、零散不整。对一般建筑而言,可谓是不利建筑的用地。但园林建筑却不然,把保留这里的奇特自然地貌特色作为成功的要诀。因地制宜地安排每一座建筑,使建筑依附于山水。

碧静堂的门殿坐落在巘之山腰,而且以亭为门,取八方重檐攒尖亭矗立在小山脊上。惟有亭子作为一个"点"坐落在脊上最合适。门殿是动态构图的第一个特写镜头。

和门殿衔接的是一段爬山廊,此廊可三通。一条向南接蹬道引上主体建筑"碧静堂"。另一条向东以小石径过涧至"松壑间楼"。第三条循廊西下,通向"净练溪楼"。净练溪楼是以建筑结合山涧的例子。楼枕涧上,跨涧而安。山涧通流依然,楼又架空而起。绝巘居高之末端有较大地面,主建筑碧静堂坐落在这背峰面壑的显赫位置,可以控制全园。这里虽居极幽隐处,但游者登到此堂却可极目北望。这种口袋式的地形近处外不见内,但于园内可远眺远景。西面山涧既作架楼跨涧的处理,东山涧就要避免雷同而另辟蹊径。因此这座山楼取傍壑临涧之式,定名"松壑间楼"恰如其境。楼前与跨涧东来的石径相接。楼上又以爬山廊曲通碧静堂。

此园布局精巧、紧凑、疏密相间、主次分明。由于绝巘地形的限制,除主体建筑居中外,其余建筑都寻地宜穿插上下左右。全园路线不算太长,却有上山、下涧、爬山廊、石桥等多种形式的变化。游览路线以碧静堂为中心形成"8"字形两个小环游路线。最南端有后门南通"创得斋"。碧静堂整座园林巧妙地利用地形特点,仅以四幢建筑物的配置而创造出一个构图活泼简洁、主辅分明、具有层次和韵律感的体形环境,实为避暑山庄山地小园林设计中出色的一例。

碧静堂立面图(引自《林业史园林史论文集(第二集)》)

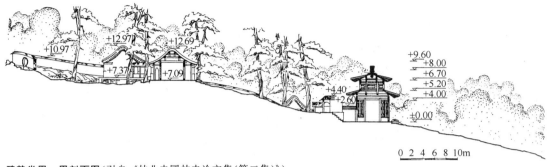

碧静堂甲—甲剖面图(引自《林业史园林史论文集(第二集)》)

3.6.4 沉谷架舍——"玉岑精舍"

"玉岑精舍"的位置近乎松云峡所派生这条支谷的西尽端，又与北面急剧下降的小支谷线垂直交汇，交汇点亦即此园之中心。山坡露岩嶙峋，构成山小而高、谷低且深、陡于南北、缓于东西、"矶头"屹立如"攒玉"的深山野壑，这便是"玉岑"的风貌。在这样回旋余地不大，用地被山涧分割为倒"品"字形的山地，创作者确定了"以少胜多、以小克大、藉僻成幽、细理精求"的创作原则，总共三舍二亭，安排精巧，是"相地合宜，构园得体"的又一范例。主体建筑"小沧浪"南向山梁，北临深涧，居中得正，形势轩昂。小沧浪相当于"堂"的位置。南出山廊，北出水廊，东西曲廊耳贯，成为赏景的中心。玉岑室迎门而设，以山石蹬道自门引入。贮云檐居高临下，体量虽小而形势显赫。涌玉亭也有异曲同工之妙。这是一座坐西向东，前后出抱厦，左右接山廊的枕涧亭。自西而下的山涧穿亭下而涌出，所以叫"涌玉"。涌至山涧交汇处积水成潭，于是有"积翠"之称。积翠后才有沧浪之水。看来这里景点的布置是很有文学章法的。玉岑精舍由于谷风所汇，山涧穿凉而得风雅。玉岑精舍在游览路线上兼备仰上、俯下的特色，不足之处在于必走回头路。

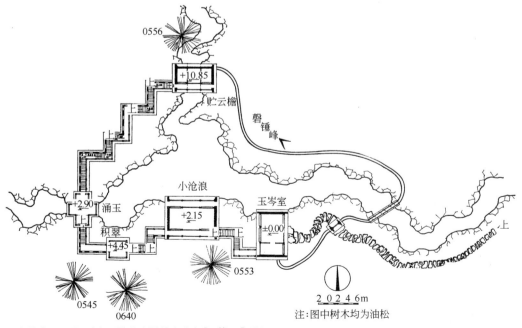

玉岑精舍平面图(引自《林业史园林史论文集(第二集)》)

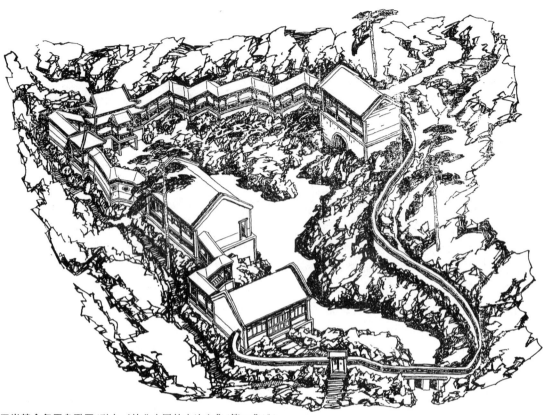

玉岑精舍复原鸟瞰图(引自《林业史园林史论文集(第二集)》)

3.6.5 据峰为堂——"秀起堂"

山区之西南角，榛子峪的西端，有谷自北而南伸展，这便是西峪。西峪万嶂环列，林木深郁。山林中最显要的建筑组就是"秀起堂"。秀起堂因从西峪中峰处踞峰为堂，独立端严，高朗不群。环周之层峦翠岫又呈"奔趋"、"朝揖"之势。

秀起堂也有不利于安排的因素。一条贯穿东西的山涧将用地分割为南北两部分。另一条斜走的山涧又将北部分割为两块。地形零散难合。北部山势雄伟，有足够的进深安排跌落上下的建筑，而南部这一块只是一岭起伏不大，横陈东西的丘陵地。如何把"丫"形山涧所切割为三块的山地合为一组有章法的整体，发挥山水之形胜，并化不利条件为有利条件便成为此园布局的关键。

北部山地面积大、朝向好、位置正、山势宏伟、峰峦高耸，宜于坐落主体建筑"秀起堂"。而南部带状山丘便居于客位，成环抱之势朝向主山。而北部山地之东段也就成为由次山过渡到主山，倚偎了主山东侧的配景山了。用建筑手段顺山水之性情立间架，更加强化了山体的轮廓和增加了"三远"(高远、平远、深远)的变化。整个建筑群没有中轴对称的关系，而是以山水为两极，因高就低地经营位置。

秀起堂宫门不仅造型朴实，宫门取名"云牖松扉"是世外仙境。南部这一带山丘有两处隆起的峦头，"经畬书屋"和宫门东邻的敞厅就坐落在这两个峰峦的顶上。敞厅几乎正对秀起堂，而经畬书屋居园之东南角，一方面与主山顾盼，偏对主山上的建筑，背面又以半圆围墙自成独立的小空间。

位于南部的数折山廊，在山居的游廊处理中可以说达到了登峰造极的境界。宫门引入后，一改一般宅园"左通右达"之常套，径自东引出廊。廊出两间便直转急上，在11m的水平距离间经过四次曲尺形转折才接上敞厅，以稍缓和的坡降分数层高攀经畲书屋。在跨越山涧处，回廊又从高而降，廊下设洞过水，这才抵达北部。北部的廊子多向高台边缘平展，为让山涧而曲折，构成回廊夹涧之势。两山涧汇合处，"振藻楼"于山凹中竖起。这里可顺山壑纵深西望，隔石桥眺远，亦是"山楼凭远"的效果。楼东北更有高台起亭，如角楼高耸。两者结合在一起，成为主景很好的陪衬，铺垫和烘托均已就绪。主体建筑秀起堂高踞层台之上。由于采用了背倚危岩，趁势将主题升高，其前近处又放空的手法，显得格外突出。坐堂南俯，全园在目，既是高潮，又是一"结"。

全园的游览路线主要安排在游廊中，这条路线明显而多变。另外也有露天石阶和山石蹬道相互组合成环形路线。秀起堂后院西侧设旁门通"眺远亭"，西面过境交通则可沿西墙度过水墙外的石梁相通。

秀起堂平面图(引自《林业史园林史论文集(第二集)》)

秀起堂南岸立面图(引自《林业史园林史论文集(第二集)》)

秀起堂北岸立面图(引自《林业史园林史论文集(第二集)》)

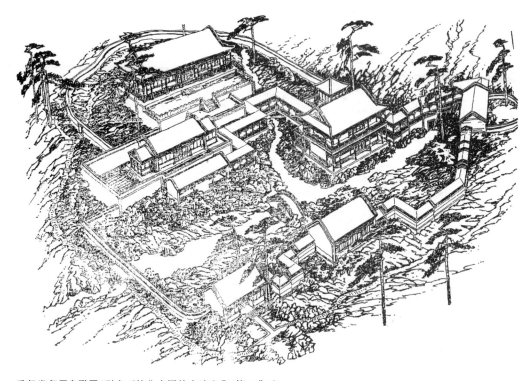

秀起堂复原鸟瞰图(引自《林业史园林史论文集(第二集)》)

3.7 园中园

3.7.1 烟雨楼

建于乾隆三十六年(1781年)，仿嘉兴烟雨楼形制。门殿三楹，中为通道，门殿北有围廊，方形，与主楼四面围廊相通。主楼五楹，两层，进深为两间，梢间为楼梯，周围廊。门殿西有殿三楹，名对山斋。斋北为一独立小院，白墙青瓦，有月门出入。斋南堆假山，洞府之上起六角翼亭。主楼东隔墙有殿，名青阳书屋，面阔三楹，梢间窄，中间大，南北长，东西窄，书屋南有方亭，北有八角亭。

烟雨楼布局紧凑，庭院古松挺拔，庄严；院外苇蒲散植，素淡；庄严素淡形成对比。附属建筑一高一低，一远一近，一洞一院，一山一水，既调剂了精神气氛，又丰富了整体内容。假山洞府给青莲岛以幽静，翘檐松枝赋烟雨楼以飞动，白墙月门增添秀气，回廊曲径表现含蓄。山雨迷濛之时，烟雨楼湖山尽洗，雨雾如烟，水空一色，天地无分，虚无缥缈，犹如仙境。

山庄的烟雨楼在仿建的过程中，因用地狭小，无法创造南湖烟雨楼"全岛"的形势，故将青莲岛尽可能靠近如意洲，在东、北、西三面都出较宽的水域。这样除于如意洲北端北望可察觉其形胜不足之处外，其余三面都有空蒙之特色。加以北面为地势低平的"万树园"，主体建筑烟雨楼因南面用地局促而居于岛之北沿，因此可以获得近似的环境条件。

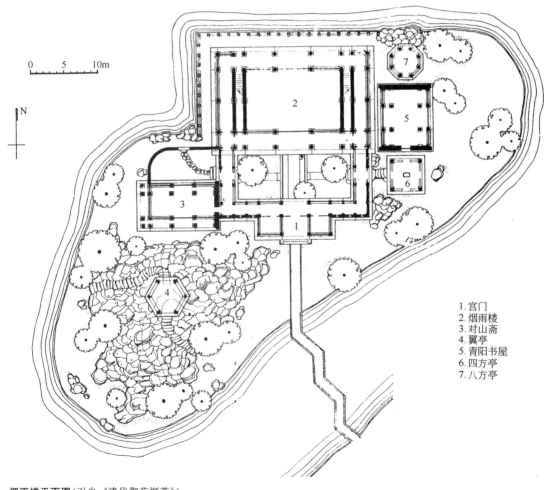

1. 宫门
2. 烟雨楼
3. 对山斋
4. 翼亭
5. 青阳书屋
6. 四方亭
7. 八方亭

烟雨楼平面图(引自《清代御苑撷英》)

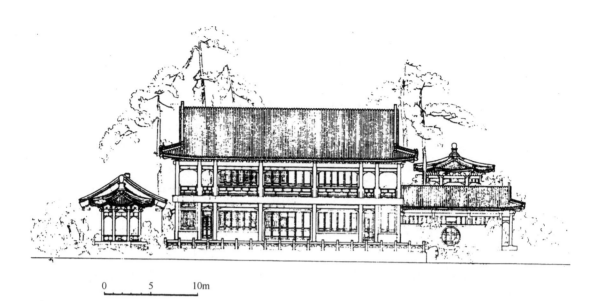

烟雨楼北立面图(引自《清代御苑撷英》)

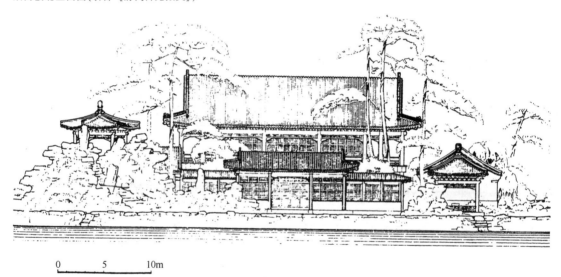

烟雨楼南立面图(引自《承德古建筑》)

3.7.2 小金山

避暑山庄金山仿江苏镇江金山寺修建。金山原是长江中的一个小岛,山不大,但很陡。山脊呈南北走向,寺院在山的西麓展开,几乎将山麓完全占满,有"金山寺包山"之说。

避暑山庄金山岛上完全是人工堆砌的石山,假山上起殿阁。西麓设码头,供龙舟登岸。岛上有镜水银岑、天宇咸畅、芳洲亭、上帝阁(俗称金山亭)等景观。山庄之金山可以令到过镇江金山的人一见如故,承认它是镇江金山的缩影而又具有本身的特色,仿中有创,不落俗套。

镇江金山雄踞长江近南岸江中,与南岸隔水相望。山庄之金山向东让出一箭之地与岸分离,西面则有开阔的澄湖,也是于碧波环涌之势屹立山岛中,把握住了被仿造环境的特征。镇江之金山寺由于山小寺大,建筑分层布置，递层而上，形成宝埒临水、月牙廊环抱山脚水边、庞大殿堂傍山麓、山上有台、台上有楼塔矗山顶一侧（原为双塔）、爬山廊、石级相断续的宏伟寺观。如用这样的布局特征对比山庄之金山，便知主持工程之匠师完全把握了这些特征。镇江金山最富有特征性的建筑是矗立在北部山顶上的慈寿塔。山庄金山以阁代塔，尺寸虽小，却与环境比例协调。在山与塔的比例关系方面作了大胆的夸张。除主体建筑外，相当于码头的宝埒、月牙廊、爬山廊也都吸取来烘托上帝阁。"天宇咸畅"和"镜水云岑"一坐北朝南，一坐东向西，可谓以一当十，概取其要。加以辟台时也由缓而急，由低而高，以油松为参天古木，金山神韵油然而生。山庄金山仅用了五个建筑便得其势，而这五个建筑已提炼到缺一不可的程度。从成景方面分析，二者都是观赏视线的焦点，镇江金山四面成景，山庄金山有三面多成景，其东面以土山相隔。从得景方面分析，镇江金山可登塔环眺，山庄金山亦然。

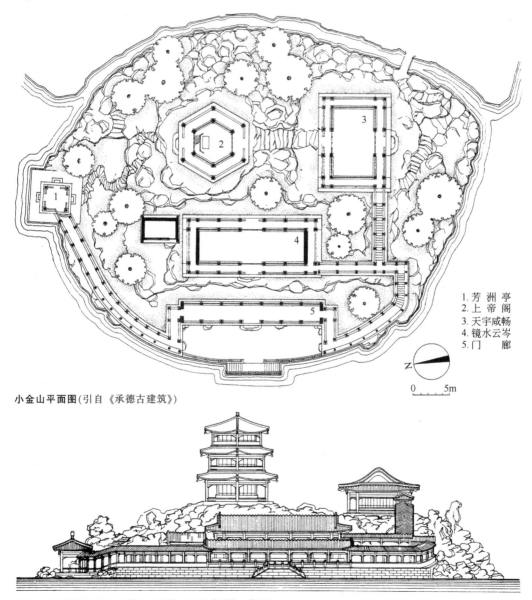

1. 芳洲亭
2. 上帝阁
3. 天宇咸畅
4. 镜水云岑
5. 门廊

小金山平面图(引自《承德古建筑》)

小金山立面图(改绘自《林业史园林史论文集(第二集)》)

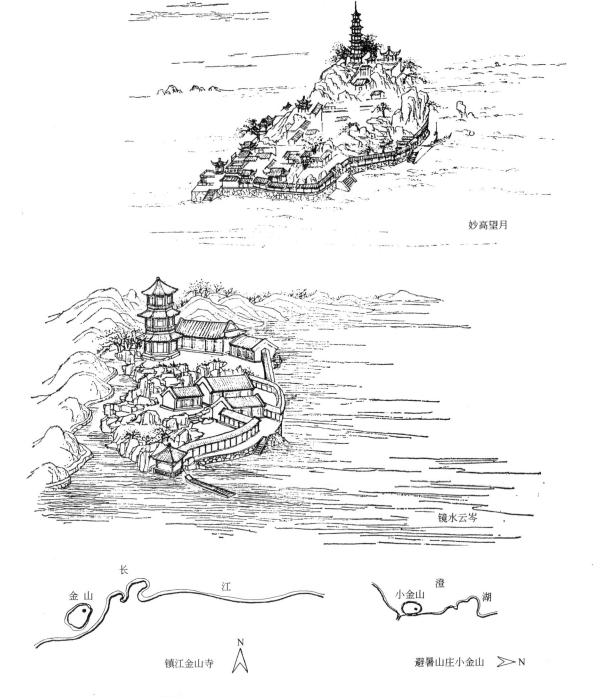

妙高望月

镜水云岑

镇江金山寺   避暑山庄小金山

金山与小金山(引自《承德古建筑》)

3.7.3 文津阁

依西岭山麓有一院落，四周围以山墙，墙内树木茂盛。正门面南，为宽三间卷棚门屋。进门见山，下构石洞，上有亭台。假山北建有一阁，面阔六间，高二层，叫作"文津阁"。

文津阁仿浙江宁波天一阁形制营建，又兼收宋代书画家米芾宝晋斋的特点。文津阁外观重檐两层，内部结构三层，中层藏书为底檐全部遮挡，防止阳光直射。阁前砌平台，台下聚池潭，潭内映弯月，曰"日月同辉"。原是池南假山洞府之中叠石成月牙形孔洞，光线穿洞投影水池，形成"水中月"，与天上太阳同映一池，实为奇观。假山有"十八学士登瀛洲"的造型，又有承德十大名山的缩影，横岭侧峰，沟桥冈壑，各自争奇。洞府之中，厅堂廊穴，明窗暗室，各尽千秋。整组小景，占地不多，却是"山重水复疑无路，柳暗花明又一村"。

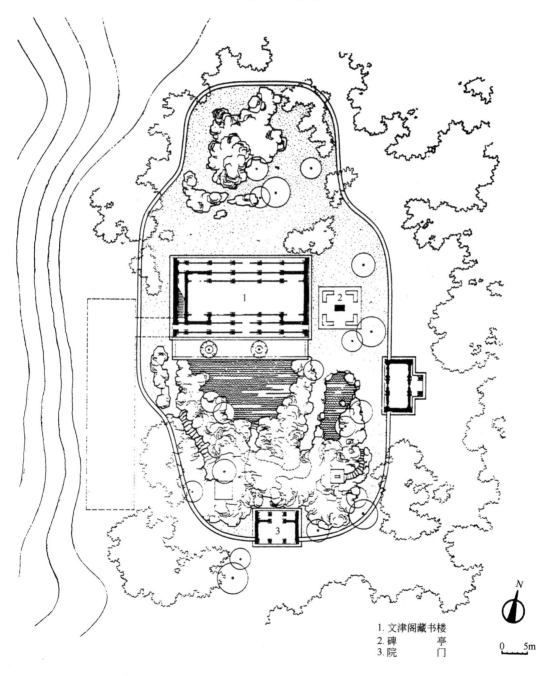

1. 文津阁藏书楼
2. 碑　　亭
3. 院　　门

文津阁平面图(引自《承德古建筑》)

3.8 磬锤峰和外八庙

承德避暑山庄的主要借景是磬锤峰。磬锤峰俗名棒槌山，耸立于避暑山庄正东十里许的高山岗上，距市区约2.5km。峰状上粗下细，形似棒槌，海拔596m，下部直径10.7m，上部直径15.04m，高38.29m，连同棒槌底下突起的基座通高60m。磬锤峰见于文字记载已有1500年历史了，北魏地理学家郦道元在《水经注》中有记载。磬锤峰为承德名山之一，在峰峦起伏的山间，磬锤峰孤峰拔起，犹柱擎天，与峰峦涧溦、宏伟的寺庙、山庄的园林，巧妙地融为一体。

避暑山庄之外，半环于山庄的是12座建筑风格各异的寺庙，如众星捧月，环绕山庄，政治寓义十分明确。从收效看也确实是"一座喇嘛庙，胜抵十万兵"。它们是当时清政府为了团结蒙古、新疆、西藏等地区的少数民族，依照西藏、新疆喇嘛教寺庙的形式修建喇嘛教寺庙群，供西方、北方少数民族的上层及贵族朝觐皇帝时礼佛之用。其中溥仁寺、溥善寺(已毁)、普乐寺、安远庙、普宁寺、须弥福寿之庙、普陀宗乘之庙、殊像寺等由清政府理藩院直接管理，又都在古北口外，故被称为"外八庙"。这些庙宇多利用向阳山坡层层修建，主要殿堂耸立突出、雄伟壮观。按照建筑风格分为藏式寺庙、汉式寺庙和汉藏结合式寺庙三种。这些寺庙融合了汉、藏等民族建筑艺术的精华，气势宏伟，极具皇家风范，创造了中国的多样统一的寺庙建筑风格。

3.8.1 普陀宗乘之庙

普陀宗乘之庙位于避暑山庄正北，仿西藏布达拉宫形制而建。此庙是外八庙最大的一处，占地面积约22万m^2。建于清乾隆三十二年(公元1767年)，历经4年完工。普陀宗乘是藏语"布达拉"的汉译，故又有"小布达拉宫"之美誉。庙的建筑布局利用山势自然散置，殿阁楼台前后错落，自南而北层层升高。主要建筑有山门、碑亭、五塔门、琉璃牌坊、大红台、万法归一殿等。该寺的主体建筑"大红台"气势宏伟，台高42.5m，宽59.7m，有城阁凌空之感。红台中部是重檐四角攒尖镏金瓦顶的"万法归一殿"。普陀宗乘之庙古木参天，环境清幽，景致殊佳。这里是举行重大的宗教仪式或清帝接见重要的少数民族部落首领及王公大臣们的场所。

3.8.2 普宁寺

普宁寺位于承德市避暑山庄之北，因寺内有木雕大佛，又称大佛寺，建于清乾隆二十年至二十三年(1755~1758年)。占地33000m^2。其定名有祝愿"普天之下永远安宁"之意，是一座融汉藏建筑风格为一体的寺庙。其前部依汉传佛教传统的"伽蓝七堂"方式布置，主殿大雄宝殿内供奉三世佛。普宁寺的后半部建在9m多高的台基上，模仿西藏的三摩耶庙，以大乘之阁为中心，按"须弥山"和"九山八海"的格局构筑，具有鲜明的藏族建筑特点，也体现了藏传佛教对宇宙的理解。

全寺主要建筑有钟鼓楼、碑亭、天王殿、大雄宝殿、大乘阁等。大乘阁高36.75m，外观六层重檐。阁内置木雕千手千眼观音贴金立像，高22.23m，重110t，用松柏榆杉椴五种木材雕成，是国内现存的最大木雕佛像之一，已经被录入《吉尼斯大全》。普宁寺巧借自然，因山就势，丰富了寺庙建筑布局的传统方式。寺内嶙峋的山石，苍翠的古松，犹如天然画屏，烘托着金碧辉煌的殿阁，气宇轩昂，蔚为壮观。

3.8.3 须弥福寿之庙

须弥福寿之庙位于避暑山庄之北，普陀宗乘之庙以东，仿西藏日喀则扎什伦布寺而建，建于清乾隆四十五年(公元1780年)。须弥福寿是藏语"扎什伦布"的汉译，即吉祥的须弥山。占地面积37900m^2，建筑布局依山就势，分前后两部分，它吸取了汉藏民族的建筑艺术风格。据载，乾隆帝七十寿辰时，西藏政教首领六世班禅额尔德尼远道前来朝贺，颇受礼遇，并建此寺居之。寺自南而北，前有石桥。寺内大红台内壁四周为三层群楼，中建妙高庄严寺，为六世班禅讲经之所。大红台东南有东红台，西有吉祥法喜殿，为班禅寝殿。

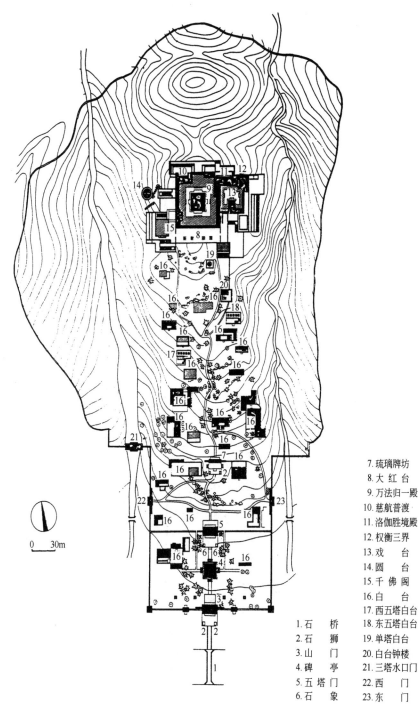

7. 琉璃牌坊
8. 大 红 台
9. 万法归一殿
10. 慈航普渡
11. 洛伽胜境殿
12. 权衡三界
13. 戏 台
14. 圆 台
15. 千 佛 阁
16. 白 台
17. 西五塔白台
18. 东五塔白台
19. 单塔白台
20. 白台钟楼
21. 三塔水口门
22. 西 门
23. 东 门

1. 石 桥
2. 石 狮
3. 山 门
4. 碑 亭
5. 五 塔 门
6. 石 象

普陀宗乘之庙平面图(引自《承德古建筑》)

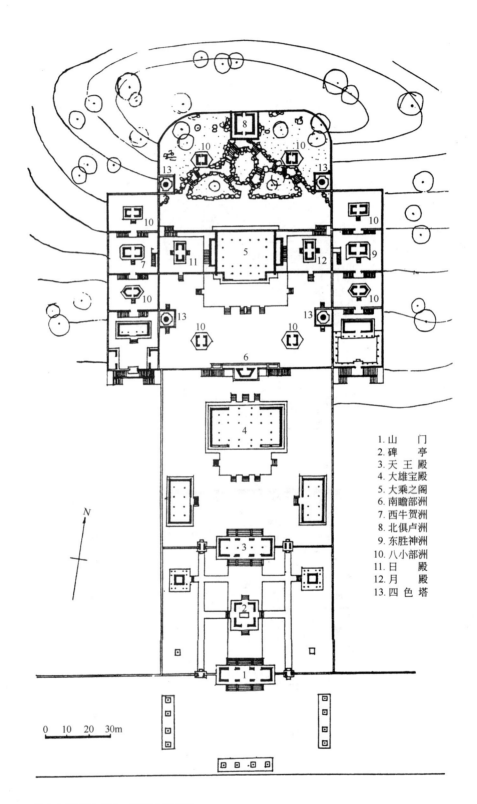

普宁寺平面图(引自《承德古建筑》)

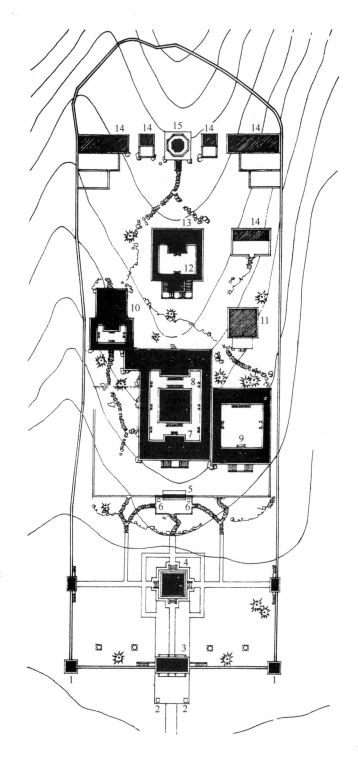

1. 角　　楼
2. 石　　狮
3. 山　　门
4. 碑　　亭
5. 琉璃牌坊
6. 石　　象
7. 大 红 台
8. 妙高庄严殿
9. 东 红 台
10. 吉祥法喜殿
11. 生欢喜心殿
12. 金 贺 堂
13. 万法宗源殿
14. 白　　台
15. 琉璃宝塔

0　10　20　30m

须弥福寿之庙平面图(引自《承德古建筑》)

4. 实习作业

（1）云山胜地庭院1:200平面图及云梯速写。

（2）沿湖区西、北岸及山区亭子如何结合环境而外形、体量各异。试草测七个亭的1:100平立面图并附简单文字说明。

（3）草测沧浪屿四个门1:100的立面图。

（4）草测水心榭1:100平立面，并追溯盛期之鸟瞰图。

（5）结合踏查的感性知识临摹秀起堂之鸟瞰图。

（6）实习报告，着重分析避暑山庄在总体设计方面分区、理水的手法，集锦式布局手法的特征、水面空间划分的变化、人工土山的运用和建筑布置的各种变化，植物布置的特色和具体做法以及因山构室手法方面的传统成就。

（7）普陀宗乘之庙鸟瞰速写，外八庙内景物速写。

（王沛永 编写）

【颐 和 园】

1. 背景资料

颐和园始建于清乾隆十五年（1750年），其前身名为清漪园。以发展阶段来划分，颐和园大致经历了建园之前、清漪园、颐和园等三个历史时期。因此，颐和园的形成与发展，不仅有其特定的社会、经济、政治的背景，同时与周边环境的变迁有着必然的联系，现存的山水格局主要由万寿山和昆明湖组成，而在颐和园建园之前，万寿山和昆明湖就已经是北京西北郊风景名胜区的一个组成部分。

1.1 建园以前

北京地势呈现出西北高、东南低的态势，而北京的西北郊区域在西山山脉的围合之下，形成了北方地区独特的地理环境，同时这里泉水丰沛，水岸纵横，为北京西北郊"三山五园"的建设提供了良好的山水格局与生境条件。因此，早在辽金时期，香山、玉泉山就有了皇家行宫别苑的建置。

元代，万寿山原称瓮山，以其山形似瓮而得名。山南面地势低洼的地带汇聚玉泉山诸泉眼的泉水，而成为一个大湖，名"瓮山泊"，也叫七里泊或大泊湖，这就是昆明湖的前身。公元1264年，元世祖忽必烈营建新的都城"大都"时，将玉泉山的泉水导引入城作为宫廷的专用水，时至1292年，为保证大运河的漕运畅通，决定由昌平的白浮村引水，流经现颐和园北侧的青龙桥，汇聚形成瓮山泊，并从瓮山泊向南开凿河道，引水入北京城，并先后修建高梁桥闸和广源闸，以调控水量，水经通惠河流入大运河。在大规模水利工程的作用下，瓮山泊也从早先的天然湖泊改造成为具有调节水量作用的天然蓄水库，水位得到控制，环湖一带出现寺庙、园林的建置，逐渐发展成为西北郊的一处风景游览地。

明代，瓮山泊改称"西湖"。1471年，玉泉山之泉水东流注入西湖，以代替白浮村神山泉水作为接济通惠河的上源，同时也兼供大内宫廷用水，西湖在北京供水系统中的地位显得更为重要了。此时，玉泉山、瓮山、西湖之间山水连成一片，其中以玉泉山与西湖景致最佳。同时，西湖周边也陆续兴建了众多寺庙及私园。

清初，西湖瓮山的情形大致和明代差不多。不过因年久失修，大部分园林处于半荒废状态，其盛景远不及清前。

1.2 清漪园时期

清代前中期康、雍、乾三朝盛世百余年间，相继在北京西北郊区域营建了"三山五园"。"三山"指香山、玉泉山及万寿山（瓮山）；"五园"依其兴建先后顺序为香山静宜园、玉泉山静明园、畅春园、圆明园以及万寿山清漪园，清漪园是北京西北郊地区兴建的最后一个皇家园林。

香山静宜园始建于康熙十六年（1677年），在香山建造了规制较为简朴的皇家行宫。乾隆十年（1745年），乾隆皇帝对香山大加扩建，营造了二十八景，命名为"静宜园"。乾隆在香山所题"西山晴雪"景点，为"燕京八景"之一。

玉泉山静明园始建于康熙十九年（1680年），初名为"澄心园"，康熙三十一年（1692年），更名为"静明园"。乾隆时又扩建，并命名了十六景。其中"玉泉趵突"，亦为"燕京八景"之一。乾隆十六年（1751年），乾隆皇帝评定玉泉之水为"天下第一泉"，自此成为皇帝专用饮水，每日都由特备水车运往皇宫。

畅春园始建于康熙三十八年（1699年）。康熙皇帝在《御制畅春园记》中说，"朕自临御以来，日夕万机，罔自暇逸，久积辛勤，渐以滋疾。偶缘暇时，于兹游憩，酌泉水而甘，顾而赏焉。清风徐引，烦疴乍除。"今北京大学西门斜对面，有"恩佑寺"和"恩慕寺"两座琉璃山门，即畅春园仅存的遗迹。

圆明园始建于康熙四十八年（1709年），原为康熙皇帝赐给皇四子雍亲王胤禛（即后来的雍正皇帝）的花园。雍正即位之后，扩建了圆明园。乾隆即位之后，再次扩建了圆明园，并按下江南时所见苏、杭园林景物，移植仿建了许多景点。

万寿山清漪园始建于乾隆十五年（1750年）。园中主体建筑，是为庆贺乾隆生母崇庆皇太后60岁大寿而特建于万寿山前的"大报恩延寿寺"。光绪十二年（1886年），慈禧太后重建清漪园，并将其更名为"颐和园"。

统揽西北郊之"三山五园"，圆明园、畅春园均为平地造园，虽然以写意的手法缩移摹拟江南水乡风致的千姿百态而作集锦式的大幅度展开，毕竟由于缺乏天然山水的基础，并不能完全予人以身临其境的真实感受。香山静宜园是山地园，玉泉山静明园以山景而兼有小型水景之胜，但缺少开阔的大水面。惟独西湖是西北郊最大的天然湖，它与瓮山所形成的北山南湖的地貌结构，不仅有良好的朝向，气度也十分开阔，如果加以适当的改造则可以成为天然山水园的理想建园基址。因此，清漪园的兴建可以说是完善西北郊"三山五园"山水景观格局的重要一步，也就可谓一园建成，全局皆活。而使整个京城西北郊地区形成水陆交通便捷、景观空间联系紧密、景观类型多样完整的风景区域。同时，玉泉山泉作为宫廷的水源，水量及水质得到了保证，而西湖的蓄水功能也得到了加强。

乾隆十五年（1750年）三月十三日，弘历在易名万寿山的同一份上谕中正式宣布易西湖之名为"昆明湖"。乾隆二十九年（1764年），清漪园建设全部完成，前后历时十五年。1860年，清漪园与圆明园等同被英法联军烧毁。

1.3 颐和园时期

弘历兴建清漪园的时候，正值所谓"乾隆盛世"，建园工程有足够的财力、物力的支持。到慈禧太后重建颐和园时，情况就完全不同了，国力衰败，清王朝在内忧外患的情况下，巧立名目，挪移海军建设的专款作为建园的经费。

颐和园的修建工程在慈禧太后亲自主持下，原来打算全面恢复清漪园时期的规模，并曾命样式房绘制有关的规划设计图纸。但在建设过程中由于经费筹措困难，材料供应不足，不得不一再收缩；最后完全放弃后山、后湖和昆明湖西岸，而集中经营前山、宫廷区、西堤、南湖岛，并在昆明湖沿岸加筑宫墙。昆明湖水操停止后，水操内、外学堂即原耕织图、蚕神庙也就划出园外去了。颐和园重建工程始于光绪十二年（1886年），建园工程一直进行到光绪二十年（1894年）才大体完成，前后历时八载。恢复、改建、新建以及个别残存的建筑物和建筑群组共97处。

1961年3月4日，颐和园被公布为第一批全国重点文物保护单位。1998年12月2日，颐和园以其丰厚的历史文化积淀、优美的自然环境景观、卓越的保护管理工作被联合国教科文组织列入《世界遗产名录》。并对其给予极高的评价："北京颐和园始建于公元1750年，1860年在战火中严重损毁，1886年在原址上重新进行了修缮。其亭台、长廊、殿堂、庙宇和小桥等人工景观和自然山峦和开阔的湖面相互和谐、艺术地融为一体，堪称中国风景园林设计中的杰作。"

2. 实习目的

（1）了解北京西北郊风景区域发展的历史，掌握"三山五园"空间关系与历史沿革。

（2）掌握颐和园的整体空间布局及重点景区的造景手法等。

（3）通过实习，印证中国古代园林的造园理法，掌握皇家园林的造园特点。

3. 实习内容
3.1 总体布局

颐和园集传统造园艺术之大成，借景周围的山水环境，饱含中国皇家园林的恢弘富丽气势，又充满自然之趣，高度体现了"虽由人作，宛自天开"的造园准则。万寿山、昆明湖构成其基本框架，占地2.97km²，水面约占四分之三，园中有点景建筑物百余座、大小院落20余处，3000余间古建筑，面积7万多平方米，古树名木1600余株。其中佛香阁、长廊、石舫、苏州街、十七孔桥、谐趣园、大戏台等都已成为家喻户晓的代表性建筑。园中主要景点大致分为三个区域：

3.1.1 宫廷区

以庄重威严的仁寿殿（勤政殿）为代表的宫廷区，包括勤政殿、二宫门两进院落等，是清朝末期慈禧与光绪从事内政、外交政治活动的主要场所。占地0.96hm²，占全园面积的0.33%。

3.1.2 前山前湖景区

前山前湖景区占地255hm²，为全园面积的88%，是颐和园的主体。前山即万寿山的南坡，东西长约1000m，南北最大进深120m，山顶相对水体平面高出60余米；前湖即昆明湖，南北长1930m，东西最宽处1600m，湖中布列一条长堤，三个大岛，三个小岛。长堤"西堤"及其支堤将前湖划分为里湖、外湖、西北水域等三个面积不等的水域，"里湖"面积最大，约129hm²，"外湖"水面约74hm²。万寿山南麓的中轴线上，金碧辉煌的佛香阁、排云殿建筑群起自湖岸边的云辉玉宇牌楼，经排云门、二宫门、排云殿、德辉殿、佛香阁，终至山巅的智慧海，重廊复殿，层叠上升，贯穿青琐，气势磅礴。巍峨高耸的佛香阁八面三层，踞山面湖，统领全园。蜿蜒曲折的西堤犹如一条翠绿的飘带，萦带南北，横绝天汉，堤上六桥，婀娜多姿，形态互异。烟波浩淼的昆明湖中，宏大的十七孔桥如长虹偃月倒映水面，涵虚堂、藻鉴堂、治镜阁三座岛屿鼎足而立，寓意着神话传说中的"海上仙山"。

3.1.3 后湖后山景区

"后山"主要为万寿山的北坡，"后湖"指后山与北宫墙之间的水道，也称之为"后溪河"。后山后湖景区占地24公顷，为全园总面积的12%，其中山地19.3公顷。后山较前山山势稍缓，南北最大进深约280米，有两条山涧——东桃花沟和西桃花沟。后溪河自西端的半壁桥至东端的谐趣园全长1000余米，建有"后溪河买卖街"，现称"苏州街"。

3.2 造园理法
3.2.1 对比

对比是各种空间处理中最为常用的手法，颐和园造景的对比手法主要可以从以下几个方面得到体现：

（1）虚实对比

颐和园山水骨架中，山为"实"，水为"虚"，两者映衬，形成虚实对比关系，万寿山居于昆明湖北侧，山水呼应，虚实相辅相成，使整个园区开敞，给人以宏大之感，同时湖中堤岛纵横，与水面同时形成多种层次的虚实对比，更能增加水体的层次，以丰富水体景观。另外，颐和园中建筑大多具备皇家规制，体量硕大，但与整体绿色植物形成虚实对比，建筑为"实"，植物为"虚"，使建筑融于绿色，景致协调。

（2）开合对比

颐和园前山与前湖以宽阔的水面与大体量的建筑，塑造出开敞的园林空间，而后山与后湖则急剧收缩岸线，缩减建筑体量，形成众多闭合空间，同时前山大量使用落叶树种，衬托建筑与山形，而后山则大量的常绿树种掩映院落空间，前山前湖的"开"与后山后湖的"合"形成对比，创造出丰富的空间感受。

（3）隐显对比

颐和园前山、里湖、外湖一带的绝大部分地段具有开朗的景观，景点的布置以

"显"为主；若为建筑群则空间全部或大部外敞，有的甚至做成"屋包山"的形式；若为个体建筑则多成楼阁的形式，以便充分发挥其观景和点景的作用。而后山后湖景点大多以"隐"为主，景点多建于水畔、山坳、谷地等郁闭环境中，空间以内聚为主，有的建筑甚至做成"山包屋"的形式如澹宁堂、谐趣园，"显"则体现出皇家的恢宏气魄，而"隐"则为园林增添了几分平和与小巧。

颐和园造园理法中对比手段的运用远不止以上三个方面，而明暗对比、疏密对比、主次对比等手法与实例还很多。总之，造园过程中空间的营造与变化是基本的目标，而对比的手法在其中将会起到至关重要的作用。

3.2.2 借景

计成在《园冶》中十分强调景物因借的作用，称"借景"为"林园之最要者也"。并对因借作了明确的解释，"园林巧于因借，精在体宜"；"因者：随基势之高下，体形之端正，碍木删桠，泉流石注，互相资借；……借者：园虽别内外，得景则无拘远近，晴峦耸秀，绀宇凌空，极目所至，俗则屏之，嘉则收之"。就是说借景要善于用因，这里"因"是依据，顺应的意思，强调因地制宜，因势利导，因势而成景，不拘成见，以及"按照事物的内部规律办事和发挥事物应当和可以发挥的作用"。传统园林中，造园家总是以创造性的手法来扩展视线的空间感，借助视线与空间的组织把有限空间的景物表现于无限之中，以解脱有限空间对于人的禁锢与约束。颐和园的造景理法中借景的运用主要体现在以下几个方面：

（1）借园外景物

颐和园内西借玉泉山、西山之景与北借红山口双峰之景采用了最为典型的借景手法，为了突出借园外景物的效果，造园者刻意在西堤以西未建置任何大体量建筑，以保证景观视线通道的通透与完整。同时又在东堤与外湖设置知春亭与藻鉴堂两处点景建筑，分别与玉泉山顶的玉峰塔和红山口双峰形成对景，并建立相互垂直的东西与南北对景轴线；另外，昆明湖水将玉泉山南北走向山脉及玉峰塔完整地倒映其中，从视觉映象与视线连接两个方面将园外佳景借入园中，从而构成与万寿山近景相呼应的完整的风景画面。另外，前山山脊西部"湖山真意"之俯借玉泉山；东部昙花阁之俯借圆明、畅春诸园；后山构虚轩、花承阁之隔着林海俯借圆明园到红山口的广阔平畴等等都是很好的借景手法应用实例。

（2）借名胜景物

因借摹拟各地山川名胜的手法在皇家园林营造中屡见不鲜，正所谓"莫道江南风景佳，移天缩地在君怀"。颐和园更无例外，通过比较会发现，颐和园中的昆明湖与杭州的西湖之间；昆明湖西北水域与扬州瘦西湖之间；藻鉴堂的建筑布局与圆明园的"方壶胜境"之间；谐趣园的山水格局与无锡寄畅园之间；后湖的苏州街与江南水乡街市之间都有着一种"似与不似"的关系，而颐和园将这种借山川名胜来摹拟造园的手法发挥得淋漓尽致。

（3）借景言志

无论是承德避暑山庄以及颐和园这样的皇家园林，还是拙政园和留园这样的私家园林，都不是将园林简单的按休闲娱乐空间来处理，而赋予园林以更多的社会政治、文化理念的内容，通过园林的营建起到借景抒怀、托物言志的作用。例如：颐和园的建筑中佛教建筑占有相当大的比重，雄踞前山中央的大报恩延寿寺，后山的"须弥灵境"，这两座佛教建筑在全园景观体系中占有重要作用，一方面借寺庙建筑表达颐和园既是理想中的佛国天堂，另一方面凸现对佛教的重视，以起到稳定社会政治的作用。另外，园中大多景物都有景题，通过对景物的抽象概括，借文字来表达内心的情绪与感悟。因

【圆 明 园】

1. 背景资料

圆明园坐落在北京西郊海淀，与颐和园毗邻。它始建于康熙四十六年（1707年），由圆明、长春、绮春三园组成。三园紧相毗连，通称圆明园。

圆明园占地350hm²（5200余亩），其中水面面积约140hm²（2100亩），有园林景观百余处，曾有建筑面积逾16万m²，是清朝帝王在150余年间创建和经营的一座大型皇家宫苑。它继承了中国三千多年的优秀造园传统，既有宫廷建筑的雍容华贵，又有江南水乡园林的委婉多姿，同时，又吸取有欧洲的园林建筑形式，把不同风格的园林建筑融为一体。圆明园不仅以园林著称，而且也曾是一座收藏相当丰富的皇家博物馆。园中文源阁是全国四大皇家藏书楼之一，阁中曾藏有《四库全书》、《古今图书集成》、《四库全书荟要》等珍贵图书文物。

三园中的圆明园最初是明代的一座私家花园，清初时，康熙皇帝赐给皇四子胤禛（即后来的雍正皇帝）作"赐园"。在康熙四十六年即公元1707年时，园已初具规模。雍正皇帝于1723年即位后，拓展了花园，并在园南增建了正大光明殿和勤政殿以及内阁、六部、军机处诸值房。乾隆皇帝在位60年，对圆明园进行了大量的建设。他除了对圆明园进行局部增建、改建之外，还将长春园、绮春园和圆明园并在一起，形成一个大的离宫别苑。到乾隆三十五年（1770年），圆明三园的格局基本形成。

1.1 圆明园

主要兴建于康熙末年和雍正朝，至雍正末年，园林风景群已遍及全园三千亩范围。乾隆年间，在园内相继又有多处增建和改建。该园的主要园林景观群，有著名的"圆明园四十景"（即正大光明、勤政亲贤、九州清晏、镂月开云、天然图画、碧桐书院、慈云普护、上下天光、杏花春馆、坦坦荡荡、茹古涵今、长春仙馆、万方安和、武陵春色、山高水长、月地云居、鸿慈永祜、汇芳书院、日天琳宇、澹泊宁静、映水兰香、水木明瑟、濂溪乐处、多稼如云、鱼跃鸢飞、北远山村、西峰秀色、四宜书屋、方壶胜境、澡身浴德、平湖秋月、蓬岛瑶台、接秀山房、别有洞天、夹镜鸣琴、涵虚朗鉴、廓然大公、坐石临流、曲院风荷、洞天深处），以及紫碧山房、藻园、若帆之阁、文源阁等处。当时悬挂匾额的主要园林建筑约达600座。

1.2 长春园

始建于乾隆十年（1745年）前后，于1751年正式设置管园总领时，园中路和西路各主要景群已基本建成，诸如澹怀堂、含经堂、玉玲珑馆、思永斋、海岳开襟、得全阁、流香渚、法慧寺、宝相寺、爱山楼、转湘帆、丛芳榭等。其后又相继建成茜园和小有天园。而该园东部诸景（映清斋、如园、鉴园、狮子林），是乾隆三十一年至三十七年大规模增建的，包括西洋楼景区，长春园共占地一千亩。

1.3 绮春园

早先原是怡亲王允祥的赐邸，约于康熙末年始建，至乾隆三十五年（1770年）正式归入御园，定名绮春园。那时的范围尚不包括其西北部。嘉庆四年和十六年，该园的西部又先后并进来两处赐园，一是成亲王永瑆的西爽村，一是庄敬和硕公主的含晖园，经大规模修缮和改建、增建之后，该园始具千亩规模，成为清帝园居的主要园林之一。至此，圆明三园处于全盛时期。嘉庆先有"绮春园三十景"诗，后又陆续新成20多景，当时比较著名的园林景观群有敷春堂、清夏斋、涵秋馆、生冬室、四宜书屋、春泽斋、凤麟洲、蔚藻堂、中和堂、碧享、竹林院、喜雨山房、烟雨楼、含晖楼、澄心堂、畅和堂、湛清轩、招凉榭、凌虚亭等近30处。绮春园宫门，建成于嘉庆十四年（1809年），因它比圆明园大宫门和长春园二宫门晚建半个多世纪，亦称"新宫门"，一直沿用至今。自道光初年起，该园东路的敷春堂一带经改建后，作为奉养皇太后的地方；但园西路诸景，仍一直是道光、咸丰皇帝的园居范围。该园1860年被毁后，在同治年间试图重修时，改称万春园。

圆明园，以其宏大的地域规模、杰出的营造技艺、精美的建筑景群、丰富的文化收藏和博大精深的民族文化内涵而享誉于世，被誉为"一切造园艺术的典范"和"万园之园"。然而，1860年10月，这一世界名园惨遭英法联军野蛮的劫掠焚毁，以后又经历了无数次毁灭和劫掠，一代名园最终沦为一片废墟。

全国解放后，政府十分重视圆明园遗址的保护，先后将其列为公园用地和重点文物保护单位，征收了园内旱地，进行了大规模植树绿化。在十年动乱中，遗址虽然遭到过一些破坏，但总体上还是得到了保护，整个园子的水系山形和万园之园的园林格局依然存在，近半数的土地成为绿化地带。十几万株树木蔚然成林，多数建筑基址尚可找到，数十处假山叠石仍然可见，西洋楼遗址的石雕残迹颇引人注目。尤其是1976年11月正式成立圆明园管理处之后，遗址保护、园林绿化有明显进展，西洋楼一带得到局部清理和整理，整个遗址东半部的园林环境逐年有所改善，来园凭吊游览者有大幅度增加。1983年，经国务院批准的《北京城市建设总体规划方案》，明确把圆明园规划为遗址公园。同年，修复了长春园的东北南三面2300m虎皮石围墙。1984年9月圆明园管理处与海淀乡园内农民实行联合，采取民办公助形式，共同开发建设遗址公园。1984年修整了福海。1985年修整绮春园山形水系，使110hm²范围的山形水系基本恢复原貌，其中水面55hm²。1988年6月29日，圆明园正式向社会开放。

2. 实习目的

（1）熟悉和了解圆明园集锦式的园林布局和园中园的造园手法。

（2）学习圆明园中理水及地形塑造手法。

（3）体会和思考遗址园林的处理方式。

3. 实习内容

3.1 总体布局

在总体布局上，圆明三园采用的是一种园中套园的集锦式布局方式，形成大园含小园，园中又有园的格局，但三园的具体做法又有不同，具有统一而又富于变化的特点。

3.1.1 圆明园

圆明三园中，圆明园采用的是景区、小园林、景点相结合的方式。圆明园共有两大景区：以福海为主体的"福海景区"和以后湖为主体的"后湖景区"。其余地段则分布着为数众多的风景点和小园林。前湖以南的大部分风景点和小园林属于宫廷区范围，后湖以北则为一个庞大的小园林集群。这种布局方式为在广阔的平地上创造丰富多样的园林景观创造了条件。

"福海景区"和"后湖景区"各有不同的格调，福海景区以辽阔开朗为特点，后湖景区以幽静为特点。

福海水面近于方形，宽度约六百米，中央三个岛上设风景点"蓬岛瑶台"。河道环绕于海的外围，有宽有窄，有分有合，通过十几个水口沟通福海水面。这些水口将漫长的岸线分为大小不等的十个段落，其间间置各式桥梁点缀联系，既消除了岸脚的僵直呆板，又显示了水面的源远流长。这十个段落实际相当于环列福海周围的十个不同形式的洲岛。岛上的堆山把中心水面的开阔空间和四周的河道隔开，以便于临水面的地段布列风景点，充分发挥它们"点景"和"观景"

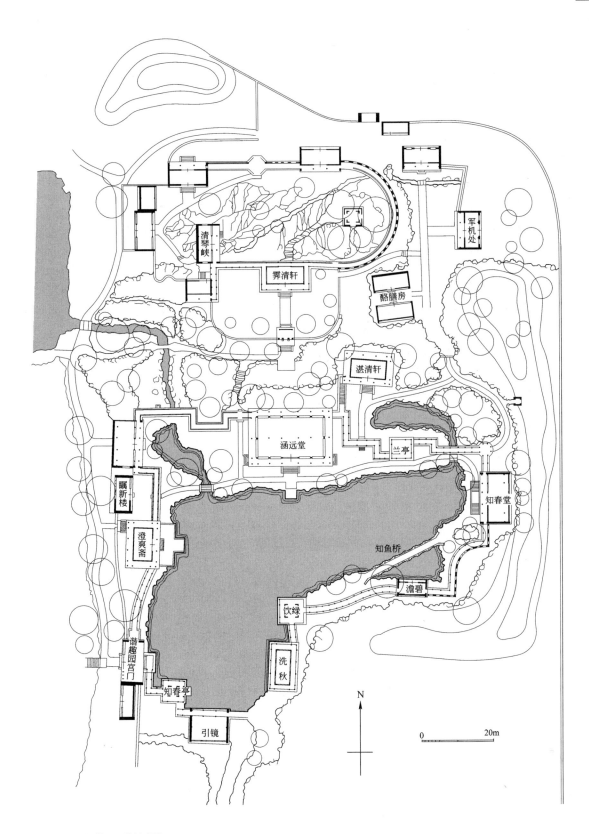

谐趣园平面图(摹于《颐和园》)

此，"借景言志"成为古代园林营造中重要的理景手法。

3.3 主从调控

颐和园作为大型的皇家宫苑，不仅需要突出局部景点的主从关系，同时在全园总体布局上，同样需要通过地形的变化、建筑空间尺度的调整等方法，以起到对全园景观的控制作用。例如颐和园中万寿山前山，面南向阳，濒临前湖，视野开阔，是全园各景点最重要的观赏面。因此，在前山形成一个庞大的景点集群。同时，万寿山的高度与昆明湖的广度将成为全园造景中利用最为核心的内容，也必然成为全园的构图中心，万寿山上的主体建筑佛香阁置于全园主轴之上，阁为八角形三层四檐大阁，高达41m，建筑体量同万寿山与昆明湖规模相当，给人以厚重、稳定之感，与前山建筑群及全园的其他景物形成了强烈的主从关系，起到统领全园各景点的调控作用，以避免全园结构的松散与凌乱。因此，园林营造中对主体空间尺度的把握，对主景与次景之间关系的调控等环节对于景观体系的构建与完善将起到主导作用。

4. 实习作业

（1）草测颐和园知春亭的平面、立面。

（2）草测苏州街局部，需体现建筑、水体、驳岸、植物等要素关系。

（3）草测谐趣园平面，并与无锡寄畅园进行对比。

（4）自选园林空间处理佳处，速写四幅。

（5）论述颐和园总体空间布局的特点。

（6）系统总结颐和园及周边水系的关系及园中理水做法。

（7）整理并总结颐和园全园游览路线的组织。

（魏　民编写）

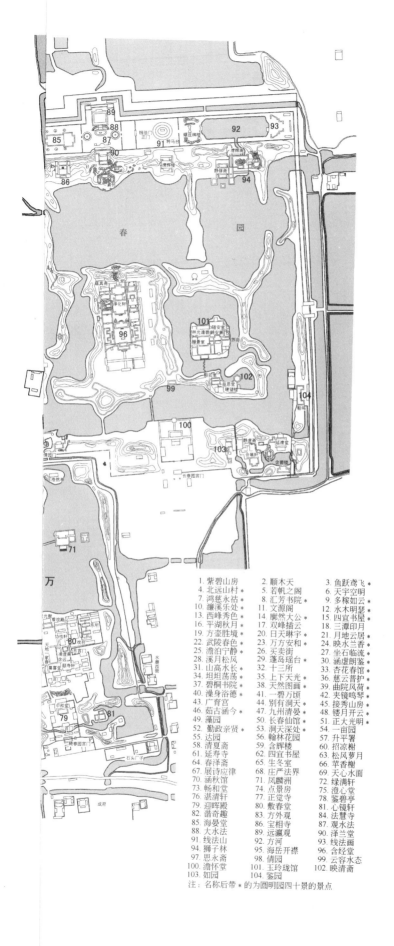

1. 紫碧山房　2. 顺木天　3. 鱼跃鸢飞*
4. 北远山村*　5. 若帆之阁　6. 天宇空明
7. 鸿慈永祜*　8. 汇芳书院*　9. 多稼如云*
10. 濂溪乐处*　11. 文源阁　12. 水木明瑟*
13. 西峰秀色*　14. 廊然大公*　15. 四宜书屋
16. 平湖秋月*　17. 双峰插云　18. 三潭印月
19. 方壶胜境*　20. 日天琳宇*　21. 月地云居*
22. 武陵春色*　23. 万方安和*　24. 映水兰香*
25. 澹泊宁静*　26. 买卖街　27. 坐石临流*
28. 溪上松风　29. 蓬岛瑶台*　30. 涵虚朗鉴*
31. 山高水长*　32. 十三所　33. 杏花春馆*
34. 坦坦荡荡*　35. 上下天光*　36. 慈云普护*
37. 碧桐书院*　38. 天然图画*　39. 曲院风荷*
40. 澡身浴德*　41. 一碧万顷　42. 夹镜鸣琴*
43. 广育宫　44. 别有洞天*　45. 接秀山房*
46. 茹古涵今　47. 九州清晏*　48. 镂月开云*
49. 藻园　50. 长春仙馆*　51. 正大光明*
52. 勤政亲贤*　53. 洞天深处*　54. 一亩园
55. 达园　56. 翰林花园　57. 升平署
58. 清夏斋　59. 含辉楼　60. 招凉榭
61. 延寿寺　62. 四宜书屋　63. 松风萝月
64. 春泽斋　65. 生冬室　66. 苹香榭
67. 展诗应律　68. 庄严法界　69. 天心水面
70. 涵秋馆　71. 凤麟洲　72. 绿满轩
73. 畅和堂　74. 点景房　75. 澄心堂
76. 湛清轩　77. 正觉寺　78. 鉴碧亭
79. 迎晖殿　80. 诺奇趣　81. 心镜轩
82. 诺奇趣　83. 方外观　84. 法慧寺
85. 海晏堂　86. 宝相寺　87. 观水法
88. 大水法　89. 远瀛观　90. 泽兰堂
91. 线法山　92. 方河　93. 线法画
94. 狮子林　95. 海岳开襟　96. 含经堂
97. 思永斋　98. 倩园　99. 云容水态
100. 澹怀堂　101. 玉玲珑馆　102. 映清斋
103. 如园　104. 鉴园

注：名称后带 * 的为圆明园四十景的景点

的作用。

后湖景区湖面约二百米见方，隔岸观赏恰好在清晰的视野范围内。沿湖环列的岛屿上布置了九处风景点、小园和建筑群，既突出各自的特色，又能够彼此成景，挖湖堆成的小山形成各种幽闭的小环境，创造出更深远的空间效果。

在平面上，圆明三园中，圆明园的主轴线最为突出，而强调了圆明园与其他附园的主从关系。圆明园的主轴线包括宫廷区和向北延伸的前湖、后湖景区，是三园中的重点。圆明园中"宫廷区"相对独立于广阔的"苑林区"之前，紧接着圆明园的正门，"外朝"在前，"内寝"在后。"外朝"一共三进院落，第一进为大宫门，第二进为二宫门，第三进为正殿"正大光明殿"，是皇帝临朝的地方。正大光明殿直北，前湖的北岸坐落着"九州清晏"一组大建筑群，连同其东西两旁的若干建筑群是为帝、后、嫔妃居住的地方，也就是宫廷区的"内寝"。

宫廷区的建筑布局是仿照紫禁城中轴线左右对称的格式，自南而北形成一个空间系列。它在皇帝园居期间代替紫禁城的职能而成为北京的政治中心。

在"宫"与"苑"的分置这种清代离宫型皇家园林的方式上，圆明园中则把宫廷区这个规整而有节奏的空间序列所形成的中轴线再往北延伸直达苑林区腹心的后湖。这条中轴线南起影壁，北至后湖北岸的"慈云普护"，全长820米。它突出了皇权的尊严，同时也强调了圆明园的主园地位。但是，作为园林建筑，这个宫廷区的建筑物屋顶普遍用青灰瓦代替黄琉璃瓦，庭院内栽植花树，点缀山石，使得它具有更多的庭院气息。中轴线愈往北则园林的意味愈浓郁，逐渐地与苑林区的山水环境相衔接。

3.1.2 长春园

长春园采用的是一个大景区和一个小景区，结合若干小园林和风景点组合在一起的方式。中南部的大景区是长春园的主体，利用洲、岛、桥、堤将大片水面分割为若干不同的形状，有聚有散而彼此通透。建筑的布局也比圆明园疏朗一些，中央大洲上布置有园内最大的建筑群"淳化轩"。它与隔湖北岸的"泽兰堂"成对景，构成一条不很突出的主轴线，贴合了附园的身份。长春园中的风景点大都因水成景，水域宽度在一二百米之间，隔岸观赏时，都有清晰的视野。长春园北部的小景区是指欧式宫苑——西洋楼，它是由当时在北京的几位欧洲籍天主教教士设计监造的，是指一个百米宽的狭长地带，包括海晏堂、观水法、谐奇趣等景点，西洋楼景区的面积不及长春园的十分之一，而且还以墙垣相隔离，这样做的目的是保持风格上的独立，不影响长春园的总体格调。

3.1.3 绮春园（万春园）

绮春园原来是许多独立的赐园和私园，合并之后经过规划调整，通过水系和在枢纽部位安排风景点的方式组合成为一个整体，内部保持彼此有机的联系，布局上不拘泥于一定的章法，相比圆明、长春二园，则更显得自由灵活，更富有水村野居的自然情调。

圆明三园中各包含着为数众多的"园中之园"，小园林占地大约为圆明园总面积的一半，散布在三园之中，它们大多以景点的方式出现，构成了圆明三园的细胞，形成了小园集群，有一种"众星拱月"的效果。这些小园林取材极为广泛，大部分小园林都能利用叠山理水所构成的局部地貌与建筑的院落空间穿插而求得多样变化的形式。这些小园林之间有曲折的水系和道路相联络，而对景、泄景、透景、障景的安排也构成一种无形的联系。通过这些有形的联络和无形的联系，很自然地引导人们从一处景观走向另一处景观，形成多样化的园景"动观"效果，创造出丰富的自然和文化景观。

3.2 风景园林建筑

圆明三园的建筑布局是采取了大分散、

小集中的方式，把绝大部分的建筑物集中为许多小的群组，安排在全园之中，满足宫苑园林的各种要求。这些建筑中，一部分具有特定的使用功能，如宫殿、住宅、庙宇、戏楼、藏书楼、陈列馆等，大量的则是供一般宴饮游憩的园林建筑。

圆明三园中建筑的个体尺度一般较外间同类型建筑要小一些，形象小巧玲珑，千姿百态，突破了官式规范的束缚，广征博采北方和江南的民居，出现了很多罕见的平面形状，如眉月形、卍字形、工字形、书卷形、口字形、田字形以及套环、方胜等，除少数殿堂外，建筑外观朴素典雅，少施彩绘，因此，建筑与园林的自然环境十分协调。而室内的装饰装修和陈设却富丽堂皇，以适应于帝王宫廷生活的需要。

圆明三园中的建筑群体组合更是极尽变化的能事，园内的一百多组建筑群无一雷同，但都以院落的格局作为基本的格调，把中国传统院落布局的多变性发挥到极致，这些建筑群分别与那些自然空间的局部山水地貌和树木花卉相结合，从而创造出一系列丰富多彩、性格各异的园林景观。

清帝为了追求多方面的乐趣，在长春园北界还引进了一区欧式园林建筑，俗称"西洋楼"，由谐奇趣、养雀笼、蓄水楼、海晏堂、远瀛观、方外观六栋建筑和三组大型喷泉和若干庭园组成。于乾隆十二年（1747年）开始筹划，至二十四年（1759年）基本建成。由西方传教士郎世宁、蒋友仁、王致诚等设计指导，中国匠师建造。建筑形式是欧洲文艺复兴后期"巴洛克"风格，造园形式为"勒诺特"风格。但在造园和建筑装饰方面也吸取了我国不少传统手法。

谐奇趣：乾隆十六年秋建成的第一座建筑，主体为三层，楼南有一大型海棠式喷水池，设有铜鹅、铜羊和西洋翻尾石鱼组成的喷泉。楼左右两侧，从曲廊伸出八角楼厅，是演奏中西音乐的地方。

海晏堂：西洋楼最大的宫殿。主建筑正门向西，阶前有大型水池，池左右呈八字形排引有十二只兽面人身铜像（鼠、牛、虎、兔、龙、蛇、马、羊、猴、鸡、狗、猪，正是我国的十二个属相），每昼夜依次辍流喷水，各一时辰(2小时)，正午时刻，十二生肖一齐喷水，俗称"水力钟"。这种用十二生肖代替西方裸体雕像的精心设计，是一件洋为中用，中西结合的杰作。

大水法：西洋楼最壮观的喷泉。建筑造型为石龛式，酷似门洞。下边有一大型狮子头喷水，形成七层水帘。前下方为椭圆菊花式喷水池，池中心有一只铜梅花鹿，从鹿角喷水八道；两侧有十只铜狗，从口中喷出水柱，直射鹿身，溅起层层浪花，俗称"猎狗逐鹿"。大水法的左右前方，各有一座巨大的喷水塔，塔为方形，十三层，顶端喷出水柱，塔四周有八十八根铜管，也都一齐喷水。当年，皇帝是坐在对面的观水法，观赏这一组喷泉的，英国使臣马戛尔尼、荷兰使臣得胜等，都曾在这里"瞻仰"过水法奇观。据说这处喷泉若全部开放，有如山洪暴发，声闻里许，在近处谈话须打手势，其壮观程度可想而知。

西洋楼景区，整个占地面积不超过圆明三园总占地面积的五十分之一，只是一个很小的局部而已。但它却是我国成片仿建欧式建筑与园林的一次成功尝试。这在我国园林史上，在东西方园林交流史上，都占有重要地位。

3.3 理水与地形塑造

圆明三园的水源主要来自万泉庄的泉水。万泉庄在海淀镇的西南，泉眼多，出水旺盛，水流经由畅春园过挂甲屯北流，从宫墙的西北闸导入园内，再结合园内泉眼而构成一个水系，顺自然坡势自西向东流，再从宫墙的东北角的闸口流出园外，汇入清河。

圆明三园都是以水景为特色的园林，人工开凿的水面占全园面积的一半以上。园林造景大部分是以水面为主题，因水成趣，具有统一的基调。

圆明三园的水面，是一种大中小相结合的格局。大水面如广阔的福海，宽度达六百余米。中等水面如后湖宽二百米左右，具有较亲切的尺度。其余众多的小水面宽度均在四五十米至一百米之间，是水景近观的小品。回环萦流的河道把这些大小水面串联为一个完整的河湖水系，构成全园的脉络和纽带，在功能上提供了舟行游览和水路供应的方便。

圆明园是在平地上造园，为了营造理想的山水格局，除了进行挖湖以营造水体外，还结合挖湖的土方堆砌了许多土冈丘陵，这些叠石而成的假山，聚土而成的冈、阜、岛、堤散布于园内，它们与水系相结合，把全园划分成山复水转，层层叠叠的近百处自然空间。每个空间都经过精心的艺术加工，出于人为的写意而又保持着野趣的风韵，宛似天然美景的缩影。这整套堆山和河湖水系所形成的地貌景观，是对江南水乡的全面而精练的再现。这种堆山理水的手法，为圆明园的建设创造了一个理想的山水地貌。

3.4 植物配置

圆明三园的植物配置和绿化情况已无从详考，但以植物为主题而命名的景点不少于150处，约占全部景点的六分之一。它们或取之树木的绿荫、苍翠，或取之花草的香艳、芬芳，或直接冠以植物之名称。有不少景点是以花木作为造景的主要内容，如杏花春馆的文杏、武陵春色的桃花、镂月开云的牡丹、濂溪乐处的荷花、天然图画的竹林、洞天深处的幽兰、碧桐书院的梧桐、自得轩的紫藤、淳化轩的梅花等。

圆明园中的植物品种也十分丰富，嘉庆年间颁布的《圆明园内工则例》中，收录有80种花卉，园中植物十分茂盛，据史料记载，"所有的山冈上栽满了树木花草。"不少移自南方的花木经过培育，也在这里繁殖起来。蓊郁的植物，四时不断的鲜花，潺潺的流水，鸟语虫声，共同营造了一个宛若大自然的生态环境。

3.5 造景主题

圆明三园，无论整体或局部，凡能成"景"的，一般均有明确的主题，或者事先拟订，或者事后附会，但都借助于"题景"、"匾"、"联"、"碑刻"等种种形式，以文字的隐喻比兴手法而标示出来，犹如绘画之题跋一样，起到点题的作用，可以加深游人对园林景观的理解，从而更多地激发游人的鉴赏情趣，创造出园林意境，增强园林艺术的感染力。

圆明三园共150余景，造景取材十分广泛，归纳起来，可以分为五类：

(1)模拟江南风景的意趣，这是大多数，如"四十景"的"坦坦荡荡"，是模仿自杭州的玉泉观鱼；"慈云普护"，是天台风致的缩写；"坐石临流"，是仿自绍兴的兰亭等等，不一而足。(2)借用前人的诗画意境。如"夹镜鸣琴"，取自李白两水夹明琴的诗意，"蓬岛瑶台"，是仿李思训仙山楼阁画意，"武陵春色"，是仿陶渊明《桃花源记》中描述的场景等等。(3)再现江南的园林景观。这主要是由于乾隆皇帝对江南园林浓厚的兴趣并以它们作为圆明园建设的参考，使圆明园中许多小园林具有浓郁的江南气息。圆明园中安澜园，长春园中的小有天园、狮子林、如园即分别模仿当时的江南名园海宁安澜园、杭州小有天园、苏州狮子林和南京的瞻园。这种仿建追求的是神似，而不是拘泥于形似，是一种艺术上的再创造。(4)象征传说中的神仙境界。由仙山之说而形成的"一池三山"格局，在福海及其中三岛布列的形式，可以体现出这一点。(5)寓意封建统治的思想意识，包括君权意识、伦理道德观念等等。如"禹贡九州"，反映的就是封建帝王"溥天之下，莫非王土"的统治思想。"鸿慈永祜"标榜孝行，"涵虚朗鉴"、"茹古涵今"歌颂帝王德行修养等。

这些包罗万象的造景主题，充分体现了皇家园林中封建帝王"万物皆备于我"的理想，其中大部分是中国传统文化在园林艺术中的反映，运用这种方式，也体现了文化造园的艺术魅力。

圆明园目前是一个遗址性质的公园，是进行爱国主义教育的基地，圆明园的未来如何保护和建设，是一个各界都十分关注的问题，它仍然吸引着各界的目光，值得我们去思考和探索。

4. 实习作业

（1）草测3~4处遗址单元的山水骨架，总结圆明园山水空间关系的处理手法，并比较圆明园与颐和园在理景手法上的异同。

（2）远瀛观、观水法遗址等处速写3~4幅。

（张红卫 编写）

【北　　海】

1. 背景资料

北海公园位于今北京城的中心地区，东临景山和紫禁城，西接元代兴圣宫和隆福宫遗址，南面与中南海一桥之隔，北面濒临什刹海。北海公园的面积为 68.2hm^2，其中水面约占 38.9hm^2，岛屿占 6.6hm^2，是中国现存历史最悠久、世界上保存最完整的皇城宫苑园林之一，素有人间"仙山琼阁"之美誉。

北海的建设源于一个古老的神话：据说，浩瀚的东海上有三座仙山，叫作蓬莱、瀛洲、方丈；山上住着长生不死的神仙。秦始皇统一中国后，派方士徐福前往东海寻找不死药，可一无所获。到了汉朝，汉武帝也做起了长生不老之梦，可寻找仍然没有结果，于是下令在长安北面挖了一个大水池，名"太液池"，仿效秦始皇的做法，在池中堆起三座假山，分别以蓬莱、瀛洲、方丈三仙山命名，成为历史上第一座具有完整的三座仙山的皇家园林。从此以后，"一池三山"遂成为历来仙苑式皇家宫苑的主要模式。北海采取的正是这种形式——北海象征"太液池"，"琼华岛"是蓬莱，原在水中的"团城"和"犀山台"则象征瀛洲和方丈。园中有"吕公洞"、"仙人庵"、"铜仙承露盘"等许多求仙的遗迹。

北海的历史可以上溯到 800 多年前的辽、金时代。自辽代开始就在北海建琼屿行宫；金代又以北海琼华岛为中心建太宁宫；元代又以太宁宫为基础，建元大都及三宫建制；明清两代也对北海进行了大规模的建设，使北海在近千年的历史中形成了独特的景致，也积累了丰富的文化内涵。全园以神话中的"一池三山"(太液池、蓬莱、方丈、瀛洲)构思布局，形式独特，富有浓厚的幻想意境色彩。

1900 年八国联军侵占北京，北海遭到严重破坏。辛亥革命后的 1925 年 8 月，北海被辟为公园向游人开放，但因管理不善逐渐荒芜，到中华人民共和国成立前夕已成为一处杂草丛生、污泥淤积的荒园了。中华人民共和国成立后，北海公园被列为国家重点文物保护单位，并疏浚三海、修整建筑、增加设施，使北海更加绚丽多姿，成为人民休息游览的胜地。1961 年被国务院公布为第一批全国重点文物保护单位，成为首都中心区的重要游览胜地。1987 年，北海被评为北京新十六景之一。

2. 实习目的

(1) 了解北海的历史沿革，熟悉其创建历史及其在中国古典园林中所处的历史地位。

(2) 通过实习，掌握北海的整体空间布局及重点景区的造景手法。

(3) 将北海与其他皇家园林作横向对比，归纳总结其异同点，掌握其主要的造园特点。

(4) 通过实习，掌握皇家园林的造园特点。

3. 实习内容

3.1　空间布局

北海全园可分为团城、琼华岛、北海东岸、北岸、西岸五个部分。名胜古迹众多，著名的有琼华岛、永安寺、白塔、静心斋、阅古楼、画舫斋、濠濮间、五龙亭、九龙壁等。有燕京八景之一的"琼岛春阴"。

3.1.1　团城

团城在北海的南侧，北海与中海之间，距今已有 800 多年的历史，城墙高 4.6m，周长 276m，面积 4553m^2，是一座独具风格的圆形城垛式古老建筑。团城四周风光如画，苍松翠柏，碧瓦朱垣。

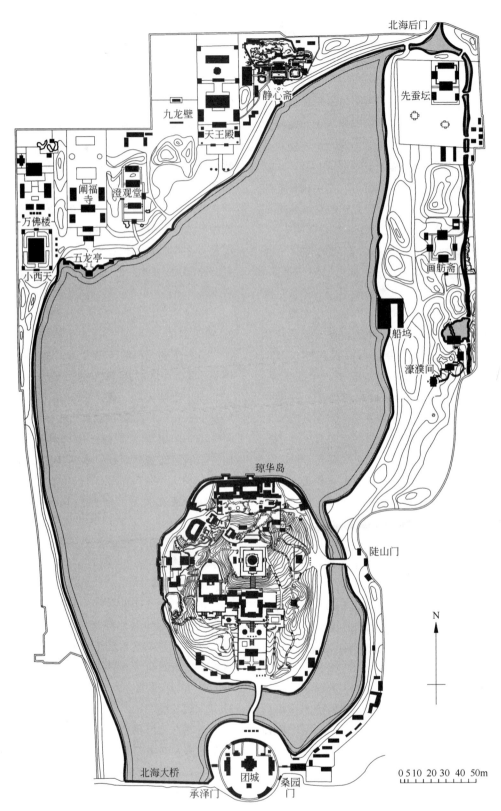

北海平面图(摹自《中国古典园林史》)

团城原是太液池中的一个小岛，金代为大宁宫的一部分，元代称圆坻，亦称瀛洲。元朝至元元年(1264年)在其上建仪天殿。明永乐十五年(1417年)明成祖朱棣重修仪天殿，改名承光殿。台上四周砌有城垛垛口，面积约4500m²，周长276m。清康熙八年(1669年)承光殿毁于地震。康熙二十九年(1690年)重建，乾隆十一年(1746年)扩建，形成现在的规模。建国后，党和政府对团城进行多次修缮，团城1961年与北海一起被国务院列为全国重点文物保护单位。

团城东西两边各有一门，东边是昭景门，西边叫衍祥门(现封闭)。团城上建筑按中轴线对称布置，其中心建筑为承光殿，这是一座重檐歇山正方形大殿，四方各推出单檐卷棚式抱厦一间，构成了一个富有变幻的十字形平面。承光殿两侧有东庑和西庑，后面东侧有古籁堂和朵云亭，西侧有余清斋、泌香亭、钟澜亭。殿后还有敬跻堂。团城庭院中央有座蓝顶白柱的玉瓮亭，亭内存放一厚重古朴、气势雄浑的玉瓮，是宋末元初时的重要文物和雕刻精品。

团城上有山石、古树、殿亭和廊庑，殿宇堂皇别致，松柏苍劲挺拔。城上的古松古柏树龄都已有七八百年，其中一棵古油松，胸径3m以上。据《天府广记》中记述，团城"昔有古松3株，枝干槎丫……如龙奋爪……金元旧物也，今止存其一。"该树树姿平展奇特，其形如伞，传说当年乾隆帝见其树荫广大，凉风习习，封此树为"遮荫侯"，相传为金代所植，至今已经有800多年，枝叶仍苍翠茂盛，树高20余米，顶圆如盖。是全国惟一一棵被皇帝封有爵位的古树。另外有一棵白皮松也特别值得一提，也为金代所植，树冠高达30余米，白干周长达5.1m，它有一个雄伟的名字——"白袍将军"，此名为清乾隆皇帝所封。

3.1.2 琼华岛

琼华岛在北海公园太液池中，是公园的中心。面积6.5hm²，山高32.8m，周长1913m，是1179年用挖湖的土堆积而成，是按照神话仙境的意图设计出来的，被喻为"海上蓬莱"。岛上建筑、造景繁复多变，堪称北海胜景。南部以佛教建筑为主，永安寺、正觉殿、白塔，自下而上，高低错落，其中尤以高耸入云的白塔最为醒目；西部以悦心殿、庆霄楼等系列建筑为主，另有阅古楼、漪澜堂、双虹榭和许多假山隧洞、回廊、曲径等建筑。岛上苍松翠柏，绿荫葱茏，各类建筑精美，高低错落有致，掩映于树木和层殿中。乾隆手书"琼岛春阴"石碑，立于绿荫深处，为"燕京八景"之一。

琼华岛的南坡是一组布局对称均齐的山地佛寺建筑群——永安寺。山门位于南坡之麓，其后为法轮殿。殿后拾级而上，平台左右分列二亭。倚山叠石为洞，太湖石相传为金代移自艮岳的太湖石。再拾级而登临大平台，院落一进，正殿普安殿。前殿正觉殿，左右二配殿。普安殿后石蹬道之上为善因殿，殿后即山顶之白塔。琼华岛的相对高度为33.4m，白塔的高度为35.9m。因此白塔从平地算高度有七八十米，高踞顶颠。白塔建于清代顺治八年(1651年)，当时顺治皇帝接受了西域喇嘛恼木汗的请求，在原来广寒殿旧基上建筑了藏式白塔，并在塔前修建了白塔寺，自此北海白塔就成为了国家统一和民族和睦的象征。

西坡地势陡峭，建筑物的布置依山就势，配以局部的叠石而显示其高下错落的变化趣味。琼华岛西坡的建筑体量比较小，布局虽有中轴线但更强调因山构室及高下曲折之趣，正如乾隆在《塔山西面记》一文中所说："室之有高下，犹山之有曲折，水之有波澜。故水无波澜不致清，山无曲折不致灵，室无高下不致情。然室不能自为高下，故因山以构室者其趣恒佳"。这里是更着重在创造山地园林的气氛，其所表现的景观格调，与南坡不同。

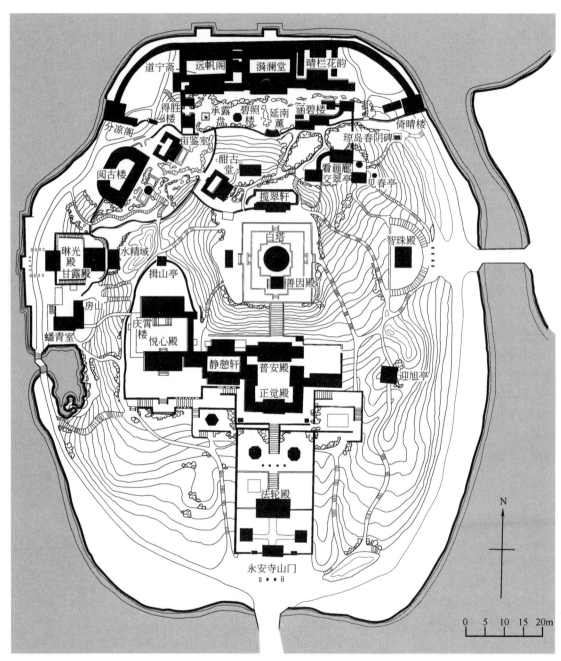

琼华岛平面图(摹自《中国古典园林史》)

北坡的景观又与南坡、西坡完全不同。北坡的地势下缓上陡,因而这里的建筑也按地形特点分为上下两部分。上部的坡地大约有三分之二是用人工叠石构成的地貌,起伏变化,赋予这个局部范围内以崖、岫、冈、嶂、壑、谷、洞、穴的丰富形象,具有旷奥兼备的山地景观的缩影。它与颐和园万寿山前山中部的叠石同为北方叠石假山的巨制,但艺术水平则在后者之上,尤其是那些曲折蜿蜒的石洞。洞内怪石嶙峋,洞的走向与建筑相配合,忽开忽合,时隐时现,饶有趣味,独具匠心。这部分坡地上的建筑物的体量比较小，分散成组，各抱地势随宜布置；靠西的酣古堂是幽邃的小庭院，堂之东侧倚石洞，循洞而东为写妙石室，往南抵白塔之阴为揽翠轩；这一带"或石壁，或茂林，森峙不可上"，是以山林景观为主，建筑比较隐蔽。延南熏的东面为涵碧楼，沿爬山廊向下为嵌岩室，折向西为小亭一壶天地。山坡转西在阅古楼之后有长方形小池，池上跨六方形的桥亭烟云水态。池之西为亩鉴泉朴室三间，后临方池。从西坡甘露殿之后照殿水精域内的古井引来活水，蜿蜒流于山石之间，经烟云水态亭下再注入方池之中。过此则伏流不见，往北直到承露盘侧的小昆丘为瀑布水濑，沿溪赴壑汇入北海。这一路小水系有溪、有涧、有潭、有瀑、有潺潺水音、有伏流暗脉，构成北坡的一处精巧的山间水景。承露盘以东是一组山地院落建筑群：得性楼、延佳精舍、抱冲室、邻山书屋，"或一间，或两架，皆随其宛转高下之趣"。山坡的东边，交翠亭与盘岚精舍倚山而构，这两座建筑之间以爬山廊"看画廊"相连接，室内通达石洞，凭栏可远眺北海及其北岸之景，是一处既幽邃又开朗的山地小园林。

东坡的景观则又有所不同，以植物之景为主，建筑比较稀少。自永安寺山门之东起，一条密林山道纵贯南北，松柏浓荫蔽日，颇富山林野趣。东坡的主要建筑物是建在半圆形高台"半月城"上的智珠殿，坐西朝东。这里曲径回转，古树参天，环境幽静。人们站在殿前东眺，可见景山五亭错落排列，气势非凡。它与其后的白塔、其前的牌楼波若坊和三孔石桥构成一条不太明显的轴线。从半月城上可远眺北海东岸、钟鼓楼及景山之借景。南面有小亭翼然名慧日亭，北面为见春亭一组小园林及"琼岛春阴"碑。

3.1.3 北海东岸

东岸自南向北依次有濠濮间、画舫斋、先蚕坛。

濠濮间位于北海东岸小土山北端，北面

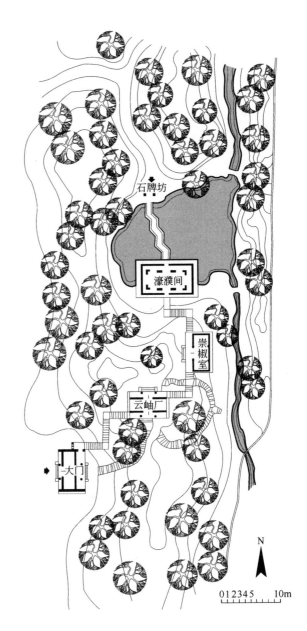

濠濮间平面图(摹自《中国古典园林史》)

邻近"画舫斋"一院，基地狭长，占地面积约6500m²，仅一门、一堂、一室、一榭、一桥、一牌坊，却有"两三间曲尽春藏，一二处堪为避暑"之意。明代嘉靖十三年(1534年)在此初建凝和殿。乾隆二十二年(1757年)增建成北海的园中之园。四面古松葱郁、遮天蔽日，来自北面先蚕坛的浴蚕河水经画舫斋缓缓流入，曲桥、水池、山石、回廊，回旋于咫尺之间，景色清幽深邃。

濠濮间石坊往北走，穿过蜿蜒于山冈之中的小路，可达画舫斋，它原是皇帝行宫，门前一带曾是练习弓箭的地方。清代常有名画家进园作画，又因该斋外形像一只浮在水面的船舫，故称画舫斋。画舫斋建于清乾隆二十二年(1757年)，是一组多进院落的建筑群，隐藏于土石山林之中。前院春雨林塘，院内土山仿佛丘陵余脉未断。过穿堂进入正院，正厅为前轩后厦的画舫斋，坐北朝南，以水池为中心，南为春雨林塘殿，东西分别是镜香、观妙室，四面环绕回廊，构成一处幽深的水庭。画舫斋后的小庭院土山曲径，竹石玲珑。西北角院落为小玲珑，东北为小巧精致的古柯庭，粉墙漏窗，曲廊回抱，具有江南小庭园的情调。庭前古槐一株，相传为辽、金时代所植。画舫斋布局紧凑，建筑精巧，雕梁画栋，是北海的园中之园。这个景区的四部分自南而北依次构成山、水、丘陵、建筑的序列。游人先登山，然后临水渡桥，进入冈坞回环的丘陵，到达建筑围合的宽敞水庭，最后结束于小庭院。这是一个富于变化之趣、有起结开合韵律的空间序列，把自然界山水风景的典型缩移与人工的建置交替地展现在大约三百余米的地段上，构思巧妙别致。

画舫斋之北，有一座碧瓦红墙大院，便是"蚕坛"。"蚕坛"，又称"先蚕坛"，与天坛、地坛、祈谷坛、朝日坛、夕月坛、太岁坛、先农坛和社稷坛合称北京九坛。先蚕坛内有方形的蚕坛、桑树园，以及养蚕房、浴蚕池、先蚕神殿、神厨、神库、蚕署等建筑，占地约1.7hm²，是清代后妃们祭蚕神的地方。在靠天吃饭的农业社会中，祭祀便是祈求上天保佑的传统典礼。每年春季第二个月的巳日，都要在蚕坛举行先蚕之礼。现在，先蚕坛除了蚕殿仍然完好外，其他建筑已荡然无存。

3.1.4 北海北岸

北岸由东往西依次为静心斋、西天梵境、九龙壁、澄观堂、阐福寺、小西天等。

北海北岸新建和改建的共有六组建筑群，它们都因就于地形之宽窄，自东而西随宜展开。利用其间穿插的土山堆筑和树木配置，把这些建筑群作局部的隐蔽并且联络为一个整体的景观。因此，北岸的建筑虽多却并不显堵塞。

静心斋原名镜清斋，占地约4700m²，也是一个典型的"园中之园"，历来以园中园之精品著称。静心斋建成于乾隆二十三年(1758年)，原为太子读书之处，后来因乾隆帝也常在这里养性，故又称乾隆小花园。它的正门与琼华岛隔水相望，四周有短墙环绕，南面为透孔花墙，可远观岛上的景致。斋内亭台楼阁围绕着荷池构建，四周堆叠太湖石景，颇为壮观。静心斋平面很不规则，南北进深约110m，东西宽约70m。地势西北高，东南低。由四组大小不一、形状各异、各具特色的庭院组成，空间穿插渗透，层次变化极其丰富，是园中园空间构成中较为复杂的一种类型。园林的主要部分在北边，这是一个以假山和水池为主的山池空间，也是全园的主景区。它的南面和东南面则分别布置着四个相对独立的小庭院空间。这四个空间以建筑、小品分隔，但分隔之中有贯通，障抑之下有渗透，由迂回往复的游廊、爬山廊把它们串联为一个整体。山池空间最大，但绝大多数建筑物则集中在园南部四个小庭院，作为山池空间主景的烘托。山池空间是静心斋的第二进院落，全园的主院落。周围游廊及随墙爬山廊一圈，中心大手笔的叠山理水，成为院落造景的核心。正厅静心斋后厦北向临水，凸入池中，池北堆筑假山，嶙峋跌宕。由于这个景区地段进深过浅，因而又因地制宜运用增加层次的方法来弥补地段的缺陷：跨水建"沁泉廊"水榭将水池分为两个层次，与正厅、园门构成一条南北中轴线。池北的假山也分为南北并列的北高南低的两重，与水池环抱嵌合，形成了水池的两

[北方实习]·北海

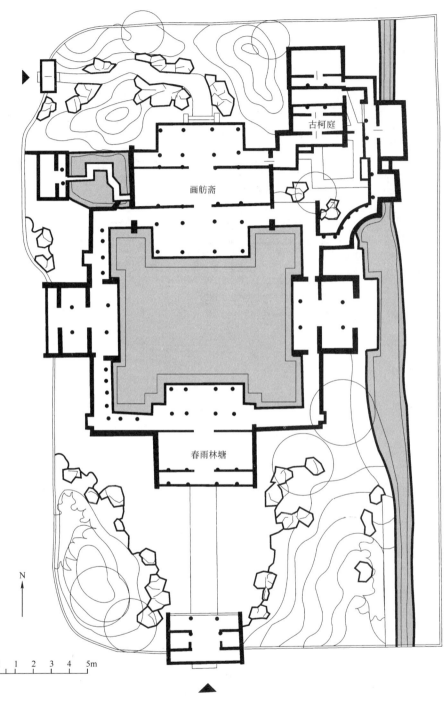

画舫斋平面图(摹自《中国古典园林史》)

个层次以外的山脉的两个层次。通过这种多层次既隔又透的处理，景区的南北进深看起来深远很多，这也是此院落设计最成功的地方。假山的最高处在西北，山的主脉与水体相配合，蜿蜒直达东南面的小庭院"罨画轩"，形成西北高、东南低的地貌。西南的余脉回抱成一突起的冈峦，这是为了与主脉相呼应以实体填补西南角的空虚，同时也增

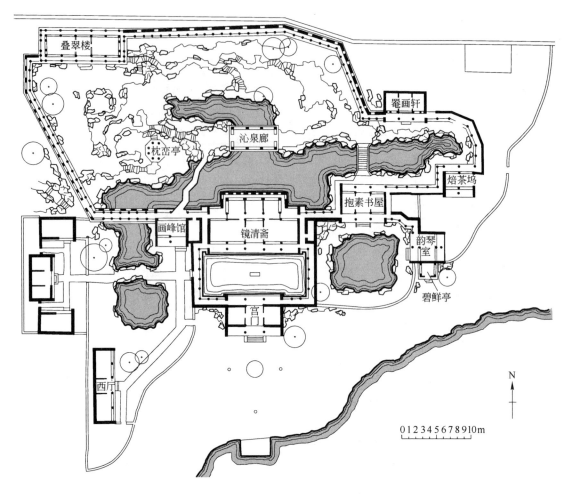

静心斋平面图(摹自《中国古典园林史》)

加景区东南向的层次感。假山全部用太湖石叠造，北面倚宫墙，挡住了墙外的噪声，保证园内环境的安静。山的西北高，则又在一定程度上为园林创造了冬暖夏凉的小气候条件。山的南北两重之间宛如峭壁，形成贯穿东西的一条深谷，也作为沟通景区东、西的山道，对外能表现层次感，对内则加强山地景观的气势。整组假山于博大峻厚中又体现了婉约多姿。主景区内的建筑不多，但与山水的结合关系却处理得很好。沁泉廊作为景区的构图中心，与正厅静心斋对应构成南北向的主轴线。西北角假山的最高处建两层的叠翠楼作为景区的制高点，楼与爬山廊相结合实为冬天防御西北寒风的屏障。从爬山廊登叠翠楼，还有山石砌筑的户外楼梯。登临楼上，不但可俯瞰静心斋全貌。而且极目远眺，太液秋波、琼岛春阴、景山秀色、西天梵境，尽收眼底，借景入院。西南冈峦上有八方小亭翼然个笠，称"枕峦亭"，坐在亭中，居高临下，目观四面八方的山水景色，耳听水声、树声、风声、鸟语蝉声，另有一番情趣。枕峦亭与叠翠楼成犄角呼应之势，又与东面的汉白玉小石拱桥成对景，从而构成东西向的次轴线。这主次两条轴线就是控制全园总体布局的纲领。园内另外三个小庭院罨画轩、抱素书屋、画峰室，均以水池为中心，山石驳岸，厅堂、游廊、墙垣围合，但大小、布局形式都不相同。各抱地势，不拘一格。它们既有相对独立的私密性，又以游廊彼此联通。院内水池与主景区的大水池沟通，形成一个完整的水系。

静心斋以建筑庭院烘托山石主景区，山池景观突出，具有多层次、多空间变化的特点。园内林木葱郁，古树参天，体现了小中见大、咫尺山林的境界，确是一座设计出色的闹中取静的精致小园林。

"西天梵境"是大型的宫廷佛寺，又称大西天，西与大圆境智宝殿相依，与琼华岛贯成一线，是北海最负盛名的景区之一。西天梵境原名大西天禅林，建于明代，清乾隆二十四年(1759年)就明代北台废址重修后改为今名。西天梵境的西侧有一块彩色琉璃砖影壁，称作九龙壁，建于乾隆二十一年(1756年)。中国现存三座九龙壁，其他两座在山西大同明王府门前和北京故宫皇极门前，但这两座仅单面有龙，而北海九龙壁双面有龙，各九条，戏珠于波涛骇浪之中，姿态各异，栩栩如生，是三座九龙壁中最精美的一座。

在九龙壁的西面是澄观堂，澄观堂原为明代先蚕堂的东值房，共两进院落。乾隆七年(1742年)先蚕坛东迁新址，此处改建为乾隆游览北海时的休息处。乾隆四十四年(1779年)，收得赵孟頫的快雪堂帖，摹刻成石镶嵌在两廊壁上，原堂改名为"快雪堂"。庭院内有移自北宋东京艮岳的名石"云起"，大门前有元代的铁影壁。壁通高1.89m，歇山顶，檐口长3.56m，壁身由一块中性火成岩雕成，两面浮雕云纹、异兽等纹饰，因色彩和质地像铁，故称铁影壁。

阐福寺建成于乾隆十一年(1746年)，即明代太素殿、先蚕坛的旧址。建筑群共三进院落，建在高台之上，南面正对五龙亭。正殿高三层，内供巨型释伽佛站像，故名大佛殿。其形制仿照河北正定隆兴寺大佛殿，是当年皇城诸寺庙中最为壮丽的一座殿宇。寺前临水的五龙亭，为一组大型的组亭，由五座亭子组成，临水而建。居中一亭名为龙泽亭，重檐三开间，其屋顶上檐为圆攒尖顶，下檐为方形。左边两亭为澄祥亭和滋香亭、右边两亭为涌瑞亭和浮翠亭。亭顶形制采取左右对称手法，顶部覆盖绿筒黄剪边琉璃瓦，檐下梁枋施小点金旋子彩画，绚丽多彩，金碧辉煌。亭与亭之间用S形平桥相连，龙泽、滋香、浮翠三亭石岸下有单孔石桥一座通向北岸。五龙亭造型华丽，为公园西北隅的突出景点。

3.1.5 北海西岸

北海西岸原来的建筑已全毁废，加筑宫墙之后地段过于狭窄，因而未作任何建置。

3.2 造园理法

北海先后历经辽、金、元、明、清五朝的兴建，历史悠久且重建时承袭较多。它的建筑风格受到一些江南园林的影响，但总体上仍然保持了北方园林持重端庄的特点。园内宗教色彩十分浓厚，不仅琼华岛上有永安寺，在北岸和东岸还有阐福寺、西天梵境、小西天、先蚕坛等佛教、道教建筑，因此是一座集宫室、宅第、寺庙、园林于一体的大型帝王宫苑。北海作为中国古典皇家园林代表作之一，其内容涵盖了包括儒家园林、寺庙园林、道家园林及南方私家园林等诸多风格，其本身就是一个展现中国古典园林高深造诣的实例。

3.2.1 空间组织形态

"向心辐射"式布局，是整座园林有一个核心景区，核心景区往往有一个高大的景观作为这座园林的标志物，全园其余景观或景区，成圆形向心辐射结构，团团包围核心景区，以体现园林的中心主题。

北海的山水间架，自最早的辽代开始直到清代，都采取"向心辐射"式布局的方式。全园布局以琼华岛为中心：南面寺院，依山势排列，直到山麓之间岸边的牌坊，一桥横跨，与团城的"承光殿"气势连贯，遥相呼应：北面山顶至山麓，亭阁楼榭隐现于幽邃的山石之间，穿插交错，富于变化；山下为傍水环岛而建的半圆形游廊，东接"倚晴楼"，西连"分凉阁"，曲折巧妙而饶有意趣；环绕北海的沿岸景点，东岸的先蚕坛、画舫斋、濠濮间三处主要景区，自北而南顺序排列，西北岸的远翠楼、静心斋、西天梵境、九龙壁、五龙亭、澄观堂、阐福寺、小西天等密集建筑群，虽各自单独成为景区，但综合来看，都像群星捧月一般，拱卫于全园的中心景区——琼华岛景区。而建于琼华岛之巅的白塔，不仅位于全园的最高处和中心地位，而且它的独特造型特别引人注目，显得卓而不群，皎洁孤傲，成为北海公园的主要标志物。

3.2.2 园中园的布置

皇家园林大多范围相当辽阔，在这么大的旷野空间里造园，如果仅仅按照山水地形或园林的各种功能进行分区，园内部的各种要素势必难于细致地组织，特别是对于像北海，在平原上挖池堆山而营造的大型人工山水园，就更难免导致园林空间景象过分散漫而平淡。因此，在景点布置中多以园中园的形式来布置。北海公园中静心斋、濠濮间、画舫斋都是较有特色的园中园。各自有各自的特点和主题，并发挥不同的艺术效果，同时在总体上又有机联系。园中园以其自成一体的格局，灵活变通的形式，显示了极大的优越性，因此，在大型皇家园林里得到了普遍的运用。

3.2.3 色彩

色彩对比与色彩协调运用得好，可获得良好构图效果。如北海公园的白塔为整个园林中的制高点，附属寺院建筑沿坡布置，高大的塔身选用纯白色，在色彩上与寺院建筑群体形成了强烈的对比。并且白塔的白色与远处金壁辉煌的故宫形成对比烘托，使特征更为突出，在青山、碧水、蓝天的衬托下，气势极其壮丽，在色彩构图上形成主次、明暗、浓淡，对比适宜，使空间环境富有节奏感。

3.2.4 植物造景

琼华岛景区在营建初始，大量运用植物造景手法，形成了独特的生态景观，岛上山石峻峭、松柏苍郁，尤其是山南坡、北坡的太湖石其体量之大、形态之美、堆叠技艺之妙，为绝世珍品，令人叹服。近千年来山石古柯相得益彰。现今琼华岛的绿地面积60000m²，乔灌木2208株，其中100年树龄以上生长良好的古树有225株，超过300年的古树有12株，其中以桧柏、侧柏、油松、白皮松数量最多、比例最大，正是这些常绿的高大乔木，构成了整个琼岛植物景观的骨架，形成了琼华岛景观立面完美的天际线，烘托和渲染出幽幽山林的自然景象，而这些古老的苍松翠柏，更给琼华岛增添了几分沧桑，具有深邃的文化内涵；还有一部分树冠大、树形遒劲的大树，如沿岸的垂柳、立柳，点缀山体中的国槐、元宝枫、栾树等，形成丰富的季相色彩变化和特色的风景。所以说，保护好古树，合理应用大型常绿、落叶的乔木，是形成琼华岛植物景观的关键。另外有大量的花灌木，如琼华岛春阴景区种植山桃、碧桃等多种春季季相的花灌木，形成山花烂漫的特色景点；以及下层地被植物，如宿根花卉、草坪和自然地被、水生植物，形成立体的、多样化的自然植物景观，使空间的层次更加丰富，景物与山体效果更加和谐。

4. 实习作业

（1）草测北海五龙亭的平面、立面。

（2）草测北海静心斋的枕峦亭平面、立面。

（3）草测北海延南薰及洞口处理环境平面、立面。

（4）草测北海静心斋水庭平面、立面，并进行视线分析。

（5）草测濠濮间及其环境平面、立面图。

（6）自选北海中建筑、小品、植物、水体、假山等，速写4幅。

（7）以实测及速写为基础，总结北海的布局特色及造园手法。

（许先升 编写）

【紫禁城乾隆花园】

1. 背景资料

乾隆花园被认为是亚太地区最富于历史意义和建筑风格的文化遗址之一。清代乾隆皇帝时期建造的这座花园是紫禁城中最大的园林之一,至今它依然保持着乾隆时代的布局和模样,但是园林中的竹雕、玉匾和双面丝绣等精巧的装饰品都受到了损坏。

乾隆花园位于故宫东北部,是宁寿宫后寝部分的西路,紧邻为中外宾客所熟知的故宫"珍宝馆"。据记载,宁寿宫一带在明代和清初曾作为皇太后的宫殿,乾隆皇帝从1771~1776年,花费6年时间,大规模营造宁寿宫,打算自己退位后使用。这位对自己的文治武功颇为自豪的皇帝,亲自指挥、参与了这座宫殿和花园的营建,使用了当时最上等的材料和最出色的艺人工匠,创造了豪华奢侈、雍容华贵的建筑和室内空间。尤其非同寻常的是,乾隆花园的一些建筑和室内装潢,显然融合了西方的造型和绘画方法,像倦勤斋内的绢面通景画等,从一个侧面反映出当年中西文化交流的情景。

乾隆花园地处大内深宫,8m高的宫墙把它隔离成一个世外桃源。王羲之的兰亭,被改造成乾隆的禊赏亭,位于花园最突出的位置;会稽山阴的清流急湍,也被符号化,微缩成宁寿宫的曲水流觞。不仅从造园的意义上化解了花园无水的缺憾,同时勾勒出帝王对风雅的归附。虽然乾隆皇帝最后并没有在这里过他颐养天年的"太上皇"日子,但这座花园却依然以他的名义闻名遐迩。并因其遗嘱:"若我大清亿万斯年,我子孙仰膺天眷,亦能如朕之享图日久,寿届期颐,则宁寿宫仍作太上皇之居",而使这里成为整个紫禁城内受后代扰动较少的大片园区,基本上维持着乾隆四十一年(1776年)竣工后的风貌而倍加珍贵。

2. 实习目的

(1) 了解乾隆花园的历史沿革,熟悉其创建历史及其在中国古典园林中所处的历史地位。

(2) 通过实地考察、记录、测绘等工作掌握乾隆花园的整体空间布局及造景手法等。

(3) 将该园与其他皇家大内御苑作横向对比,归纳总结其异同点,掌握其主要的造园特点。

(4) 将该园实践实习与理论知识印证,在建筑、地形、空间结构、植物等方面分别总结。

3. 实习内容

3.1 空间布局

故宫现存的宁寿宫是内廷外东路的一组大建筑群,是在乾隆三十六年(1771年)开始修葺并兴建的,花了将近六年的营建时间,才有了46000m²的宁寿宫建筑群,这组建筑南部从皇极门起,皇极殿、宁寿宫等正殿都在其中。北部则分为中、西、东三路,中路为养性门、养性殿、乐寿堂、颐和轩、景祺阁等,东路则是畅音阁、阅是楼、庆寿堂、景福宫等,而西路就是宁寿宫花园,即我们俗称的乾隆花园。

乾隆花园用地窄而长,南北长160m,东西宽37m,占地5920m²。它虽然空间不大,但是却完全是按照乾隆的喜好来兴建,乾隆对江南景色情有独钟,园内的一切设计都精心再现了江南园林的经典风格,所以这座小小的私家花园,堪称是宫廷花园的典范之作。修建时采用了当时最上等的材料和最出色的艺人,是中国室内装饰登峰造极时期的代表,被称为紫禁城中的"小紫禁城"。花园整体分为五进院落,每进院落的布局均不相同。结构缜密又不失灵活,大大小小的二

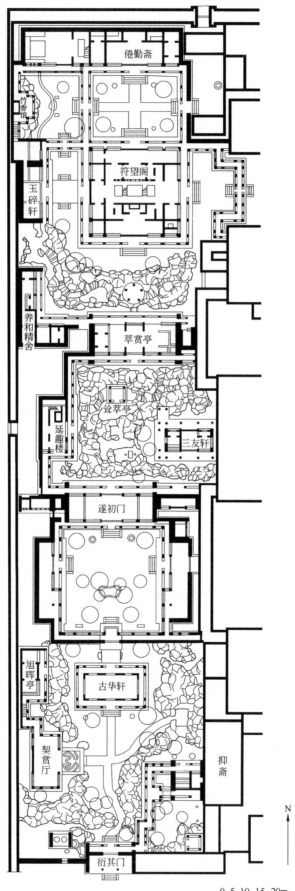

乾隆花园平面图(摹自《中国古典园林史》)

十几座建筑物，因地制宜，各抱地势，与园景相映成趣。花园面积虽然狭小，但布局得体，造园艺术高超，处处引人入胜。主要建筑有古华轩、遂初堂、萃赏楼、符望阁、竹香馆等。

3.2 造园理法

3.2.1 景观组织

乾隆花园是典型的宫殿建筑庭园空间组景，位于宫城内，基地范围有限，缺乏开阔自然的环境，故采取较封闭内向庭院的组景方式，以建筑、山石、花木等的不同布置来寻求景观空间组合上的变化。特别注重庭院空间内环境的经营，五进院落各有特色，互不雷同。景观组织上采取横向分隔为院落的办法，弥补了地段过于狭长的缺陷。院落空间虽然沿轴线编排，将空间院落串连成一体，但并非一气贯穿南北纵深，而是根据院落的具体情况而约略错开少许，成为不拘一格的"错中"做法。突破机械的对称而力求富有自然情趣和变化。各院落之间借大小、灵活与规整等的对比，创造一种抑扬顿挫的节奏。所有这些，都是造园艺术上的匠心独运之处。不过总的看来，毕竟内容过多，建筑过密，终不免显得拥堵，虽创设多处制高点以收摄园外借景，仍未能弥补幽闭有余而开朗不足之弊。

3.2.2 掇山置石

乾隆花园园内堆叠的大小假山有十余处，此外还有众多姿态各异的单体峰石散置于各院落内，可谓假山嶙峋，湖石嵯峨。造园者以因地制宜的布局和灵活多变的营造手法进行掇山和置石，体现出所谓"园无石不秀"的造园思想，表现出或逶迤、或峭峻、或幽深的艺术效果。

以第一进古华轩院落为例。由于古华轩是一座敞厅式建筑，坐北面南，位居这一景区的中心，因此假山的堆叠是由东、西两大部分组成，整体走势沿古华轩的东西两侧由北而南，至南端再弯转由东而西和由西而东，逶迤蜿蜒至花园正南门衍祺门，在布局上构成"山包院"式的格局。整个山体的堆造没有峡谷和峭壁，也无洞穴可探幽，更非以玲珑取胜，而是将湖石横向叠置，使其疏密有致，起伏连绵，峰峦掩映，体现出平远幽深的叠石手法，形成围合院落的环状山形。不但可以遮挡西侧的宫墙和东侧生活区高大的殿宇，给人以无限的想像空间；而且在造园艺术效果上又能起到障景、点景和隔景的作用，造成满目山林的意境。古华轩东侧的假山在隆起的主峰上建造了一座露台，成为这一景区的制高点和点景之作。南北两侧有曲折的山道可通往露台，登临台上可将园中景色尽收眼底，别有情趣。露台之北布置的假山，由西而东堆叠成曲折的山间蹊径，循径而行至山后，可观赏到山坳中的竹林、花木和湖石点景。如此布局不仅为景区增添了几许幽趣，更为难能可贵之处在于这里又是太上皇生活区中路的"寝兴之所"养性殿西山墙上窗外的景观，将园中自然清新的雅趣引进了生活区，真可谓是"一箭双雕"的巧妙构思。

露台下，假山往南继续延伸，在古华轩的东南隅用假山划分出抑斋的一个小景区。设计者在布局上还采用了欲扬先抑的空间对比手法，如进入古华轩主景区前，必先经过狭窄曲折的抑斋小院这一过渡空间，空间处理上先收敛，进入古华轩主景区时便有豁然开朗之感。这种以小衬大、妙用空间转换的方式使古华轩主景区显得更敞亮。

古华轩西侧则是倚宫墙叠砌的假山，山峦之上建造有旭辉庭以增其势。旭辉庭下假山的北端一直砌到第二景区遂初堂院西侧的南墙以作为山的始点，看上去院墙仿佛是开凿岩石后倚山而砌筑，墙的另一边似仍有不尽的山峰。这种堆造假山的方式在宋朝李诫所著《营造法式》一书中称为"壁隐假山"，显然此山的堆法是继承了这一传统做法。再往南是禊赏亭，在亭的前檐基座边缘处将一些单块湖石横向叠置，并半嵌入土中，湖石与地面之间泯然无迹，宛若天成。此处叠石的妙处在于是用"攒三聚五"的处理手法，既有审美价值，又有实用功能。从审美角度观察酷似真山在地面覆盖下外露的岩石，石虽断而脉又连，达到了整体山势起伏贯通的艺术效果。设计者采用了有虚有实而实断虚连的有聚有散的叠山手法，使整体山势显现出自然发展的脉络和态势。

第一进院落东侧露台下的假山向北虽然也是砌到第二景区遂初堂院东侧的南墙，但是与古华轩西侧假山的堆法不同，此处使山体沿墙根又向西延伸，将山脚下的湖石砌到与第二景区院墙基座的下端相接，使人感觉院墙仿佛砌在山脚上，以示山体到此并未截然而止，墙的另一边仍有山之余脉。并在山麓的坡脚处置湖石几块，用逐渐消隐的方式若隐若现地消逝，形同天然。加之在山脚处栽植了一小片竹林，不仅使这一角落增添了几许生机，而且使假山与第二景区的院墙和谐地融为一体，颇具匠心。

古华轩南面的假山位于景区的正南门衍祺门里。进入衍祺门，迎面便是一丘假山透迤而立，宛若屏风般挡住人们的视线。虽然此山高度不超过 3m，也无悬崖峭壁和重峦叠嶂，但由于大门距山屏仅 4m 余，视距极度压缩，看山顶必须仰视，顿觉山势拔高。设计者有意采用"障景"布局，使进门者只能由山顶的缝隙处隐约窥见园内亭台的一角和松柏枝梢，使园内景观隔而不断，露而不显，使人在心理上产生一种神秘感和期待感，令人更加神往。设计者还利用东西两侧的山体于此门里汇合，将两座山前后错位交叉叠合时留出一定的空间距离，经过这样的处理，进门者看不到明显的花园入口，只有通过弯曲的路径方能入园。这与明末文震亨《长物志》中所云"凡入门处，必小委曲，忌太直"，即所谓"门内有径，径欲曲"的手法相吻合，体现出我国古代传统园林"曲径通

幽"的造园意境。从第一进院落的总体布局看，虽然衍祺门与主体建筑古华轩处在同一条南北轴线上，但由于这两座建筑之间有山的隔挡，使路口略偏于轴线的东侧，且路径弯曲使景区以门、路、轩所形成的轴线被淡化，对于整体区域的造景和形成园林自然气氛非常有利。

园内堆造一些小的假山，通常都是置于景区的角落或景物之间的交汇处，或因造景的需要随地而宜地进行堆叠，以使景观更加完美，层次更加丰富。这种山体的规模一般都不很大，其高度通常不超过屋檐，以避免喧宾夺主。这些小的假山，由于是用于近处观赏，因此大都挑选玲珑或古拙的湖石，以使其更好地陪衬主景。加之有花木点缀，更增加了景区的自然情趣。

第二进院落遂初堂是乾隆皇帝在园内赏景休息的场所。在庭院中心偏南用湖石堆成一座 3m 多高的小山。山体虽然不高，但玲珑剔透，纹理丰富，耐人品味。其周围栽植着几株柏树，成为庭院内中心位置的突出点景。同时，小山的设置有利于院内景观形成半掩半露的艺术效果。进入遂初堂院门内，小山成为对景，从而倍增庭院的景观层次感和空间的幽深感。加之院内摆设了一些山石盆景，破其空疏，使这个规整的院落平添了几分园林情趣。

园中的置石立峰是以单块石体点缀在各景区内。明末造园家计成在《园冶·选石》一节中称："取巧不但玲珑，只宜单点。"置石立峰由于是"特置"，即形成独立的景观。因此要求每块峰石尽可能要有适合该区域环境景观的完美体态。在选材方面，园内各景区的峰石中除有木化石、石笋类及少量其他种类的石材外，大多数用的是南太湖石。为了达到更好的艺术效果，园内峰石的下部都设置汉白玉须弥座。并在基座上雕琢各式图案，使之更好地陪衬峰石，丰富周围的景观。如第五进院落在符望阁后倦勤斋院内四

角各摆放一块峰石，因为此院是南北短东西长的平面，其东西又有低矮的游廊，所以斋前摆放的两块峰石不仅低矮，且石形和纹理也向东西横向展开。特别是峰石的石体嶙峋透漏，为院内增添了自然情趣。倦勤斋院前是高大的符望阁，为了与此环境相称，院南面的东西两个角落各摆放了一块 2.5 余米高的峰石，石体和纹理在选择上也别具匠心。其东面角落置一块木化石，西面角落则放置一块较为规整的石体。这两块峰石共同的特点是石体粗壮，纹理随着石型而呈纵向，衬托出主体建筑符望阁愈加壮丽。

4. 实习作业

（1）草测禊赏亭及环境的平面、立面。

（2）乾隆花园五个院落（古华轩院落；遂初堂院落；萃赏楼院落；符望阁院落；倦勤斋院落）中任选一个院落，草测其环境平面图。

（3）自选乾隆花园中建筑、植物、假山等空间围合佳处，速写 2 幅。

（4）以草测为基础，分析乾隆花园院落布局特点及造景手法。

（许先升 编写）

【紫竹院公园】

1. 背景资料

紫竹院公园为全市性公园。位于北京西直门外，白石桥迤西，与国家图书馆毗邻，东与首都体育馆隔路相望，南为紫竹院路。2002年5月被北京市园林局首批公布为一级公园。

紫竹院原是一座庙宇的名字。此处湖泊历史悠久，公元3世纪时，这里是高梁河的发源地，系燕京水源之一，当时的河道在今城里。金中都时，因水量有限，漕运不利，开通了从昆明湖到紫竹院的渠道，引水入高梁河。元大都时，为解决漕运，郭守敬引昌平白浮泉水到昆明湖，再利用金时故道，引水经此至积水潭，被疏浚的故道就是长河（又名玉河）。郭守敬开凿通惠河，在此兴建广源闸，以调节长河、积水潭和通惠河水量。明万历五年(1577年)在长河广源闸以西兴建万寿寺，将东南的紫竹院并入，作为下院。清代乾隆年间在庙西侧建行宫，为帝后们去三山五园时下船休息的地方。乾隆在庙中供观音大士像，赐名为紫竹禅院。此后这一带即以紫竹院之名传开，后逐渐变为农田。湖东侧有明代庙宇双林寺，是太监冯保所建，现仍留一座九层密檐实心塔。

解放前这里湖面淤积，土地荒芜。新中国成立后的1953年，在坑塘荒野的基础上，对该处进行了大力整治、废田还湖、挖湖造山，疏浚出三湖两岛、一河一渠（长河与紫竹渠），并修路架桥，广植花木翠竹。这里成为一座以水景为主，以竹景取胜，深富江南园林特色的大型公园。现长河上游为昆明湖，水源来自密云水库，河道从园西之广源闸东流穿园而过，经白石桥流入市内什刹海。

以竹造景是紫竹院公园的特色，园内有山西的青竹，河北的巴山木竹，河南的早园竹、筠竹、箬竹，甘肃和浙江的紫竹，贵州的藤本竹，四川的锦竹，江苏的玉镶金竹，湖南的斑竹、方竹等近百个品种，约近100万株，竹类栽种面积达到4.5hm²。园中修竹夹道、竹坞寻幽、密叶浓荫，赏竹林间犹在画中。紫竹院内以竹石景观为主的"筠石苑"、"八宜轩"、"缘话竹君"、"箫声醉月"、"紫竹垂钓"等景点韵味独特，其中筠石苑始建于1986年。20世纪90年代初，园内又增加大量儿童游乐设施。近年来又大力添建，丰富园容，今天的紫竹院已是一座富有自然情趣的公园。

2. 实习目的

（1）学习自然山水园林筑山理水的方法。

（2）学习山、水、建筑、植物布局方式以及植物造景的手法。

（3）学习主题园的构思与空间处理手法。

3. 实习内容

3.1 总体布局

紫竹院公园全园占地47.35hm²，其中水面15.89hm²。南长河、双紫渠穿园而过，形成三湖两岛一堤的基本格局。五座拱桥把湖、岛、岸连在一起。桥、廊、亭、榭、轩、馆错落有致，修竹花木巧布其间，举目皆如画，四时景宜人——"春暖风篁百花舒，夏荡轻舟荷花渡，秋高芦花枫叶丹，冬日瑞雪映松竹"。主要景区、景点有筠石苑、青莲岛、明月岛、绿毯诗韵、缘话竹君、澄碧山房、紫竹垂钓、儿童乐园等。全园以竹为主题，结合中国传统文化，形成独特的自然山水园林景观。植物景观园东部以疏林草地为主，各景区又以不同的山、水、植物、建筑形成自己的特点。

公园中部有青莲岛、八宜轩、竹韵景

紫竹院公园平面图

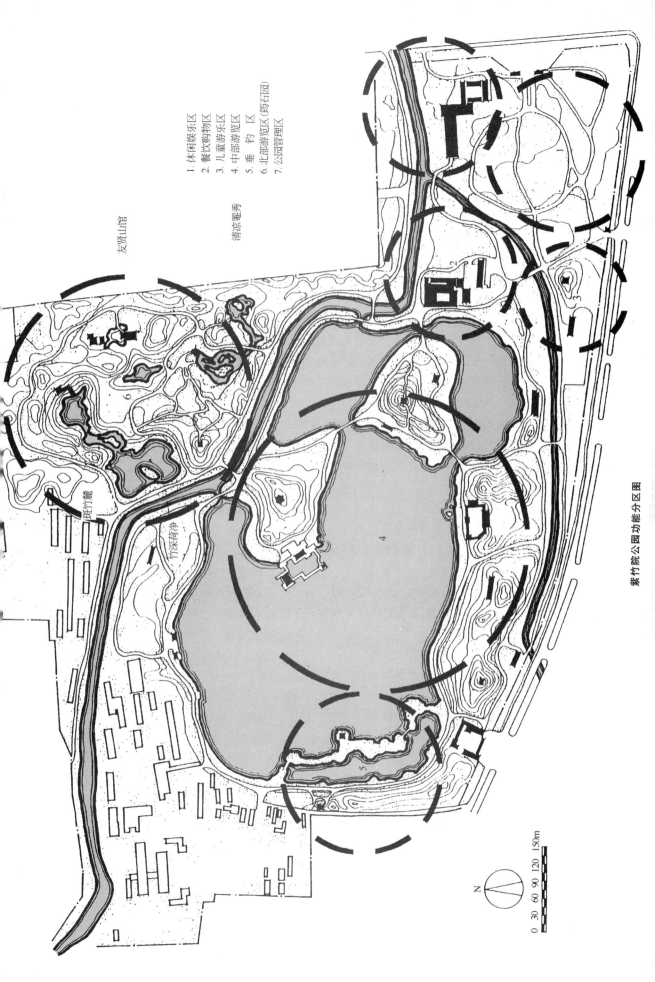

紫竹院公园功能分区图

1. 休闲娱乐区
2. 餐饮购物区
3. 儿童游乐区
4. 中部游览区
5. 垂钓区
6. 北部游览区(筠石园)
7. 公园管理区

石、明月岛、问月楼、箫声醉月；南部有澄碧山房及儿童乐园；西部有报恩楼、紫竹垂钓；北部的筠石苑、黛瓦、棕柱、白粉墙、飞檐、翼翘、花漏窗，小桥流水竹片片，花木扶疏山水旁，独具江南特色，内有清凉罨秀、江南竹韵、竹深荷净、友贤山馆、绿云轩、斑竹麓诸景，均以竹为主题。

3.1.1 山水格局

规划布局模拟自然山水。形成一堤二岛三湖轮廓多变的园林空间。以水为主，以山为辅，环湖堆山，基本形成环抱之势，主要地形集中在园东北和西南部。全园采用地面排水，地面水大部分汇集于湖内。湖中岛皆为堆山，与主峰隔湖相望，打破湖面和平地的单调，使景观富于变化。

湖面集中在园西部，东部以绿地居多。围绕湖面，西岸垂钓区，南岸澄碧山房，中部是青莲岛与明月岛。建筑简朴轻巧，隐于山水之间。

3.1.2 功能分区

休闲娱乐区：位于园东部，东部景观以疏林草地为主。其间有若干小块铺装场地，建有小体积的亭，环境亲切。

文化餐饮、购物区：位于园东部，有餐厅、露天茶座及商亭出售与竹子有关的商品。

儿童游乐区：位于南门西侧。

中部景观游览区：包括环湖的两岛以及"澄碧山房"为主景的沿湖区域，集中了园内的建筑景点，两岛均堆山筑亭，形成园内致高（青莲岛上方亭），可登高眺望全园景色。八宜轩、竹韵景石、问月楼、箫声竹月四大景点突出了自然山水天人合一的境界。

垂钓区：位于园西南部，沿长堤围出一方静水，环水四周设垂钓空间，东西两岸植物繁茂。

公园管理区：位于园东北角。

北部游览区（筠石园）：位于园北部，属于园中之园。占地7hm²，地形为缓坡和山丘，以山水植物为主体，以竹石为胜。筠石园以休息和游览功能为主，设有十景，均以竹为题，即清凉罨秀、友贤山馆、江南竹韵、斑竹麓、竹深荷净、松筠间、翠池、绿筠轩、湘水神、筠峡。筠石园南入口以4m的自然山石为标志，以竹林小径引导游人，竹林环抱中有假山、瀑布、水池。友贤山馆是筠石园中供游人安静休息的场所，采用南方传统建筑形式。

3.1.3 出入口及道路系统

全园主入口3个：东门、南门、西南门。次要入口3个：小东门、西北门、西门。东门为公园正门，西南门是一座具有江南宅院风格的建筑，较有特色。全园道路系统为三级，一级园路环湖而设，二级园路延伸开去，三级园路在局部形成网状，通往幽深之处。

3.2 风景园林建筑与小品

3.2.1 水榭

明月岛上的水榭三面临水，前方水域广阔，吸取了民居风格加以创新，造型比较轻巧朴素。建筑基底面积近1000m²，建筑面积1390m²。该处湖岸高出水面3.2m，靠岸部分采用两层处理，与岸接平，形成亭厅周边布置，以廊桥连接，大水面中又创造出小水面，堆土置石，别有情趣。它是湖区的一座主要建筑，从高度和体量上控制了整个湖区。

3.2.2 西南门

借鉴了古典园林入口处的传统手法。大门从南向北至大湖面只有60m，为求园景的藏露有致，将售票房与院墙组成一个前庭，庭内点缀竹石小品，临街为牌坊。转折手法丰富了园景，游人需经过这个较封闭的空间后入园，顿觉空间畅朗。

3.2.3 游船码头

位于大湖北岸，平台伸出，便于登船，上有罩棚，可登上眺望。入口处点缀假山，筑有方亭，既方便乘船游客，又起到点景作用。

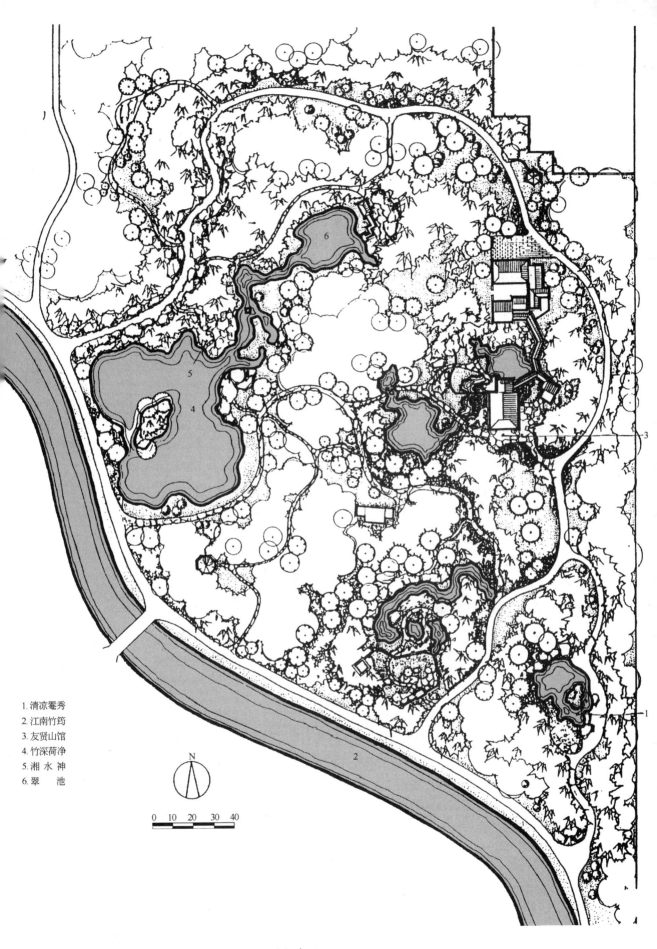

1. 清凉罨秀
2. 江南竹筠
3. 友贤山馆
4. 竹深荷净
5. 湘水神
6. 翠池

紫竹院筠石园平面图(引自《中国优秀园林设计集(三)》)

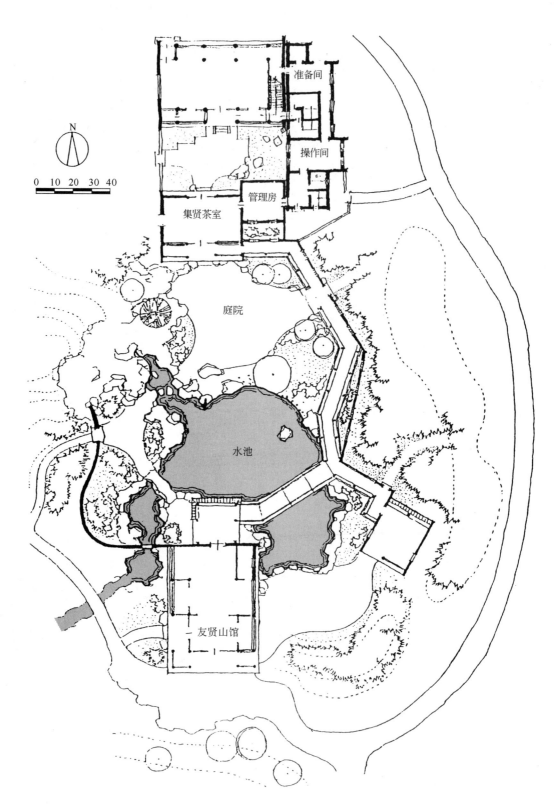

紫竹院友贤山馆平面图(引自《中国优秀园林设计集(三)》)

3.2.4 友贤山馆

位于筠石园内,建筑面积400多平方米,是由数个厅轩及游廊、围墙等组成的院落式建筑群,具有苏州古典宅院的以建筑围合园林空间特点的典型形式。友贤山馆设计将山馆主厅和任风轩之间处理为通透的廊桥,从而将国家图书馆轮廓线最丰富的部分引为借景,增加了这个方向的空间层次。

3.2.5 澄碧山房

澄碧山房是一组仿古式建筑,位于大湖东南,这里既有山水景色,又有殿堂建筑,三面环山,一面临水,景色宜人。主建筑"澄碧山房",东房"夕阳沐染",西北角"柳荫偶情亭"及通向后山的长廊。

4. 实习作业

(1)简要分析紫竹院公园在植物配置与造景方面的成功之处,并实测优秀植物群落配置平、立面3~5幅。

(2)草测筠石园友贤山馆平、立面。

(3)草测紫竹院公园西南大门平面,体会中国传统造园手法在大型公共园林里的应用。

(刘丹丹 编写)

【陶 然 亭 公 园】

1. **背景资料**

陶然亭公园为全市性公园。位于北京市宣武区东南隅，南二环陶然桥西北侧。1952年建园。建国后北京最早兴建的一座现代园林。其地为燕京名胜，素有"都门胜地"之誉，年代久远，史迹斑驳。

辽金时代，这里是金中都的城厢区，城北的凉水河流经这里，形成了大大小小的湖泽。"溪流纵横，塘泽交错"，"游鸥戏水，飞鸟穿林"，颇具野趣。明永乐年间，工部衙门设五大窑厂，陶然亭内的窑台就处于著名的黑窑厂的中心部位，其上建有窑神庙。这里地势较高，后来成了登高远眺的胜地，许多文人墨客来此登高吟诗。清康熙三十四年，工部郎中江藻奉命监理黑窑厂，在慈悲庵西面建造了一个小亭，取白居易诗句"更待菊黄佳酿熟，与君一醉一陶然"的"陶然"二字为亭命名。这座小亭备受文人墨客的青睐，被誉为"周侯籍会卉之所，右军修契之地"。1704年被改造为轩，仍称为陶然亭。

近代，特别是五四运动前后，中国共产党的创始人和领导人李大钊、毛泽东、周恩来、邓颖超、刘清扬、邓中夏、高君宇等，曾先后来到陶然亭进行革命活动。公园的慈悲庵中仍保留着这些早期革命领导者秘密活动的旧迹及室内陈设。1980年被北京市列为重点文物保护单位。位于中央岛锦秋墩北坡下的高君宇、石评梅墓于1986年被列为市级保护单位。1955年9月14日，正式作为公园售票开放。

陶然亭公园，是以突出中华民族亭文化为主要内容的综合性公园。公园内林木葱茏，花草繁茂，楼阁参差，亭台掩映，景色宜人。湖心岛上，有锦秋墩、燕头山，与陶然亭成鼎足之势。锦秋墩顶有锦秋亭，其地为花仙祠遗址。亭南山麓有"玫瑰山"，其地为原香冢、鹦鹉冢、赛金花墓遗址。亭北山麓静谧的松林中，有著名的高君宇、石评梅墓。燕头山顶有览翠亭，与锦秋亭对景，亭西南山下建澄光亭，于此望湖观山，最为相宜。亭北山下为常青轩。

1985年修建的华夏名亭园是陶然亭公园的"园中之园"，精选国内名亭仿建而成。有"醉翁亭"、"兰亭"、"鹅池碑亭"、"少陵草堂碑亭"、"沧浪亭"、"独醒亭"、"二泉亭"、"吹台"、"浸月亭"、"百坡亭"等十余座。这些名亭都是以 1:1 的比例仿建而成，亭景结合，相得益彰。陶然亭公园现共有迁建、仿建和自行设计建造的亭36座。

2. **实习目的**

（1）学习集锦式公园的理景手法。

（2）体会中国传统文化和历史遗迹在现代园林中对于风景园林设计及氛围营造的作用和影响。

（3）学习历代、不同地域的亭的做法，体会其表达的不同文化内涵。

3. **实习内容**

3.1 **总体布局**

陶然亭公园总面积为59hm²，造园形式属于自然山水园。其中水面面积17.4hm²，山体面积8hm²，陆地面积33.6hm²。公园绿化占地30.61hm²，占全园面积的51.9%，占陆地面积的73.6%，绿化覆盖率高达98.85%。

山水格局呈山环水抱之势，地形主要集中在园北部、东南、西南，山体将湖水拥在怀中。水面以聚为主，比较开阔，湖中有中央岛，将湖面分为东、南、西三个小湖面。但从整体平面布局来看，缺乏统一规划，水面形式呆板缺乏变化，水体中岛屿过少，中央岛面积较大，且分割大湖面形成的三个小湖面积相近，缺乏美感。从空间方面来体会，山与山、山与水的呼应关系还比较缺乏。

全园共设四个主要出入口：东、南、西、北各一门。其中东门为正门，南门较有特色，北门改造工程，拆除了约400m²的商业网点2处，拆除大中型游乐设施16处。建成仿古式攒尖建筑的门区建筑及相关设施，门内为1300m²的花岗岩铺地广场。在清代窑厂遗址的窑台山北麓建一敞轩，质朴淡雅，敞轩东、西两侧堆山石以突出山势，使窑台山成为门区与湖岸的分割屏障。

入公园西门，可达园中之园——华夏名亭园和月季园；入北门，可达儿童游乐场、窑台茶馆及码头；入东门，可达瑞像亭、水榭、江亭观鱼；入南门，直达湖岸，可到陶然亭、慈悲庵，登中央岛。

全园分为三级道路系统，一级园路环湖而设，与四个出入口相连；二级园路环中央岛、环华夏名亭园，三级园路局部形成网状。

3.2 风景园林建筑与小品

园中建筑风格比较统一，为古建和仿古建筑形式，以亭为主题，特色较为鲜明。

3.2.1 慈悲庵

慈悲庵始于元代。山门向东，整个建筑布局严谨，瑰丽庄重。庙内西侧的三间敞轩就是人们常说的陶然亭。这座建筑最初是清康熙三十四年(1695年)工部郎中江藻修建的，庙的总面积为2700m²，建筑总面积800余平方米，主要建筑有观音殿、准提殿、文昌阁、陶然亭等。

慈悲庵西院正面的三间敞轩就是陶然亭。亭面阔三间，进深一间半，面积90m²。亭上有苏式彩绘，屋内梁栋饰有山水花鸟彩画。陶然亭、慈悲庵三面临湖，东与中央岛揽翠亭对景，北与窑台隔湖相望，西与精巧的云绘楼、清音阁相望。湖面轻舟荡漾，莲花朵朵，微风拂面，令人神情陶然；观音殿是慈悲庵的主殿，坐北朝南，与准提殿相对。两殿同处慈悲庵之轴线上，规格体制虽相仿，但观音殿之殿基较准提殿殿基高出60cm有余，并有殿廊，因而更为宏伟壮观；准提殿坐南朝北，南北两向开门。北面有墙无窗，正中一间为门，与北面观音殿殿门相对。准提殿原供奉准提等三位菩萨，殿内有许多佛像和神像、祭器、供具。准提殿现为"陶然亭奇石展室"；文昌阁坐北朝南，面阔三间(8.1m)，进深一间(4.4m)。高约10m，总建筑面积为83.28m²。阁前有一小方亭。楼上朝南一面有廊，可凭栏眺望。

3.2.2 华夏名亭园

华夏名亭园内先后选择、仿建了位于湖南汨罗纪念战国时期楚国伟大诗人屈原的独醒亭；浙江绍兴纪念晋代大书法家王羲之的兰亭和鹅池碑亭；四川成都纪念唐代诗人杜甫的少陵草堂碑亭；江苏无锡纪念唐代文学家(世称"茶圣")陆羽的二泉亭；江西九江纪念唐代诗人白居易的浸月亭；安徽滁县纪念北宋文学家欧阳修的醉翁亭；以及纪念诗仙李白的谪仙亭和前由中南海移来的云绘楼、清音阁等。座座亭阁掩映在茂林修竹间，整个亭园浑然一体，风光无限。

3.3 陶然亭公园改造

3.3.1 现状分析

（1）地形

公园具备高大的山体骨架和大面积的水体，为公园的改造提供了良好的基质。但山体间缺乏联系，缺少微地形的变化，山脊线不够丰富，部分山麓不够自然，水体缺乏变化，没有收放之感、驳岸形式单一。中央岛面积过大，人在其中没有岛屿的感觉。山水之间也缺乏有机的联系。

（2）植物

公园绿化占地约30.6hm²，覆盖率较高，树种丰富，大体的植物景观已经形成。但季相景观不突出，冬季景观欠缺，月季园种类单一，观赏方式不够丰富，树木标本园需进

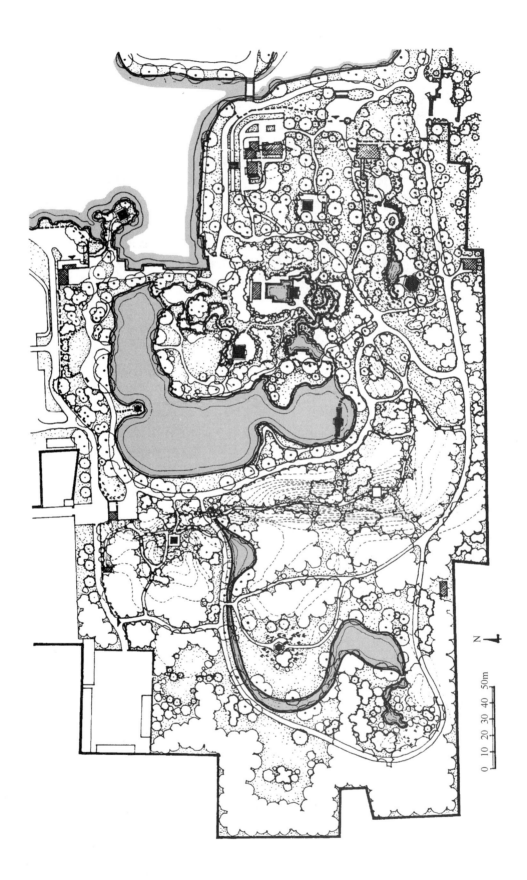

华夏名亭园平面图(引自《中国优秀园林设计集(二)》)

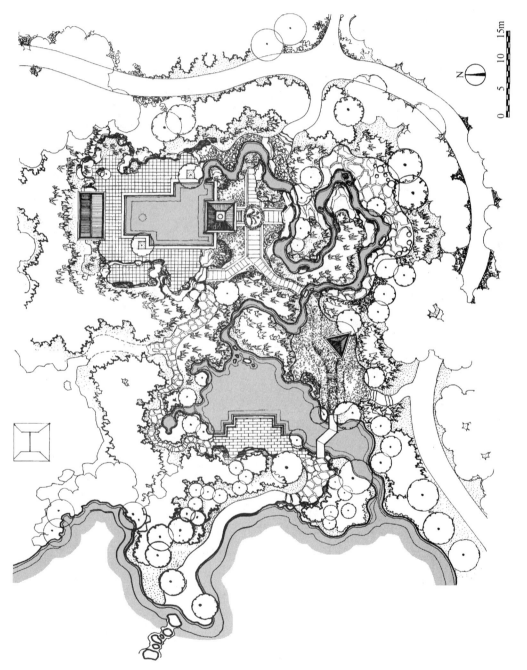

兰亭及周边环境（引自《北京优秀园林设计集锦》）

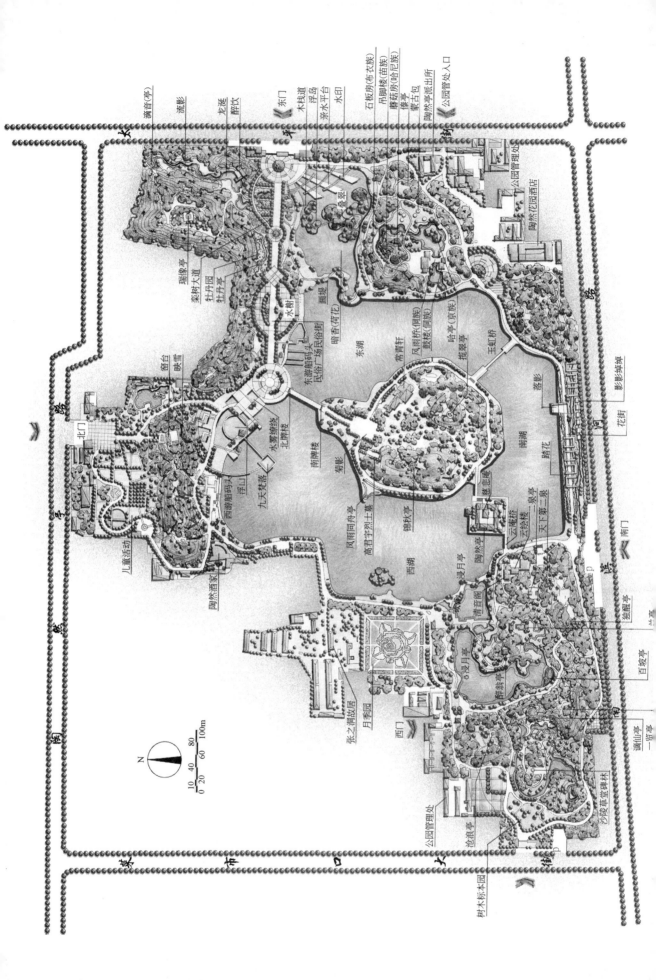

一步强化，道路的植物景观不够成熟，还需要进一步围绕菊花营造景观。

(3) 建筑

公园具有大量的古建，大部分的建筑以亭的形式来展现。但古建没能成为观览建筑的重心，亭的建筑分布也过于集中，服务性建筑略显缺乏。

(4) 道路与广场

具备较为完善道路体系。但道路景观不成熟，广场及活动健身场地缺乏，水上游乐园位置不当，严重影响周围的景观及游人的游览和休憩，公园管理办公场地过于分散，不易于统一的管理。

3.3.2 规划思想

(1)即充分利用公园现有资源优势和发展潜力，采用循序渐进的改造方法，采取保护与局部改造相结合的改造方式。(2)鼓励公园进行小规模的自助型改造，以小尺度、渐进式的局部改造来推进公园整体化改造的进程，逐步实现对公园整体布局有计划的、渐进式的调整。(3)从游人的实际需要出发，提升改造方案的操作性，尽量减少一次性改造的尺度与规模，充分调动游人及居民参与改造的积极性。(4)在增强公园原有有机整体性的基础上，进一步推动公园自身的可持续性改造与发展。

3.3.3 景区划分

规划调整后，全园共分为10个景区：

逸趣童真景区，满足各年龄段儿童游戏和活动要求的景区；

流海争秀景区，展示各种现代高科技水景的景区；

龙溪醉月景区，通过植物造景和自然水景来体现"龙溪醉月"的美好意境；

幽蓝浅渡景区，原来的水上游乐区位置所在的水生植物区；

九州亭趣景区，与华夏名亭园相对应的另一个园中园，通过东西南北各民族的有代表性的亭及建筑来表现各民族的风土人情；

浮花入梦(夜色阑珊)景区，以宿根花卉和灯影效果为主要特色；

华夏名亭景区，保留现状中的华夏名亭园；

盘根岁月景区，重新规划后的树木标本园；

沉香凝锦景区，重新规划设计后的月季园，

陶然山外景区，重在体现"更待菊黄佳酿熟，与君一醉一陶然"的美妙意境。

4. 实习作业

(1) 草测华夏名亭园中各亭的平、立面(可分组进行)，对历史中不同年代、不同文化、不同造型风格的亭进行一下比较，找出各自特点。

(2) 草测公园主要入口景区(2~3处)，并绘图分析，比较其优势及不足。

(3) 速写2~3幅。

(刘丹丹 编写)

【玉渊潭公园】

1. 背景资料

玉渊潭公园位于海淀区。东门与钓鱼台国宾馆相邻；西至西三环中路与中央电视塔隔路相望；南门在中华世纪坛正北方，北接海军总医院。是北京市市属十一大公园之一。

早在金代，这里是金中都城西北郊的风景游览圣地，辽金时代，这里河水弯弯，一片水乡景色。其间有封建士大夫们追求隐逸雅趣的"养尊林泉"、"钓鱼河曲"等风景名胜深合封建士大夫们追求隐逸雅趣的情趣。

《明一统志》载："玉渊潭在府西，元时郡人丁氏故池，柳堤环抱，景气萧爽，沙禽水鸟多翔集其间，为游赏佳丽之所。"由于这里地势低洼，西山一带山水汇积于此。清乾隆三十八年(1773年)浚治成湖，以接受香山新开引河上水。又在下口建闸，蓄泄湖水，合引湖水，由三里河达阜成门之护城河。此时，玉渊潭水域宽阔，沙禽水鸟聚集此地，使水丰草茂的萧爽景色充满生机。东部建有行宫。后湖淤塞，杂草丛生。解放后，配合永定河引水工程，在旧湖南边挖了一个约 10hm² 的新湖，状如葫芦，名八一湖。下游建有实验水电站一座。新旧二湖东西两端相联，既可引水，又能蓄水。1960年密云水库修建后，引水工程南端，由昆明湖到玉渊潭的引水渠，在罗道庄与永定河引水渠相汇，同经玉渊潭流入护城河。在北京水利工程上起着引水、调洪的作用。

上世纪30年代至50年代先后为北平农学院、北大农学院、北京农业大学林场。场内以刺槐、油松林为主，也栽有元宝枫、银杏等树种。

1960年北京市政府正式定名玉渊潭公园，由于历史遗迹不多，定为AAA级景区。公园东西宽1820m，南北长1106m，规划总面积 136.69hm²，其中水域面积 61hm²，建成绿地面积 74.44hm²（含草坪），绿化覆盖率达到95%以上，园内现有各种植物约19.95万株。已初步形成了地处闹市，却具"自然野趣、田园风光"的综合性公园。20世纪80年代以后相继完成了留春园、儿童游戏场(12生肖区)、东湖码头和樱花园的建设。

目前公园主要景区由西部樱花园、北部引水湖景区(局部建成)、南部中山岛、东面的留春园等组成。这里水阔山长，得天独厚的环境和近代较少的大规模建设历史，成就了山上杨槐林立，水岸垂柳依依，湖边水草茂盛的自然野趣风格。公园每年春季举办的"樱花赏花会"国内知名，荟萃二千余株樱花的"樱花园"，在春风中树树绯云绛雪，赏花人潮如融融春水涌动，成为京城早春特有的景致。

新的《玉渊潭公园总体规划方案》于2004年5月完成。新的总规赋予了公园较明确的定位：以水为主题，以樱为特色，充满自然野趣的市级文化休息公园。发展目标就是建造一个北京的樱花园、丰富多变的水景、城市中的绿野芳洲。力图创造一种"水有奥旷佳境在，樱无俗艳野趣生"的园林意境。新的总体规划将公园分为三大景区：

大湖景区：通过变化丰富的驳岸、人水的密切接融、深远的景观视域、多变的水景类型形成壮观开阔的气势。

北部自然林地景观带：以樱花园为核心景区，创造幽深空间、潆洄水系，形成众多自然情趣的游览景点。

南部文化娱乐景观带：融入历史文脉，山林围合林荫广场，强调两水夹地的景观特点。

2. 实习目的

（1）体会以水为主体的大型园林，整体的布局结构。

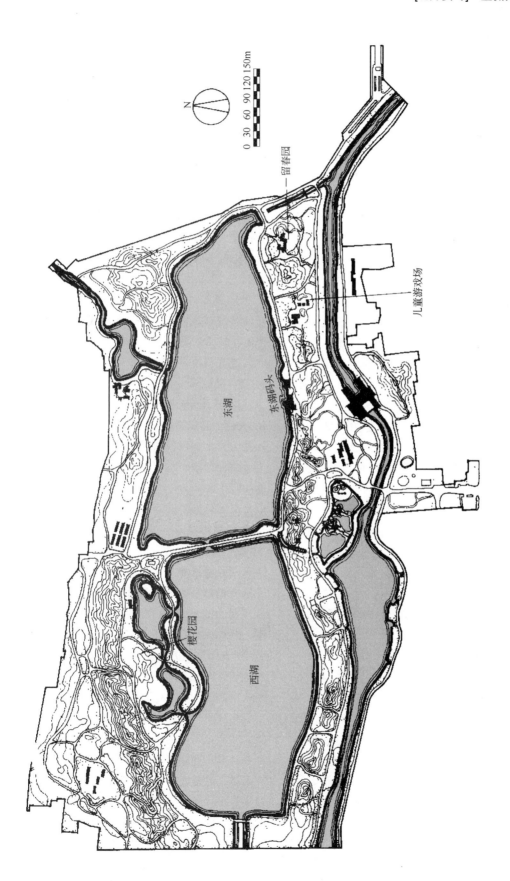

玉渊潭公园山水关系图(引自《北京园林优秀设计集锦》)

(2) 体会大空间尺度与小空间尺度给人的感官和心理带来的不同感受。

(3) 学习专类园(樱花园)的设计。

3. 实习内容
3.1 总体布局

玉渊潭公园以自然山水为主，水阔林丰，具有得天独厚的自然环境。形成以山环水、以水衬山的山水格局。园中大部分面积是大湖水面，通过长堤和一座石桥将湖面分割为东湖和西湖两部分水面。湖区以游赏为主，主要干道沿湖周围布置，与其他园路形成畅通的网络，贯穿全园。园东面是留春园，是玉渊潭园中之园，亭廊花木，美丽幽静。南部是一个大型的游泳场，作为玉渊潭公园内最大的文化娱乐区，其中设置了大型的水中娱乐设施。在炎热的夏季，人们置身于水中尽情享受水的凉爽与惬意，并且还可以达到锻炼身体的目的。相邻为儿童游乐场，游乐场周围设置家长休息场所。园北侧是以樱花园为核心的自然山野情趣的景区，草木繁茂，别有生趣。园内以观赏游览为主，并注意利用地形和植物恰当的障景，创造一定的安静休息场所。尤其是园北和园中间部分，都为大面积的观赏游览区，而在其中也间歇的穿插了凉亭、花架、廊等建筑，为游人提供安静休息的场所。

公园共设东、西、南、北四个出入口。

3.2 景区景点
3.2.1 樱花园

公园的西北部，紧邻繁华的西三环，有一片山脉贯穿东西，园路蜿蜒四通，水岸翠绿拥绕的园林，以樱花为特色的园中园，总面积25hm²。这里是樱花文化和中日友谊的见证，在西门入口处有冰心亲题的礼赞石刻；西门附近有不少被认养和栽种的纪念树；后山还有日本前首相小渊植下的苍松。

园内植被繁茂，成林的水杉，成径的竹溪，片片粉红樱花的春季观赏景观被延伸，朴素和谐的建筑造型与不同植物的季相，使该园各个季节自有不同风貌。园内"樱棠春晓"、"樱洲秋水"、"柳桥映月"、"云溪深处"等景点把大自然的一草一木都当主角。2001年调整补充栽植的400株樱花名为染井吉野，使西门和山南侧等区域也成为观赏早樱的去处。虽是单瓣白花，但她能够长成大树，开花灿烂如云，落英缤纷如雪。这里的樱花品种主要有大山樱、山樱、染井吉野、垂枝樱、八重红大岛、杭州早樱、大岛、关山、一叶、普贤象、麒麟、松月、有明、郁金等。2002年补充栽植了思川、南殿、太白和美丽坚等新品种。还有观赏性并不太好，可是总是提前开放的青肤樱。老树们有些茁壮成景，珍贵的大山樱身影渐稀，更多的是蓬蓬勃勃的新樱花树支撑起景观。

3.2.2 留春园

位于玉渊潭公园东部，占地面积16300m²。它以中心开阔的草坪，环绕的亭廊和高大树木，以及遍植的四季可赏的花木为主，曲径通幽，林木疏密有致，是座美丽幽静的园中园。

南入口处的壁画，画面由高温烧制的异彩瓷片拼对粘贴而成，色彩明亮，展现了"生命、青春、科学之春"的动人形象。由东门而入，两行海棠树似叠架的花廊，步行其下别有韵味；坐落在对景上的"留春姑娘"雕塑是坐在水中山石之上一少女，横笛引雁，给人以留春之意，恋春之美。右有藤萝架引导入敞厅，厅后竹影映墙，四周花池陪衬。四角亭位于西南隅，是留春园内登高揽胜的至高点，春色尽收眼底。西面有扇面亭。

此园建筑规整，有序安排了廊、亭、厅、架，并利用若隐若现的手法收春于园内，最早设计利用了欲扬先抑的手法，使东南角没有入口，但是现在有许多改变。早春时连翘、迎春、玉兰等次第开放，春色盎然，带来蓬勃生机。春天将归之时，盛开的玫瑰、紫藤、蔷薇使春色不减，表现"留春"的意境。

[北方实习]·玉渊潭公园

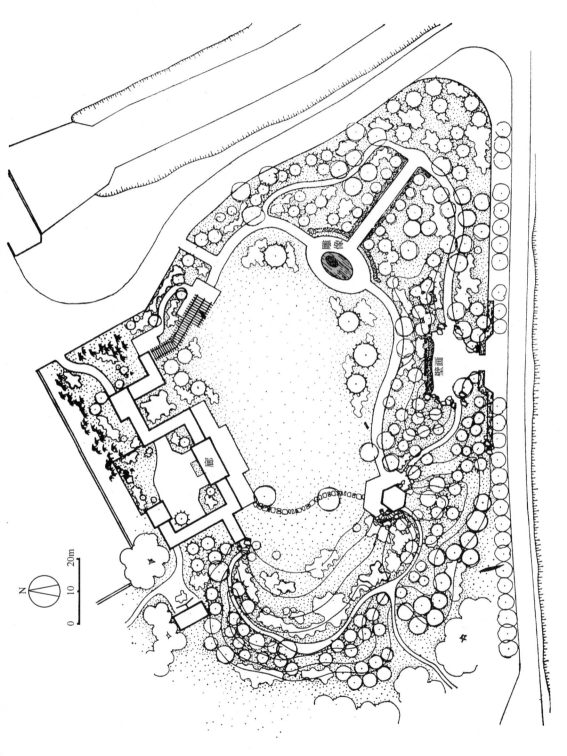

留春园平面图

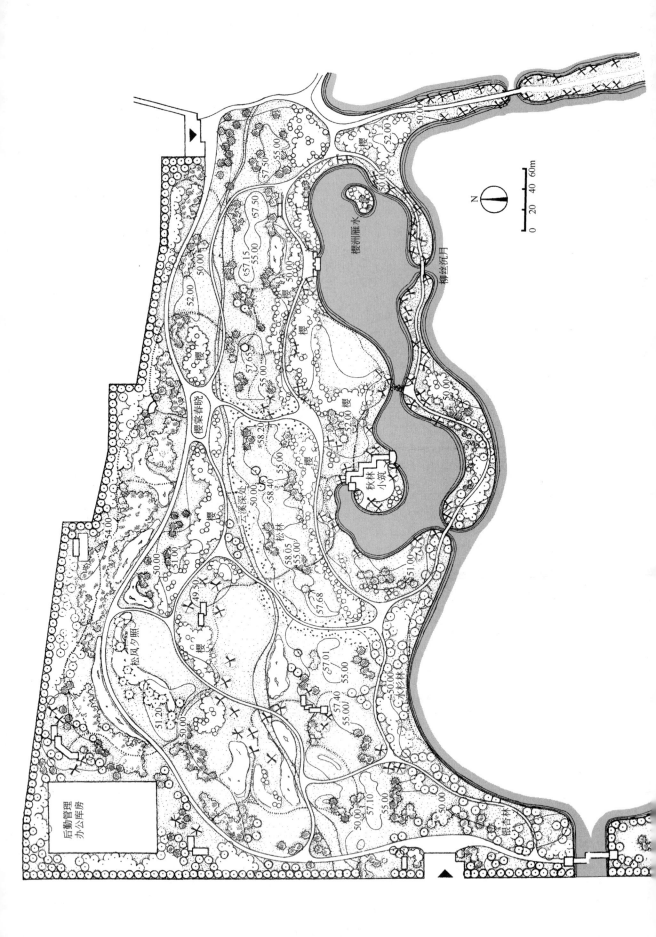

3.2.3 中山岛

位于公园西南,是八一湖和西湖之间的狭长山坡地,长 800m,宽约 80m,是贯穿东西的一道高低起伏、宽窄不一的山梁。它是历史上几次开挖河湖工程的弃土堆积而成的一道屏障,横亘在玉渊潭湖和八一湖之间,被称中山岛。临中堤小山为园内制高点,有一仿古重檐亭。西面有中国少年英雄纪念碑,20 世纪 90 年代初期又对整个地形进行了改造,提高了这一地区的游览价值。其南侧是水上游八一湖码头。

3.2.4 引水湖

在公园东北部,有一幽静湖区,原来为林木囤养区,植被繁茂,占地 9.5hm²。该景区的水系是自东湖而来,至钓鱼台而去。北部地形舒缓开阔,以雪松、银杏和挺拔的白杨等乔木为主,散布于开阔的草坪,沿公园环湖路北,配以海棠等春花灌木带。湖区可进行垂钓活动。

3.3 风景园林建筑与小品

3.3.1 留春园方亭

留春园方亭建筑是园内的点题建筑。位于西南隅,是留春园制高点。亭高 5.5m,面积 4m²,四角四柱间有水磨石凳连接,与石阶铺装相连。登亭览胜,风景如画。

3.3.2 中山岛亭

在中堤以南土山之上有座仿古的重檐亭,据载元代此地有一座亭名 "玉渊亭",其亭边有一水潭名为 "玉渊潭"。1987 年进行恢复建设,使得这一建筑有别于园内的多数建筑形式。翠林掩映的重檐亭位于园内制高点,登亭观景尽收两侧湖光山色。因位于中山岛景区暂称中山岛亭。

3.3.3 少年英雄纪念碑广场

少年英雄纪念碑位于公园八一湖北岸,碑体为飘扬的红领巾造型的不锈钢雕塑,碑高 17m,立碑基座由白色花岗岩和红色大理石修建,高 3.85m。纪念碑前广场为洋槐林下广场,内有 4 组不锈钢透雕副碑,分别反映抗日战争、解放战争和社会主义建设等不同时期的儿童英雄形象。

4. 实习作业

(1)草测少年英雄纪念广场平、立面。

(2)分析留春园造园特色及空间序列,如何体现"留春"这一主题。

(刘丹丹 编写)

【菖蒲河公园】

1. 背景资料

菖蒲河源于皇城西苑的中海，流经天安门前，再沿皇城南墙的北侧向东，汇入御河，菖蒲河在明代时为皇城内的一条河道，因长满菖蒲而得名，其西北为劳动人民文化宫（太庙），北侧为保留完整的四合院。菖蒲河也是南池子历史文化保护街区的南边界，历史上这里是明代皇城内"东苑"的南端，因此菖蒲河既是一条历史悠久的河道，又是一条城市的景观河道，具有很高的历史和景观价值。

20世纪60年代为了解决节日庆祝活动所用的器材存放，在菖蒲河加上了盖板，上面搭建起仓库、住房，后来形成狭窄、脏乱的街巷，环境恶劣，与所处区位极不相称。

由于菖蒲河是故宫水系的一部分，按照《北京历史文化名城保护规划》，北京市政府对菖蒲河予以恢复，在原河道的位置开挖，与天安门外金水河连通，结合水系的恢复，在2002年将这里建设成一个新的公园——菖蒲河公园。

2. 实习目的

（1）了解菖蒲河公园的总体布局和园林特色。

（2）增加对特定场所的现代园林的感性认识，体会文化内涵在园林中的表现，理解传统文化的永续生命力。

（3）熟悉现代园林中的一些设计语汇。

3. 实习内容

3.1 总体布局

菖蒲河公园总规划面积3.8hm^2，绿地及水面面积为2.52hm^2，河道全长510m，水面宽9m，两侧绿地各宽约20余米，菖蒲河公园的建设，保留了60余棵大树，新植乔木500余株，灌木2000余株。在这样一个条带状绿地里，安排了以下主题，将整个公园串成一个整体。

3.1.1 锦屏蒲珠

是公园的东入口标志，与南河沿大街的街道景观相联系。在这个区域安排了高3.5m，宽1.5m的6块花岗岩组成的石屏风，用中国花鸟画的构图和传统的透雕手法，在浓郁的植物背景的衬托下，展现一年四季各种花木禽鸟的诗情画意。石屏风前是一个开敞的小广场，面向南河沿大街开放。靠近屏风的广场上有一个不锈钢锻造的抽象"菖蒲球"的造型，点缀着公园的主题，成为人们驻足留影的标志性景观。

3.1.2 天妃闸影

在"锦屏蒲珠"景点的南侧。古时菖蒲河的水在这里经天妃闸流入御河，因此在这里安排了一个长方形水池，用两个龙头口衔铜质闸板形成水口，重塑这一历史景观，用以引发人们对历史的回忆和思考。

3.1.3 东苑小筑

是一组传统建筑的敞厅曲廊，这组敞厅曲廊可起到划分空间层次的作用，又可使公园北侧欧美同学会的大片灰墙与公园自然衔接，并与西侧大宅院相呼应，人们在此可休息、观赏周围的景观。

3.1.4 红墙怀古

公园的南界是修复后亮出的大片红墙金瓦的城墙，是皇城景观的标志，公园以红墙为依托，引红墙入景，在东西两段各设了一个"红墙怀古"景点，集中敞开20~30m的红墙，使人们产生强烈的场所感，并提升了皇城红墙的文化内涵。

东部的"红墙怀古"与北侧东苑戏楼互为对景，在这里以红墙为背景，安置了一块高2m、宽7m、厚4.5m、重达60t的灵璧石，

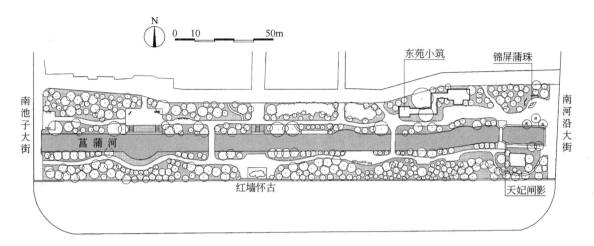

菖蒲河公园南池子大街——南河沿大街段平面

这块巨石体形硕大、层峦叠嶂、棱线柔滑、雄浑如泰山，名为"五岳独尊"，衬以红墙及白色须弥座，将古园林的塑山艺术与红墙的场所特征结合在一起。

西部的"红墙怀古"同样以红墙为背景，以巨大的墨玉石拼装磨制成一方长11.6m、宽6m、重36t的巨型古砚，砚池石壁上雕有云海飞龙、池中有涌泉以打破平静。砚台前广场刻有《兰亭集序》，人们可在此观砚、赏字，感悟浓郁的历史和文化氛围。

3.1.5 天光云影

公园中设计了4座景桥横跨两岸，既有平桥，也有拱桥，既有木桥，也有石桥，这些景桥既联系两岸的交通，又与倒影在水中的白云、绿树、红墙共同构成一幅幅优美的景观，别具情调。

3.1.6 菖蒲逢春

在河道处理时，为了保留现状的几十株大柳树，河岸有进、有退，呈平滑曲线、富于变化。在河弯处配置了许多野生的菖蒲、香蒲、芦苇、水葱、千屈菜等10余种水生植物，郁郁葱葱，形成处富有天然野趣的亲水景观。

3.1.7 凌虚飞虹

景点借明代东苑的凌虚亭和胜虹桥的原名，在公园的西部，为了障挡园外的公厕，堆山叠水，形成公园的最高点，同时也是公园由东向西景观视线的终端，在距水面4.5m的山顶设凌虚亭，水边横跨单拱石桥——飞虹桥，形成很好的观景和借景点，既可登高远眺天安门和劳动人民文化宫，又可将公园美景尽收眼底。

3.1.8 西入口广场

从天安门一侧入园，首先正对的是河道纵深的景观，再转向东北侧，迎面则是一块名为"升腾"的奇石，高5m，宽3.6m，重37t。石壁似涌腾的火焰，极富动感、纹理清晰，体现着昂扬的生命力，缩短的观赏距离，增加了山石的雄浑和震撼力。

由于菖蒲河公园毗邻天安门广场和天安门城楼这样的旅游景点，使得公园的游人也是络绎不绝。作为一个北京市精品公园，公园的养护和管理也达到一个较高的水平，在节假日期间，公园里布置了大量的草本花卉，使得公园中处处鲜花盛开，步移景异，成为人们旅游参观的一个重要景点。

3.2 游线组织

菖蒲河公园在狭长的带状绿地内，布置了富于变化的游览路线，既有临水的道路，也有在山石中穿行的道路，既有笔直的道路，也有蜿蜒曲折的道路，使人们可多方位地感知公园的各处景色，也使游览充满趣味；四座景桥使游人可来往于水面和柳荫之间，体会河道景观；亲水平台和亭廊可供游人休息、娱乐和观赏周围的景色；道路在林中穿插，可使人们获得不同的空间体验。

3.3 植物配置

公园内保留了 60 余株大树，它们被合理地组织到景点设计之中。特别是滨水的 20 余株大垂柳是公园重要的可利用景观，为了保障它们的生长，河道适当地予以弯曲处理，将大树置留在河坡绿地之中，形成水面——草坡——垂柳——园路的基本格局，与河道中的水生植物、滨水散步路和多处亲水平台，共同组成亲水景观。

3.4 历史文脉的挖掘和体现

在对待历史文脉的问题上，公园的建设将被封盖了 40 余米古河道重见天日，恢复其景观和排洪的作用。亮出了皇城南墙、劳动人民文化宫及欧美同学会三面红墙并加以修复，提高了红墙的观赏价值。其他的历史文化景点如天妃闸影、东苑小筑、凌虚飞虹等，都反映了场地的历史文化内涵。为了充实和丰富环境空间，菖蒲河公园增加了宫扇、太师椅等京味文化雕塑，灌木丛中还点缀了一些诸如河蚌、蜗牛等园林小品，给公园注入活泼的气氛。

3.5 新技术和新材料的应用

公园在夜景照明上，运用了光纤、发光二极管、LED 灯等照明技术，采用了现代照明手法来表现传统园林，突出红墙、河道和植物的倒影。为了保证水质的清洁、节水和环保，公园还引入循环净化水的技术，通过不断地增氧、过滤和循环，实现了河水的自然清洁，保障了鱼类等生物的自然生长。这些新技术、新材料的应用，一方面取得了良好的景观效果，另一方面也彰显了园林建设的时代特征。

4. 实习作业

（1）简要分析菖蒲河公园的布局特点、设计手法，着重论述公园是如何将传统文化与现代景观结合在一起。

（2）测量"红墙怀古"两个景点，绘制平面图和立面图。

（张红卫 编写）

【皇城根遗址公园】

1. 背景资料

皇城根遗址公园位于王府井商业中心区的西部，是一个条带状城市公园。公园西起北河沿大街、南河沿大街，东至东皇城根北街、东皇城根南街、晨光街，公园平均宽度为29m；南起华龙街北端，北至平安大街，全长达2600m。公园坐落在明清皇城的遗址上。从700多年前的元朝起，北京城就由三个部分组成，最里面的是紫禁城，即现在的故宫；再外面就是皇城；最外面是外城，就是现在的二环路一线。紫禁城保存完好，是世界文化遗产，外城虽然拆掉了，人们还能知道它的位置。惟有皇城，民国初年被拆除后，渐渐被人们淡忘。

东皇城是指明清北京皇城东墙。明永乐四年至十八年(1406~1420年)在元大都旧址上兴建北京城，并改建元大都"萧墙"为皇城，清乾隆十九年(1754年)重修。据清吴长元《宸垣识略》记载，皇城全长3656.5丈(11.7km)，墙高18尺(约5.75m)，下宽6.5尺(约2.08m)，上宽5.2尺(约1.6m)。明清皇城共四门，即正门天安门(明承天门)，北门地安门(明北安门)，东西为东、西安门。东安门向西正对紫禁城东华门。沿东皇城内侧有河沟一道，明清名玉河，原为元大都通惠河在城内的一段，北通什刹海，南过长安街流入护城河(即正义路)。东安门1924年拆除，已无资料可寻，东皇城在1924~1927年拆除，只剩下"东皇城根"、"东安门大街"等地名。墙内玉河南段在20世纪30年代填平，成为"南河沿"街，北段在1950年代末填平，成为"北河沿"街。皇城根遗址公园的建设结合部分城墙遗址的挖掘，成为一个以植物绿化为主、其间以各主要路口和遗址文物为重要节点，并点缀以小型休息广场、水景、雕塑等建筑小品的城市公园。它的建设唤起人们对北京皇城的回忆，使北京古都的形象更加完整。

2. 实习目的

（1）了解皇城根遗址公园的总体布局和园林特色。

（2）学习带状绿地在空间处理、遗址保护、植物配置、文化表现等方面的处理手法。

3. 实习内容

3.1 总体布局

皇城根遗址公园是一个带状公园，在两千多米长的长条地段上，布置了一些重要的节点，以将公园串联成一个整体。公园共安排一级节点四个：地安门东大街节点、五四大街节点、东安门节点、南入口节点；二级节点三个：中法大学节点、东皇城根南街、32号四合院节点；补充节点一个：保留的老房子(公园中惟一保留的建筑)。

3.2 节点设计

3.2.1 地安门东大街节点

该节点位于皇城遗址公园的北入口。为了强调皇城遗址公园的历史文化内涵，延续文脉，复建了一段皇城墙，而且砌城墙的砖是"就地取材"的。在东皇城根的拆迁过程中，发现有两个院子的房子是用城砖建造的，于是决定精心拆卸，并复建成现在的皇城墙。复建的皇城墙尽管不算长，但高高的红墙、夺目的黄瓦，反映出当年的辉煌。复建的皇城墙边上，安排了水池和涌泉，周围配以鲜花、绿树，吸引人们驻足观赏。顺着灰砖、石子铺的小路再向南走，可以看到一座保留下来的五开间的老房子，它经改造与修缮后，与原有的植物搭配，环境效果良好。

3.2.2 中法大学节点

该节点设计是一休闲广场，辟建了一处

安静的疏林，中间栽种了五颜六色的鲜花。设计者用石材围成一个画框(可供人休息)，犹如一幅多彩的西洋油画，画中有一对仿圆明园石雕花盆，一立、一卧，美不胜收。现在这个小广场成了老人们聚会的乐园，他们在这里谈天说地晒太阳，享受着晚年的幸福时光。北边林子中安排"露珠"雕塑，大大小小的不锈钢露珠散布在路边、林间，映衬出园林的时代特点。

3.2.3 五四大街节点

该节点位于"五四"大街北大红楼的东侧，设计立意是通过雕塑来充分表现"五四"精神。广场中的雕塑"翻开历史新的一页"建成后，非常具有感染力，与不远处的北大红楼、民主广场相呼应，象征着中国现代百年历史从这里开始。由于该节点位于城市的一个重要路口，这个雕塑景观已经成为了公园的一个标志性景观。为了沟通公园南、北向交通，还特意在"五四"大街路口新建地下通道，通道内的吊顶、地面铺装和墙两旁布置有雕塑图案。

3.2.4 四合院节点

此处遗址公园东侧有一组属东城区文物保护单位的大宅门，里边有多套四合院以及假山、绣楼等。设计上为突出遗址公园的历史内涵和文化氛围，采用借景方式给四合院配建了花园，"对弈"雕塑让人驻足良久。花架前也设计了一个下棋的空间，每天这里挤满了人，只是谁都熬不过雕塑上"那伙人"。由此向南是一组题为"时空对话"的雕塑，反映不同时代的人对话，具有抽象意味。

3.2.5 跌水瀑布

该节点位于骑河楼胡同东口往北一段，是皇城遗址公园地势高差最大的地段。在设计上利用地势高差做了跌水，长达几百米，很是壮观；冬天没有水时，人们可以欣赏跌水的衬底的石雕图案——用10块淡红色的花岗岩雕成壁画"锦绣中华"，写意祖国10处胜景。

3.2.6 东安门节点

东安门节点是集中体现皇城遗址遗存的关键地段，通过下沉广场，将文物部门挖掘整理的明代城门基础作为展示，西望故宫东华门，东望王府井大街，成为历史与现代的交汇处。目前两处露天皇城墙遗址展示的下沉广场，运用现代的一些展示手法，让人们在这里可以感受和触摸到历史。

3.2.7 南入口节点

南入口节点的设计也采取下降式广场的处理方式。在这个下沉的空间里，天然的巨石加透空的旧北京皇城地图构成一个现代雕塑，作品采用传统与现代的结合，天然与人工的结合，来创造一种特定的场所概念。

3.3 理水

皇城原有"御河"，现已不存。水，是场地的文脉之一，公园在建设中采用点线结合的方式，来试图隐喻这一场地文脉特征，在公园中出现了水溪、涌泉、跌水、曲水流觞等景观，这些水景丰富了公园的内容，赋予了公园更多的历史和时代特征。

3.4 植物配置

公园植物种植的主旋律是自然式种植，成丛、成群式散植，追求自然的风格。在广场上有树阵或行列栽植，方便人们在广场上的活动，基调树种有：银杏、元宝枫、国槐、油松、侧柏、白皮松、竹子。配景植物有：杏梅、海棠、玉兰、丁香、太平花等，树种搭配比较简练，避免复杂。公园汇集了73个植物品种，银杏和元宝枫在金秋时节，树叶成片变红、变黄，形成"银枫秋色"的景致。叶色金黄的金叶女贞、叶色红艳的红叶小檗、修剪成色带，在公园中不断重复出现。常绿乔木与竹子形成公园绿色的底色，确保四季常青的同时映衬红黄色的基调，冬季形成"松竹冬翠"的景致。杏梅、玉兰阿娜绽放，垂柳丝丝如雨，在春季呈现"梅兰春雨"的景色。公园通过植物造景的手段，营造出很多环境宜人、景色优美的景观。

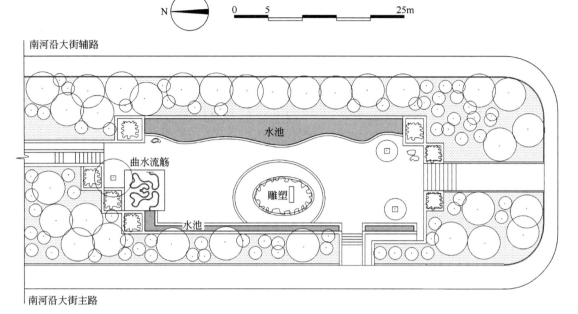

皇城根遗址公园南入口节点平面

4. 实习作业

（1）简要分析皇城根遗址公园的布局特点，结合实例分析皇城根遗址公园的植物造景手法。

（2）实测地安门东大街节点、五四大街节点平面图和水系断面图。

（张红卫 编写）

【元大都土城遗址公园(海淀段)】

1. 背景资料

北京建都距今已有800年的历史,元大都的建成也已有700余年。元大都的建成,是中国城市建设史上的里程碑,它是我国封建社会按照整体规划平地建造起的一座都城,也是13~14世纪里,世界上最宏伟、壮丽的城市之一。元大都土城充分体现了我国古代都城的设计思想。它的规划者刘秉忠根据《周礼·考工记》"匠人营国,方九里,旁三门。国中九经九纬,经涂九轨。左祖右社,面朝后市"的理念规划的元大都城,筑有三组城垣,即大城、皇城、宫城。宫城称为大内,属天子所有。宫城外有太液池、兴圣宫(太后住所)、隆福宫(太子住所)。围绕三组宫殿加筑了一道城墙,称萧墙即皇城。外城即大城,其东、西墙长5555m,南、北城墙长3333m,全城呈长方形,共有11个城门。今日的元大都城垣遗址,是大都的西北城和北城。明朝建都北京后,出于防守的考虑,将大都的城垣缩小,废弃北垣城,南缩五里,另筑新城墙,但元土城北垣依然留存至今。现存城墙自明光村至东北角楼全长9km,宽超过百米,横跨海淀和朝阳两大区。是北京市市级文物保护单位。土城及其两侧的绿地,在城市规划中为城市带状绿地。新中国建立以来,在土城上种植了大量树木,保护了土城土体完整。2003年对土城遗址公园环境进行重新规划、整治,使这里的环境有了全面的提高,土城遗址也得以更好的保护。

2. 实习目的

(1) 了解元大都土城遗址公园(海淀段)的总体布局和园林特色。

(2) 了解滨水景观中植物的运用。

(3) 体会运用传统语言在现代园林中进行创作的手法。

3. 实习内容

3.1 总体布局

元大都土城遗址公园(海淀段)由海淀区负责招标和建设,全长4200m,宽度100~160m,中间土城沟宽15m左右,总面积468000m^2,它包含西土城和北土城两段。

西土城是指元代土城西面北段,即明光村至学院路一段,全长2000m,总面积22hm^2。在西土城靠北的城台上保留有清乾隆御制碑一处,即"蓟门烟树",被称为燕京八景之一。

"北土城"(海淀段)是指元代土城北面西段(包括河北岸)一段,即学院路至京昌高速路一段。

元大都土城遗址公园(海淀段),集中反映元代的历史文化,公园作为一长条带状公园,结合场地特点,以元土城遗址、土城沟水系和沿线绿化带为三条主线,将"蓟门烟树"、"城垣怀古"、"蓟草芬菲"、"银波得月"、"水关新意"、"鞍缰盛世"、"大都建典"、"燕云牧歌"等八大景区串连成一体。

"蓟草芬菲"景区是在原土城的一块空地上,利用土城与土城沟之间的自然高差,增添了一处郊野水景,其水源的木架是取自元代著名的科学家郭守敬治水工程中的"跨河跳槽"及"荆芭编笼装石"的创造,以示与元文化的联系。水池边多种植野花蓟草,与古朴的元土城相和谐。

"银波得月"景区在北土城花园路与学院路之间段,将把水面向两岸扩展,同时种植大量紫薇。力求自然野趣,重点突出水景特色,再现元大都护城河的风貌。

"大都建典"景区中安排了一组长80m、主雕高9m的雕塑壁画群,主题为"大都建

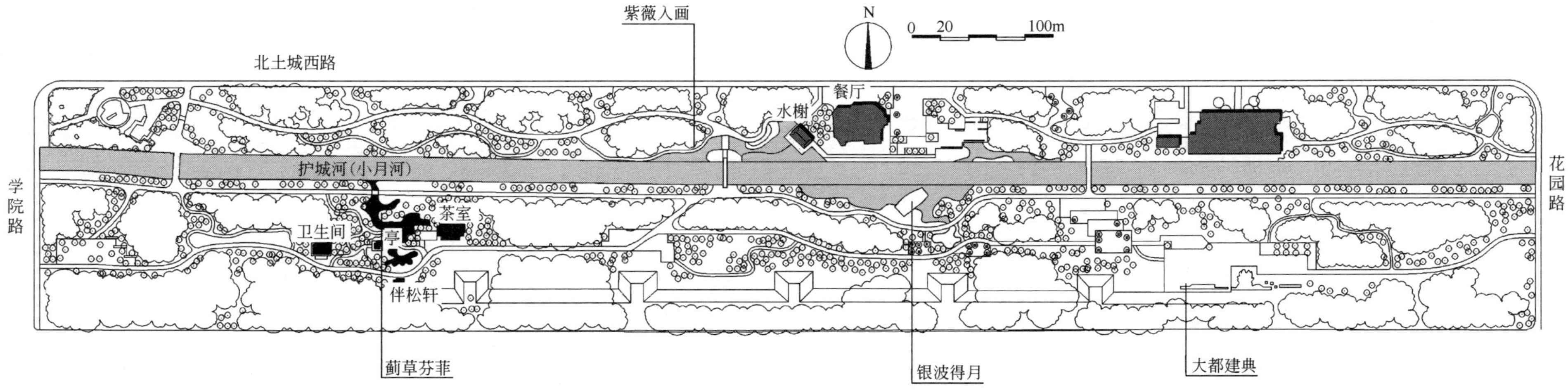

元大都土城遗址公园（海淀段）平面局部（学院路—花园路段）

花园路

大都建典

银波得月

紫薇入画

餐厅

水榭

北土城西路

护城河（小月河）

茶室

伴松轩

蓟草芬菲

学院路

卫生间

0 20 100m

典",内容表现元世祖忽必烈1267年破土兴建大都城的盛典。自此,元大都成为我国统一的多民族国家的政治、经济、文化中心,是当时世界首屈一指的帝国。雕像以四头大象开道(历史记载,忽必烈乘纳贡的象辇)、文官、武将、法师、使节排列两侧。台下有显示元朝气韵的宫殿、学府、教堂、民居建筑的造型。大都城规划设计者刘秉思的雕像生动地突显在主雕西侧。东侧的壁画反映了元世祖设国宴与万民庆贺的盛况。雕塑群形象粗犷写意,与环境统一协调,与明清较为细腻的雕塑形成对比。

"水关新意"景区是一个遗址性质的景区。元大都建成前有周密的规划,先建了给排水工程。文献记载有七条泄水渠。在城垣北部发现了三处泄水水关,位于海淀区花园路口东南角的水关是保存最完好的一座,对研究元大都排水系统工程有重要的意义。"水关新意"景区对这里采取了既保护又展示的原则,除将遗址周围环境重新整治以外,还通过溪流的形式使水关与公园的水系产生联系,并创造了一组亲水景观。

"鞍缰盛世"景区位于北太平庄路口西南角。此景区以一组构架完整的群雕为中心展开,主要体现元朝征战天下的辉煌业绩,景区以开阔的草坡为主体一直延伸至城墙,造型粗犷、线条简洁。群雕朝向西北方向,富有动感,表现出蒙古人策马征战天下的恢弘气势。

3.2 园林理水

元大都土城遗址公园(海淀段)通过改造护城河,创造了亲水环境。现在的小月河又称土城沟,其位置是原来的土城护城河。据史料记载当时的护城河宽窄不一、深浅不一,解放后被改为钢筋混凝土驳岸,并被作为城市的排污河,完全失去了自然感。公园建设中结合截污工程,尽量恢复原有的野趣及亲水的感觉,并发挥其横向串联,竖向联系的作用,先将原存河岸降低,形成斜坡绿化,同时结合景点设计将河道局部加宽,并种植芦苇、菖蒲等水生植物,形成郊野的自然景观,加宽的局部也可作为码头全线通船,人们可以在水中荡舟,别具乡野和自然情趣。在"水关新意"景区还创建了一种溪流景观,使儿童们可以在溪流中嬉戏。

3.3 园林植物

元大都土城遗址公园(海淀段)中强调植物景观的季相变化,意图通过植物改善城市密集区的生态环境。土城公园是城市的绿化隔离带,是一条绿色的屏障,同时作为城市的开放空间,是这一区域重要的城市流动性景观空间,所以植物的色彩和季相变化是最好的表达方式,在公园中设计安排了许多植物为主的景观,如紫薇入画,蓟草芬菲等。这些植物景观利用带状绿地的优势,大尺度、大空间、成片成带,形成色彩变化的街景,创造良好的城市生态环境,同时这些植物景观又具有一定的文化内涵,赋予公园更多的文化品位。

4. 实习作业

(1)以元大都土城遗址公园(海淀段)为例,分析并总结元大都土城遗址公园(海淀段)滨水景观的设计手法及工程处理手段。

(2)实测"水关新意"、"蓟草芬菲"景区平面图。

(张红卫 编写)

【北京植物园(北园)】

1. 背景资料

北京植物园成立于1956年，位于香山脚下，其地形三面是山，一面朝向平原，规划总面积约600hm²，包括各种专类园、树木园、温室以及自然山地游览区域、古迹游览区域等。现在开放游览区域的面积大约228.6hm²。北京植物园中，收集了226科、1511属、10550种植物(含亚种、变种、变型和品种)。

北京植物园的建设汇集了多位设计人的成果，其中不乏设计大家、业界领袖，也有很多是年轻设计师的作品。所有的设计成果都离不开对场地的精心勘察和对空间尺度的悉心推敲，每一个设计作品都受到当时社会经济条件和文化发展的影响，体现了当时的设计特点。

由于植物园的特点，很多园区在形成了主要的基础环境之后，还在不断地进行引种和植物的调整，尤其是树木园，受到土地的限制和引种的影响，至今还有一些展区尚未建成，梅园也尚未完全建设。

2. 实习目的

(1) 了解植物园规划设计的特殊性，掌握植物园规划设计的特点。

(2) 学习植物园规划设计中利用植物营造景观的手段与技法。

3. 实习内容

3.1 植物园的功能

作为植物园，专类性较为突出，因此植物园的规划设计需要满足植物园本身最为基本的功能。植物园的主要功能是：

(1) 进行植物多样性的收集和迁地保护，并进行相关研究。

(2) 进行引种驯化研究，为城市园林绿化提供丰富的植物材料，促进城市植物物种的多样化。

(3) 以广泛的植物收集、研究为基础，充分利用植物园的人才、环境等资源优势进行科学普及教育。

(4) 创造优美丰富的园林环境，提供高质量的游览服务。

(5) 以丰富的植物资源和技术力量为依托，为社会提供专业化服务。

3.2 植物园的分区

北京植物园的总体规划中，以满足基本功能为核心，分区中的游览区主要分为文物古迹游览区、植物展览区、樱桃沟植物乡土实验保护区，除游览区以外，还有科研实验区、行政后勤区以及乡土植物收集与展示区。

3.2.1 植物展览区

(1) 专类园

① 宿根花卉园和木兰园

宿根花卉园的中心放置一组硅化木盆景，使这种规则的布局带有中国传统园林的特征。两侧的植物配置逐渐向自然过渡，虽然使用材料不多，但是植物配置的形态和色彩搭配很好，富于画意。宿根花卉园收集了百余种宿根花卉，背景植物使用了竹林、红枫、柿树、银杏，配植了美国香柏、杂种马褂木、木瓜海棠、木姜子、蜡梅、平枝栒子，此外还有北京地区生长的惟一的一株杉木以及十余株日本柳杉。1982年在宿根花卉园南部增建了水生植物园。

木兰园位于卧佛寺前，因此采用了规则式总体布局，园路十字对称。其中木兰园中心是一长方形水池，水池四个角隅草坪上各植一株青杆，收集了木兰14种，其中珍贵品种有黄山木兰、望春玉兰、二乔玉兰、宝华玉兰、凸头玉兰、长春玉兰、紫玉兰等。

② 海棠枸子园

位于卧佛寺前中轴路西侧，牡丹园北侧，面积 2.2hm²。1992 年开始建设，主要展示海棠的品种和枸子属的植物。收集了美国品种海棠 13 种、中国海棠有武乡海棠、湖北海棠、垂丝海棠等 9 种，枸子则收集了葡萄枸子、平枝枸子、多花枸子、灰枸子等 5 种。海棠枸子园在造园中顺应地势自然流畅地形成了乞荫亭、花溪路、落霞坡、缀红坪等四个观赏景区。在花期时色彩斑斓，灿若云霞。

③ 丁香碧桃园

丁香碧桃园位于中轴路东侧，原来是植物园的丁香蔷薇园，在"文革"期间，南部的蔷薇被逐渐淘汰，1982 年重新设计成为丁香碧桃园，南部以栽植碧桃为主，北部以栽植丁香为主。丁香园占地 3.5hm²，始建于 1958 年，1990 年已收集丁香 21 种（变种）。碧桃园占地 3.4hm²，至 1990 年已收集桃花 25 个品种。

两园均以丰富的植物材料围合观赏草坪，空间疏朗大气，碧桃园更是通过塑造地形、建造亭子形成南部的主要景观，空间尺度适宜，白皮松和碧桃、沙地柏的配景形成了北京地区十分经典的植物景观。在北京试种的白桦在草地边缘形成独特的风景。

④ 牡丹芍药园

牡丹芍药园位于卧佛寺路西侧，南邻温室区，北接海棠枸子园，与丁香碧桃园隔路相望。由牡丹园和芍药园两部分组成，总面积 7hm²。牡丹园原为山梅花、溲疏、忍冬、绣线菊，1980 年由市园林局规划设计室重新设计，1983 年 4 月竣工。芍药园原为苹果区，后形成芍药圃，在 1994 年对芍药圃进行改造形成现在的芍药区。

牡丹园的主要任务是收集展示牡丹品种，保存牡丹种质资源，培育和推广良种，普及牡丹分布、分类等知识。园内收集栽植牡丹 262 个品种、芍药 220 种，是北京规模最大、品种、数量最多的牡丹专类花园。该园充分利用场地中的地形、古树、原有的植物条件，因地制宜、借势造园。以原有油松为基调树种，增加了园林古朴高雅的情调。设计注意满足牡丹越冬和避免夏日暴晒的生物学特性的需要。园中的小品主要有雕塑牡丹仙子，以及取材于《葛巾·玉版》的大型烧瓷壁画，建有六角亭和群芳阁等几组园林建筑。

⑤ 月季园

位于植物园的东南部，紧邻植物园的东南门和南门。总面积 7hm²，原来是一片桃园。月季园的总体展示根据月季的形态进行了分类，以丰花月季展示区作为重点展区，分别展示了藤本月季、树型月季以及微型月季等几种类型 500 多个品种的月季。同时，还使用了金山、金焰绣线菊、紫叶矮樱、金叶接骨木、三季玫瑰、佛手丁香、矮生连翘等 15 种新优植物作为配景植物。

月季园在设计上采用了规则与自然相结合的手法，轴线位置的选择既巧妙地把玉泉山和香山组织在园区的背景之中，同时还尽可能保留了原有的大树。轴线折点上设主雕塑花魂。沉床花园设计以疏林草地为基调背景，中心的暗埋式喷泉做法是全国的首例，是在考虑北京的气候条件以及人们活动需要的基础上进行的设计。月季园的种植设计中，同样在利用原有的植物条件下，进行适当的补充和调整，注重整体的空间和植物的层次效果。

⑥ 竹园

竹园位于卧佛寺行宫院西侧，以栽培展示竹亚科植物为主的专类园，1986 年建成，收集竹种 30 个。

该园原为广慧庵后的一块空地，1975 年开展竹亚科植物引种栽培及抗寒竹种筛选的课题研究，在此地进行竹类引种。1990 年进行改扩建，形成了现在的竹专类园。竹园包括隆教寺景区和竹类引种区，以中国古典园

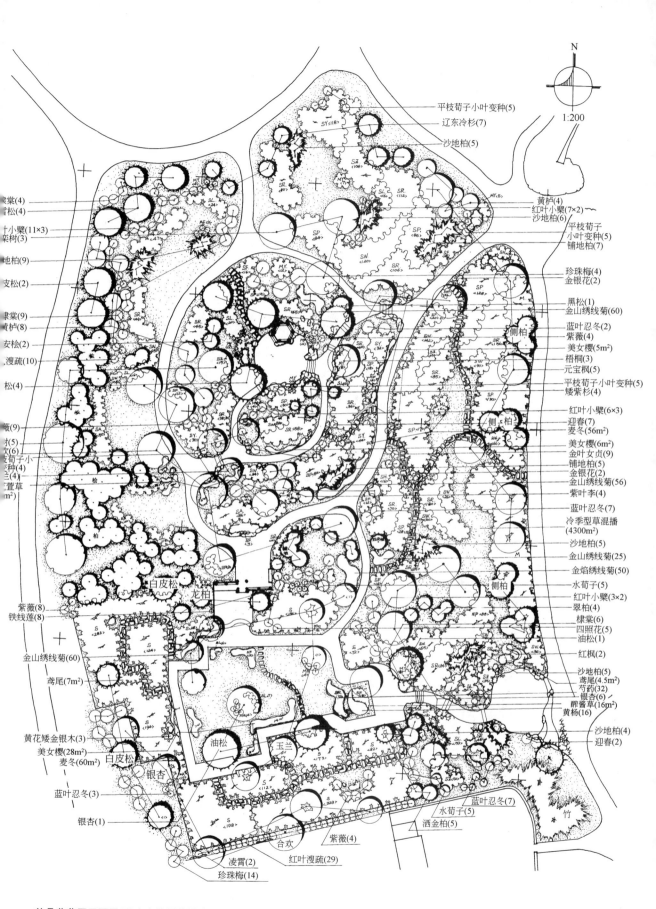

牡丹芍药园平面图(北京京华园林设计所提供)

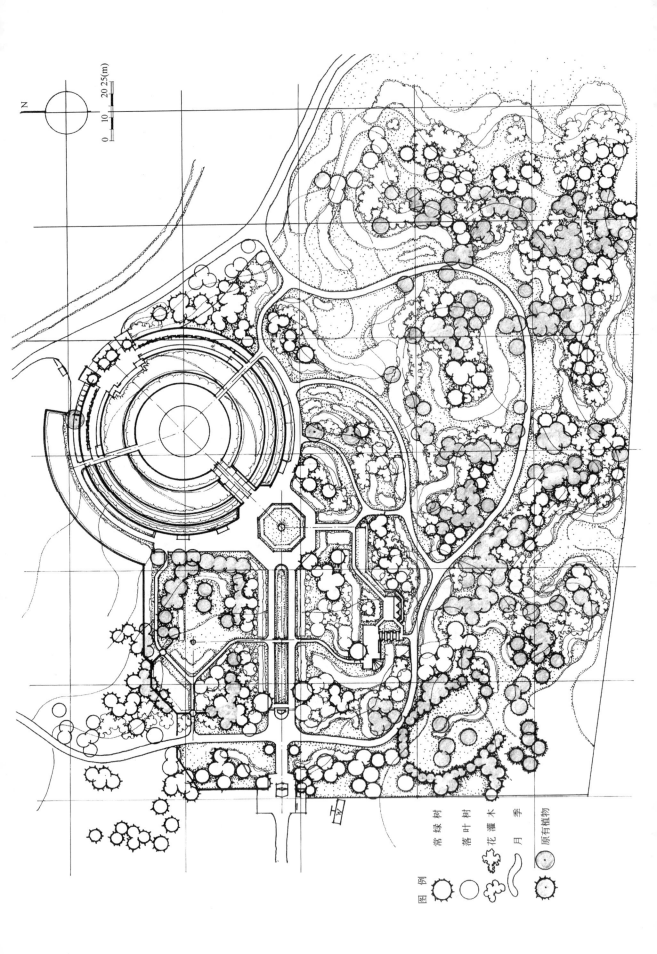

林作为蓝本的园林设计，既满足了竹类引种展示的要求，同时也强调了文化内涵和艺术效果。南有云墙环筑、北倚高台、中有碧水一泓，小亭临崎。园内茂竹摇曳、小径幽幽。由隆教寺向西望去，西山历历，古树嶙峋，若画若诗。

(2) 温室花卉区和盆景园

北京植物园现有展览温室面积约10000m²，配套的预备温室6000m²。老温室建成于1986年，新建的展览温室2001年正式开放，包括四季花园、凤梨和兰室、沙生植物、热带雨林等几个展区。盆景园1997年建成，建筑具有浓厚的民族特色，同时，室外展区将盆景展览和室外庭院布置结合在一起，形成别具一格的花园展区。

(3) 树木园

树木园是植物园按照植物分类系统收集布置植物的区域，能够较为系统地展示植物的科属关系。北京植物园的树木园占地约49hm²，分为椴树杨柳区、槭树蔷薇区、银杏松柏区、木兰小檗区、泡桐白蜡区、悬铃木麻栎区等六个区域。其中，银杏松柏区和木兰小檗区已基本形成规模，其余区域尚未完全形成，正在引种与建设之中。

3.2.2 文物古迹区

北京植物园内的文物古迹，是植物园宝贵的人文历史财富。这些文物古迹的存在，客观上将植物园植于中国传统文化的厚土之上，使其在展现深刻的科学内涵与艺术的园林外貌时，增加了文化的厚度。因此，文物古迹的保护与利用是北京植物园区别于国内外其他植物园的一大特点，使其具有得天独厚的人文资源。

北京植物园的建设历来重视对文物古迹以及历史文化的保护和整理，不仅完好地保存了各级文物，同时也完整地保留了文物、遗址、各种墓园、碑刻等，在进行建设的同时注意保护古迹，使这些破损的历史刻痕在今天有可能被逐渐研究、发现，成为人民的宝贵财富。

(1) 卧佛寺景区

卧佛寺始建于唐贞观年间，原名兜率寺，经过了元、明、清历代帝王的扩建和修缮，自清朝乾隆年间形成了现在的规模，又名十方普觉寺、黄叶寺等。因寺内有元代的铜铸卧佛而得名卧佛寺，是国家一级保护文物。因周围自然风景优美，历来是京郊游览胜地。

卧佛寺建筑布局规整，主要包括佛殿、僧房和行宫等几部分。寺内古树参天，尤其古七叶树为北京寺庙中所罕见的，天王殿前的古蜡梅在早春开花时，香气可直达山门。行宫等部分，有着浓厚的园林色彩。

(2) 樱桃沟

樱桃沟的历史可追溯到金章宗年间，沟内气候冬暖夏凉，空气湿润，泉水淙淙，动植物物种较为丰富，野趣横生。明代樱桃沟谷中还有很多寺观如隆教寺、圆通寺、普济寺、五华观、广泉寺、太和庵、广慧庵等，明灭亡后，樱桃沟寺毁香断，至清朝及民国曾先后为孙承泽及周肇祥所使用，因此也有退谷和周家花园之称。

历史上樱桃沟的泉水极盛，随着北京市用水量大增、地下水位急剧下降，樱桃沟的泉水也逐渐减少甚至干涸。水源干涸造成了樱桃沟内一些物种的灭绝，在2002年植物园建设了水系工程，在一定程度上恢复了樱桃沟的流水和植被。现在，樱桃沟以北的用地将作为北京乡土植物保护与展览等功能使用，继续保持其自然、野趣的环境特色：山桃夹道、水杉蔚然成林。流水恢复后，自然生长了一些耐水湿的草本植物，也展示了一些新的引种植物。

(3) 黄叶村(曹雪芹纪念馆)

原为清正白旗村边缘，经专家考证，此处与曹雪芹写作《红楼梦》的环境很有关联。虽然不能确定这里是曹雪芹的故居，但是大多数人认为曹雪芹是在这里写作并且埋葬在附近的。因此，1984年这里成立了曹雪芹纪念馆。无独有偶，附近的老人很多都知道各种关于曹雪芹的故事和传说，大多也和周围的碉楼、村庄的关系以及自然景物能够对应，曹雪芹的友人留下的诗篇也让我们看到和周围的景物十分相似的内容，根据这些，1993年，建设了"黄叶村"景区。

黄叶村将古井、碉楼、河墙等遗迹组织在一起，很好地融合了现有的周围环境，使曹雪芹纪念馆更为完整地诠释了它的背景。曹雪芹纪念馆不再是一个孤立的小院，而是一组村庄的角落，通过石刻诗句、保留村庄的建筑、树木、增设菜圃、酒馆等手段，使人们从外部环境中就感受到曹雪芹的生活空间。

（4）名人墓园

植物园内还有梁启超、张绍曾、孙传芳、王锡彤等多处名人墓园，其中梁启超墓园中的石亭是梁思成先生的作品。

3.3 结语

北京植物园是国家重点植物园之一，在建设植物园的过程中始终重视规划设计工作，提倡设计工作与实际环境相结合，因地致宜，设计结合自然，把满足环境条件、功能需要作为设计必须考虑的问题，建园50年来才有了今天的成果。

植物园的建设发展包括了科研、科学普及和游览及社会服务等各方面的内容，在园林基本环境定型之后，丰富科学内涵、开展科普教育、提供社会服务是植物园在发展中始终坚持的努力方向。

4. 实习作业

（1）以北京植物园为例，分析总结植物园规划设计的特点。

（2）草测月季园、盆景园局部。

（3）草测植物园植物配置局部2~3处。

（刘红滨 编写）

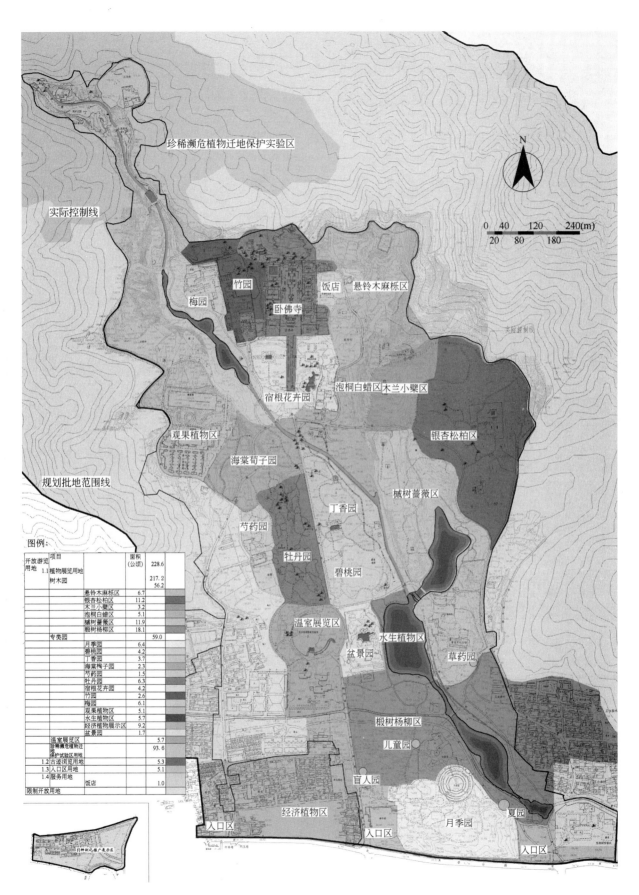

植物分区规划图(北京京华园林设计所提供)[详见彩图 1]

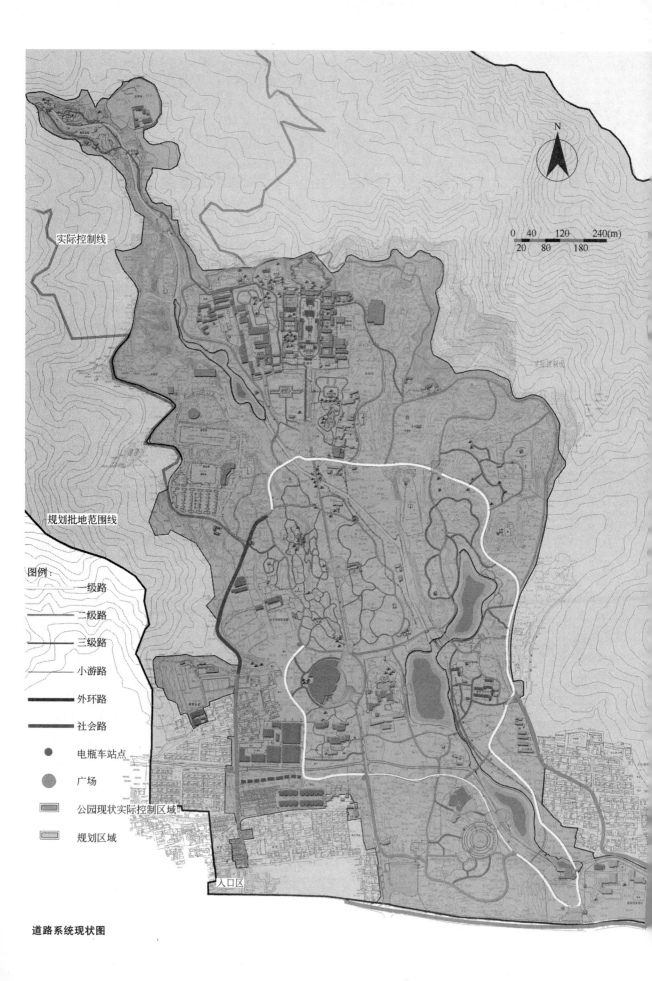

道路系统现状图

南 方 实 习

【苏州园林概况】

苏州是我国历史文化名城和重要的风景旅游城市,也是长江三角洲地区重要的中心城市之一。苏州古城始建于公元前514年,距今已有2500多年历史,基本保持着"水陆并行、河街相邻"的双棋盘格局,"三纵三横一环"的河道水系和"小桥流水、粉墙黛瓦、史迹名园"的独特风貌。

苏州古典园林星罗棋布,自然条件得天独厚,人文资源和自然资源十分丰富。保存完好的古典园林有60余处,1997年12月联合国教科文组织遗产委员会批准以拙政园、留园、网师园、环秀山庄为典型例证的苏州古典园林列入《世界遗产名录》,2000年11月,沧浪亭、狮子林、艺圃、耦园、退思园作为苏州古典园林的增补项目被列入《世界遗产名录》。苏州古典园林为历代遗存的私家宅园,源于2500余年前,东汉、东晋兴起,唐宋元历代渐有发展,至明清两代为鼎盛期,最盛时大小园林、庭院多达270余处,至今尚存60余处。苏州古典园林以自然山水为蓝本,运用叠山、理水,与建筑、花木组合成景。布局构思巧妙,空间分隔讲究艺术,景观富有诗情画意,功能齐全合理,融建筑、山水、植物、营造、文学、书画、装饰、美学等为一体,是多项综合艺术经典的体现,"虽由人作,宛自天开",在城市有限的空间里创造了最适合人居住的环境,有"不出城廓而享山林之怡"之妙,被誉为"城市山林",为中国园林的典范。

近年来,苏州通过开展创建国家园林城

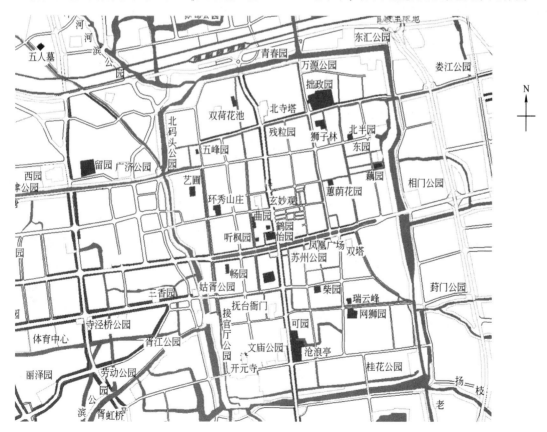

苏州古典园林分布图(苏州园林局提供)

苏州城市绿地分布图 [详见彩图 3]

市活动，城市绿化工作上了一个新台阶，形成了鲜明的区域特色。根据古城的特点和地位，抓住名城、古园、水乡等特质，在绿化建设方面强调突出精、细、秀、美的特色，注重挖掘历史文化内涵；强调公园绿地的建设与古城建筑、道路、河道风格相协调、相统一；强调绿地布局的均衡和绿地品位的提高，以精心建设的小、多、匀、精的绿地来改善古城区的生态环境和景观质量，园林绿化建设逐步成为古城保护的有机组成部分。新建了大批公园绿地，如桐泾公园、广济公园、织里苑小游园等，不但满足了古城居民出门300~500m就能享受绿色空间的需求，而且形成"全城皆园"的新特色，新建的滨河花间道、新村小园林、街头绿化小品使苏州园林在逐渐变大。投资40亿元、苏州历史上规模最大的城市建设项目，环古城风貌保护工程集城市交通、城市防洪、生态绿化、景观旅游等功能为一体，成为标志性景观工程。如果说古城区的绿地建设是秉承了"人工山水城中园"的传统体系，那么古城外的绿化建设则充分利用了自然山水，建设"自然山水园中城"的创新体系。工业园区和高新区绿化建设根据各自区域特色，结合区域开发建设，运用现代手法，高起点、高标准、大手笔建设现代化大型公共绿地。金鸡湖湖滨公园、苏州乐园等无不因其紧密结合了自然山水的风貌，而成为标志性的城市景观，为古老的苏州城注入了新的活力。

（王丽君 编写）

【拙 政 园】

1. 背景资料

拙政园位于苏州古城娄门内东北街178号，占地面积52000m²，这是一座始建于明代(公元15世纪初)的古典园林，具有浓郁的江南水乡特色，经过几百年的苍桑变迁，至今仍保持着旷远明瑟、平淡疏朗的风格，被誉为吴中名园之冠。

400多年来，拙政园几度分合，或为"私人"宅园，或作"金屋"藏娇，或是"王府"治所，留下了许多诱人探寻的遗迹和典故。

晚唐诗人陆龟蒙宅在此一带。其地势低洼，有池石园圃之属，旷若郊墅。北宋山阴丞胡稷言居此，就蔬圃凿池，名五柳堂。其子峄取杜甫诗"宅舍如荒村"之意而名"如村"。元代为大弘寺。张士诚据苏时，此处及任蒋桥等地俱属潘元绍驸马府。

明嘉靖年间御史王献臣解官回乡，用大弘寺的一部分基址改建为宅园，取潘岳《闲居赋》中"庶浮云之志，筑室种林，逍遥自得，池沼足以渔钓，春税足以代耕，灌园鬻蔬，以供朝夕之膳……是亦拙者之为政也"意，名"拙政园"。园以水为主、自然疏朗的风格由此奠定。王献臣死后，园宅易主三十余次。先是其子因一夜豪赌，将园输给徐氏，时称徐鸿胪园，乔木参天，有山林杳冥之致。徐氏居此园五世，日渐荒废。崇祯四年(1631年)，园东部荒地10余亩为侍郎王心一所购，建成"归田园居"。

园中部及西部在明末清初才合二为一，中部池中二丘约在此时形成。顺治十六年，清将祖大寿圈封自娄门至桃花坞一带民居为大营。第二年设宁海将军，驻拙政园。康熙三年，园归苏松常道署，后又归还陈子，不久卖给吴三桂女婿王永宁。王并入道署等处，大兴土木，重新修筑丘壑，极尽奢侈。园貌与文徵明《王氏拙政园记》中记载的大为不同。康熙十二年，吴三桂在云南反清失败，拙政园又为官府没收。十八年，园改为"苏松兵备道署"，参议祖泽深修葺一新，徐乾学作记。二十二年，道署裁撤，翌年康熙帝南巡来园。同年所纂《长洲县志》云，园"二十年来屡易主，虽增葺壮丽，无复昔时山林雅致。"后由王、顾两富室及严总戎相继居住。乾隆初，园由明末的分割为二再变为三园分立。园中部属知府蒋棨。乾隆三年(1738年)，蒋棨已会亲友于此。经多年经营，将荒凉满目的园亭修复，名"复园"(恢复拙政园之意)。蒋棨去世后，日久池埋石颓。至道光初虽然有王氏子孙在此居住，园子也已成了菜畦草地。嘉庆十四年(1809年)，园子卖给刑部郎中海宁查世俊后再修葺，嘉庆末年又归协办大学士尚书平湖吴璥，称吴园。道光二十二年，梁章钜来游览，说园景与160年前恽南田所画拙政园图已经有很大的不同。西部偏园先后归道台叶士宽、沈元振，其宅第为太常博士汪美基所居，后又分属程、赵、汪姓。东部偏宅第在道光十二年左右，归部郎潘师益父子，并改建瑞棠书屋。同治初，大部归贝氏(汪东：《寄庵笔记》)。太平军入苏，李秀成以吴园及东部潘宅、西部汪宅合建忠王府。忠王府随被改作巡抚行辕、善后局，汪姓房屋归旧主。光绪十三年又加修葺，改园门，建澂观楼，其格局基本保持至今。

辛亥革命时，曾在拙政园召开江苏临时省议会。1938年，日伪江苏省政府在此办公。日本投降后，一度作为国立社会教育学院校舍。解放后，曾由苏南行署苏州专员公署使用。1951年拙政园划归苏南区文物管理委员会。当时，园中小飞虹及西部曲廊等处已坍毁，见山楼腐朽倾斜，亭阁残破。苏南文管会筹措资金，按原样修复，并连通中西两部，1952年10月竣工，11月6日正式对外开放。1954年1月，园划归市园林管理处。1955年重建东部，1960年9月完工。至此，拙政园东、中、西三部重归统一。

拙政园历时400余年，变迁繁多，或增或废，或兴或衰，历经沧桑。现存建筑大多为太平天国及其后修建的，然而明清旧制大体尚在。该园规模之宏大，为现存苏州古典园林之首，园分东、中、西、住宅四部分。住宅是典型的苏州民居，现布置为园林博物馆展厅。拙政园1961年3月4日被列入首批全国重点文物保护单位。1997年12月4日，被联合国教科文组织列入世界文化遗产名录。

2. 实习目的

（1）了解拙政园的造园目的、立意、山水间架、空间划分和细部处理手法。

（2）通过实地考察、记录、测绘和分析，印证和丰富课堂理论教学的内容，丰富设计构思。

（3）通过实习，掌握江南私家园林的理法。

（4）提高实测及草测能力，把握空间尺度，丰富表现技法。

3. 实习内容

3.1 空间布局

拙政园中现有的建筑，大多是清咸丰十年（公元1860年）拙政园成为太平天国忠王府花园时重建，至清末形成东、中、西三个相对独立而各具特色的小园。

3.1.1 中园

中园是拙政园的主体与精华所在。面积约18.5亩，水面约占三分之一，池广树茂，总体布局以水池为中心，临水建有形体不一、高低错落的亭台楼榭，具有江南水乡的风味。

远香堂为拙政园中部主景区的主体建筑，周围环境开阔。远香堂从形制上看为一座明代结构的单檐歇山的四面厅，庭柱为"抹角梁"，并巧妙地分设在四周廊下，因而室内没有一根阻挡视线的柱子，每面装置玻璃长窗，坐在厅内可环顾四面景色。堂北临水为月台，立于平台隔水可眺望东西两山。厅的南面是一座黄石假山，东边山坡上有绣绮亭，西边池塘边有倚玉轩，给人以远山近水，山高水低的感觉。远香堂隔水与东西两山岛相望，东西两岛山将水池划分为南北两个空间。东山较小，山上建有"待霜亭"藏而不露，取唐代诗人韦应物"洞庭须待满林霜"的诗意为名。西山较大，山顶建有结构质朴大方、端正稳重的"雪香云蔚亭"。此亭位于岛之最高处，又居园之正中，居高临下，和远香堂遥相呼应，互为对景。

西山的西南角建"荷风四面亭"，它的位置恰在水池中央，亭名因荷而得名。亭四面为水，湖内莲花亭亭净植，湖岸柳枝拂水。亭单檐六角，四面通透，外形轻巧，亭中楹柱上有一副对联"四面荷花三面柳，半潭秋水一房山。"起到画龙点睛的作用。亭的西、南两侧各架曲桥一座，又把水池分为三个彼此通透的水域。与远香堂西面的"倚玉轩"及"香洲"遥遥相对，成三足鼎立之势，都可随势赏荷。

倚玉轩之西有一曲水湾深入南部居宅，这里有"小沧浪"横架水面。"小沧浪"取自《楚辞》"沧浪之水清兮，可以濯我缨，沧浪之水浊兮，可以濯我足"之意，是一座三开间的水阁，南窗北槛，两面临水，跨水而筑，构成了一个闲静的水院。自小沧浪凭栏北眺，透过亭、廊、桥三个层次可以看到最北端的见山楼，显见景观深远、层次丰富。这里是观赏水景的最佳去处。各路水源在远香堂前汇聚一池，到了香洲前，突然分流四去，其中一条支流弯弯曲曲，扑面而来，经过"小飞虹"，过"小沧浪"，有一种余味未尽的感觉。这样的理水手法，符合苏州古典园林关于"水面有聚有散，聚处以辽阔见长、散处以曲折取胜"的要领，可称一绝。

"小飞虹"的形制很特别，是苏州园林中惟一的廊桥。取南北朝宋代鲍昭《白云》诗"飞虹眺秦河，泛雾弄轻弦"而命名。它不仅是连接水面和陆地的通道，而且构成了以桥为中心的独特景观。小飞虹桥体为三跨石梁，微微拱起，呈八字形。桥面两侧设有万字护栏，三间八柱，覆盖廊屋，檐枋下饰以倒挂楣子，桥两端与曲廊相连，是一座精美的廊桥。朱红色桥栏倒映水中，水波荡漾，桥影随波浮动，宛若飞虹。

过桥往南是方亭"得真亭"，得真亭面北，前面空地栽植有松柏，成为亭前的主景。柏树经霜不凋，亭名取自左思《招隐》中"靖蕡青葱间，竹柏得真意"。

由得真亭向北，有黄石假山一座。其西是清静的小庭院"玉兰堂"，院内主植玉兰花，配以修竹湖石。假山北面临水的是舫厅"香洲"，它的后舱上层名"澄观楼"。香洲是拙政园中的标志性景观之一，为典型的"舫"式结构，有两层舱楼。香洲与倚玉轩一纵一横隔水相望，相互映衬。此处池面较窄，在舫厅内安装大玻璃镜一面，反映对岸倚玉轩一带景色，借用镜中虚景而获得深远效果。香洲三面环水，一面依岸，站在船头，波起涟漪，天地开敞明亮，满园秀色令人心爽。前眺倚玉轩，左望见山楼，右顾小沧浪。舫西是船尾，有小门通往玉兰堂后。

过玉兰堂往北是位于水池最西端的半亭"别有洞天"，它与水池最东端的小亭"梧竹幽居"遥遥相对，互为对景，形成中园主景区的东西向的次轴。

梧竹幽居亭是一座方亭，建筑风格独特，四面均为月洞门，在亭内透过月洞门可看到不同的"框景"，为中部池东的观赏主景。亭的绝妙之处还在于四周白墙开了四个圆形洞门，洞环洞，洞套洞，在不同的角度可看到重叠交错的分圈、套圈、连圈的奇特景观。四个圆洞门通透、雅致，形成了四幅花窗掩映、小桥流水、湖光山色、梧竹清韵的美丽框景画面，意味隽永。由亭向西眺望，巍巍北寺塔，似乎屹立在园内，形成借景。

见山楼位于水池的西北岸，由西侧的爬山廊直达楼上，可遥望对岸的雪香云蔚亭、倚玉轩、香洲一带依稀如画的景色。见山楼三面环水，两侧傍山，从西部可通过平坦的廊桥进入底层，而上楼则要经过爬山廊或假山石级。它是一座江南风格的民居式楼房，重檐卷棚、歇山顶、坡度平缓、粉墙黛瓦、色彩淡雅，楼上的明瓦窗，保持了古朴之风。底层被称作"藕香榭"，上层为见山楼，此楼高敞，可将园中美景尽收眼底。原先，苏州城中没有高楼大厦，登此楼望远，可尽览郊外山色。

枇杷园是中部花园的园中园，位于远香堂的东南面，用云墙和假山障隔为相对独立的一区。园内栽植枇杷树，夏初成熟，果实累累，结满枝头，故取"摘尽枇杷一把金"的诗意为名。全园以庭院建筑为主，有玲珑馆、嘉实亭、听雨轩和海棠春坞等。这些建筑物又把空间分隔为三个小院。这种造景手法，称为"隔景"。三个小院既隔又连，互相穿插，在空间处理和景物设置方面富有变化。每个庭院的天井，大小各不相同。海棠春坞尺寸较小，但开了几个漏窗，使天井显得比较宽敞。玲珑馆前的云墙造得较矮，视野开阔就显得大。听雨轩前的天井面积比较大，就开了一个小池塘，使天井大小适宜，园景丰富。北面的云墙上开月洞门作为园门，自月洞门南望，以春秋佳日亭为主题构成一景；回望，又以雪香云蔚亭为主题构成一绝妙的"框景"。

3.1.2 西园

西园原为清末张氏"补园"，面积约12.5亩，其水面迂回，布局紧凑，依山傍水建以亭阁。因被大加改建，所以乾隆后形成的工巧、造作的艺术风格占了上风，但水石部分同中部景区仍较接近，起伏、曲折、凌波而过的水廊、溪涧则是苏州园林造园艺术的佳作。

西园主要建筑为靠近住宅一侧的三十六鸳鸯馆，建筑呈方形平面，四角带有耳室，厅内以隔扇和挂落划分为南北两部，南部称"十八曼陀罗花馆"，馆前的庭院种植山茶花（曼陀罗花），北部名"三十六鸳鸯馆"，挑出于水池之上。夏日用以观看北池中的荷蕖水禽，三十六鸳鸯馆的水池呈曲尺形，由于此馆体形过于庞大，因而池面显得局促，有尺度失调之感。

西园另一主要建筑"与谁同坐轩"，是一座扇面亭，扇面两侧实墙上开着两个扇形空窗，一个对着"倒影楼"，另一个对着"三十六鸳鸯馆"，而后面的窗中又正好映入山上的笠亭，而笠亭的顶盖又恰好配成一个完整的扇子。"与谁同坐"取自苏东坡的词句"与谁同坐，明月，清风，我"。此亭形象别致，具有很好的点景效果，同时也是园内最佳的观景场所。凭栏可环眺三面之景，并与其西北面山顶上的"浮翠阁"遥相呼应构成对景。

池东北的一段为狭长形的水面，西岸绵延是自然景色的山石林木，东岸沿界墙构筑水上游廊——水廊，是别处少见的佳构。从平面上看，水廊呈"L"形沿着东墙分两段临水而筑，南段从别有洞天入口，到三十六鸳鸯馆止；北段止于倒影楼，悬空于水上。这里原来是一堵分隔中、西园的水墙，作为两园之间的分界横在那里。如何化不利为有利，聪明的工匠借墙为廊，临水而建，以一种绝处求生的高妙造园手法来打破这墙僵直、沉闷的局面，将廊的下部架空，犹如栈道一般，依水势作成高低起伏、曲折变化，使景观空间富于弹性，具有韵律美和节奏美。

水廊北端连接"倒影楼"，作为狭长形水面的收束，并与见山楼东西相望。倒影楼是因为从前面池塘里可以清楚地看到这幢楼阁的倒影而得名。

水廊的南面是"宜两亭"，宜两亭在别有洞天靠左，叠有假山一座。沿假山上石径，有一座六角形的亭子位于山顶，这就是"宜两亭"。它踞于中园和西园分界的云墙边，亭基抬高，六面为窗，窗格为梅花图案。登上宜两亭，可以俯瞰中部的山光水色，这是造园技巧上"邻借"的典型范例。

从三十六鸳鸯馆向西，渡曲桥为临水的"留听阁"，阁前有平台，两面临池，由此北行登山可达山顶的"浮翠阁"。这是一座八角双层的建筑，处在全园的最高点。但阁的体量稍嫌过大，多少影响西部的园林尺度。自留听阁以南，水面狭长，在水面的南端建"塔影楼"，与留听阁构成南北呼应的对景线，适当弥补了水体本身的僵直呆板的缺陷。

3.1.3 东园

东园原称"归田园居"，是因为明崇祯四年（1631年）园东部归侍郎王心一而得名，约31亩。因园早已荒芜，全部为新建，布局以平冈远山、松林草坪、竹坞曲水为主。配以山池亭榭，仍保持疏朗明快的风格，主要建筑有兰雪堂、秋香馆、芙蓉榭、天泉亭、缀云峰等，均为移建。

3.2 造园理法

3.2.1 理水

据《王氏拙政园记》记载，原地"居多隙地，有积水恒其中，稍加浚治，环以林木"，"地可池则池之，取土与池，积而成高，可山则山之。池之上，山之间可屋则屋之。"这充分反映出建园者利用地多积水的优势，疏浚为池，形成碧水浩淼的特色景观。拙政园现有水面近六亩，约占园林面积的五分之三，近代重建者用大体量水面营造出园林空间的开朗氛围，基本上保持了明代"池广林茂"的建园风格。主要建筑均滨水而建，竹篱、茅亭、草堂与山水景色融为一体。水面有聚有散，聚处以辽阔见长，散处以曲折取胜。驳岸依地势曲折变化，多以山石砌筑，大曲、小弯，有急有缓，有高有低，节奏变化丰富。驳岸山石布置，采取上向水面挑出，下向内凹进，不但使水有不尽之意，而且使岸形空灵、险峻，美在其中。

园中水面处理与空间层次创造相结合。基本手法有两种，一是采用狭长水面拉长视线，再加上建筑的点景、植物的掩映、驳岸的处理，造成水边无边无际的感觉，丰富了空间层次，如该园的小沧浪处，倒影楼处之水景。二是采取在水面上架桥，用桥分隔水面空间，使水面有层次感，而且处理得更为含蓄。拙政园的"小飞虹"，是廊桥，将水面分隔，更有空间层次感。透过廊桥，外面景致虚虚实实，可谓园林空间的极致了。

3.2.2 建筑

拙政园的园林建筑，早期多为单体，疏朗典雅。到晚清时期，厅堂亭榭、游廊画舫明显增加，中部建筑密度达16.3%，但群体组合空间变幻曲折、错落有致；如由小飞虹、得真亭、小沧浪等轩亭廊桥，依水围合而形成的一组水院，独具特色；水院之东的听雨轩、玲珑馆和海棠春坞庭院组群。这三栋轩馆通过回廊和院墙的联结，形成形状不同大小不一环境气氛各异的四个院子和天井，它们十分自然地穿插组合，以极其简练的手笔取得了错落有致、极富韵味的景观构成。由于这些大小不等的院落空间的对比衬托，才能够在不大的空间内，营造出自然山水的无限风光，主体空间显得更加疏朗、开阔。这既是苏州园林的共同特征，也是中国古典园林的普遍手法。

3.2.3 植物

拙政园向来以"林木绝胜"著称，数百年来一脉相承，沿袭不衰。早在明代王献臣始建拙政园时就广植花木。文徵明曾绘图31幅，作《王氏拙政园记》，记述园中景物，其中以花木命名的景点，如玫瑰砦、蔷薇径、芭蕉槛等就占一半以上，如竹涧，"夹涧美竹千挺"；瑶圃，"江梅百本，花时灿若瑶华"。园虽经历几百年的苍桑变迁，园主们对花木的热爱却没有改变。据统计，园中绿化面积共28.8亩，占陆地面积的二分之一以上，树木2600多棵，百年以上古树二三十棵。

(1) 拙政园的植物配置注重选择植物的"比德"思想

中国自西周开始，就有以物"比德"的传统，到孔子而树立典型。中国园林植物的选择受其影响，尤其在文人写意园中注重植物的"比德"思想。拙政园水面开阔，池中种植莲花。莲花具有丰富的精神内涵，宋人周敦颐《爱莲说》曰："草木之花，可爱者甚繁，予独爱莲之出于淤泥而不染，……香远益清，亭亭净植……诚花之君子也。"把莲花列入花中君子，象征高贵的品格和淡泊名利的人生态度，一直为文人所称颂。沿水面周围多处布置了与赏莲有关的建筑，成为拙政园的主题景区。如远香堂、荷风四面亭、藕香榭、留听阁、香洲等，有利于人们从多种角度欣赏和感受。

园中许多建筑都是与植物的欣赏相结合，如以梅花组景的雪香云蔚亭，以海棠组景的海棠春坞，以梧桐、竹子组景的梧竹幽居，以芭蕉组景的听雨轩，以枇杷组景的枇杷园等等，形成以观赏花木为主题的多处景区，并通过对联、匾额等赞颂花木精神，升华了园林意境。

(2) 在植物配置上追求"虽由人作，宛自天开"的思想

清初画家恽南田作拙政园图，题跋上言："秋雨长林，致有爽气。独坐南轩，望隔岸横冈，叠石峻山，下临清池，石间路盘纡，上多高槐、柽、柳、桧、柏虬枝挺然，迥出林表。绕堤皆芙蓉，红翠相间，俯视澄明，游鳞可数，使人悠然有濠濮间趣。"植物和空间环境相互配合，富有山林野趣。

在拙政园的荷池四周，垂柳轻拂，迎春

连翘，低垂于水面；更有濒水的芙蓉、碧桃、紫薇、夹竹桃相互掩映，池中则荷叶田田。山间林地，多植松柏、高槐、杉树、枫杨、女贞，间以观花观果的大中乔木如玉兰、木瓜、梨树、橘树等，低灌木如构骨、六月雪、南天竹，地被植物如书带草等，形成丰富的种植层次。

（3）拙政园在种植设计上注重植物的季相特征

阳春三月，拙政园里柳枝拂水，桃李争春。可以看到玉兰堂前玉兰盛开，温润如玉，幽香醉人。可至海棠春坞赏海棠，"东风袅袅泛崇光，香雾空蒙月转廊。只恐夜深花睡去，故烧高烛照红妆"（苏东坡诗）。仲夏时节，池畔浅紫、粉红的紫薇花掩映着，池中荷叶阵阵，荷香沁鼻。驻足荷风四面亭可以领略到"四壁荷花三面柳，半潭积水一房山"的情景；山坡上浓荫匝地，令人暑气顿消。秋风起时，园中并无萧瑟景象，春华秋实，正是收获的季节。待霜亭是赏秋景的佳处。登高望远，秋水长天，山坡上金橘满枝，火红的石榴低垂，枫叶灿若红霞。园内桂花飘香，真是使人志清意远的佳景。寒冬腊月，蜡梅绽放，暗香浮动，松柏长青。

拙政园花木的成功运用表现了中国古代造园家们运用花木的成熟和高超技巧，它典型地表现在集中以某个花木为主题，赞颂花木精神；重视花木的天然生长状态，花木种植宛若天成。

3.2.4 空间

拙政园在构景上通过收放、对比、藏露、围透、借景与对景、虚与实对比等手法，营造了一个开合有致，疏密相间，张弛有度的空间。

以中部为例，靠北的景区是以大水面为中心形成的较为"疏"的山水环境，山池、树木及少量建筑将其划分，再利用隔断、漏窗等形成通透视线，隔而不断，虚实空间相响应。这种互相穿插又处处沟通的空间层次，既有小中见大的景观效果，也使其疏朗开阔、平淡简远，具自然野趣的特点凸显了出来。靠南的景区多是建筑围合的内聚和较内聚的空间，建筑的密度比较大，提供园主人生活和园居生活的需要。这里以对比的手法，以次景区的"密"反衬主景区的"疏"，达到"疏处可走马，密处不透风"的效果。

拙政园的中部由多景区、多空间复合构成，园林空间丰富多变、大小各异。有山水为主的开敞空间，有山水与建筑相间的半开敞空间，也有建筑围合的封闭空间。这些空间之间既有分隔又有联系，形成了一定的空间序列组合。大抵具备前奏、承转、高潮、过渡、收束等环节，表现出以"动观"为主"静观"为辅的组景韵律感，最大限度地发挥其空间组织上的开合变幻的趣味和小中见大的特色。

3.2.5 色彩

拙政园以黛瓦为顶，白墙为屏，栗木为柱，绿树为幕，缀以红花翠果，以实物景象的色彩关系营造出浓淡相宜、淡雅明快的气氛和韵味,宛如现实生活中的"写意山水画"。

以绿为底。绿色是自然的色彩，使人感到和平与宁静，也是整个拙政园的底色。绿色植物一方面对改善园子的小气候环境起着至关重要的作用。拙政园里以"绿"为主题的景点有"绣绮亭"、"晓丹晚翠"、"浮翠阁"。诗人朱临有描写拙政园翠色的诗句："环池曲水当春绿，叠石苔级遇雨青。"渲染出拙政园碧绿的氛围环境。

以花卉、果实色彩作为点缀。只有绿色的世界是单调的，因此在园林的色彩设计中少不了色彩缤纷的花卉、果实来点缀。

拙政园里，花木的搭配充分考虑了花的色彩和花期。红花与绿叶色彩对比强烈，互相映发，令人心情愉悦。园内春有桃花、杜鹃、牡丹、芍药、玉兰，夏有荷花、石榴、睡莲，秋有菊花、炮仗红，冬有梅花等。各处景点皆有花木映衬主景。拙政园犹以荷花闻名，夏日池塘里满眼田田荷叶，粉红色的荷花点缀其间，正如诗人所言"接天莲叶无穷碧，映日荷花别样红"。果实也是醒目的景观，秋天累累硕果的色彩同样引人注目。

园林里建筑类型丰富，亭台楼阁高低错落，如果色彩过于复杂，势必影响整体的格调，甚至有可能喧宾夺主。在形式美的创造中，色彩比造型有更强烈的视觉冲击力。当建筑全部采用粉墙黛瓦的无彩色，它们非常容易和有色彩协调起来，丰富的形象极为和谐，配以水石花木，就产生了平淡素净的色彩美，显示出一种恬淡雅致，有若水墨渲染的山水画的艺术效果。

4. 实习作业

（1）草测与谁同坐轩及其环境的平面、立面。

（2）草测嘉实亭及其环境的平面、立面。

（3）草测西部东墙水廊平面、立面。

（4）草测拙政园的听雨轩、玲珑馆和海棠春坞庭院组群，体会随机式庭院组景的精妙之处。

（5）草测自腰门至远香堂及东西两侧导游线路平面。领会"涉门成趣"、"欲扬先抑，欲显先隐"的造景手法。

（6）即兴速写三幅。

（7）以实测内容为基础，分析拙政园的造园特点及手法。

（许先升 编写）

【留　　园】

1. 背景资料

苏州留园在苏州阊门外下塘一带，即今留园路79号，原占地面积3.33hm²，现占地面积为2hm²。明代嘉靖年间（1522~1566年）太仆寺少卿徐泰时建东、西二园，其子徐溶将西园舍宅为寺，即现今的戒幢律寺。东园中史料记载有周秉忠创作的"石屏"山，作普陀、天台诸峰状，高三丈，阔二十丈，宛如山水横披画。东园布置奇石，有相传为北宋花石纲遗物的瑞云峰（太湖石峰）一座。清初园渐荒芜，屡易其主，后由刘恕（号蓉峰）拥有东园故址并扩建为寒碧山庄，与今日留园中部的楼阁可以一一相对，中部基本是清嘉庆初年的格局，由于园居花步里，又称花步小筑，俗称刘园。园中聚太湖石十二峰，蔚为奇观。道光三年，对外开放，轰动一时。咸丰十年后，园渐废。清同治十二年（1873年），盛康拥有此园，改谐音名留园，光绪十四年至十七年，增辟留园义庄（即祠堂），扩建东部冠云峰庭院和西部，与现今留园规模相同。曾先后被日军、国民党军队占用而遭到不同程度的破坏。1953年苏州市人民政府修复此园。1997年被列入世界文化遗产名录。

2. 实习目的

（1）了解留园的历史沿革，熟悉其创建历史及其在中国古典园林中所处的历史地位。

（2）通过实地考察、记录、测绘等工作掌握留园的整体空间布局及造景手法等。

（3）将留园与其他江南园林作横向对比，归纳总结其异同点，掌握其主要的造园特点。

（4）将留园实践实习与理论知识印证，在建筑、地形、空间结构、植物等方面分别总结。

3. 实习内容

3.1 空间布局

留园是苏州大型古典园林之一，分中、东、西、北4个景区。中部以山池为主，为明代寒碧山庄的基本构架，池碧水寒，峰回峦绕，古木幽森；东部以建筑庭院为主，曲院回廊，疏密相宜，奇峰秀石，引人入胜；西部环境优雅清静，富有自然山林野趣；北部竹篱小屋，颇有乡村田园风味。留园位于住宅后面，进园入口位于东部鹤所附近，因当时私家园林有开放的习俗，因此另辟园门。

3.1.1 中部

中部是原来涵碧山庄的基址，是全园的精华所在。山池为山北池南，假山的朝阳面面对重要的观景建筑涵碧山房。以池水为中心，东、南为建筑。园门至古木交柯、花步小筑处的建筑空间处理得非常巧妙。

古木交柯是位于留园中部山池主景区的入口部分，从园门进入，经过一段空间曲折变化的小巷，进入到古木交柯小院中。特点有两点：①景由境生。靠祠堂北墙建有砖砌花台，原生有古柏，自生女贞与古柏相连理，故称古木交柯。现补种古柏、山茶、天竹，与其"交柯"之名略有出入。②虚实变化。古木交柯北侧亦轩亦廊的建筑，用不同的漏窗形成漏景，漏窗的花格由东向西，由密渐疏，西侧与绿荫轩之间以空窗相隔，利用光影变化进行引导游人向西进入"绿荫"。

从古木交柯处有向北、向西两条不同路线。

（1）第一条路线

从古木交柯向西走经花步小筑、绿荫轩、明瑟楼、涵碧山房、爬山廊、闻木樨香轩、远翠阁，进入五峰仙馆庭院。

花步小筑天井和绿荫轩在古木交柯西

侧。特点有两点：①框景与空间交融。与古木交柯以洞门相隔，虽不能进入而以洞门为框，从古木交柯处可框景花步小筑的石笋和古藤，具有向西引导游人的功能。②以景点题。因此园位于明代的花步里（"步"通"埠"），即装卸花木的埠头，当时园主谦虚而起名为"花步小筑"。山石花台平铺于墙角，作石矶状，以石点题。绿荫轩为硬山造，由于轩东原有老榉树一棵而得名。西侧有青枫和十二峰中的玉女峰（俗称济仙石）。临水挂落与栏杆之间，涌出一幅山水画卷。以雕花隔扇将花步小筑天井和绿荫轩隔开，从绿荫轩中向南隔雕花隔扇漏景天井内的石笋，向北则视野开阔，望及中部湖面。不足是距水面略高。

池南涵碧山房、明瑟楼在绿荫轩西侧。涵碧山房为卷棚硬山式，取意自宋代朱熹："一水方涵碧，千林已变红"。明瑟楼取《水经注》中"目对鱼鸟，水木明瑟"而名。特点有三：①先乎取景，妙在朝南。涵碧山房是中部的主体建筑，南侧庭院较大，以满足日照，院中牡丹花台做法巧妙。②荷花厅。荷花厅为隔水与山相望，水中种荷花（即荷池），被称为荷花厅，多为面阔三间，一面或两面朝向主要的景观，也可于山墙处开窗取景。涵碧山房为荷花厅，东侧与明瑟楼相接，北侧设月台与水池相邻。③山石镶隅。明瑟楼南侧的"一梯云"为湖石镶隅，取郑谷诗云："上楼僧踏一梯云"之意，假山西墙为明代董其昌手书"饱云"二字，湖石镶隅陡峭，显云之意境。

涵碧山房西为别有洞天，连接进入西部的之字曲廊。从别有洞天向北，经过一段廊之后，连接爬山廊。在山腰处设云墙，爬山廊不仅与云墙若即若离，单面空廊（一侧靠墙）与双面空廊（两侧均不靠墙）交替，形成一侧观赏与两侧观赏的交替游览，也形成了趣味性的小天井，同时也随山势高下起伏，明暗变化丰富。

闻木樨香轩位于中部西墙爬山廊的山顶位置。木樨即岩桂，山上遍植桂花，是观秋景的佳处。此处山高气爽，环顾四周，满园景色尽收眼底，是对景池东曲溪楼的主要位置。

通过中部园内北墙南侧的"之"字曲廊进入远翠阁。"之"字曲廊的使用增加了空间的丰富性。"之"字曲廊地处平地，以自然山石进行烘托，创造延续南侧爬山廊的山林意境。在北墙前原有"自在处"（现今远翠阁处）、"半野草堂"等建筑，以此廊连接，现已不存。阁名取自唐方千"前山含远翠，罗列在窗中"之意，平面为正方形，顶为双层卷棚歇山造。阁南有明代青石牡丹花台，阁东有大型湖石花台，配置较为丰富。

(2) 第二条路线

从古木交柯向北走则分别经曲溪楼、西楼、清风池馆，进入五峰仙馆庭院。

曲溪楼、西楼在古木交柯北侧，沿水池东岸展开，曲溪楼取意自《尔雅》"山渎无所通者曰谿"之意，曲谿即曲溪，八角形门洞上刻有文征明手书"曲谿"砖额。特点有以下两点：

① 尺度得宜。由于在水池东岸，故而尽量减少尺度，形成面阔大于进深的狭长带形，采用了单檐歇山造，并且是单坡，也就是"半"个楼，以免在池东、南等处远观曲溪楼时感觉体量过大。

② 粉墙漏景。一层以粉墙为纸，墙西配置奇石、植物，形成丰富投影与衬托。一层粉墙上多开大型漏窗，利用漏景、框景的方法打破长直立面带来的单调性。

清风池馆为单檐歇山造水榭，取意自《诗经》"吉甫作颂，穆如清风"、《楚辞·九辨》"秋风起兮天气凉"等句。四面墙的做法不同。西面开敞，临水凭栏可望池中小蓬莱岛；东面为镂花隔扇，漏景五峰仙馆；北为粉墙；南为窗，窗外有绿树峰石可赏。

濠濮亭在清风池馆南侧，浮现于碧波之

上的半岛上，与小蓬莱岛遥相呼应。取意自《世说》："梁简文帝入华林园，顾谓左右曰：会心处不必在远，翳然林木，便自在濠濮间想也，觉鸟兽禽鱼，自来亲人"。此处取濠濮之意，濠即濠上，濮是水名，古人以濠濮指代观鱼之地。亭旁有十二峰之一的奎宿峰。

池中小蓬莱岛取意自《史记》"蓬莱、方丈、瀛洲，此三种山者，在渤海中"的仙山之意。岛以有紫藤架的桥与两岸相连，引蔓通津，具有较好的围合感。岛上驳岸岩石参差，中间有较大的空间。

可亭屹立于池北山冈之上，山石兀立，洞壑隐现，为六角攒尖顶亭，有凌空欲飞之势。

3.1.2 东部

东部是住宅的延伸部分，庭院重重，是园内各种活动的主要载体，以五峰仙馆为中心，有书房还我读书处、揖峰轩庭院、冠云楼庭院等。院落之间以漏窗、门洞、廊庑沟通穿插，互相对比映衬，成为苏州园林中院落空间最富变化的建筑群。

主厅五峰仙馆俗称楠木厅(厅内梁柱均为楠木)，取意自李白"庐山东南五老峰，青天秀出金芙蓉"之诗句。厅内装修精美，陈设典雅。其东，有鹤所、揖峰轩小院、还我读书处等院落，竹石倚墙，芭蕉映窗，满目诗情画意。五峰仙馆前院有以下三个特点：

① 东西透景轴线。东西山墙上开窗，形成视觉直达可亭所在假山、揖峰轩小院的东西透景轴线。

② 厅山。南院湖石厅山为厅山佳例，起伏有致，延绵不绝，既是楠木厅南面的对景，又是登上西楼的楼山。

③ 立峰。南院厅山为仿庐山五老峰的意境，上面缀有五峰。而北院则将立峰设于花台之中，有十二峰之一的猕猴峰。院东南的鹤所为昔日养鹤之处。汲古得修绠在五峰仙馆西侧，原为小书房，得名于韩愈《秋怀》诗"归愚识夷途，汲古得修绠"，以及《荀子·荣辱》"短绠不可以汲深井之泉"等句，即意指做学问要花真功夫去探索。此屋南侧小院内的湖石花台，错落有致，将入屋小路隐入山石之后。

(1) 石林小院

石林小院是五峰仙馆东侧院落，由"静中观"半亭的洞门进入，借用了宋代词人叶梦得在湖州的"石林精舍"的名字。揖峰轩为石林小院的主体建筑，取意宋代朱熹《游百丈山记》中："前揖庐山，一峰独秀"之意。主要有以下四个特点：① 立峰。院内以立峰见长，揖峰轩南有晚翠峰(湖石)，石林小屋东侧天井内有十二峰之一的干霄峰(斧劈石)。此外，每个小天井内置立峰，形成美妙的天然画面。② 院中有院。以揖峰轩南的院落为主，周围形成丰富的天井空间，尤其在院落的对角线上，以空廊分隔墙角的小天井，增加景观的层次，形成较长的视线。③ 空间丰富。小天井以漏窗、洞门、空廊作为框景、引景的方式，空间互相渗透，实虚结合。④ 尺幅窗，无心画。揖峰轩北侧狭长小天井内置湖石，从窗中望去，形成一幅幅"无心画"。揖峰轩对面的石林小屋，一面开敞，三面开窗对景天井内的芭蕉、竹、立峰等，空间不大但景色各异。

(2) 还我读书处

还我读书处庭院在五峰仙馆北侧，因是书斋，较为幽静，硬山造，取意自陶渊明《读山海经》"既耕亦已种，时还读我书"诗句。西面天井以十二峰之一的累黍峰作为对景。

(3) 冠云峰庭院

冠云峰庭院在东部园的最东北侧，为赏冠云峰而建。林泉耆硕之馆为鸳鸯厅(屋顶外部为一个歇山或硬山形式，屋顶内部用草架处理成两个以上的轩式天花，室内用隔扇、落地罩等分成两部分，且两部分的结构、装修不同，称为鸳鸯厅)，单檐歇山造，中间以雕镂剔透的圆洞落地罩分隔，北厅"奇石寿太古"有月台面对冠云沼,用于夏秋观赏;南厅"林泉耆硕"用于冬春观赏。冠云楼前矗立着著名的留园三峰。冠云峰居中,瑞云峰、岫云峰屏立左右。冠云峰高6.5m,玲珑剔透,相传为宋代花石纲遗物,系江南园林中最高大的一块湖石,峰名取意自《水经注》"燕王仙台有三峰,甚为重峻,腾云冠峰,高霞翼岭",暗指冠云峰的高大,旁边立有瑞云峰、岫云峰等进行衬托,与冠云峰并称留园三峰。冠云峰左侧还有十二峰之一的箬帽峰。冠云峰的高度与林泉耆硕之馆的距离比约为1:3,空间尺度适宜。冠云峰之前为浣云沼,周围建有冠云楼、冠云亭、冠云台、伫云庵等,均为赏石之所。冠云楼在屋顶的构造上不是一个完整的歇山造,北侧临园墙处没有屋顶出檐,面阔三间,东西两端各出一间,平面缩进,立面屋顶有起伏,和曲溪楼都是楼中设计的佳例。佳晴喜雨快雪之亭在冠云台西侧,两者均是单檐歇山造,两亭妙在似联非联,以粉墙洞门和隔扇相隔,观景主题不同。

(4) 戏厅

从伫云庵南侧的亦不二亭进入园东南角的小院落,原为戏厅所在,现已无存。有十二峰之一的拂袖峰,小路上用卵石、瓷片等拼成海棠、一支梅等十多种花纹,大有"花径"之意,与园内的山石牡丹花台相呼应。西边的八角攒尖顶亭为1953年修复该园时从其他地方移入。

3.1.3 西部

西部以假山为主,土石相间,浑然天成。山上枫树郁然成林,盛夏绿荫蔽日,深秋红霞似锦。至乐亭、舒啸亭隐现于林木之中。登高望远,可借苏州西郊的上方、七子、灵岩、天平、狮子、虎丘诸山之景,体现了《园冶》中:"巧于因借"之远借。山上云墙如游龙起伏。山前曲溪宛转,流水淙淙。至乐亭取意自《阴符经》"至乐性余,至静则廉"之意,亭平面为长六边形,顶为六

角庑殿顶,在江南园林中颇为罕见。舒啸亭为六角形平面圆顶,取自陶渊明《归去来辞》"登东皋以舒啸,临清流而赋诗"之意,登高舒啸和临流赋诗是两晋名士的雅举,《世说新语》中记载阮籍能"啸闻数百步"。舒啸亭则较为形象地点出亭位于山顶的位置,亭东南有壑谷蜿蜒而下,通向"活泼泼地"。

从假山向西南顺溪流南行,廊的尽端刻有"缘溪行",取自陶渊明《桃花源记》中"缘溪行,忘路之远近。忽逢桃花林,夹岸数百步,中无杂树,芳草鲜美,落英缤纷……"之意。

水阁"活泼泼地"位于溪水东北角,接近曲廊尽头,取殷迈《自励》诗"窗外鸢鱼活泼,床头经典交加"之意。南边面临水面,其下凹入,宛如跨溪而立,令人有水流不尽之感。

3.1.4 北部

北部原有建筑早已废毁。"又一村"取意自陶渊明"山重水复疑无路,柳暗花明又一村"之意,昔日为菜田、茅屋、鸡鸭等田园景观,现广植竹、李、桃、杏等农家花木,在小路上建葡萄、紫藤架。其余之地辟为盆景园,展示苏派盆景。盆景园内新建小屋三楹,为小桃坞、花木繁盛、犹存田园之趣。

3.2 造园理法

3.2.1 建筑空间

留园建筑空间的旷奥、明暗、大小处理得颇为精湛,不论是从园门入园经古木交柯、曲溪楼、五峰仙馆至东园的空间序列,还是从鹤所入园经五峰仙馆、清风池馆、曲溪楼至中部山池的空间序列,都形成层次多变的建筑空间。其建筑空间的精致是江南其他园林所难以媲美的。有以下三个设计特点:

(1) 空间对比明确

其中从大门到古木交柯、花步小筑一段极好地利用了小天井、开凿在屋顶的明瓦、"之"字曲廊、漏窗等,形成富有光线变化、

明暗对比的空间。

(2) 院落空间丰富

石林小院、五峰仙馆庭院、冠云峰庭院等院落，以大小不等的院落空间衬托丰实的景观效果，五峰仙馆庭院的狭长见厅山之高耸；石林小院的"院中有院"则突出了立峰之姿态万千，多而不乱，每个小天井皆有主题；冠云峰庭院则以开敞的空间，彰显冠云峰之空灵，前面五峰仙馆庭院、石林小院的较为封闭的空间，恰恰烘托了冠云峰庭院的开敞，是整个游线中的高潮所在。

(3) 框景、对景、漏景手法多变

全园曲廊贯穿，依势曲折，通幽渡壑，长达六七百米，"之"字曲廊、空廊的应用与小天井的结合非常巧妙。利用空廊、小天井、漏窗、隔扇、洞门等形成富有变化的画面，用框景、对景、漏景等多种手法，来展示奇峰异石、名木佳卉。

3.2.2 理水

留园的山水格局采用了对比的方法，将中部与西部的空间进行对比，形成疏密相间的空间景观。中部形成以水体为主、四周假山的开敞景观，而西部形成以山体为主、水体为辅的山林景观。东部则多采用象征的手法，用特置石峰来形成山景意境。

留园中理水所创造的景观，截然不同。手法主要有以下三点：

(1) 景观与空间对比

利用理水形成不同的景观，西部形成溪流的景观，取陶渊明《桃花源记》中"缘溪行，忘路之远近。忽逢桃花林，夹岸数百步，中无杂树，芳草鲜美，落英缤纷……"之意，暗含了此溪的桃花源意境；中部形成较大的池面，池中设小蓬莱岛，为蓬莱、方丈、瀛洲三仙山之一，以小岛喻仙山，以小池喻大海。也因此形成了强烈的空间对比，中部旷而阔，西部奥而幽。

(2) 疏水若为无尽

中部池山西南角设置水涧，池水仿佛有源头，洞口设对景石矶，以便游人观赏水涧，但尺度略大。涧上结合道路设置石梁，使水涧的景观层次较为丰富。"活泼泼地"水阁下也作凹入处理，仿佛没有尽头。

(3) 浣云沼以小衬大

浣云沼的尺度较小，能反射冠云峰的倒影，犹如美人对镜梳妆，此乃镜借之佳例。其水面尺度比较小，以此衬托冠云峰的窈窕与灵秀。

3.2.3 掇山

留园筑山叠石的风格也有所不同，中部假山为明末周秉忠叠制的"石屏山"，后经多次改建，成为黄石、湖石混叠，艺术价值不高。西部假山以土为主，叠以黄石，气势浑厚。山上古木参天，显出一派山林森郁的气氛。东部则多采用象征的手法，大量使用特置石峰。有以下六个特点：

(1) 特置石峰

园主刘恕酷爱奇石，多方搜寻，在园中聚太湖石十二峰，蔚为奇观，自号"一十二峰啸客"。后来又寻找到独秀、段锦、竞爽、迎辉、晚翠五峰，以及拂云、苍鳞两支松皮石笋，并称其院落为"石林小院"。因园主的癖好而造就了留园以特置石峰见长的特点，这些特置石峰与驳岸、花台等相互映衬，尤其是特置石峰的对景、漏窗和洞门对特置石峰的漏景和框景，应用得非常广泛。

(2) 山石花台

山石花台主要用于抬高花卉的观赏视点，如古木交柯处的砖砌花台。园内较多采用湖石牡丹花台，如涵碧山房南院、汲古得修绠南侧小院、东园东南角院落，比较成功；还有遗存的青石牡丹花台，如在远翠阁南侧、佳晴喜雨快雪之亭西侧的。这些牡丹花台用来防止较高的地下水位对牡丹生长的影响。

(3) 云墙衬托与分景

在西部假山山腰的云墙，露出的部分很低，从侧面烘托了假山的高度，是个佳例。

云墙不但具有分隔景区的功能,还将山分为两部分,山峰是西部山林的主山,山脚形成中部山池看似南北向展开的副山,与池南东西向的主山形成"主山横则客山侧"的构图。

(4) 壑谷理景

西部山上的舒啸亭东南有壑谷蜿蜒而下,壑谷的深度不深,在 1~1.5m 左右,但情趣颇佳。

(5) 山峦理景

西部土石假山山顶营造参差起伏之势,叠石不求高耸,但求错落有致,尤其是山顶堆叠有层次。

(6) 麓坡理景

在中部山池爬山廊的土石假山上,山体余脉的处理利用了石头处理成不同高差上花台,结合植物种植,形成绵延的客山山麓,与池南的主山之间遥相呼应。

3.2.4 植物配置

留园的植物配置有以下四个特点:

(1) 景以境出,营造意境

"又一村"处营造田园景象,因此,现广植竹、李、桃、杏等农家花木,而"缘溪行"处的溪水取自陶渊明的桃花源之意,种植了大量桃花。西部假山、中部假山上茂密的树林,营造了山林意境。

(2) 托物言志,借物喻人

闻木樨香轩具有浓浓的禅意,即是悟道之意。禅书《五灯会元》中记载北宋黄庭坚学禅不悟,问道于高僧晦堂,晦堂诲之曰:"禅道无隐",但庭坚不得其要。晦堂趁木樨盛开时说:"禅道如同木樨花香,虽不可见,但上下四方无不弥满,所以无隐。"庭坚遂悟(周铮,1998)。修禅悟性是中国士大夫所追求的高尚行为,而当时的园主盛康也是如此,以"闻木樨香"的典故很好地把自己高洁的志向说了出来。园中大量的以"国色天香"的花中之王的牡丹作为观赏对象,同时比喻了自己高贵的品格。

(3) 独立成景,兼顾季相

古木交柯砖砌花台上的古柏、山茶、天竹,花步小筑的古藤、绿荫轩旁的青枫、曲溪楼旁的枫杨、小蓬莱岛上的紫藤架桥都是能够独立成景的佳例。

(4) 点缀山石,丰富景观

在小天井内、立峰旁、叠石间、驳岸旁,有植物进行点缀,丰富景观效果,如石林小院中的罗汉松、美人蕉,厅山上的六月雪等,岫云峰上的木香。

4. 实习作业

(1) 草测亭及环境的平面、立面。

(2) 留园五个院落(古木交柯小院与花步小筑小院;五峰仙馆前后庭院;石林小院;冠云楼庭院)中任选一个院落,草测其环境平面图。

(3) 草测自园门到古木交柯、花步小筑的线路平面。分析其建筑空间的转折和开合造景手法。

(4) 自选留园中建筑、植物、假山等景色优美之处,速写 4 幅。

(李 飞 编写)

【网　师　园】

1. 背景资料

网师园位于苏州市友谊路。最初为南宋吏部侍郎史正志于淳熙年间(1174~1189年)所建之"万卷堂"故址的一部分。清乾隆年间(约1770年)光禄寺少卿宋宗元退隐，购得此地筑园，因附近的王思巷，谐其间喻渔隐之义，名"网师园"。后网师园几易其主，分别曾以"卢隐"、"苏林小筑"、"逸园"相称。乾隆末年园归瞿远村，按原规模修复并增建亭宇，俗称"瞿园"。今"网师园"规模、景物建筑主要是瞿园遗物，保持着旧时世家一组完整的住宅群及古典山水园林，总面积约8亩余，是苏州中型古典山水宅园的代表作品。网师园被列为全国重点文物保护单位，1997年12月与拙政园、留园、环秀山庄一起被列入《世界遗产名录》。

2. 实习目的

(1) 学习以水面为核心的庭园造景手法。
(2) 学习网师园造园中，如何处理山与水、建筑与植物的关系以达到丰富景观的手法。

3. 实习内容

3.1 总体布局

网师园的园林部分面积不大，约 0.47hm² 左右(包含住宅)，在平面上，采用主景区居中的方法，以一个水池为中心，周围布置建筑物，营造出小中见大的效果。在空间处理上，采用了主辅景区对比的手法，以水池为中心的主景区，周围环绕一些较小的辅景区，产生空间的对比，同时形成众星拱月的格局。

网师园主景区中，以水面为中心，各景点皆围绕水面布置。水池南布置有"小山丛桂轩"、"濯缨水阁"、"云冈"(假山)等景点，北部为"看松读画轩"、"竹外一枝轩"，东侧"射鸭廊"，西侧"月到风来亭"，整个主景区通过对尺度比例的精妙把握，对空间抑扬、收放的自如处理，对园林建筑遮掩、敞显的潜心安排，使数亩小园如诗之绝句，词之小令，园中有园，景中有景，耐人寻味。

为使主景区空间景物前较为开阔疏朗，将体量较大的主体建筑皆退离水边，并采取多种手法来淡化、虚掩，池南的"小山丛桂轩"与池北的"看松读画轩"均远离水池，以减小体量感。"小山丛桂轩"前布置名为"云冈"的假山，将建筑遮去大半，"看松读画轩"前布置叠石花台，老松古木，使其虚渺淡隐，以取得扩大空间，丰富景观的效果。

而一些小体量的建筑皆贴水而建，通过尺度对比，反衬水面之辽阔。临水最大的主体建筑为"濯缨水阁"，其体量只略大于水榭，比通常园林中的主厅要小得多。"竹外一枝轩"与"射鸭廊"为一组变化丰富的园林小品建筑，极尽变异之能事。扩大的敞廊，虚实相间，名为"竹外一枝轩"，而收进的半轩却名为"射鸭廊"。它们与前面的山石、树林构成了临水的近中景，同时将二层的"五峰书屋"、"集虚斋"等高大建筑遮掩，形成高低参差、错落有致、层次分明的园林建筑组群，而"月到风来亭"则高耸突出水面，与后部的连廊既分又合，形成池西侧的控制性景点，其虚凌空兀的布置手法，产生了强烈的视觉吸引力，似乎脱离了连廊的羁绊，独立于水中，似有湖心亭的效果，是古典园林中最精彩的景点之一。

池南的一组假山主峰名"云冈"，是苏州园林中不可多得的黄石假山佳构之一，山势凝重，主次分明，虚实得当，层次参差，与水面结合自然贴切，构成一组以山水景观为主的天然之作。

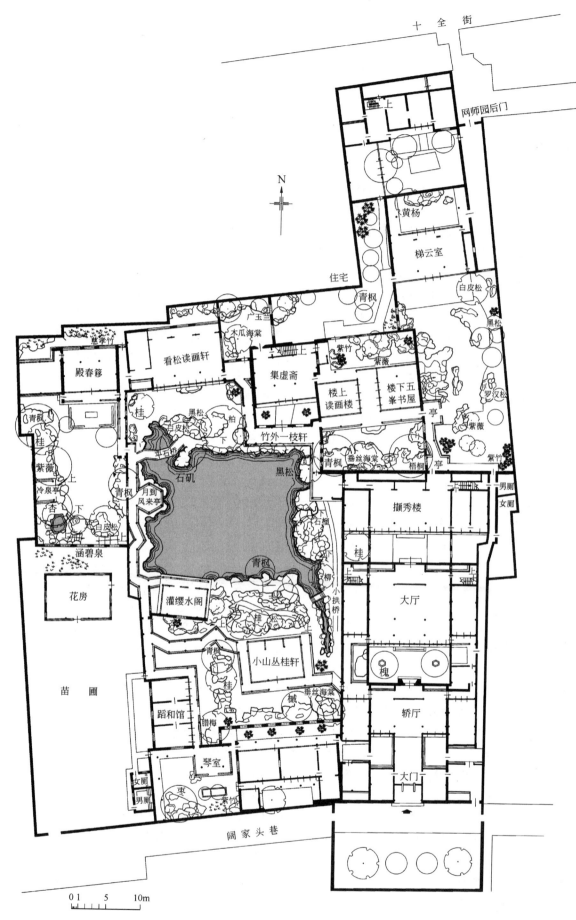

网师园平面图(摹自《苏州古典园林》)

辅景区由一些面积较小的辅助空间组成，布置在主景区的周围，成为主景区的补充与延伸，形成众星拱月的格局，丰富了景观的层次感和深度感，使人有"庭院深深深几许"之感。西部的殿春簃庭院是其中最大的一个辅助空间，庭园布局简练、精致，在宁静中透露出几分凝重与深沉。当年这里曾辟作药园，种满芍药，每逢暮春时分，"尚留芍药殿春风"。殿春簃庭院北面为一座三间书斋，坐北朝南，斋前辟一露台，东部有曲廊与主景区相通，西围墙上设半亭名"冷泉亭"，东南角有泉名"涵碧"，怪石数点组成一景，整个环境空间尺度宜人，典雅大方，是苏州园林中小庭院之精品。

网师园南部的小山丛桂轩和琴室都有自成一体的小庭院，小山丛桂轩比较开敞，周围环境幽雅，人既可在轩内居坐宴息，环顾四面景物，又能沿廊游览观景，步移景异。琴室的入口从主景区几经曲折方能到达，一厅一亭几乎占去小院的一半，余下的空间中只见白粉墙垣及其前的少许山石和花木点缀，其幽邃安谧的环境与操琴的功能十分协调。网师园北部的集虚斋的前庭也是一个安静的小院，院内修竹数杆，透过月洞门和竹外一枝轩可以看到主景区水池的一角，运用透景的手法而达到奥中有旷。此外，网师园还有小院、天井多处，如梯云室、五峰书屋等建筑前的小庭园，或隐或显，或奥或旷，均形成不同的景观，正是由于这一系列大大小小的辅助空间的存在，衬托出了主景区的开朗，使网师园的空间环境，既主题明确，又富于变化。

3.2 风景园林建筑

作为一个住宅园林，网师园中建筑密度高达30%，但是，由于合理的布局，很好地结合环境，人们在其中生活和游览，并没有建筑拥塞的感觉，反而能体会到一派大自然水景的昂然生机，足见规划设计之精巧。比如小山丛桂轩的室内外空间，相互融汇一体，人在轩内，四面置窗都是优美的景观，虽在室内却置身在琳琅满目的园景之中，使人赏心悦目，心胸畅朗。是建筑与环境结合的佳例。

3.3 园林理水

园中水池的布局与整个空间尺度相适应，作为中心的水池，水面以聚为主，面积仅400m²左右，池岸略近方形，但错落有致，驳岸用黄石挑砌，或叠为石矶，上面间植灌木或攀缘植物，斜出松枝若干，表现了一派野趣。在水池的西北角和东南角分别作出水口和水尾，并架桥跨越，隐喻了水的来龙去脉，使水体有活水的感觉。中心水池的宽度约20m，这个距离正好在人的正常水平视角和垂直视角的范围内，使游客得以收纳对岸画面构图之全景。水池四周之景无异于四幅完美的画面，内容各不相同却都有主题和陪衬，在池中映衬出天光云影，亭台楼阁，池岸点缀以绿花红草绿，苍松虬枝，湖光山色，油然而生。

东南角布置的小型石拱桥，为苏州园林中小桥之最，运用尺度对比，反衬出池水之广，下设小溪，似水之源，潺潺而入。西北角设曲桥，舒展蜿蜒于水面上，池水似坦坦而去。一入一去顿使整个水池呈现出"活"的生气。

3.4 园林植物

在植物配置方面，由于空间不大，主景区以孤植为主，点缀数株古柏苍松，造型各异，或高耸挺立，或虬枝蟠扎，树脚侧隐没于山石花台中，"射鸭廊"前斜升入水池上空的黑松，更是自成一景，与黄山的迎客松有异曲同工之妙。"小山丛桂轩"周围以桂花、玉兰、梧桐、青枫为主。其他辅空间也有一至两株姿态出众的主景树种，如黄杨、紫薇、罗汉松、白皮松等。与山石配合的点景植物有紫竹、慈孝竹、南天竹、芭蕉、迎春、牡丹等。高与低、近与远、点与面、形与色相互配合，构成独具特色的植物景观。

综观全园，网师园以水景为特色，主题

突出，布局紧凑，空间尺度比例得当，尤以小巧精致简洁取胜，通过赋、比、兴等创作手法，营造出一个艺术和生活十分完美的空间。

4. 实习作业

（1）实测小山丛桂轩及周边环境。

（2）实测殿春簃整体院落。

（3）以网师园为例，分析苏州园林的造景理法。

（张红卫 编写）

【艺　　圃】

1. 背景资料

艺圃位于苏州城西北，文衙弄5号。它始建于明代，为袁祖庚所筑，初名"醉颖堂"。万历时为文徵明曾孙文震孟所得，堂名世纶，园名药圃。明末清初归姜埰，更名颐圃，又称敬亭山房，其子姜实节改园名为"艺圃"。此后多次易主。道光三、四年，吴姓曾予葺新。清道光年间为绸业公所的"七襄会所"，民国后荒废为民居。抗日战争时期，一度为日伪占用，亭榭坍圮。胜利后为青树中学借用。1950年市工商联第五办事处设此。1956年苏昆剧团入驻。1959年起由越剧团、沪剧团、桃花坞木刻年画社、民间工艺社相继使用。"文化大革命"中，艺圃破坏严重，建筑坍塌，湖石被毁，水池半填，莲花绝种。我们现在看到的艺圃，是1982年苏州市政府在原址上复建的。在复建时按"修旧如旧"原则，布局、风格与原貌相近。艺圃风格简朴疏朗，自然流畅，是研究园林史的重要实例。2000年与沧浪亭、耦园、狮子林和退思园被联合国教科文组织世界遗产委员会评为文化遗产，列入《世界遗产名录》。

2. 实习目的

（1）学习艺圃造园中的对景、框景等处理手法。

（2）学习艺圃造园中空间围合介质如何在尺度、竖向、色彩上加以变化，以达到丰富园景、扩大景域的作用。

3. 实习内容

3.1　总体布局

艺圃全园面积约0.33hm²，住宅占了大半，园林部分仅约0.13hm²。

园子的总体布局，非常简洁明了，从北向南为建筑——水池——山林，总体上以水池为中心形成主景区。池北以延光阁、博雅堂等主体建筑为主景；水池南部以山景为主。园之西南，过了响月廊，又是一组建筑和小庭院，精雅优美，形成辅景区。辅景区既独立于主景区，也与主景区保持呼应与联系。

造园者根据小园的特点，不求面面俱到，舍去一切繁杂琐碎的因素，通过建筑——水池——山林的序列，尽心倾力营造一方山色空蒙、水波浩渺、林泉深壑、亭榭虚凌的园林艺术景观，以取得"纳千顷之汪洋，受四时之烂漫"的效果。

西南角辅景区的两个小庭园非常简洁与古朴。重复运用的圆门加强了层次感。而庭院内水池与石桥的处理别具匠心，为园林中较为少见的处理手法，特别是石桥的处理，不设石栏，以粗糙的石条横卧而成，别具天然情趣。浴鸥池面积很小，与大水池成对比，形状萦回多姿，又被两座精致的小桥分割，显得很有层次。

3.2　建筑

作为住宅园林，艺圃的住宅部分不似其他园林以围墙来分隔，而是直接临水，与园林相交融。临水的水阁为住宅的一部分，在此可将全园景致尽收眼底，是全园最佳的观景点。水阁与两侧附房，形成了水池的北岸线，岸线平直开阔，略显单调，但有利于从建筑内部毫无遮隔地感受对面的天然画境，形成独具一格的艺术效果。

艺圃的主景区为形成开阔之势，除尽量保持水面的宽广外，在景区的中心部位很少布置建筑物，只在水边点缀"乳鱼亭"，在山林中掩置一六角亭，而将南部的山林景色充分展现。"乳鱼亭"和六角亭具有点睛之效果。

3.3　理水

艺圃的水面约占全园面积的五分之一，其理水简洁明了，有古朴之风。全园以水为

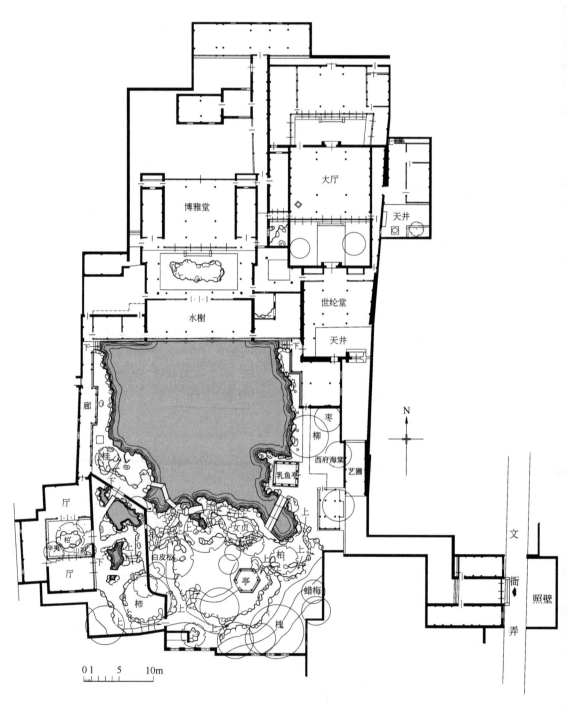

艺圃平面图（摹自《苏州古典园林》）

主体,水面集中,水池略成矩形,池岸低平,在临水绝壁与水曲幽院的陪衬下显得开朗坦荡,恬淡雅致。仅在东南和西南角各伸出一水湾,并在水湾处各架石桥贴水而过,形成辽阔的主水面和曲折幽深的次水面,简单而富有变化。石板桥不设栏杆,低平而贴水,极富自然之趣,也维护了水面的开阔感,与池边的山石有机结合,似浑然天成。在西南的辅景区中安排有面积很小的浴鸥池,与大水池成对比,更能衬托出大水面之广阔。

3.4 掇山

池南的山林景区为园内各观赏点的视觉中心,似一横轴山水画卷展现在人们面前,与中部水景区形成了一幽一畅、一密一疏、一高耸一低平的对比关系。从水池两侧可分别通过石板桥而进入山林区,数条登山石径或沿危石盘折而上,或入怪洞隐遁而去。渐入山林,可见山石嶙峋,高山蔽目,蝉噪鸟鸣,愈见林深山幽;涧水深深潜流而出,两岸绝壁夹峙,形成深邃的峡谷;危径、池水、绝壁三者互为衬托,通过艺术处理,再现自然山水的精华。山上的六角亭置于主山峰之后,通过树林隐约露出亭顶,加深了空间距离感,反衬出前景的高耸。池南的假山作为主景区的重要组成部分,通过隔水与北部的建筑相对立和呼应,共同营造出尺度宜人、风景优美的园林空间。

3.5 植物配置

万历末年(1620年)园归文徵明曾孙文震孟,易名"药圃","药"即香草中的白芷,《本草》:"白芷,楚人谓之药。"古人常以白芷、杜若、蘅芜等香草比德,如屈原所作的楚辞《九歌·湘夫人》:"桂栋兮兰,辛夷楣兮药房",所以"药圃"就是种植香草的园圃。清初园归姜埰,初名"颐圃",又名"敬亭山房",后改名"艺圃","艺"也是种植的意思。

艺圃的主体建筑"博雅堂"南有小院,院中设太湖石花台,主植有牡丹。园中水池南堆土叠石为山,山上有逾百年的白皮松、朴树、瓜子黄杨等,林木茂密,由此生成山林之气。水池东南的"思嗜轩",其旁植一枣树,当时艺圃园主姜埰嗜好食枣,曾在园中植有枣树,作为明朝的直臣、忠臣,枣树其核为红色,可喻赤子之心,以表达自己对明王朝的忠心。乳鱼亭旁,有柳树、梧桐各一株,这些植物均有隐逸高洁之意。水池西南的三折曲桥名"渡香",池中历史上曾植有白花重瓣湘莲、花色娇艳的小桃红,以及罕见的一茎四花、宛若众星捧月的荷花品种"四面观音莲",人渡池上桥,满溢荷花香。"浴鸥院"中,散置南迎春、红枫等花木;还有百年椰榆一株。艺圃中的这些植物,与其他园林要素一样,共同构筑了良好的生活与园林空间,也具有浓郁的人文特点,值得人们细细地品味。

4. 实习作业

(1)总结艺圃造园中,在空间要素处理上有何特点,以体现园景的简洁与纯净。

(2)实测芹庐院落平面,并标出竖向变化。

(张红卫 编写)

【沧 浪 亭】

1. 背景资料

沧浪亭位于苏州市人民路南段附近三元坊，是苏州园林中现存历史最久的一处，向以"崇阜之水"、"城市山林"著称，园址面积约十六亩（11000m²）。1963年列为江苏省文物保护单位。1982年再次被列为江苏省文物保护单位。2001年沧浪亭被列入《世界遗产名录》。

沧浪亭自五代以来就享有盛名，相传是五代吴越广陵王钱氏近戚、中吴军节度使孙承佑的池馆所在，后因世事更迭而废。北宋庆历五年（1045年）时，苏舜钦（1008~1048年）遭贬后流寓苏州，见孙氏旧园遗址高爽静僻，野水萦洄，心生爱意，并以为数不多的四万钱购得，始在水旁筑亭于北山上，取《楚辞·渔父》"沧浪之水清兮，可以濯吾缨；沧浪之水浊兮，可以濯吾足"之意，名"沧浪亭"，自号"沧浪翁"，并作《沧浪亭记》。此举深受欧阳修称赞，曾写诗题咏曰："清风明月本无价，可惜只卖四万钱。"自此，园以人传，沧浪亭名声大著。不数年，苏舜钦卒，园归章、龚二氏。章氏建阁起堂，重加扩建，发现地下有嵌空大石，传为广陵王时所藏。扩建后因亭之胜，两山相对，名甲东南，为一时之雄观。南宋绍兴初年，园为抗金名将韩世忠所得，在两山之间筑飞虹桥，并筑有寒光堂、冷风亭、翊运堂、濯缨亭、瑶华境界、翠玲珑、清香馆等。元代，沧浪亭废为僧居，先后为大云庵、妙隐庵等。明嘉靖年间，知府胡缵宗于此建韩世忠祠，又废。释文瑛复建沧浪亭，归有光曾作记。清康熙年间，巡抚王新命在此又筑苏子美祠，不久再废；康熙三十四年（1695年）宋荦抚吴，重修沧浪亭把傍水亭子移建于山之巅，并得文徵明隶书"沧浪亭"三字揭诸楣，自作《重修沧浪亭记》，形成今天"沧浪亭"的布局基础。道光七年（1827年），布政使梁章钜重修此园，增建五百名贤祠于亭之隙地，每岁以时致祭，有记。咸丰十年（1860年），沧浪亭再次毁于兵火。同治十二年（1873年），巡抚张树声再度重修，建亭原址，并在亭之南增建明道堂，堂后有东蕃、西爽，西有五百名贤祠。祠之南北有翠玲珑、面水轩、静吟、藕花水榭、清香馆、闻妙香室、瑶华境界、见心书屋、步碕、印心石屋、看山楼等，其轩馆亭榭，有旧名，有新题。此次重修的沧浪亭园林建筑，大部分得以保存，形成今天的园林风貌。

沧浪亭占地约16.5亩，是苏州古典大型园林之一，具有宋代造园风格，是写意山水园的范例。沧浪亭历经兴废更迭，远非宋时原貌，但山丘古木，苍老森然，还保持一些当时的格局，建筑物也较朴实厚重，并无雕梁画栋、金碧辉煌的奇巧，呈现出古朴虬劲、饱经沧桑的气氛。

2. 实习目的

（1）了解沧浪亭的造园目的、立意、空间划分和细部处理手法。

（2）学习以山体为构景中心的造景手法。

（3）学习沧浪亭的外向借水、复廊为界的处理手法。

3. 实习内容

3.1 空间布局

沧浪亭古朴清幽，布局和风格在苏州诸名园中别树一帜。苏州的其他私家园林，往往以高墙围绕，自在丘壑。沧浪亭则不落同响，敢于破格，大胆借取外景，一反高墙深院的常规，融园内园外为一体，具有山林野趣，总体布局向以"崇阜之水"、"杂花修竹"为特色，富有自然情趣。以往这里"积水弥

沧浪亭平面图（摹自《苏州古典园林》）

数十亩",船只可以自由航行。现在园址水面仍很宽广,在苏州各园中尚属难得。有人说得好:"千古沧浪一涯,沧浪亭者,水之亭园也"。确实,从其园名也可看出水在沧浪亭的地位。然而,沧浪之水并不是通常所见那样深藏于园内,而是潆洄围绕在园林之外,其水源于葑溪,自西而东,环园而南出,流经园的一半。沿水傍岸曲栏回廊逶迤曲折,漏窗隐隐绰绰,古树参差近水,临水岸石嶙峋,形态各异,其后山林隐现,苍蔚朦胧,仿佛后山余脉绵延远去,体现出该园苍凉郁深、古朴清旷的独特风格。沧浪亭整体以主山——真山林为全园的核心,沧浪石亭建于山顶,建筑环山随地形高低布置,绕以走廊,配以亭榭,围合成为园林内部空间,形成水景在园外,山景在园内,以亭台复廊相分隔的山水组合方式。此种布局融园内外景于一体,借助园外的水面,扩大了空间,造成深远空灵的感觉,这正是园林的总体布置的特点所在。这与沧浪亭长期以来带有公共园林的性质是相一致的。

"一径抱幽山,居然城市间。高轩面曲水,修竹慰愁颜"。品尝沧浪亭,四时景观皆有佳致:春坐翠玲珑赏竹;夏卧藕花小榭观荷;秋居清香馆闻桂;冬至闻妙香室探梅。更有假山、花墙、碑石三胜,为古园凭添了无限的魅力。

3.2 造园理法

3.2.1 掇山

沧浪亭内山外水,山是园中主景,布局以假山为中心,位于园之中央。自西向东,古朴幽静,属于土多石少的陆山。用黄石抱土构筑,中为土阜,四周山脚垒石护坡,沿坡砌磴道,山体高下起伏,具天然逶迤之妙。沿山上石径盘桓,但见树老石拙、竹绿天青、藤萝蔓挂、野卉丛生,有如真山野林,这就是沧浪亭的主山——真山林。真山林几乎占据了沧浪亭前半部的整个游览区,却无庞大迫塞之感。是苏州园林山景中的精品。

真山林土多石少,用以土代石之法,既便于种树,又省人工,四周山脚,垒石护坡,沿坡砌数处磴道,山体石土浑然一体,混假山于真山之中,使人难辨真假,极具天然委曲之妙,足见宋元时期筑山之巧妙。山体东段黄石垒砌,山间小道,曲折高下,溪谷蜿蜒,石板作桥,愈显幽壑高峻,质朴成趣,为宋代所遗。山体西段杂用湖石补缀,玲珑巧透,但失之杂芜,属后世所补。山体西南盘道蹬山,石壁陡峭,俯视山下有一潭,如临深渊。虽仅为一潭,但富有生命力的碧水,流淌出山的生机,映现出山的精妙,表现出山的气势。临潭大石上镌刻俞樾篆书"流玉"两字,可谓画龙点睛之笔,点出了水的气象。一曲溪流经山涧而出,汇流聚下,湍湍入潭,水碧如玉,溪涧与潭水形成高崖深渊、山高水深之景。山上峰石巧立,石径盘迴;古树参差,老根盘固,与石比坚;满山葱茏,箬竹披覆,藤萝蔓挂,卉草丛生,野趣盎然。春天山茶怒放,艳若锦绣;夏时春竹岚岚,树影婆娑;秋季色彩斑斓,舒展高爽;冬日古拙素净,森然在目。山之东北,筑石亭曰"沧浪亭",点出全园主题。

3.2.2 理水

遍览苏州园林,绝大多数古典园林都有围墙,都是将园中之水当作了创作主体。而沧浪亭以水为基本立意,借高墙之外的古河葑溪之水来为园林增色,以水环园,水在园外,可谓独树一帜,这就是被造园界称为典范的"以水环园"景观。因有园外一湾河水,沧浪亭在面向河池一侧不建园墙,而设有漏窗的复廊。长廊曲折,敞一面,封一面,间以漏窗,空间封而不绝,隔而不断。外部水面开朗的景色破壁入园,使沧浪亭园内的空间顿觉开朗扩大,可见造园家独具匠心。人游廊内,扇扇花窗,步移景换,动静结合,处处有情,面面生意,既是法,又是理。溪流两岸叠石,毫无堆凿痕迹,古趣盎然，沿岸杨柳拂水，桃花芬芳，古栏曲折。隔河南望，廊阁起伏，轩榭临池，古村郁然，波光倒影，引人入胜。园墙和漏窗隐约透出园中景色，隔水迎入，格外幽静，给人以身在园外，似已入园的感觉。漏窗敞露外向，使沧浪与封闭的私家园林形成迥然不同的特点，为此园独异之处。

3.2.3 植物

沧浪亭的基址原为"近戚孙承祐之池馆也。坳隆胜势，遗意尚存"，并且"前竹后水，水之阳又竹，无穷极"，所以沧浪亭在造园之初，就有很好的植被，古木繁花成为主景沧浪亭的难得衬景，其古朴之意，为新园所不及。可见了解园址的植被情况，在造园中十分重要，《园冶》中说"新筑易于开基，只可栽杨移竹，旧园妙于翻造，自然古木繁花"，还说"多年树木，碍筑檐垣，让一步可以立根，斫数桠不妨封顶"。园中之树木，是难得的造园资源，应千方百计保留利用。

沧浪亭充分利于植物生长的优越自然条件，选用本地众多的传统品种，体现出浓郁的地方风格，在植物配置时根据不同花色、花期、树姿、叶色等观赏特性，互相衬托。沧浪亭中四时景观皆有佳致：春坐翠玲珑赏竹；夏卧藕花小榭观荷；秋居清香馆闻桂；冬至闻妙香室探梅。

3.3 细部处理
3.3.1 廊与复廊

沧浪亭的廊迤逦高下，把山林池沼、亭堂轩馆等联成一体，既是理想的观赏路线，又是连接各主要风景点的纽带和导游线。通过游廊的漏窗浏览园内山石、树木、花草、轩榭时，不是静止的画面，而是若隐若现动态的景色，千变万化，美不胜收。利用粉墙窗框来划分空间，使闭合、开敞、明暗、左右、纵深相结合，达到有变化、有层次的园林艺术空间体系。在沧浪亭的主景山与池水之间，隔着一条蜿蜒曲折的复廊，是园中独特的建筑。这一形式的廊，是在双面空廊的中间夹一道墙，又称"里外廊"。因为廊内分成两条走道，所以廊的跨度大些。中间墙上开有各种式样的漏窗，从廊的一边透过漏窗可以看到廊的另一边景色，一般设置两边景物各不相同的园林空间。它妙在借景，把园内的山和园外的水通过复廊互相引借，使山、水、建筑构成整体。沧浪亭的复廊北临水溪，南傍假山，既把园景分为南北两种截然不同的境界，又利用漏窗沟通内外山水景色，园内园外，似隔非隔，似隐非隐，既藏又露，既露又藏，使水面池岸、廊榭山石相互衬托，融为一体。正如园林专家陈从周所言"妙手得之"，"不着一字，尽得风流"。复廊南半廊以赏山景为主，北半廊以看水色为佳，敞轩和花窗使园内的山林水流互为照应，连成一气，南侧阳光使廊北景物相对明亮，便于两面观景。园内回廊迂曲延伸，轻巧幽深，富有画意，它不仅具有实用功能，而且具有审美的价值，廊和漏窗相结合，实中有虚，虚中有实，耐人寻味。

3.3.2 漏窗

漏窗是一种满格的装饰性透空窗，是构成园林景观的一种建筑艺术处理工艺，俗称为花墙头、花墙洞、花窗。计成在《园冶》一书中把它称为"漏砖墙"或"漏明墙"，"凡有观眺处筑斯，似避外隐内之义"。大多设置在园林内部的分隔墙面上，以长廊和半通透的庭院为多。透过漏窗，景区似隔非隔，似隐还现，光影迷离斑驳，可望而不可及，随着游人的脚步移动，景色也随之变化。平直的墙面有了它，便增添了无尽的生气和流动变幻感。沧浪亭廊壁上有众多漏窗，传为一百零八式图案花纹，无一雷同，仅在假山四周就有近六十式之多，一字排开，连绵不断，式式构作精巧，变化多端，透过水光云影，让人感到园外的沧浪之水仿佛是园中之物，"借景"效果极为显著。

4. 实习作业

（1）草测沧浪亭石亭及其环境的平面、立面。

（2）草测复廊、面水轩、观鱼处。

（3）即兴速写3幅。

（4）以实测为基础，总结沧浪亭的造园特点，阐明复廊运用的独到之处。

（张玉竹 编写）

【狮 子 林】

1. 背景资料

狮子林位于江苏省苏州市城区东北角的园林路23号,开放面积约14亩。狮子林是苏州古典园林的代表之一,2001年被列入《世界文化遗产名录》,拥有国内尚存最大的古代假山群。湖石假山出神入化,被誉为"假山王国"。

狮子林始建于元代。公元1341年,高僧天如禅师来到苏州讲经,受到弟子们拥戴。元至正二年(1342年),弟子们买地置屋为天如禅师建禅林。天如禅师因师傅中峰和尚得道于浙江西天目山狮子岩,为纪念自己的师傅,取名"师子林",又因园内多怪石,形如狮子,亦名"狮子林"。天如禅师谢世以后,弟子散去,寺园逐渐荒芜。明万历十七年(1589年),明性和尚托钵化缘于长安,重建狮子林圣恩寺、佛殿,再现兴旺景象。至康熙年间,寺、园分开,后为黄熙之父、衡州知府黄兴祖买下,取名"涉园"。清代乾隆三十六年(1771年),黄熙高中状元,精修府第,重整庭院,取名"五松园"。至清光绪中叶黄氏家道衰败,园已倾圮,惟假山依旧。1917年,上海颜料巨商贝润生(世界著名建筑大师贝聿铭的叔祖父)从民政总长李钟钰手中购得狮子林,花80万银元,用了将近七年的时间整修,新增了部分景点,并冠以"狮子林"旧名,狮子林一时冠盖苏城。贝润生1945年病故后,狮子林由其孙贝焕章管理。解放后,贝氏后人将园捐献给国家,苏州园林管理处接管整修后,于1954年对公众开放。狮子林自元代以来,几经荒废,几经兴旺。历次的重修都打上了深深的历史烙印,反映了当时的历史、文化、经济特征。

2. 实习目的

(1) 了解中国古典园林的环游式布局以及假山堆叠艺术。

(2) 学习狮子林中山石、水体、建筑、亭廊之间的竖向组织形式与手法。

3. 实习内容

3.1 空间布局

狮子林的布局采用环游式布局,以求小中见大,达到多方胜景的艺术观赏效果。环游式布局往往在中心布置一个形态曲折的核心水池;然后沿水池的四周或高或低、或大或小、或内或外、或实或虚地布建各类厅堂、水榭、石舫、轩馆、亭阁等建筑,并间以叠山,植以花木,尽量留大中部的空间,使其显得尽可能的空灵。经过这样的布局,可以避免因面积狭小而带来的单调感、狭窄感和杂乱感,大大延长了游赏的路程和时间,从而取得了"步步是景,步移景异"的极佳游赏效果。

3.2 造园理法

3.2.1 掇山

狮子林,素有"假山王国"之称。假山群气势磅礴,以"透、漏、瘦、皱"的太湖石堆叠的假山,玲珑俊秀,洞壑盘旋,像一座曲折迷离的大迷宫。假山上有石峰和石笋,石缝间长着古树和松柏。石笋上悬葛垂萝,富有野趣。假山分上、中、下三层,共有9条山路、21个洞口。沿着曲径磴道上下于岭、峰、谷、坳之间,时而穿洞,时而过桥,高高下下,左绕右拐,来回往复,奥妙无穷。两人同时进山分左右路走,只闻其声不见其人,少顷明明相向而来,却又相背而去。有时隔洞相遇是可望而不可及。眼看"山穷水尽疑无路",一转身"柳暗花明又一村"。一边转,一边可欣赏千姿百态的湖石,多数像狮形。在假山顶上,耸立着著名的五峰:居中为狮子峰,形如狮子;东侧为含晖

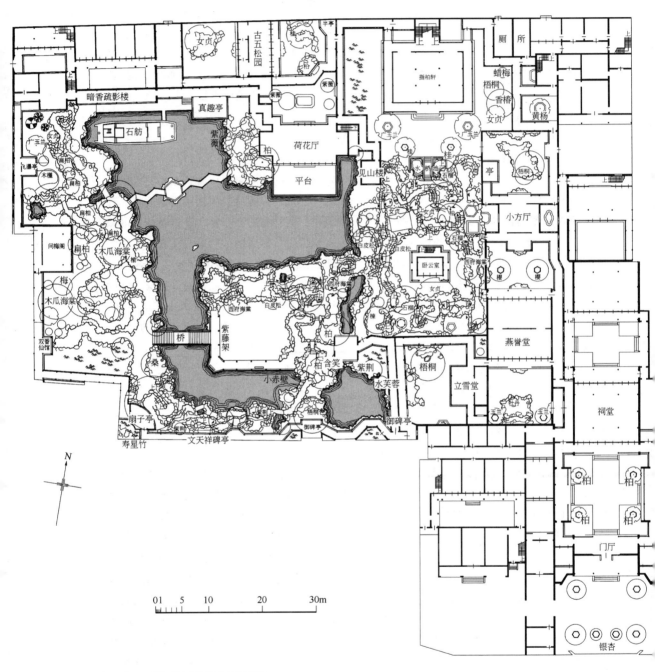

狮子林平面图(摹自《苏州古典园林》)

峰，如巨人站立，左腋下有穴，腹部亦有四穴，在峰后可见空穴含晖光：吐月在西，势峭且锐，傍晚可见月升其上。两侧为立玉、昂霄峰及数十小峰相映成趣。

在以狮子命名的园子里，不见一石狮，却通过大量的堆石，体现出狮子那种桀骜不羁的神似。山中有太狮、少狮、吼狮、舞狮、醒狮、睡狮或蹲、或斗、或嬉不可胜数。而不可思议的整座群山，状如昆仑山，山脉纵横拔地而出，以隆起的狮子峰为主，山峦奔腾起伏朝四面八方蜿蜒伸展。第一路山脉自狮子峰起，向东北方向越棋盘洞，入地脉达小方厅北庭院花台假山，终于九狮峰。第二路山脉从狮子峰出发，朝西北方向循山间小道跨石梁至见山楼前隐入溪池。第三路山脉，狮子峰往南穿环廊墙到达立雪堂庭院假山。第四路由狮子峰起，山脉向西南流动，跨过飞虹小桥，委蛇往南，越武陵洞口沿西南方十二生肖假山池峰直达双香仙馆假山岩谷，终至骆驼峰。第五路山脉，狮子峰向西，亦跨飞虹小桥，继续往西行至西端假山群峭壁突然潜入山池绽达摩峰，渡飞瀑逆上四叠达飞瀑亭南面假山为最西端。五路山脉如蛟龙般伸至全园，开成了山环水绕的旖旎风光。狮子林假山另一个显著的特点就是以小飞虹为界，大致可以分为东西两大部分。东假山环围卧云室而筑，地处高阜，有遇百年难逢滂沱大雨，也能一泄而干的特点，无水浸之患，被称为旱假山。飞虹桥西，假山临水而筑，谓水假山。山水相依，宛如天然图画。

3.2.2 理水

园内水体聚中有分。聚合型的主体水池中心有亭伫立，曲桥连亭，似分似合，水中红鳞跃波，翠柳拂水，云影浮动，真是"半亩方塘一镜开，天光云影共徘徊"。水源的处理更是别具一格，在园西假山深处，山石做悬崖状。一股清泉经湖石三叠，奔泻而下，如琴鸣山谷、清脆悦耳，形成了苏州古典园林引人注目的人造瀑布。园中水景丰富，溪涧泉流，迂回于洞壑峰峦之间，隐约于林木之中，藏尾于山石洞穴，变幻幽深，曲折丰富。

3.2.3 风景园林建筑

狮子林的建筑分祠堂、住宅与庭园三部分，现园子的入口原是贝氏宗祠，有硬山厅堂两进，檐高厅深，光线暗淡，气氛肃穆。住宅区以燕誉堂为代表，是全园的主厅，建筑高敞宏丽，堂内陈设雍容华贵。沿主厅南北轴线上共有四个小庭园。燕誉堂南以白、紫玉兰和牡丹花台为春景庭园，亲切明快。堂北庭园植樱花两株，更添春意。小方厅为歇山式，厅内东西两侧空窗与窗外蜡梅、南天竹、石峰共同构成"寒梅图"和"竹石图"，犹如无言小诗，点活了小小方厅。狮子林的漏花窗形式多样，做工精巧，尤以九狮峰后"琴"、"棋"、"书"、"画"四樘和指柏轩周围墙上以自然花卉为题材的泥塑式漏花窗为上品。而空窗和门洞的巧妙运用，则以小方厅中这两幅框景和九狮峰院的海棠花形门洞为典型，九狮峰院以九狮峰为主景，东西各设开敞与封闭的两个半亭，互相对比，交错而出，突出石峰。再往北又得一小院，黄杨花台一座，曲廊一段，幽静淡雅。这种通过院落层层引入，步步展开的手法，使空间变化丰富，景深扩大，为主花园起到绝好的铺垫作用。主花园内荷花厅、真趣亭傍水而筑，木装修雕刻精美。石舫是混凝土结构，但形态小巧，体量适宜。暗香疏影楼是楼非楼，楼上走廊可达假山，设计颇具匠心。飞瀑亭、问梅阁、立雪堂则与瀑布、寒梅、修竹相互呼应，点题喻意，回味无穷。扇亭、文天祥碑亭、御碑亭由一长廊贯串，打破了南墙的平直、高峻感。

3.2.4 植物

苏州园林的植物配置基调是以落叶树为主，常绿树为辅。用竹类、芭蕉、藤萝和草花作点缀，通过孤植和丛植的手法，选择枝叶扶疏、体态潇洒、色香清雅的花木，按照作画的构图原理进行栽植，使树木不仅成为造景的素材，又是观景的主题。许多树木的种植与园林建筑和诗词匾联、人物典故相呼应，喻情于草木。狮子林的植物配置亦照此理，东部假山区以古柏和白皮松为主，西部和南部山地则以梅、竹、银杏为主。配植色香态俱佳的花木，疏密相间，错落有致，不仅增加了林木森郁的气氛。更使山石、建筑、树木融为一体，而成为真正的"城市山林"。指柏轩前假山上有元代古柏数株，有白皮松五棵，姿态苍劲，皆成画意。暗香疏影楼和问梅阁推窗可见三五株梅，疏影横斜，暗香浮动。尤其问梅阁中桌椅、吊顶都是梅花形，窗纹用冰梅纹，书画内容亦与梅有关，与地上"冰壶"古井共同构成一幅思乡的画卷。更有文天祥《梅花诗》："静虚群动息，身雅一身清；春色凭谁记，梅花插座瓶"，借梅咏怀，体现了文天祥正气凛然的高尚情操。山石间有六百年银杏一株，粗干老木，盘根错节于石隙间，夏日浓荫庇日。秋叶灿若织锦，成为狮子林中一景。

4. 实习作业

（1）实测燕誉堂平面、立面，并绘制剖面。

（2）摹写山石，速写 3~5 张。

（3）以狮子林假山为例，总结掇山理法中交通体系的组织。

（杨　葳　编写）

【环秀山庄】

1. 背景资料

环秀山庄，位于苏州景德路中段，占地面积仅为3.26亩，五代时，为吴越广陵王钱元璙金谷园旧址。宋代归文学家朱长文，名乐圃。后为景德寺，又改为学道书院、兵巡道署。元代时属张适所有。明成代年间（1465~1487年）又归杜东原，万历年间（1573~1620年）为申时行宅第，中有"宝纶堂"，清代康熙初年经其裔孙申勖庵改筑，名"蘧园"，因建"来青阁"，闻名苏城，魏禧为之作记。乾隆年间为蒋楫所居住，在厅东建"求自楼"五楹，以贮经籍，楼后迭石为小山，掘地三尺，得古井，有清泉溢流，汇合为池，名"飞雪泉"，初具山池泉石的雏型。其后又为尚书毕源和相国孙士毅宅，孙氏于嘉庆十二年（1807年）前后请叠山大师戈裕良在书厅前叠假山一座。道光二十一年（1841年），孙宅入官，县令批给汪氏。道光二十九年（1849年）在汪小村、汪紫仙的倡议下，建汪氏宗祠，建汪氏"耕荫义庄"，重修东花园，名"环秀山庄"，又名"颐园"，俗称"汪义庄"。咸同年间，颇有毁损，光绪年间重修。后几经驻军，摧残严重，及至抗战前夕，厅堂颓毁，面目全非，仅存一座假山和一舫、一亭。1979年曾对园中假山加以维修，同时重建"半潭秋水一房山"亭，1984年恢复四面厅、楼廊等建筑，并完成假山加固、水池清理、补栽植物等工程。

1963年公布为苏州市文物保护单位，1982年成为江苏省文物保护单位。1988年国务院公布为国家重点文物保护单位。1997年底，被收录入世界遗产名录，成为世界文化遗产项目之一。

2. 实习目的

（1）学习湖石假山的造景理法。

（2）学习以假山为构景中心的园林营造手法。

3. 实习内容

3.1 总体布局

环秀山庄为前厅后园布局。进门，迎面"有谷堂"，堂前后点石，翼以两廊及对照轩。北面平台伸至池边，西边紧贴围墙布置边楼，中部及东北部均为主体山林，设问泉亭、补秋舫。山上置一方亭，名半潭秋水一房山，山势一直绵延至东北边界围墙。园景以山为主，池水辅之。建筑不多，但高低起伏，疏朗有致，布局精到。

此园与其他小型的苏州园林的常规布局大致相同，但在各部分所占的比例及主题内容的侧重上则有所不同。一是重点突出山体，其所占面积超过全园一半；二是收缩水面，使水体环绕山形迂回曲折，似山崖下之半潭秋水，水依山而存在，并沿山洞、峡谷渗入山体的各个部分，一刚一柔，一阳一阴，缠绵相交，互相依存。

3.2 湖石假山造景

园中湖石假山为构景中心，假山有主次之分，主山位于水池东部，池北小山作为对景，主山分前后两部分，高出水面7m，高出地面约6m；南北向的山洞和东西向的山谷，分为三部分。池水回环于两山之间，使主次分明，突出主景。山池布局逶迤曲折，一开一合，一收一放，亦虚亦实，极尽变化，节奏性强，虽山水景色变化多样，却变而不繁，多而不复，而是结构严谨，布局完整，符合起、承、变、结，连续构图原则。主假山，虽只占地半亩，因运用"大斧劈法"，简练遒劲，有蹊径60~70m，洞谷12m，山景有危径、洞穴、幽谷、石崖、飞梁、绝壁，空间多变。远看，高低交错，具有"山形面面

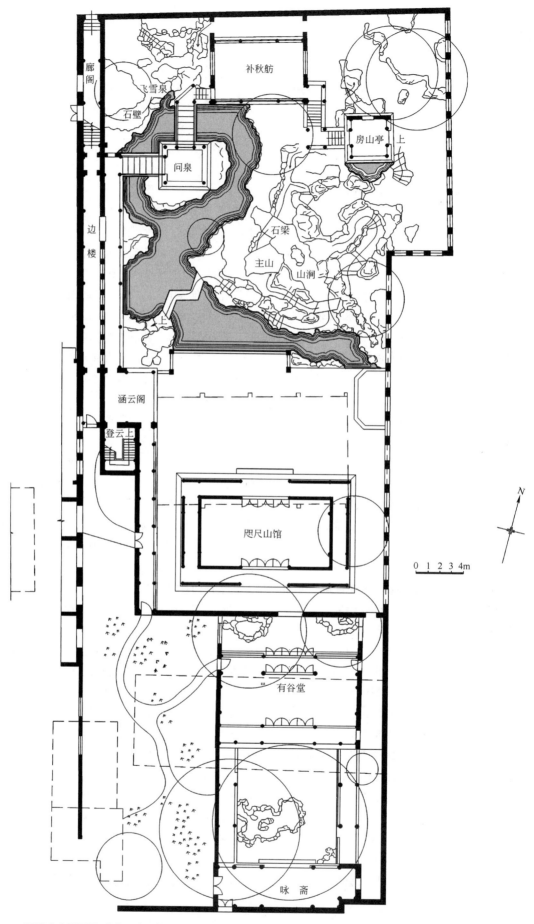

环秀山庄平面图（摹自《中国优秀园林规划设计集(二)》）

看，景色步步移"之感。仿照石灰岩的自然溶蚀现象，纹理尺度虽小，而把自然山水中的峰峦洞壑概括提炼，集中表现于小空间，可谓咫尺山水、城市山林。

山势组合外合内分，外观凝重厚实，整体合一，以势取胜。内部则蕴含洞穴、峡谷、天桥、蹬道、涧流、石室等，其间主要以两条幽谷，呈人字形会于山中，将山分为三部分，并引水而入。沿峭壁散置步石。涧水潜流其间，山幽谷深，水流淙淙，两面石壁直插云天，使人顿生寒意。更有石梁架于谷上，似天桥凌空飞渡。至深处，突现山洞洞口，洞内有石室，可供坐息，地下还有石洞通水面，上下天光，映入洞中。出洞可沿蹬道拾级而上，山道险要，往往绝处逢生。山径盘旋，忽上忽下，忽开忽合，忽明忽暗，忽聚忽散，忽断忽连，忽内忽外，在如此狭小的空间内使人产生"山林深邃"的感觉。后山以土为主，广植林木，山上空亭翼然，退于主山峰之后，使主体山峰更为突出、高大。全山处理细致，贴近自然，一石一缝，交代妥帖，可远观亦可近赏，无怪有"别开生面、独步江南"之誉。山上树林以黑松、青枫、女贞、紫薇等为主，或亭亭如盖，或从石缝中横盘而出，石缝中攀缠着藤萝野葛，颇具山林野趣。

综上所述，环秀山庄的假山具有摹于自然，高于自然；空间变化丰富；细部处理严谨等特点，实为湖石假山营造的典范，正如园林大师陈从周称："环秀山庄假山允称上选，叠山之法具备。"

4. 实习作业

（1）综述环秀山庄湖石假山的山景类型及创作手法。

（2）湖石假山局部速写2幅。

（魏　民编写）

【虎　　丘】

1. 背景资料

虎丘，位于苏州古城西北 3~5km，为苏州西山之余脉，高仅为 30 余米，但因周边地形，而脱离西山主体，成为独立的小山，山体为流纹岩，四面环河，占地 13 余公顷。前有山塘河可通京杭大运河，山塘街、虎丘路与市区相通，沪宁铁路自山南通过，山北有城北公路。《吴地记》载："虎丘山绝岩纵壑，茂林深篁，为江左丘壑之表。"向有"吴中第一名胜"之誉。

虎丘又称海涌山。春秋晚期，吴王夫差葬其父阖闾于此，相传葬后三日，"有白虎踞其上，故名虎丘"。一说为"丘如蹲虎，以形名。"东晋时，司徒王珣和弟司空王珉现在此建别墅，后舍宅为寺名虎丘山寺，分东西二刹。唐代因避太祖李虎讳改名武丘报恩寺。会昌年间寺毁，移建山顶合为一寺。至道年间重建时，改称云岩禅寺。是时庙貌宏壮，宝塔佛宫，重檐飞阁，掩隐于丛林之中，盛名一时，被称为宋代"五山十刹"之一。清康熙年间更名虎阜禅寺。

历经 2400 余年沧桑，虎丘曾七遭劫难。现存建筑除五代古塔和元代断梁殿外，其余均为清代所建或解放后重建。虎丘山旧有十八景，现有景点达 30 余处。历代歌咏众多，早在南朝就有人在饱览了虎丘景色后赞叹道："世之所称，多过其实，今睹虎丘，逾于所闻。"古人曾用"塔从林外出，山向寺中藏"，"红日隔檐底，青山藏寺中"等诗句来描绘虎丘景色。

今日虎丘，仍保留着"山城先见塔，入寺始登山"的特色。千年云岩寺塔气势雄奇，断梁殿结构奇巧，剑池裂崖陡壁上飞梁渡涧、飞阁凌崖。沿山路有憨憨泉、试剑石、真娘墓、千人石、二仙亭、五十三参等著名景点，鬼斧神工，传说动人。登小吴轩、望苏台，可见古城风貌。山顶致爽阁，可饱览四野景色。后山旧有二十八殿、小武当等古迹，曾有"虎丘后山胜前山"之说。现复建通幽轩、玉兰山房，整修了小武半、十八折等建筑，山野通幽，风光四时诱人。

1982 年 10 月，在虎丘东南麓建一处最大盆景园——万景山庄。园内陈列几百盆娇艳多姿的古桩、水石盆景，集苏州盆景艺术之精华，成为虎丘景区的"山中之园"。

2. 实习目的

（1）学习如何利用自然地形优势，运用不同的造景手法建造山水台地园。

（2）学习"寺包山"格局的寺庙园林特征。

（3）学习如何运用借景的手法，将历史传说与园林造景相结合。

（4）体会园中园造景特点。

3. 实习内容

3.1　总体布局

虎丘山体不高，而有充沛的泉水和奇险的悬崖峡谷深涧，又有丰富的历史文化遗存，在自然景观与人文景观方面得天独厚。寺的塔、阁布置在山巅，其余殿堂、僧房、斋厨等依次布置在山腹山脚，形成寺庙被覆山体的格局，即所谓的"寺包山"的格局。虎丘的形势是西北为主峰，有二冈向东、南伸展，二冈之间有平坦石场（称"千人石"，又名"千人坐"）及剑池岩壑。寺庙的轴线由山门曲折而上，贯彻整个山丘的南坡。北坡从虎丘塔沿百步趋拾级而下，直至北门。所以从总体来看，全园可分为前山和后山两部分。

3.1.1　前山区

虎丘山寺庙前山的布局就是依山就势而

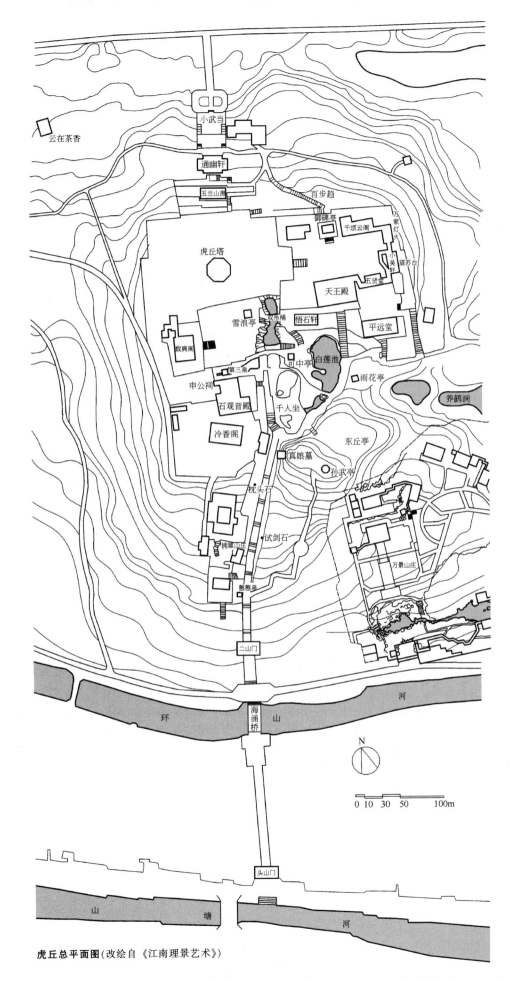

虎丘总平面图(改绘自《江南理景艺术》)

上，从山塘街头山门起，沿轴线而进，一路拾级而上。虎丘的山门原来仅有一门，后增开两旁门，形成现在的三门格局，庄重朴实，内悬"虎阜禅寺"匾，山门左右门额分别题为"山青"、"水秀"，概括了虎丘的风景特色。山门前有照墙，把照墙建在河对岸，形成将街、河包含在山门、照壁之间的独特布局。

穿过头山门，就是一条长达数十米的宽阔甬道，甬道尽头，便是海涌桥。跨过海涌桥，东走便是万景山庄，迎面则是二山门，二山门亦称中门，俗呼断梁殿。此殿初建于唐，毁后重建于元至元四年(1338年)，明嘉靖年间重修。断梁殿形体不大，面阔三间，进深两间，单檐歇山顶。采用"四架椽屋分心用三柱"的方法，用两根一开间半长的圆木代替三根一开间长的圆木，两根长梁各挑出中间开间的一半，形成悬挑式的受力构件。同时利用一排造型优美的斗栱，来托住悬挑的大梁，使大梁获得一个稳固的支撑点，达到平衡。出二山门，便踏上了虎丘的山道。沿山道前行，路西侧山岗有拥翠山庄，为小型山地园，园之东墙外路旁有一井称"憨憨泉"，井圈为六角形，据说它泉眼通海，所以又称"海涌泉"；路东侧为试剑石、枕头石，在枕头石旁有一蟠桃形的石块，上刻"仙桃石"三字。过枕头石，前行数步就是苏州名妓真娘之墓。墓山有一座构筑精致古朴的亭子，四面石柱、卷棚歇山顶。亭筑在高出地面一米多的台基山，亭后修竹丛生。真娘墓东边有一六角形小亭，是为了纪念春秋时的大军事家孙武而建，名为"孙武亭"。孙武亭北有小亭两座，一为东丘亭，一为花雨亭。两亭东沿山坡下行至养鹤涧，相传清远道士曾在此养鹤。这里地处山隈，松涛谡谡，清流涓涓，绿苔斑驳，曾是虎丘山上富有野趣的幽僻一角。

经真娘墓前行几步，在山道的尽头，就是虎丘东南二岗之间的平坦石台即千人石，千人石亦名"千人坐"。《吴郡图经续记》称：

"涧侧有平石，可容千人，故谓之千人坐，传俗因生公讲法得名。"《桐桥倚棹录》引《十道四藩志》曰："生公讲经，人无信者，乃聚石为徒，与谈至理，石皆点头。"石场山石呈紫绛色，平坦如砥，宽达数亩，如刀斧削成。在整体地盘非常狭小的虎丘山，这块宽广的石台，使园林空间从狭窄的甬道到豁然开阔的千人石，形成鲜明的对比。体现了虎丘景观小中见大的构景特点。从高处俯视，千人石又像一个巨大浅盆的底部，周围错落有致地布置了许多景物，其东北池壑幽深，浓荫如盖。由北到西，亭台楼阁起伏迤逦，近看剑池，仰望古塔，自然和人工交相辉映。

白莲池在生公讲台的东面。这是一处天然池沼，周一百三十余步，巉岩旁出，石矶探水，景色清幽。池上有采莲桥，池中荷花颜色变幻，异香扑鼻。传说生公说法时，时值严冬，讲到精辟处，周围树上百鸟停息鸣叫，本是枯水期的白莲池顿时碧波充盈，原应在夏天开花的千叶白莲也一齐竞放吐艳，故名白莲池。池中有石矶兀立水面，名"钓月"，顽石即倚其上，上镌"点头"两字，为王宝文所书。池壁刻有"白莲开"三字。自然的人化是造园的重要特征，自然的山石、水体，人为题名后，并赋予了深远的意境。

二仙亭在千人石北，紧靠生公讲台西侧，为了纪念吕洞宾和陈抟两位仙人而建。二仙亭初建于宋代，重建于清嘉庆年间。因全用花岗石建造，故又名"石亭"。亭高约5m，风格古朴厚重，在山石峥嵘的周边环境中显得非常和谐。亭枋上刻有双龙戏珠浮雕，斗栱四周雕有鹤鹿。

二仙亭西的石壁间嵌有两方石刻，刻有"虎丘剑池"四个大字。石刻向西便是"别有洞天"圆洞门。从千人石步入洞门，并至剑池。与白莲池不同，剑池原为古代采石所遗留下的人造谷壑，池呈狭长形，南稍宽而北微窄，状如宝剑。剑池四周，石壁合抱，一池绿波，水面上方一道石桥飞跨两岸，形势奇险、气象萧森。剑池终年不干，水质清澈甘洌。古人认为虎丘泉石，其最胜者剑池、千人坐。剑池东侧峭壁上有摩崖石刻"风壑云泉"四字，结体宽博，笔致潇洒，传为米芾所书。左壁上有"剑池"两个篆体大字，相传为王羲之所书。

过"风壑石泉"刻石，循石阶而上，可见六角形小亭，名可中亭。可中即恰好日中之意。可中亭体量适宜，是千人石周边重要的点景建筑，也是重要的观景点，坐亭中可俯瞰千人石诸景。

上行，过解脱门，折西有石拱桥一座，横跨于剑池东西峭壁的顶端。桥面上有两个井口状圆洞，俗呼"双吊桶"，亦名"双井桥"。宋明时期，拱桥上有亭廊，且有双桶下垂于剑池取水，以供山上饮用，故此处兼具井亭功能。

千人石东，白莲池畔，有一条依山而建的石梯通向虎丘寺。石梯由五十三级石阶组成，又名走砌石、玲珑栈，俗呼"五十三参"，取佛经中"五十三参，参参见佛"之意。循着石阶攀登，无论走到哪级，抬头所见，正是大殿内跏趺而坐的释迦牟尼塑像。如此道路的组织手法，使得进香道更具神圣和尊严，将寺庙园林的主要功能与造景巧妙的结合起来。

大雄宝殿高踞五十三参之上。清同治十年(1871年)，由郡人陈德基在原天王殿旧址上重建。由于山顶地形缘故，殿宇轴线转而为东西向，与头山门、二山门之轴线成90°角相交。这是既结合了地形，又解决了殿庭的布局，处理较为成功。大殿西为悟石轩，旧名得泉楼，此楼为1956年重建。其位置在虎丘正中高地，坐北朝南，圆料梁架，明三间，暗两间，落地罩两堂将轩隔成左右各一耳室。明间正中前后配以落地长窗和寿字挂落，并以船篷为廊。轩南筑一平台，砖墙为栏，台上植玉兰两株，亭亭玉立。凭栏眺望，虎丘前山诸胜尽收眼底。大雄宝殿东，原有千手观音殿，近代改建为五贤堂，为纪念唐宋时五位贤人而建。所谓"五贤"，即唐韦应物、白居易、刘禹锡和宋王禹偁、苏轼。堂为硬山式五架，粉墙黛瓦，庄重肃穆。长方形门洞上缀"旷代风流"。

望苏台在五贤堂东，位于山顶左翼处，南有平远堂，北有小吴轩、万家烟火、千顷云阁，曲院回廊把各座建筑连成一个院落。这里地处山顶，视野辽阔，是憩坐休闲、远眺观景的佳所。小吴轩，又称小吴会，小吴轩是虎丘必游之处，建在山顶最东端。取《孟子》"登东山而小鲁"之意为名。此处景色优美，"飞架出岩外，势极峻耸，平林远水，连冈断陇，烟火万家，尽在槛外"。所以又名"天开图画"。小吴轩为长方形建筑，朝东三间，体量较小。轩北有门，出门穿过长廊可通后山，轩南即望苏台。凭台瞭望有偎崖临谷、吞吐万象之感。眼前景致使人悠然遐思。小吴轩北为万家烟火，这是山顶东北端的又一小筑，由廊和方亭组成，和小吴轩建筑风格一致。

万家烟火西、五贤堂后，便是千顷云阁，为1982年重建。千顷云阁位置在山顶寺后，全无前山的喧嚣，颇具空濛浩渺之趣。闹中取静的环境吸引了骚人墨客到此登临。他们仰望悠悠白云，凝视片片风帆，倾听风声和鸟鸣的交响，低回感慨，乐而忘返。兴会之际，每每拈笔濡墨，把胸中的激情化成一首首诗或一幅幅画。

虎丘塔又称云岩禅寺塔，建于五代后周显德六年(959年)。进入塔院有两条线路，一条是穿越大雄宝殿左行；另一条是过双井桥西行，拾级而上，过雪浪亭北去。虎丘塔雄踞塔院中央。虎丘塔是源于印度的佛教建筑与中国汉代兴起的多层木构楼阁相结合的产物。塔高七层，呈八角形，由内外两层塔壁构成，内、外壁之间为回廊，内壁间为塔心室，为套筒式结构。各层回廊顶均以叠涩砌作的砌体连接山下左右，从而大大增强了建筑物抗御外力的能力。另外，虎丘塔首次在塔壁外面构筑乐平座栏杆，可使登塔者走出塔体自由瞭望。

出塔院，朝西南向行走，便是致爽阁。这里是全山地势最高的地方。高阁凌空而建，气势夺人。致爽阁早在宋代就有，但几经变迁。原建山上法堂后，因"四山爽气，日夕西来"而得名。后改建在小五台，即现址。阁宽三楹，环以回廊，高适明畅。阁外平台旷朗，林木葱茏，憩坐其间，心随云动，神与物游。俯瞰平畴沃野，锦绣大地美丽如画。远眺西南诸山，起伏逶迤，俨然是一幅气韵生动的山水画。

从致爽阁平台拾级南下，经第三泉，过茶室，便至冷香阁。冷香阁建于民国六年，阁共两层，上下皆五楹，东、西、南三面悉环以廊。植梅绕阁，梅花盛开时，满院梅花冷艳芬芳，幽香扑鼻，徜徉在玉泽香国之中，饱览暗香疏影的情趣，风味情韵不在吴县光福香雪海之下。故又称"小香雪海"。

第三泉在致爽阁和冷香阁之间，相传唐人陆羽认为虎丘山泉清冽晶莹，甘甜可口，将此泉品定为天下第三泉，所以又名陆羽井。从千人石西侧的石阶拾级而上，迎面可见圆洞形门额上有砖刻"第三泉"三字。透过洞门，一幅泉石幽胜图宛在眼前。一脉泉水从铁华岩底的岩缝间汩汩而出，汇成一潭清波，注满剑池，淌过千人石，流入白莲池，最后直奔养鹤涧。山因水而活，涓涓细流把主要景点连成一气，为虎丘山带来了勃勃生机。第三泉为一狭长形水池，约一丈见方，深丈余，跨水方形有一民国十四年重建的小亭。池周石壁呈赭褐色，纹理天然，秀如铁花。苏东坡当年在此宴坐品茗，写下"铁华秀岩壁"的诗句。后人取此诗意，名此间岩壁为铁花岩。

出冷香阁南行，顺山道蜿蜒而下，即可至小形台地园——拥翠山庄。拥翠山庄东临古"憨憨泉"址。据杨岘《拥翠山庄记》，山

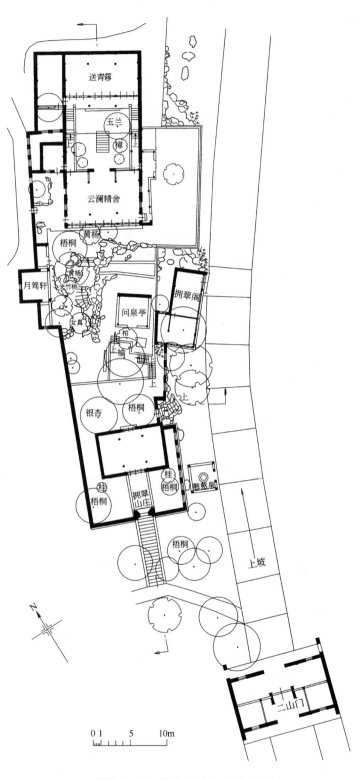

拥翠山庄平面图(摹自《中国古典园林史》)

庄建于清光虚绪十年（1884年），建国后重加修整。

山庄选址在虎丘南坡，紧邻进山磴道西侧。园址顺磴道走向略呈南北纵深的长方形，园门主轴北偏东。山庄占地约700m²，由入口至后部逐步高起，前后高差约8m。处理作五个台地，各台布局都不相同，景色丰富。

山庄采用台地园的庭园格式，园门类似庄园、庵堂入口，前庭用条石筑起高台基，自园外设长磴道而入，即为园之第一层。正对入门布置端正的三间前堂——抱瓮轩。轩后有边门可通井台，门外叠自然石磴道。轩后东北隅，有小巷通拥翠阁。由东部小踏道上，为以挡土墙高起的第二台地。由二台地至四台地为自由布置的庭园。二台地为过渡性场地，作冰裂纹石材铺地，无特殊处理。三台地为山庄的景观中心，设问泉亭，亭敞三面，东南面对古憨憨泉，意在俯借"憨憨泉"以延伸意境。内设石桌、石凳，可供小憩，壁置"庐山瀑布"挂屏及诗条石碑两块。亭之西北两面堆叠太湖石拟态假山，形似龙、虎、豹、熊，和外墙题字相呼应。亭西侧叠石山磴道，配植紫薇、石榴、夹竹桃、青桐、白皮松、黄杨、女贞等花木，散植花卉，自然有致。围墙隐约于树丛间，墙内墙外林木交相辉映，融为一体，呈现出一幅"拥翠"的生动图景。山上依围墙建月驾轩，构成问泉亭西的主要观赏景面，坐轩内临窗西望，群山环碧。由假山顶北进的四台地设全园主体建筑灵澜精舍。这是俯瞰问泉亭、月驾轩及石山一组景泉及前庭的主要观赏点，又可远借虎丘山麓及狮子山风光。这里居高临下，凭借山势，得楼台之胜。精舍东侧出大月台，围以青石低栏，形制古朴，此处已突破本园界限，俨然是虎丘山中一楼台。这里有极开阔的视野，既可南眺狮子山，又可仰借虎丘塔。此例明确地反映出山林地造园的优越性。

灵澜精舍后庭中央设踏道直上第五台地，灵澜精舍后，在同一轴线上隔小庭院建后堂送青簃，是为山居的后宅卧室。至此达山庄的北部尽端。

此园不但巧妙地结合地形创造台地园，又因借园外的"憨憨泉"为造景的主题，因此，山庄的整个布局和景点设置都结合地形，围绕泉的主题而展开。从抱瓮轩、问泉亭、月驾轩到灵澜精舍，每个建筑的名字或其对联匾额无不与井和泉水相关，可谓立意鲜明，问名而心晓。从其布局特色来看，山庄选取山麓一隅，利用自然地形造景；又妙借园外景物如仰视虎丘塔，远借狮子山，俯览虎丘山麓一带风景，都收到事半功倍之效。中部一段布局灵活，视野开阔，与周围自然环境结合密切，不仅是虎丘山中一个有机组合的小景区，也是一个极为成功的台地园。

与拥翠山庄一样，万景山庄也是虎丘中台地形的园中园，占地25亩，地处虎丘东南山麓，原为东山庙的旧址。万景山庄东南低而西北高，高差达13m，西部呈台阶状地形，东南有大片松林，中部有平坦地，自然条件适合盆景展示。根据盆景园的功能要求和景区设置，设计者将山庄分为入口区、陈列区、接待区、花房区、茶室区、水石区和松林区共七个区。

入口区位于西南出，在原东山庙的轴线上，同时靠近上山干道。入口门厅采用"口"字形平面院落作为入园过渡，从正面南墙两侧的大门进入门廊，经两次垂直转折到达院落内，通过北墙矩形景门可以看见假山水池瀑布，形成框景。景门之北，利用高差5m的陡坡，叠石掇山，上挂瀑布流水，下挖池沼，营造山水小景，形成"亦山亦水"的入口对景。

由入口假山两翼拾阶而上可达陈列区，结合地形高差将陈列区分为高低两层，第二层高地地面宽敞，视野开阔，并在门厅的轴线上设全园的主体建筑万松堂。万松堂面阔

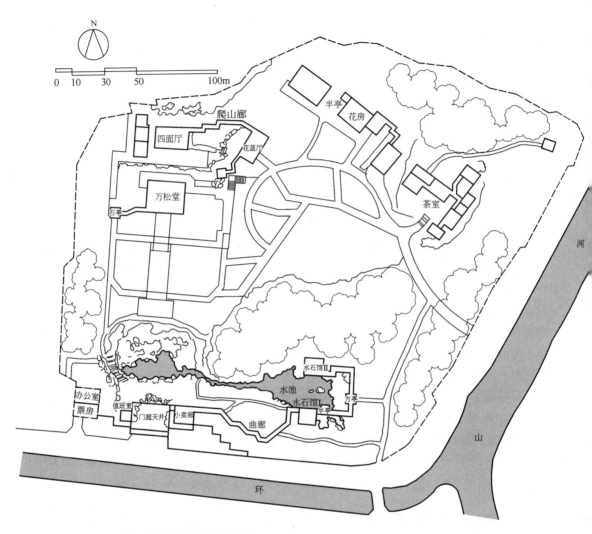

万景山庄总平面图(改绘自《苏州园林》期刊第二期)

三间,西接短廊可通方亭。堂东北有假山踏步,过圆洞门入一庭院,平面布局灵活,建筑造型轻巧秀丽,内由厅、轩、曲廊组成,即为接待区。东行沿曲廊到花篮厅,建于平台上。厅前后檐四根步柱不落地,垂柱上雕饰花篮。花篮厅前露台以花岗石板铺装,围以石栏石柱,厅后小院傍坡,以大块黄石叠成壁山,上部砌筑围墙。

以上三区自南向北布置在同一轴线上,地势逐步升高,以建筑组群形成各自的功能空间。充分利用了地形变化,形成高下错落,翼角飞挑,古树环绕,高塔相映的台地形园林景观。

在陈列区和接待区之东为花房区,由花篮厅东南沿石阶下有一广场,也是陈列树桩盆景的区域,其东北建有花房三间,西边另辟小竹篱园,用于培植小盆景,花房暖屋后隔墙即为养鹤涧。茶室区在花房区的东南部,区内林木森然,清静淡雅,由多幢小体量建筑围成,建筑造型轻巧、简朴,布局疏朗有致,与自然环境相协调。从茶室区南越松林至园东南处,或从入口区东折经曲廊即至水石区,此区地势低洼,前有园墙,后背松林,凿池理水,水际安亭榭,连以廊桥,形成环境优雅的水景园。建筑沿水池东、南、北三面布置,西面则与售票房小院形成对景。池边叠黄石岸，石矶伸入水面，池中置石植莲，景色自然朴实。水池水体上接入口区水池，下通环山河。茶室区与水石区之间为松林区，区内古松苍翠，浓荫蔽日，凉风习习，清新自然。

万景山庄是现代人建设台地园的一次实践，能从点、线、面三个层次上考虑全园的布局，做到各景点间有机联系和互相呼应，符合游憩、欣赏、集散等功能上的要求；平面和空间分隔得宜，能形成不同景观特征的大小空间，以满足盆景陈列和观赏的要求。从台地园的角度来看，坚持了因地制宜的原则，结合用地植被和地形的情况，构屋设亭，开渠挖池，皆随地宜，颇具匠心，但在园林意境的营造上尚有些许缺憾。

3.1.2 后山区

出千顷云阁向西折北，便是十八折。这是一条下山道，经此可由前山翻向后山。十八折用黄石条堆砌成驳岸，有栏杆，共五层，顺山势曲折而下，十八折旁的石阶共有一百零八级，所以这条下山道又叫"百步趋"，或称"走砌石"。沿百步趋拾级而下，在十八折第三层宽阔平地上建有玉兰山房周围栽植一片玉兰树。玉兰山房下就是通幽轩。

出通幽轩，再顺着石阶下去，就是小武当。这里前有石桥，中有青石牌坊，后有湖石假山群。石桥名小武当桥，又名中和桥。石牌坊三门四柱，坊额刻有"吴分楚胜"四字。牌坊后的假山群，堆叠自然，形象奇特，玲珑剔透，假山中还有一石洞，名石观音洞，俗称"海潮观音"。

响师虎泉位于百步趋的东面，泉井原有八角形井栏，1959年在此建涌泉亭。亭之东北有一水榭，凌波而建，名揽月榭。四面修篁成林，景色幽静，视野开阔。从小武当沿环山路西行，可到云在茶香，是一组饮茶的院落。

纵观虎丘全景，前山以泉石幽奇取胜，后山则以平坡连绵、溪水萦回见长。前山繁密，后山清旷。前山极富山野气象，后山大得桃源趣味。清人顾诒禄对后山风光作了生动的描述："吴中山水之明丽，莫胜于虎丘。而虎丘之胜，空濛浩渺，尤在后山。遥望绣壤平畴，纵横交错，青芽黄穗，层叠参差。行帆野艇，出没波间，忽隐忽现。云开雾卷，虞山如拱几案。东眺马鞍，历历如睹。昔人诗谓'虎丘山后胜山前'，不虚也。"这种不同空间的对比，丰富了虎丘的景观效果，增加了虎丘的魅力。

3.2 造景理法

虎丘山历经2400年沧桑，从舍宅为寺，再到公共风景名胜区，景点布局和建筑物在位置和建筑形式上虽然发生了一定的改变，但格局没有太大变化。

3.2.1 空间组织形式

轴线式空间布局结构，以南北向的进香道为主要轴线，各景点布置在其沿线及周边，至山巅处，轴线由南北改为东西，在有限的山巅高地布置殿庭和塔院，其中虎丘塔更高耸山顶，成为控制全园的主体建筑。园林空间收放有度，过了海涌桥，经过狭窄的蹬山道至千人坐，空间由窄变旷，使游人精神为之一振，观景也有甬道尽端的对景转而成为宽幅面的画卷。过千人坐，经五十三参蹬道，过大殿，或取道幽深的剑池，过双井桥西行，拾级而北上，又入开阔的塔院，又是一放。空间的不断变化，丰富了景观效果，增添了游兴。

3.2.2 理水

"山贵有脉，水贵有源，脉理贯通，全园生动"；"溪水因山成曲折，山路随地作低平"。虎丘建造在山水林泉之中，山水之理顺应自然，一脉泉水从铁华岩底的岩缝间汩汩而出，汇成一潭清波，注满剑池，淌过千人石，流入白莲池，最后直奔养鹤涧。整个山水呈显"有高有凹，有曲有深，有峻而悬，有平而坦，自成天然之趣"。

3.2.3 借景与对景

在虎丘中通过借景与对景手法的运用，

增强了园林建筑、景点景物的景观效果,也获得了较好的观景效果。

中国古典园林借景的重要艺术原则,即将不属于本园的风景通过一定手段组合到眼前的风景画面中来,以增加园景的进深和层次。其中登高远眺更是重要的借景手法,北宋苏轼曾有句"赖有高楼以聚远,一时收拾与闲人",唐诗人王之涣亦有"欲穷千里目,更上一层楼"的名句,均道出了登高远望与观赏视野之间的关系。虎丘凭借山地之利,充分利用登高远借之法将园外景色收入眼内,增加了风景美欣赏的多样性。如山巅中部的致爽阁,东北的望苏台、小吴轩、万家烟火、千顷云阁等,皆为登高远眺所设之亭台楼阁。再如围墙的灵活运用,也为虎丘自然山水环境与园林环境形成互为借景,利用台地的高差,或者临溪流的悬崖、稍筑一段用于安全防护的矮墙(有时是栏杆等)来示意性地分隔园内外,以达到借园外景色的效果。

对景手法更是在虎丘中随处可见,与别处不同,虎丘中因地制宜的对景处理更突显景物之尊严和壮观。如从海涌桥仰望断梁殿与虎丘塔,登五十三参仰望大雄宝殿,亦或由虎丘北门仰望虎丘,凭借地势高差之利,更显对景景物雄壮。又如从千人坐入圆洞门对景剑池,也更显其险峻幽深。

3.2.4 对比与协调

虎丘在园林的整体布局和风景结构中对比法则的应用也极为突出,前繁密与后山清旷之比,狭长的登山道与空旷的千人坐之比,剑池刚硬险峻的驳岸与柔美平静的水体之比。其中蕴藏的藏露、开合、虚实、曲直之比无不强化了虎丘独特的园林艺术魅力。

4. 实习作业

(1)草测千人坐、莲花池及周边环境平面。

(2)草测拥翠山庄平面及竖向变化,通过与杭州西泠印社造园理法的对比,总结台地园的空间处理手法。

(3)速写2幅。

(陈云文 编写)

【退思园】

1. 背景资料

退思园位于江南水乡吴江同里古镇东溪街，距苏州古城18km，占地0.65hm²。园名"退思"取自古书《左传》"进思尽忠，退思补过"，园内景点简朴无华，清淡素雅，著名造园学家陈从周教授誉之为"贴水园"。

退思园是最具晚清建筑风格的江南名园，建于清光绪十一年至十三年。园主任兰生，字畹香，号南云，同里人。同治年间，授资政大夫，赐内阁学士，光绪三年（1877年）任安徽凤颖六泗兵备道（注：为省、府之间的高级行政长官），管辖凤阳、颖川、六字、泗洲的两府两州。光绪十年（1884年）任兰生因遭内学士周德润在慈禧面前弹劾参奏，宣诏进京候审时，正以退思补过，进而报国之言向慈禧悉数认罪而化险为夷，革职回乡。任兰生落职还乡后，花十万两银子建造宅园，取名"退思"，语出《左传·鲁宣公十二年》："林父之事君也，进思尽忠，退思补过。"其弟任艾生哭兄诗有"题取退思期补过，平泉草木漫同看"之句，可见园名意取"退而思过"之意。退思二字，具有深厚的文化含义和主人的思想寄托。

退思园的设计者本镇画家袁龙，字东篱，诗文书画皆通。他根据江南水乡特点，因地制宜，精巧构思，历时两年（1885~1887年）建成此园。全园占地九亩八分，用地虽小，却集多种造园手法于园内，布局隽巧适度，清淡雅宜，亭台掩映，趣味横生，景色宜人，集中了江南古典山水宅园的山、池、建筑、藤木、花草，而且春夏秋冬、琴棋书画各景俱全，充满诗情画意，堪称江南古典园林的经典之作。孔子曰："智者乐水，仁者乐山。"退思园以其深刻的文化内涵，给人退想和启迪。1988年退思园被列为江苏省文物保护单位。2001年被列为世界文化遗产。

2. 实习目的

（1）了解退思园的造园目的、立意、空间划分和细部处理手法。

（2）通过实习，掌握江南私家园林的理法。

3. 实习内容

3.1 空间布局

退思园全园占地九亩八分。它的总体结构，因地形所限，一改以往园林都是纵向的结构，而变为横里建造即西宅东园，自西至东，西为宅，中为庭，东为园，层层深入，渐入佳境。这在苏州的私家园林中，形成了自身独特的风格。

3.1.1 西宅

退思园的主体建筑宅第分外宅、内宅。西侧外宅建有轿厅（门厅）、茶厅、正厅三进，沿轴线布置，等级分明，为会客、婚丧嫁娶、迎送宾客及祭祖典礼之用。门厅又称轿厅，轿子到此便要停下，为一般接客停轿所用。茶厅为接待一般客人所用。遇婚嫁喜事、祭祖典礼或贵宾来临之时，则开正厅，以示隆重。正厅两侧原有"钦赐内阁学士"、"凤颖六泗兵备道"、"肃静"、"回避"四块执事牌，重门洞开，庄重肃穆，令人望而却步。

东侧内宅，是园主与家眷起居之处。楼与楼之间由俗称"走马楼"的东西双重廊与之贯通，南北一式落地长窗，五楼屋底挂落栏槛，檐廊相接，典雅明敞，为江南之冠。

退思园内宅外宅虽分东西，但布局紧凑，可分可合，分则各成院落，合则浑然一体，可谓匠心独具，思之缜密。

3.1.2 中庭

庭系宅之尾、园之序。退思园西部以建筑庭院为主，是西宅到东园的过渡。庭中古木掩映，清雅幽静，放眼庭中，樟叶如盖，古兰飘香，清雅幽邃，有引人入胜之妙。整个中庭的设计围绕"待客"的主题，是主人读书待客之所。庭院以"坐春望月楼"为主体，楼的东部延伸至花园部分，设一不规则的五角形楼阁，名为"揽胜阁"。楼前置"旱船"建筑，是主人迎接宾客的场所，两侧有"坐春望月楼"、"揽胜阁"、"迎宾居"、"岁寒居"等厅楼，都是会友观景的好地方。

庭院着墨不多，却引人入胜，衔接自然，为住宅过渡到花园起到铺垫作用。

3.1.3 东园

退思园的主体花园跟中庭之间以高墙相隔，穿过方砖做成的洞门，便可一窥花园全貌，园址虽小，但集中江南园林的亭、台、楼、阁、轩、曲桥、回廊、假山、水池等，而且春、夏、秋、冬、琴、棋、诗、画各景俱全。

东部花园是退思园的主体，亦是全园的精髓，这是一个相对独立的江南小园，布局完整，立意高雅。全园以居中的水池为中心，环池布列假山、亭阁、花木，错落有致，绿意盎然，园内亭台楼阁、廊舫桥榭、厅堂房轩皆近水而筑，紧贴水面突出了水面的汪洋之势，园如出水上，有"贴水园"之称，可谓独秀江南，在建筑美学上也堪称一绝。主厅"退思草堂"坐北向南，隔池对景为天

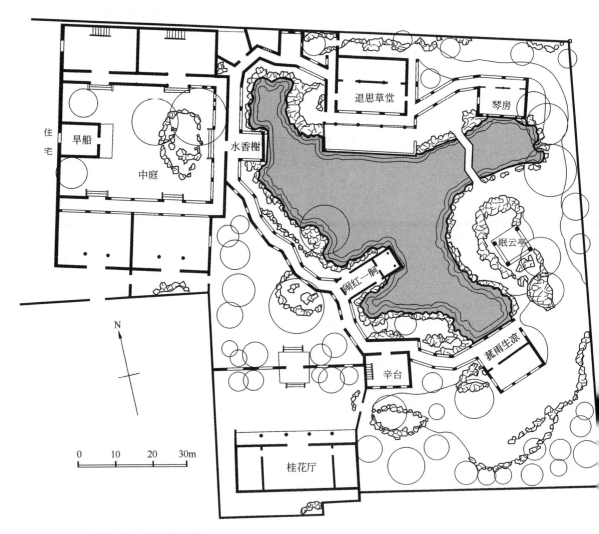

退思园平面图(摹自《中国古典园林史》)

144

桥、辛台、菰雨生凉轩等一组建筑，高低错落、虚实相间、疏密有致。池西船舫"闹红一舸"突出水面，恍如在水中划行；池东湖石假山隔水与"水芗榭"相望组成对景，山下有崎岖的石径通内中的石室，石室之上"眠云亭"高卧，倒影水中，与蓝天白云、绿荷红鱼构成了一幅水天一色的图画。故被誉为"贴水园"。

"退思草堂"为全园主景，位于水池北岸，坐北朝南，作四面厅形式，歇山顶，前有临水平台，可环顾四周景色，或俯瞰池中游鱼碧藻，是全园最佳观景处。月台西侧，湖石叠峰直接于池中升起，并沿着游廊渐渐向外扩展，使这一区域的水面岸矶很富于变化。这种水乳交融的处理手法正合古代造园理论《园冶》中所说的"池上理山，园中第一胜也，若大若小，更有妙境"的原则。

"闹红一舸"为一船舫形建筑，船头采用悬山形式，屋顶檐口稍低；石舸突兀池中，风吹不动，浪打不摇，人站船头，却有小舟荡湖之感。船身由湖石托出，半浸碧水，水流漩越湖石孔窍，潺潺之声不绝于耳，仿佛航行于江海之中。外舱地坪紧贴水面，行云倒影浮动，恍若舟已启航，别有情趣。石舸之四周，原植有荷花及菰蒲，夏秋季节，清风徐徐，绿云摇摇。荷池中船头红鱼游动，点明"闹红"之意，妙趣无比。

"菰雨生凉"是一处临水小轩，位于水池的东南隅，是园中四季景中的夏景。小轩面水开四扇长窗，轩中隔屏正中置一面从异国觅来的大镜，人立镜前，镜里反映出池中一片莲荷，宛若置身于湖水荷丛的环抱之中，空间感很是开阔。这种以镜面扩大园林空间的手法，此处运用之巧妙，可谓独具匠心。更令人叫绝的是轩底设计的三条水道，池水循其间，自是风从八面来，凉从心底生。轩后有湖石假山，沿石磴拾级而上，可于临池的"天桥"中饱览园中各景，再转至池南的"辛台"，游赏空间多变而丰富。此处"天

桥"，实际上是上下两层的复道长廊，这在江南古典园林中较为少见，很有景观价值。

"眠云亭"位于水池东部，由退思草堂东南涉小巧的"三曲桥"可至。小亭位置较高，堪与蓝天白云相接，从池西曲廊远眺，小亭恰似立于假山之巅，四周绿树葱葱，浓荫欲滴，是池东的重要景点。眠云亭之美，美在石。这里景致与退思园水池的南、西、北三边稍有不同，亭前没有曲廊回抱，建筑相对较少，而以太湖石为主景，各种植物景相辅助，为了突出景色的自然，小亭在建造上也别出新意，将亭向上拔高，实际上成为两层的亭阁，而在底层四周镶包太湖石，做成湖石峭壁假山式样。从外边看，上层歇山式的小亭就像立在假山之巅，这一用建筑来妙造自然的做法，堪称江南园林的一绝。

退思园虽小但景精意深，清雅宜人，花木泉石点缀四时景色，给人清澈、幽清、明朗之感。退思园全园布局紧凑，一气呵成，有序幕，有高潮，跌宕起伏，像一曲人与自然完美结合的乐章。

3.2 造园理法

3.2.1 理水

退思园的花园以处于中央位置的水池为主体，通过文人的想像与充满诗情画意的描绘产生了"一勺则江湖万里"的园林景观，这一小中见大的象征性造园手法，使得用地不过数亩的退思园拓宽了空间，增加了景深。所谓"水聚则旷、有汪洋之感；水散则奥，有不尽之意"，集中水体的水景对如退思园这一类布局相对局促的中、小型园林来说，无疑是十分成功的办法。

造园学家陈从周在《说园》中说"水曲因岸，水隔因堤"，"大园宜依水，小园重贴水，而最关键者则在水位之高低"，"园林用水，以静止为主"。在退思园内，水面处理独到之处不仅在于水体的集中，更在于水与建筑紧密、贴近的水位关系处理得恰到好处，无论是主景退思草堂还是伸向水面的闹

红一舸，或者是夏日乘凉的菇雨生凉轩，均紧挨水面而建。岸上建筑与水中倒影连成一片，水面几与驳岸平。岸边湖石假山有浮在水上的效果，整个园子如出水上，与其他园林相比，平添一分动感。

此外，园中水面形状为力求曲折自然，选用瘦漏玲珑的石料斑驳池岸，"其岸势犬牙差互，不可知其源"，而达到一种清旷深远的意境，又有深邃的山野风致；水池的东北收尾处，设有三曲桥，以隔断水面。"疏水若为无尽，断处通桥"，这是水面处理的一种独特手法，从而增加了景深和空间层次而不失含蓄，隔出了境界。又在南端"菇雨生凉"轩处隔出一小块水面，更丰富了园中空间的层次感。

理水之法，贵在意境，故虽有法，亦不能拘于法。值得注意的是退思园中水的处理不是孤立的，而是强调了与山的结合，与建筑的结合，如平台、水榭、水廊、旱船等，都作了整体考虑。

3.2.2 园林建筑景观

退思园占地不到十亩，园小而建筑可谓齐全，有宅有园，"宅取楼式，园求全景"，反映了江南小型园林的特色。园中精选了亭、台、楼、阁、轩、斋以及曲桥、回廊等典型园林小筑，集中布置于此园，使退思园春、夏、秋、冬（四季），琴、棋、诗、画（四艺）各景俱全。因而无论是园景立意、构思，还是布局、细部处理，都显示出浓厚的文化气息，景观创作深受中国绘画、诗词和文学的影响，多以诗为题，以画为本，处处透着景观诗意化的特征。庭院中的"坐春望月楼"前踏月，有春花娇妍欲语，是春景；"菇雨生凉"小轩内纳凉，有四面荷风习习，主赏夏景；"桂花厅"中品茗，可赏秋之金桂飘香；"岁寒居"内围炉聚会，赏户外松竹梅；四季季相之殊，花草枯荣之变在园林空间里的流动，园林景观处在不断地变化状态。更有"琴房"可供焚香操琴，为琴景；

"眠云亭"高距山巅（亭实为二层，外包湖石，外观似山亭），可就石对弈，为棋景；"揽胜阁"上扶栏学画，为画景；"辛台"既可读书又可临窗吟诗，是为诗景。在规模不大的空间中运用写意的手法，借助于联想，来拓展景物的想像空间。追求"象外之象，景外之景"，使得有限的景象展现无限的时间和空间。

园林建筑的一个特征是建筑自然化，建筑交织融合在山池、花木的自然环境之中，根据景观的需要，设亭置榭，可谓"宜亭斯亭，宜榭斯榭"。亭台楼阁与园林自然环境结成和谐的艺术整体，如退思园的精华之景——"闹红一舸"，因池面不大，故画舫体量亦小，船身很矮，由湖石凌波托起，十分贴近水面。小舫造型较为简洁，没有一般船景的雕镂细作，前舱为一正面悬山小筑，两扇小门开向船首，后舱设有起楼，为一侧向的双坡建筑，整座小舫漆成暗红色，与灰瓦、浅白色石制船身及四周湖石在色彩上互衬互映，很是突出。旱舟伸入水中较深，微风轻吹，犹如扁舟随波荡漾，盛夏季节，四周红荷嫣然摇曳，如舟行红云中，更能令人心醉，成为整个景观空间的一个部分。

退思园的水面较开阔，而园内建筑体量均较小巧，处理不好则有散、乱之感。要解决这个问题，建筑的单体组合、临水立面的变化以及建筑与水的进退关系，都必须处理好。退思园水池南岸就成功地解决了这个问题。南岸的"辛台"是一幢二层小楼，与"菇雨生凉"相隔一段距离，无论从空间比例上，还是立面变化上看，均略显不足，但通过"天桥"将两者连接后，即变成一组活泼的建筑群。"天桥"为二层楼廊，与园西部的"揽胜阁"遥相呼应，两处均为欣赏退思园全景的最佳处。

3.2.3 巧用题额，言志抒情

在退思园的园景立意、建筑布局、细部处理中都蕴涵着园主人的思想情感，同时也显示出浓厚的文化气息。集中体现在主人巧用唐诗宋词，分别为它们题额。如"九曲回廊"廊壁间的九个图案雅致的漏窗中，镶嵌一句诗文："清风明月不须一钱买"。字体是先秦石鼓文，奇巧古拙，这是我国最早的刻石文字。发现至今，石鼓文文字仅存一百多字，从中提炼出这样的诗句极不简单，这在江南园林中是绝无仅有的。诗句源自唐代诗人李白《襄阳歌》中的"清风明月不须一钱买，玉山自倒非人推"，流畅自然，不见斧凿之痕，却将园中山水美景的熏染效果，作了淋漓尽致的形容：退思园宛若天成，富有自然情趣，美得让人陶醉，使人醉倒不起。主人通过"骚雅"、"清空"和"怡然自得"的笔调及意境，求得修身养性的功效。因此，小小的题额，既有文化内涵，又有主人的思想情感，让人体味再三。又如"眠云亭"，取自唐代诗人刘禹锡《西山试茶歌》诗名"欲知花乳清冷味，须是眠云卧石人"，此亭建于假山之巅，亭犹处山间，登亭就石弈棋，或迎风待月，可尽享山林野逸，获得自然生机的美感。

值得注意的是，园中一些景点题名，与南宋姜白石词的意境有着某种特定的联系，这在江南园林中是不多见的，它从一个侧面反映了当年园主人对姜词的偏爱，也使这座小园之景透出了较浓的文意。其中巧用南宋词人姜白石《念奴娇》一首的有三处，它们分别是"水香榭"、"菰雨生凉轩"和"闹红一舸"。其中《念奴娇·闹红一舸》对退思园园景的影响最大。姜词上阙是这样的："闹红一舸，记来时，尝与鸳鸯为侣。三十六陂人未到，水佩风裳无数。翠叶吹凉，玉容消洒，更洒菰蒲雨，嫣然摇动，冷香飞上诗句。"园中旱舟景直题"闹红一舸"，而水池东南隅的"菰雨生凉"则由"菰蒲雨"而来。

园名"退思"，意于"退而思"，"退思"二字包含了深厚的文化韵味，以及园主人的精神境界。

4. 实习作业

（1）草测"菰雨生凉"轩及其环境的平面、立面。

（2）草测"眠云亭"及其环境的平面、立面。

（3）草测"闹红一舸"平面、立面。

（4）草测"菰雨生凉"轩、"天桥"、湖石假山、"辛台"组群，领会空间随游览路线而呈现的丰富变化。

（5）即兴速写3幅。

（6）以实测与速写为基础，分析退思园的造园特点及手法。

（张玉竹 编写）

【寄 畅 园】

1. 背景资料

寄畅园位于无锡城西秀美的锡惠山麓，面积仅 1hm²。此园元朝时曾为僧舍，宋代词人秦观的后裔秦金扩建于明正德年间（约1520年），别名秦园，又因秦金号"凤山"，故名"凤谷行窝"。秦氏后裔秦耀将其改名寄畅园，取意王羲之诗句"寄畅山水荫"。清朝顺治年间，叠山大师张涟（字南垣）之侄张鉽在此堆砌假山，引入惠泉，使小小寄畅园园景益盛。1952年秦氏后人秦亮工将园献给国家。寄畅园是中国江南著名的古典园林，同时也是1987年国务院公布的全国重点文物保护单位。

2. 实习目的

（1）学习中国古典园林中借景的应用手法。

（2）学习中国古代园林中，利用掇山、理水处理溪涧的手法。

3. 实习内容

3.1 空间布局

寄畅园园景布局以山池为中心，假山依惠山东麓山脉作余脉状；又构曲涧，引"二泉"水流注其中，潺潺有声，园内大树参天，竹影婆娑，苍凉廓落，古朴清幽，经巧妙的借景，高超的叠石，精美的山水，洗练的建筑，在江南园林中别具一格，属山麓别墅园林。全园分东西两部分，东部以水池、水廊为主，池中有方亭；西部以假山树木为主，它以高超的借景，洗练的叠山、理水手法，创造出自然和谐、灵动飞扬的山林野趣，寄托了主人的生活情趣和对自然人生的哲学思考。清朝康熙、乾隆两帝在1674~1784年的100年间，先后六次下江南，七次驾临此园，对古朴的园景留连忘返，赞不绝口，御题"山色溪光"、"玉戛金枞"及众多华丽诗篇。乾隆皇帝还在清漪园（今颐和园）中仿造一园名"惠山园"（后改名为谐趣园），留下南北园林交流的佳话。园内有江南奇石"介如峰"及知鱼槛、七星桥、八音涧、九狮台、鹤步滩等20景。集百余大家之书法大成的《寄畅园法帖》，明代宋懋晋的寄畅园五十景展示了古园的浓厚文化。依峭壁而听响泉，循长廊而观山景，山水清音，妙不可言。人游其间，物我两忘，其乐融融。

3.2 造园理法

3.2.1 掇山

明代造园，筑山均以土为主，土石相间。寄畅园掇山最大特点，是将土山当作惠山的余脉处理。南北蜿蜒，与横卧西侧的惠山脉络一致气势相连。土山上的散点石及山脚挡土墙，都用黄石，进退自然，富于变化。土山有峰有谷，有脉有脚，起伏过渡极为自然，与惠山难分真假。可谓"虽由人作，宛自天开"。

园中掇山以八音涧假山最为出色，其掇石艺术，堪称中国古典园林中黄石假山的翘楚。其堆叠技法，是根据黄石山崖之横向折褶和竖向节理所构成的天然岩相，取其纹理刚健、体量浑厚、轮廓分明、线条遒劲的特点，摹拟中国山水画之"大斧劈皴"笔法，选用大块黄石，把涧壁硬是化作了石脉分明、坡脚停匀、进退自如、曲折有致、悬挑横卧、参差高低、主从相依、顾盼生情的天然图画。这种师法自然、饶有画理的高超手段，使这里具备了层叠的岗峦、嶙峋的山谷、幽深的岩壑、清浅的涧流，可说是外呈浑厚苍劲之势，内蕴深邃幽奇之奥，人行其间，尽得江南山水的神韵意趣。正是这种幽曲的景观，又规范了游人的视线和对景物的感知，待走到稍为空旷处，便透过树梢罅间

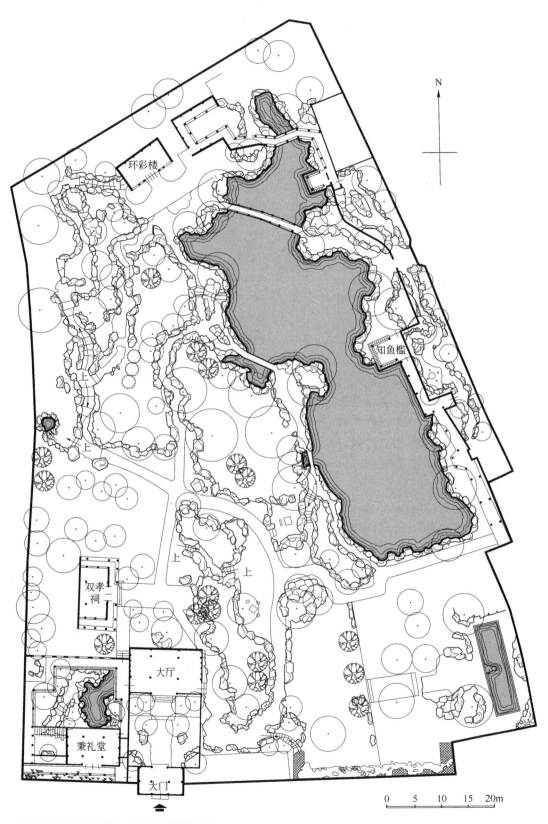

无锡寄畅园平面图(摹自《中国古典园林史》)

的斑驳光线，使人联想起"明月松间照，清泉石上流"的诗意。在假山之巅，有重建于1981年的点景建筑"梅亭"，居高临下，俯仰有情。往前行，更奇的是在"山穷水尽疑无路"处，忽折而别开一径，更窄、更曲、更幽，等走出洞窟似的涧口，豁然开朗，嘉树堂前、锦汇漪畔，"柳暗花明又一村"；远眺更有"闲闲塔影见高标"的锡山龙光塔映入眼帘，使景观备觉宽展——这又是小中见大之"先抑后扬"造园手法的巧妙运用。行家谓之"藏景"，所谓"景愈藏，境界愈大"。而且这藏景又与借景相结合，故能造就出意外的艺术效果。八音涧出口处，还是寄畅园山水景观的转换枢纽，由此折而右拐，别开生面，游兴跌宕，步入鹤步滩。

3.2.2 理水

寄畅园的理水手法可以分为动态和静态两种。动水为八音涧，设计者巧妙地抓住水系西高东低的形式和位置的高差，利用暗道引来惠山二泉之水，产生了淙淙的水声和铿锵的泉鸣。静水为锦汇漪，池中东岸的临水建筑知鱼槛和西岸伸入池心的石矶鹤步滩相对夹峙收缩，形成了水面中心对景，又将水面连同空间分作两半，水池北段又有七星桥和廊桥分别收缩，将池水分为两个不同情趣的水面，令人玩味无穷。在西岸，又有两处小水湾，用一两块石条贴水平铺，各将一角池水与大池隔断，小水面的三面峻岩环抱，更具幽趣。最北面的廊桥更是隔断了尾水，使人不知水的去向，增加了无限幽深。水面经过这样分隔后，变成好几块，大小虚实产生对比，有聚有散，拓宽了水面空间，显得格外生动、活泼。

总长36m，深1.9~2.6m，宽从0.6~4.5m作大幅度收放的八音涧，除了山间谷道所擅的阴阳开合、极尽变化的妙致以外，又将引泉、听泉、掇石、藏景等多造园手法，了无痕迹地融合在一起，显得从容不迫，挥洒自如。二泉的伏流，从园西墙根引入涧端后，便化为上下三叠，于是无声的泉水就开始变

为有声的涧流，创造出"非必丝与竹，山水有清音"的境界。八音涧的涧名石为清末举人许国凤书题，其命名是说它好似用"金、石、丝、竹、匏、土、革、木"等八种材料制成的乐器，合奏出"高山流水"的天然乐章。

3.2.3 风景园林建筑

锦汇漪东岸，由清响、知鱼槛、先月榭、郁盘等连接成为一组亭廊建筑，背向秦园街，面对惠山，是园内主要观赏建筑。这一组建筑处理的曲折有致，富于变化，建筑玲珑小巧，体现了江南建筑的特色。

3.2.4 借景

寄畅园的面积不大，内容亦极简单，仅只一山、一水和一些建筑而已，但在游览观感上，不但没有狭小闭塞，单调贫乏之感，反而感到处处有景，面面是画，空间无限辽阔。它之所以能够在有限的空间内得到无限景色，具有小中见大的意境，主要是借景手法的应用。

借景是我国传统的造园手法之一，可以互借，也可以外借。互借是指景点之间相辅相成的关系，外借是将园外之景组织到园内来，与互借的区别就在于我中有你，你中不一定有我，外借起开拓、引申的作用，结果是扩大景观，产生小中见大的效果。寄畅园的借景主要在外借，着力外借园外风景，将锡山、惠山、二泉、庙宇掌握在手，使内外风景环环相套，治内外于一炉，纳千里于咫尺。游了一个面积极小的寄畅园，却有踏遍锡惠两山与十三泉之感，达到了能突破有限空间，以少胜多，小中见大的艺术效果。计成《园冶》说："妙于因借，精在体宜"。寄畅园的外借艺术手法，确实不凡。

4. 实习作业

(1) 草测知鱼槛平面及周边环境。
(2) 草测八音涧平面及竖向图。
(3) 举例分析寄畅园中借景手法的应用。

(杨 葳 编写)

【个　　园】

1. 背景资料

个园位于扬州盐阜路，占地 2.5hm²，系清嘉庆 23 年（1818 年），由两淮盐业商总黄至筠（名应泰，字至筠）在明代寿芝园的基础上扩建而成。主人性爱竹，他的名字中的"筠"本意是竹皮，借此指竹，再取苏东坡"宁可食无肉，不可居无竹，无肉使人瘦，无竹令人俗"的诗意，在园中修竹万竿，因"个"字乃"竹"字之半，且状似竹叶，故取名"个园"。该园据说出自石涛的手笔，他一生多游历名山大川，"搜尽奇峰打草稿"，使之在个园设计中取材自然，却又敢破常格，因而以四季假山汇于一园的独特叠石艺术闻名遐迩。

2. 实习目的

（1）中国古典园林以小见大的造景手法。

（2）领会中国古代园林空间处理中，掇山的理法与技巧，并了解不同石材的特点及应用。

3. 实习内容

3.1 空间布局

个园大致可以分为三个区域：南区为住宅区，原为个园的主入口；中区是主人休憩、读书、接待宾客之处，是园子的主景区，最负盛名的四季假山就在这里；北区突出竹文化，表现个园"竹石"的主题。个园的总体布局亦是采用环游的方式，以宜雨轩为中心，若顺时而游，便能顺序观赏春夏秋冬四季景色，体会四季假山的内涵。个园中应用了许多古典园林常见的造景手法，如北区进门处利用逶迤的大山形成障景，可谓欲扬先抑；竹西佳处曲径通幽、四季假山以小见大等等。

"壶天自春"是取《个园记》中"以其目营心构之所得，不出户而壶天自春，尘马皆息"。其意是个园空间虽不及名山大川，但其景为世外桃源，人间仙境之意。"壶天"最早是道教用语，出自《后汉书》："费长房者，汝南人也，这市椽。有老翁卖药悬壶于肆头，及市罢，常跳入壶中，市人莫视。惟长房于楼上睹之，异焉，因往再拜。乃与俱入壶中。惟见玉堂严华，旨酒甘肴，盈衍具中。共饮毕乃出。乃就楼上候长房曰：我神仙之人，以过见责，今事毕当去。"不过私家园林多为壶状结构，有狭长的通道进入，里面豁然开阔，美不胜收，也算是人间仙境了。

"竹西"的来历，出自晚唐诗人杜牧吟咏扬州的诗句，"谁知竹西路，歌吹是扬州"。到了宋代词人姜夔这里，又有"淮左名都，竹西佳处"的词句，后来人们便用"竹西佳处"来指称扬州。"竹西佳处"在这里回归了字面的本来意义，显然是在提示人们：此处竹景最佳。

宜雨轩面南而筑。单檐歇山式，东西三楹，歇山有磨砖深浮雕，嵌如意卷草，线条舒卷自然流畅。是全园谋篇构局的中心，山水花木等景致的安排全是围绕宜雨轩次第展开的。宜雨轩门前有一楹联："朝宜调琴暮宜鼓瑟；旧雨适至今雨初来"。旧雨、今雨源出杜甫《秋述》一文："卧病长安旅次，多雨生鱼，青苔及榻，常时车马之客，旧、雨来，今、雨不来"。人情冷暖令诗人感慨万分。后人由此便用"今雨"、"旧雨"借指新朋老友，此联可谓"宜雨轩"的破题导读。门前是秋景的十余株桂花，也因着这个缘故，扬州人又把宜雨轩称为"桂花厅"。

3.2 造园理法

3.2.1 掇山

个园假山一部分用黄山石叠成，山腹中有曲折磴道，盘旋到顶，这是北派的石法；

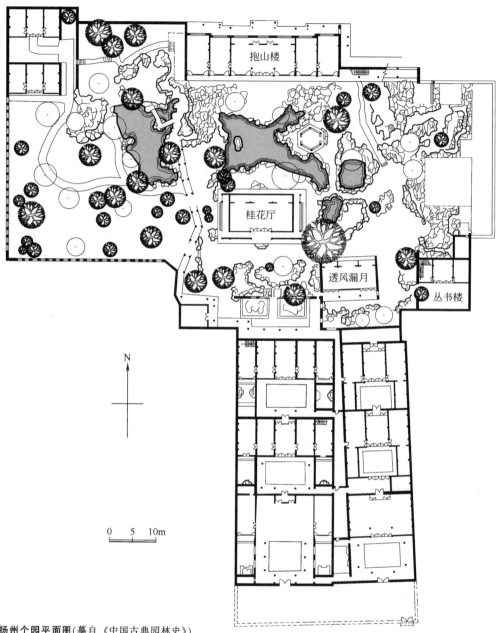

扬州个园平面图(摹自《中国古典园林史》)

一部分用太湖石叠成，流泉倒影，透迤一角，是南派的石法。这两种叠石的方法，意味着山水画的南北之宗，统一在一个园子里，构成个园假山的独特风格。个园"四季假山"为国内惟一孤例。春山在个园石额门前，两侧遍植翠竹，竹间树以白果峰石，以"寸石生情"点出"雨后春笋"之意；夏山位于西北朝南，以太湖石叠成，"天下之石，独以太湖石为甲贵"，用它点缀园林，更添自然风光的色彩和令人兴会无前的兴趣；秋山位于园之东北，坐东朝西，以黄石叠成，拔地而起，峻峭凌云，气势磅礴，宛如一幅秋山图，是秋日登高之佳处；冬山采用宣石叠成，石白如雪，似一层未消的残雪覆盖，称之为冬景。冬景假山南墙多留圆洞，称之为"音洞"。个园以假山堆叠精巧而著称，用假山营造出春、夏、秋、冬四季景色，让人觉出石山春宜游、夏宜看、秋宜登、冬宜居的无穷乐趣。

个园的假山体现了中国古典园林杰出的假山堆叠技艺，以秋山为例：秋山以黄石叠成，山路设计的十分巧妙，下山的路有三条，却只有一条可达山下石屋。左右两条入口较大，又在明处，易入，可三折两拐之后又回到原地，中间一条入口较小，洞前又有黄石遮挡，不易发现，却可通山下。山道的处理可以说是自然界的再造，全长不过15m，就有山口、山谷、陡壁、登阶、悬岩、山洞、深潭、天桥。山腹中有幽室，有天窗，自然光从天外穿入。上有悬岩峭壁，下有深谷绝涧，创造出一种山峡天险的境界，这在造园艺术上称为"旱山水意"。

3.2.2 风景园林建筑

个园的主体建筑，是园北的一列长楼。楼广七楹，横贯东西，把两座一具北方之雄，一具南方之秀的假山和谐地连为一体。一楼抱两山，因名"抱山楼"。楼下有平台，有山石，珍卉丛生，随候异色。楼上有长廊，徐步行廊上，环观园中景物，参差错落，高下相间，隔水有屋宇相峙，两侧有亭台峨立，似尽南昌未尽，余味无穷。楼前悬一巨匾，题"壶天自春"四字，两旁抱柱，悬扬州当代书画名家李圣和女士撰书一联："淮左古名都，记十里珠帘，二分明月；园林今胜地，看千竿寒翠，四面烟岚"。园内的其他建筑物，有宜雨轩、桂花厅、佳秋阁、清漪亭、觅句廊、透风漏月等，堂以宴、亭以憩、阁以眺，布置有序，为园内假山助胜增趣，各具匠心。

个园园门的处理也是独具匠心，个园原来隐藏在东关街中段街北的一条深巷中，园门本在住宅之后,这里门额上题"个园"二字，园门两侧有平台，上植数竿翠竹，竹间有嶙嶙石笋如春笋破土，缕缕阳光把稀疏竹影映射在园门的墙上，形成"个"字形的花纹图案，烘托着园门正中的"个园"匾额，微风乍起，枝叶摇曳，只见墙上"个"字形的花饰不断移动变换，真可谓是"月映竹成千个字"。

4. 实习作业

(1) 摹写山石空间，速写3~5张。

(2) 分析个园四季假山的造景艺术与堆叠手法。

（杨　葳　编写）

【苏州环古城风貌保护工程】

1. 背景资料

苏州古城始建于公元前514年，距今已有2500多年历史，基本保持着"水陆并行、河街相邻"的双棋盘格局，"三纵三横一环"的河道水系和"小桥流水、粉墙黛瓦、史迹名园"的独特风貌。苏州古城目前仍然坐落在春秋时代的位置上，格局没有太大变迁，其城市空间布局、河网道路体系、建筑传统和城市景观在我国城市建设史上占有重要地位。环绕古城有一条古代人工开凿的护城河，与整个城池同时建成，是整个水城城体水系的有机组成部分。护城河呈长方形，全长17.48km，水面30~150m不等，东西南北内侧共设8座水城门，外侧连接航道，构成四通八达的航运干线。但是长期以来，苏州护城河两侧充斥着杂乱无章的工厂、仓库、码头以及交易市场，船只随意停靠，河道沿线一派脏乱破败的景象。作为"十五"期间苏州市重点建设的十大工程之一，环古城风貌保护工程于2002年5月正式启动，投资约40亿，是一项集城市交通、生态绿化、景观旅游等功能于一体的综合性工程，也是苏州历史上规模最大的城建项目，对于保护古城风貌、提高城市品位、改善城市环境、缓解交通矛盾、发展旅游事业等方面起到推动作用，构筑了更为完善的黄金旅游、交通走廊和防洪屏障，营造了具有苏州水乡特色的景观精品、历史画卷、绿色项链。

2. 实习目的

（1）通过对工程的了解，学习古城景观更新的理论与方法。

（2）学习滨水绿地的景观处理手法，以及如何通过景观营造来体现地域文化。

3. 实习内容

3.1 空间布局

环城绿带以传统风貌、自然生态、一流设施形成水上旅游、陆路交通、绿色生态三大系统，分为四大功能区，西部为金阊十里、盘门水城；北部为吴门商旅、都市驿站；东部和南部为城南山林、枕河人家；东南一线为宝带长桥、运河风光。整条风光带由水系和城墙体系串接，除了保存下来的古城墙残段、古桥等大量历史文化遗存外，沿途设有南园春晓、双桥烟雨、金门流辉、气通阊间、古津帆影等48个景点，这些景观节点依据历史文化和地貌各有特点，平均500m左右就能欣赏到不同景致，舟漂湖面，位移景换，目不暇接，营造了"水陆并行，河街相邻"的传统苏州景观。

3.2 重要地段与节点设计

3.2.1 西段

该段是整个环古城工程的精华地段。按照总体规划中对该段的定位，规划重点突出历史文化遗存，充分挖掘金阊十里和胥门遗迹的传统精华，进行整体空间与环境整合，在严格保护历史文化遗存的同时，局部恢复和再现历史原貌，突出整体环城水系中该段极具历史文化内涵的商业与旅游特色。水系和城墙并列的形态是环古城地区的空间构图要素和景观控制原则。为了完善古城现状的城市格局，采用空间梳理的办法，例如百花洲公园，向南拓展，空间上与盘门地区相互联系；向西拓展，空间上向城河及对岸区域敞开，充分展现古城墙、城门等景观。

（1）阊门节点设计

恢复阊门，再现历史风貌。在五龙汇阊的西侧，布置旅游服务中心及便利的水陆交通设施，将山塘历史街区和预备申报的西中市历史街区相互联系，成为一个龙头和纽

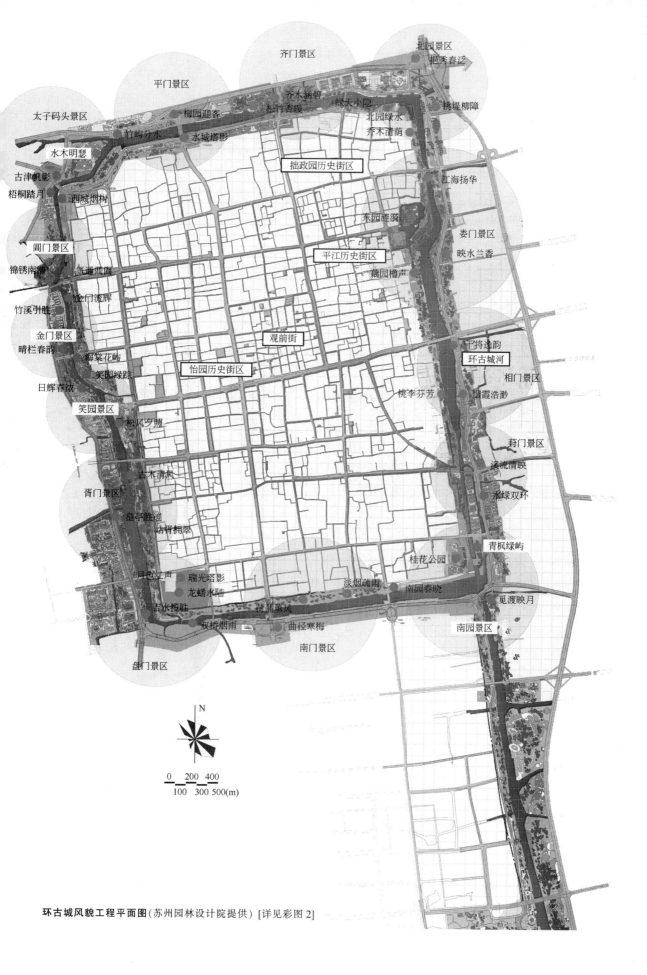

环古城风貌工程平面图(苏州园林设计院提供) [详见彩图2]

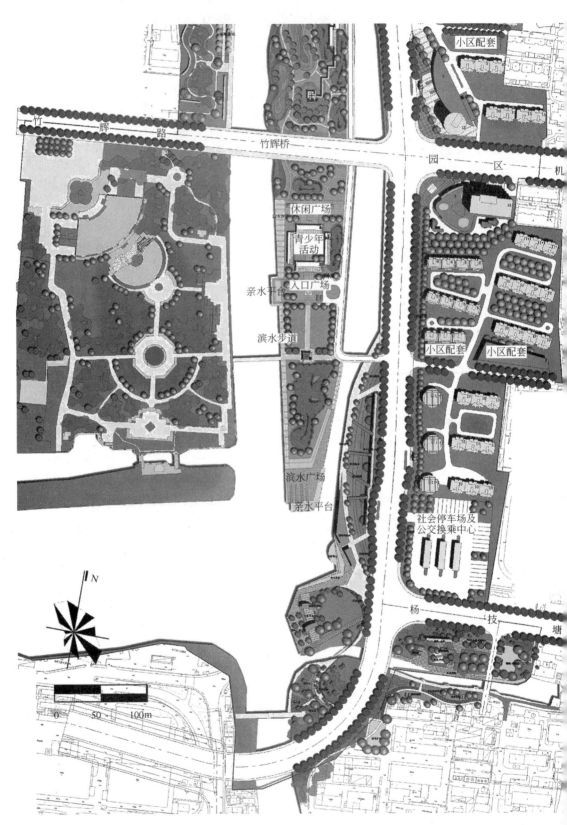

觅渡桥节点平面图(苏州园林设计院提供)

带，集中展现姑苏的繁华景象。长船湾与南浩街、北码头与北浩弄的沿河建筑隔水向望，保持较为连续的界面，只在阊门及古城墙遗存前敞开视线。南浩街地区远期控制高度，适当减少住宅层数，形成阶梯状向新区过渡。

(2) 金门节点设计

保护金门，并与阊门连为一体，进行整体的空间和环境整合。西侧布置苏州市演出中心，与城墙、城门相互映衬，历史与现代交融。将水面引入广场，结合室外表演，从船上观看演出。集聚人气、带动旅游。景德桥南北两侧停车场，日间为古城内外交通换乘提供空间，夜间满足演出中心使用的需求。

(3) 干将桥节点设计

作为古城内外空间的过渡，是城市景观高潮中的和弦。强调视觉联系，交融各种活动，补充城市功能。将桥南的交通枢纽综合内外交替、水上陆地、地上地下换乘，完善城市基础设施和公共生活空间。与其他三个结合历史典故布置的笑园、铸剑园和夏驾亭小园林形成整体。共同构筑古城轴线空间转换的技术、景观和生态性质。四周密林境幽、闹中取静，形成各视线方向的绿色前景。

(4) 胥门节点设计

保护胥门遗迹风貌，恢复万年桥和接官厅，挖掘历史片断，表现现代文明。沿河布置规划展示馆、伍子胥纪念馆，新老建筑物、室内外场所都成为展现城建发展史的一个角色。外城河东侧，胥门—百花洲公园向南扩大至新市路，与盘门相接，内、外城河通过绿化相互勾联。西侧胥江以南，局部点缀高档的居住组团，风格体现古城风貌。

3.2.2 东段

作为古城东西向发展轴上的重要环节，借助古城向东疏散发展的动力和已具规模的工业园区的辐射，利用开阔的水面和优美的绿化环境，东段将建设成为以大量绿化和局部居住为主要功能的"枕河人家，城市绿林"。整治后的东段地区将形成东西两侧古城风貌与现代住区鲜明对比的空间效果。

河西侧以历史文化风貌展示和生态文化展示为主要功能，形成绿化界面和低层传统风格建筑界面为主，建筑高度和建筑色彩应严格控制，体现传统风貌。在郁郁葱葱的绿带中，传统风格的亭台楼阁掩映其中，散发出浓郁的古城韵味。

河东侧则是色彩明快、风格简洁的多层和小高层住宅。其中娄门路至葑门路以多层为主，南北两侧可建设小高层，形成两侧高中间低的弧形天际线。东岸近期因用地局限，以人行道绿化为主，两岸结合古城墙遗存，形成密布的遗址林带。

(1) 觅渡桥节点设计

地块在觅渡桥西，道路南侧用地规划为居住区功能及生态绿带。考虑到未来居民生活的需要，以及城河两岸的对景，将用地设计为较为开阔的伸展式公共休闲广场，以健身休闲与赏景活动为主线，突出城市休闲功能。

本地块为规划滨水景观带的东端，明显呈现出较为现代的构图手法，以与城河北侧之桂花公园相呼应，同时也与规划用地西端的盘门景区相对应。广场设计强调空间的综合性和多样性，鼓励不同年龄层次的居民共同使用，增加了解。使滨水空间不仅具有优美的景观效果，更能发挥出实际的多元功能。

空间设计强调自然典雅、突出地方风貌，赋予明确而有意义的文化内涵，具有较强的空间可识别性。设计中采用较为典型的跌落式空间组织方式，形成三层台地。靠近道路南侧为以乔木为主的林带，中间为以草坪和低矮灌木为主的"绿毡"，北侧滨水空间则为硬地间以植草砖的活动带以及木地板的滨水走廊。中间有较大的方形休闲空间，为日晷广场，以仿传统日晷雕塑为主景，辅之以现代灯光、喷泉，意喻传统与科学的结合,东部有以花架围合的圆形广场,中心铺地为苏州古地图,象征古城在当代得到了保护并获得新生。该广场南北轴线与桂花公园主轴线重合。广场向东延伸经新觅渡桥下至古觅渡桥止,古觅渡桥处处理手法与兴隆桥类似,为保护古桥保持现状地面标高,形成小型下沉广场,广场及踏步以草坪和块石铺砌。种植设计中,以桂花为基调树种,配合种植香樟、三角枫、罗汉松、白玉兰、合欢等植物,以起到烘托主题、围合空间的作用。

(2)"旧城堞影"节点

"旧城堞影"恢复了一段城墙,东西140余米,南北80余米,是对城墙遗址的延续,向前直到南园桥以西的土山,就是古城墙遗址。其上角楼,乃是整个区域的制高点,轻巧飞扬,完全有别于北京故宫角楼的雄浑庄重。

4. 实习作业

(1)速写4幅,以反映苏州古城景观风貌为核心内容。

(2)评述苏州环古城风貌保护工程中,景观设计与建设中的优劣处。

(谢爱华、王丽君 编写)

【西湖风景名胜区概况】

1. 概况

西湖风景名胜区是国家级风景名胜区，总面积60.04km²。东起杭州城区松木场、保路转少年宫广场北，经白沙路、环城西路、湖滨路、南山路至万松岭以南及吴山、紫阳山、云居山景点全部；南自鼓楼沿吴山、紫阳山、云居山东侧山麓经凤山门沿凤凰山路于天花山沿西湖引水渠道至钱塘江北岸，转珊瑚沙贮水库至留芳岭以北；西自留芳岭、竹竿山、九曲岭、名人岭至美人峰、北高峰、灵峰山至老和山山脊线以东；北自老和山山麓（浙江大学西围墙）转青芝坞路北侧30m，接玉古路、浙大路、曙光路至松木场以南。外围保护区面积35.64km²，东起南星桥江滨公园、江城路、凤山桥、中山南路、鼓楼转河坊街、延安南路、延安路，转庆春路、武林路、教场路至环城西路以西地区；南至钱塘江主航道中线，杭富路至转塘以北地区；西为留转路以东地区；北自留下，经杭徽路、天目山路至武林门以南地区。西湖风景名胜区规划中将其划分为环湖、北山、吴山、凤凰山、虎跑龙井、玉泉、灵竺、五云山、钱江等九个景区。

西湖风景名胜区内以西湖为核心，有国家、省、市级文物保护单位60处和风景名胜点100余处，其中主要有西湖十景、西湖新十景。西湖旧称武林水、钱塘湖，又称明圣湖、金牛湖等。北、西、南三面环山，东面为市区，三面云山一面城。唐人因湖在州城之西，故称西湖。苏东坡守杭时有诗："水光潋滟晴方好，山色空蒙雨亦奇。欲把西湖比西子，淡妆浓抹总相宜。"因此又有西子湖之名。湖体轮廓近似椭圆形，面积6.03km²，其中水面面积5.66km²，湖岸周长15km。湖底较平坦，水深平均在1.5m左右，最深处2.8m左右，最浅处不到1m。白堤、苏堤，将湖面分成外湖、里湖、岳湖、西里湖、小南湖5个部分。湖中有孤山、小瀛洲、湖心亭、阮公墩4岛。注入西湖的主要溪流有金沙港、龙泓涧、长桥溪。西湖引水工程钻地穿山，引来钱塘江清流。调节西湖水位的主要出水口，一是圣塘闸，经圣塘河流入运河；一是涌金闸，经浣纱河地下管道，流入武林门外的城河。西湖远古时是与钱塘江相通的浅海湾，以后由于泥沙淤塞，大海被隔断，在沙嘴内侧的海水成了一个泻湖。所以民间谚语说："西湖明珠从天降，龙飞凤舞到钱塘。"西湖承受山泉活水冲洗，又经历代人工疏浚治理。诗人白居易（772~846年）和苏东坡（1037~1101年）等人任杭州地方长官时，都悉心治理西湖，疏挖湖泥，兴修水利，灌溉农田，而且构成了湖中三岛、白苏二堤、湖上塔影的佳丽景色。环湖山峦叠翠，花木繁茂，峰、岩、洞、壑之间穿插着泉、池、溪、涧，青碧黛绿丛中点缀着楼阁、亭榭、宝塔、石窟。湖光山色，风景如画。清漪碧波和绿云翠谷间，闪烁着无数秀丽的自然景观和璀璨夺目的历史古迹。中国民间传诵："天下西湖三十六，就中最佳是杭州。"并说西湖之美，古今难画亦难诗。明正统间，有日本国使者游西湖，曾题诗说："昔年曾见此湖图，不信人间有此湖。今日打从湖上过，画工还欠着工夫。"

2. 西湖旧十景

西湖十景题名源于北宋山水画家宋迪题画的四字句，他用"平沙落雁"、"山市晴岚"、"远浦归帆"等等来标出自己所画的作品内容。后来山水画家竞相仿效。公元13世纪，南宋画家马远、陈清波在撷取西湖风景精华所作的画中，也分别标上"柳浪闻莺"、"两峰插云"、"平湖秋月"、"断桥残雪"、

"三潭印月"、"雷峰夕照"、"苏堤春晓"和"南屏晚钟"，以后又画了"花港观鱼"、"曲院荷风"两幅，于是便有了"西湖十景"的说法。清朝康熙皇帝南巡游西湖，为十景题名立碑，并改"两峰插云"为"双峰插云"，"曲院荷风"为"曲院风荷"。"西湖十景"就这样确定下来了。

苏堤春晓的苏堤在西湖西侧，南北两端衔接南山路与北山路，全长2.8km，是北宋诗人苏东坡在杭州为官时，组织民工开浚西湖，挖泥堆筑而成。堤上还安排"映波"、"锁澜"、"望山"、"压堤"、"东浦"、"跨虹"6座石拱桥，起伏相间，突破了笔直长路的单调。堤上两边夹种桃树、柳树，风光旖旎。堤岸现已铺上柏油路，两旁宽阔的草坪添植了各式花木，每隔一定距离，便设有一张长靠背椅，十分幽静。白天，游人信步浏览，一片闲情逸致；入夜，则成为当地情侣幽会的姻缘道。苏堤景色四时不同，晨昏各异，晴、阴、雨、雪均有情趣。尤以春天早晨，湖面薄雾似纱，堤上烟柳如云，故有"苏堤春晓"之称。

柳浪闻莺位于西湖东南岸，南山路清波门附近。这里原为南宋皇帝的御花园——聚景园，园中原有"柳浪桥"，沿湖遍植垂柳，密密柳丝仿佛在湖边挂起绿色帐幔。春风吹拂，碧浪翻飞，浓荫深处时时传来呖呖莺声。因而名为"柳浪闻莺"。现扩建为夜公园，面积从原来的一隅之地扩大为17hm²，全园分为友谊、闻莺、聚景和南园4个景区。闻莺馆中新添了"百鸟天堂"，百鸟飞翔其中，莺歌燕舞。公园内绿草如茵，繁花似锦。

曲院风荷原来是在苏堤北端跨虹桥下（康熙题碑处）。宋代，那里有一家酿造官酒的曲院，里面种了许多荷花，芰荷深处，清香四溢，因此便有"曲院风荷"之说。现在的"曲院风荷"比原来扩大了数百倍，布局十分精巧。赏荷区广阔的水面上，有无数种荷花。傍水建造的赏荷廊、轩、亭、阁，古朴典雅，与绿云、荷香相映成趣。还辟有"西湖密林度假村"。公园中的密林区，参天的树木，浓荫蔽天，颇似"深山老林"。林中竖有幢幢架空的桦木结构小屋，以及木板平房，还有炊具，可供游人宿营野餐。

平湖秋月位于白堤西端，三面临水，背倚孤山。唐代，这里建有望湖亭。清康熙三十八年（1699年）改建为御书楼，并在楼前挑出水面铺筑平台，立碑亭，故题名为"平湖秋月"。置身平台，眺望西湖景色，无论晴雨都有奇趣，尤其是皓月当空的秋夜，"一色湖光万顷秋"，更充满诗情画意。

三潭印月在西湖三岛之一的"小瀛洲"周围。岛基是苏东坡组织民工疏浚西湖时，用挖出的葑泥堆筑而成的，明代又沿岛筑起环形堤埂等，才构成"湖中有岛，岛中有湖"，宛如"蓬莱仙岛"的绝妙佳境，因而起名为"小瀛洲"。现在岛上有曲桥和造型别致的亭、榭。在绿云荷香掩映下，景观富于层次，意境深邃。小瀛洲岛南的水面上有3座造型美丽的小石塔，是当年苏东坡组织疏浚西湖时在深水处立的坐标。明代重建，即今之样式。秋夜，皓月当空，如在塔内点上灯烛，洞口蒙上薄纸，灯光从中透出，便宛如一个个小月亮倒影水中，构成"天上月一轮，湖中影成三"的奇丽景色。"三潭印月"由此得名。

雷峰夕照西湖南岸夕照山上，旧有雷峰塔，为975年吴越王因庆贺黄妃得子而建，取名"黄妃塔"。后人因塔在名为雷峰的小山上，改称"雷峰塔"。夕阳西照时，塔影横空，金碧辉煌。"雷峰夕照"由此而名。雷峰塔初建时为13层，可以登临。明代遭火后，改为7层，后又成5层8面。雷峰塔与保俶塔隔湖相对，所以有"南北相对峙，一湖映双塔"、"雷峰似老衲，保俶如少女"之说。湖上双塔，水中双影，与湖中三岛、苏白二堤相辉映，曾给游人增添了无限美感，

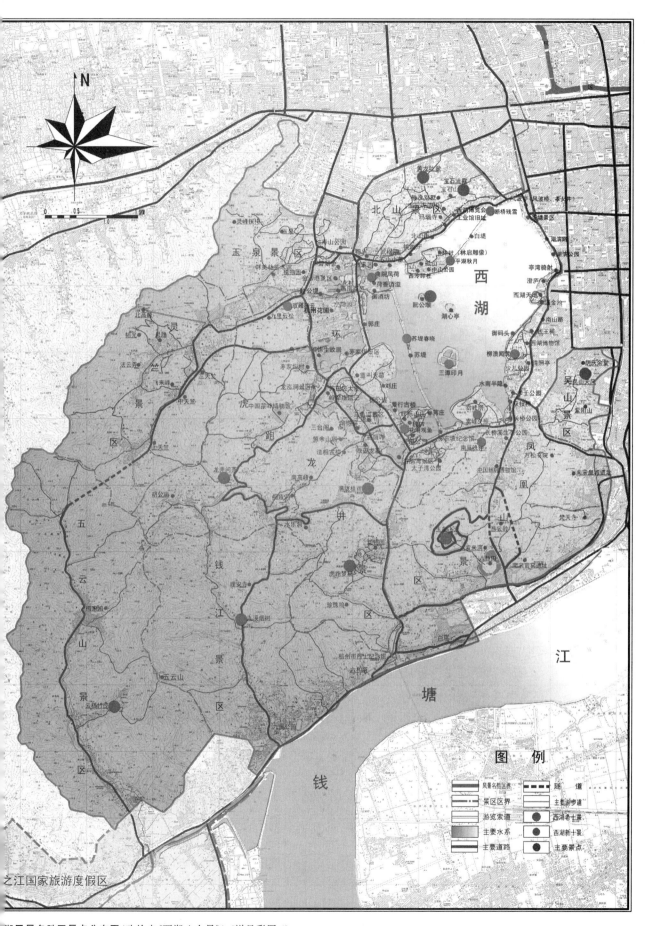

湖风景名胜区景点分布图(改绘自《西湖八十景》)[详见彩图4]

又带来了丰富的神话与历史传说，使历代多少诗人、画家为之倾倒。以后，雷峰塔因被乡人窃砖，挖空了塔基，1924年9月25日下午倾圮。"雷峰夕照"一景也因此仅有美名。

南屏晚钟是指南屏山下净慈寺的钟和钟声。净慈寺系954年吴越王为高僧永明禅师而建，原名"永明禅院"，南宋时改名为"净慈禅寺"，是西湖四大丛林寺院之一。寺前原有一口大钟，每到傍晚，钟声在苍烟暮霭中回荡，便将人带入"玉屏青嶂暮烟飞，绀殿钟声落翠微"的意境之中。"南屏晚钟"与"雷峰夕照"隔路相对，塔影钟声组成了西湖十景中两处最迷人的晚景。净慈寺还伴有济公的神话传说，寺内有"运木神井"，引得无数游人前来观赏。自宋至清代，净慈寺时有兴废，1959、1984年两次进行整修后已恢复一新，新铸了一口重达1.5万kg的铜钟，悠扬的钟声又回荡在西子湖的夜空。

断桥残雪中的断桥是白堤的东起点，正处于外湖和北里湖的分水点上。"断桥"之名起于唐代诗人张祜"断桥荒藓涩"之句，又因孤山之路到此而断，故名"断桥"。中国四大民间传说之一的《白蛇传》故事，于此地发生。旧时石拱桥上有台阶，桥中央有小亭，冬日雪霁，桥上向阳面冰雪消融，阴面却是玉砌银铺，桥似寸断，又似桥与堤断，构成了奇特的景观，因"断桥残雪"之名。

双峰插云位于灵隐路上的洪春桥边，"双峰插云"御碑亭所在之处。"双峰"指的是天竺山环湖南、北两支山脉中最为著名的南高峰、北高峰。两峰遥相对峙，相去10余里。山雨欲来时，向巍然耸立的双峰望去，浓云如远山，而远山又淡得像浮云，是云是山，一片朦胧，难以分辨，双峰的峰尖忽隐忽现插入云端。这时，游人如同面临一幅巨大的泼墨山水画，云海浩茫茫，峰尖隐隐然。"双峰插云"便由此得名。

花港观鱼位于苏堤南端，北倚西山，它是西湖风景区内规模最大的一级公园。古代，因有小溪自花家山流经此处入西湖，所以称"花港"。宋时，花家山下建有"卢园"，为南宋内侍官卢允升的私人花园，园内栽花养鱼，风光如画，被画家标上"花港观鱼"之名。清代康熙时废园重建。这个景点原来仅有一碑、一亭、一池和三亩地，现已建成为占地20多公顷的大型公园。"花港观鱼"，以"鱼"为中心，穿过大草坪，便是鱼乐园，游人围拢鱼池投饵，群鱼翻腾水面，追逐争食，红光波音，有色有声，呈现一番鱼乐人也乐的景象。

3. 西湖新十景

1985年，杭州日报社、杭州市园林文物管理局等单位发起征集新景点、新景名的活动，有5万人参加，历时8个月。结果，遴选出"云栖竹径"、"满陇桂雨"、"虎跑梦泉"、"龙井问茶"、"九溪烟树"、"吴山天风"、"阮墩环碧"、"黄龙吐翠"、"玉皇飞云"和"宝石流霞"等十景，人们称之为"新西湖十景"。陈云、刘海粟、赵朴初等10位名家为之题名立碑。

云栖竹径在离湖滨约20km的五云山云栖坞里。相传五云山飘来的五彩云霞常常在此栖留，故名"云栖"。从云栖石牌坊进入，沿途是"一径万竿绿参天，几曲山溪咽细泉"的天然景色。竹径旁有陈云题书"云栖竹径"的碑亭以及洗心亭。亭前小池，水清见底，十分凉爽，可以一洗尘埃。

满陇桂雨中的"满陇"指的是南高峰与白鹤峰夹峙下的蹊径"满觉陇"。这条山道沿途种植7000多株桂花。金秋季节，林壑窈窕，珠英琼树，空山香满，沁人肺腑。古人有诗曰："西湖八月是清游，何处香通鼻观幽？满觉陇旁金粟遍，天风吹堕万山秋。"故取名"满陇桂雨"。南高峰和青龙山间的石屋岭南麓，有洞形如石屋，名石屋洞，洞前有桂花厅。

虎跑梦泉中的"虎跑"即虎跑泉，在大慈山定慧禅寺内。"虎跑"之名，因"梦泉"而来。传说唐代高僧性空住在这里，后来因水源短缺，准备迁走。有一天，他在梦中得到神的指示："南岳衡山有童子泉，当遣二虎移来。"果见两虎跑地作穴，涌出泉水。"虎跑梦泉"由此得名。"虎跑"游览的乐趣在"泉"。进山门之后，清泉便在脚下发出丝弦般的声响，酷似滴珠落盘的琵琶乐曲。虎跑泉十分清澈，水质洁净，龙井茶叶虎跑水，历来被誉为"西湖双绝"。从听泉、观泉、品泉、试泉直到"梦泉"，能使人自然进入一个绘声绘色、神幻自得的美妙境界。"虎跑"还是家喻户晓的传奇人物"济公"归葬的地方，"济公殿"、"济公塔院"坐落于此。近代艺术大师李叔同在此出家为僧，弘一法师纪念室也很引人关注。

龙井问茶中的龙井在西湖西面的风篁岭上。晋朝葛洪在此炼丹，大旱时井水不涸，人以为与海通，故名"龙井"。"龙井"之水的奇特之处在于搅动它时，水面上就出现一条分水线，仿佛游丝一样，不断摆动，然后慢慢消失。这一小小奇观为游人增添了乐趣。自古以来，人们以"消受山中水一杯"为最佳的享受。"龙井"既是名泉，又是中国著名的龙井绿茶的产地，所以命名为"龙井问茶"。龙井绿茶具有色绿、香浓、形美、味甘四大特色。

九溪烟树即著名风景点"九溪十八涧"。位于西湖西边群山中的鸡冠垅下，一端连接烟霞三洞，一端贯连钱塘江。中心点是九溪菜馆前面的一片溪滩和公园。从这里沿鸡冠垅拾级而上，可直达山顶"望江亭"。在亭前眺望钱塘江，"之"字形弯曲的江流尽收眼底，远处烟波浩渺，水天一色。"九溪"的主景是"水"。所谓"九"与"十八"均为虚指，是多的意思。九溪的水源自杨梅岭，沿途汇合了青湾、宏法、唐家、小康、佛石、百丈、云栖、诸头、方家等9个山坞的溪流，曲曲折折、忽隐忽现地流入钱塘江。"十八涧"源于龙井山，于诗人屿、孙文陇、鸡冠陇之间穿林绕麓，汇合了无数溪涧。九溪十八涧水随山转，山因水活。这里的山和树，都因有了这纵横交错、蜿蜒曲折而又奔流不息的"水"而被点活，构成了"青山缥缈白云低，万壑争流下九溪"、"重重叠叠山，曲曲环环路，丁丁东东泉，高高下下树"的绝妙佳境。所以被赞美为"九溪烟树"。

吴山天风中的吴山在西湖东南面，山体延入市区，高仅100m，然而山奇石秀，风景独好，是西湖周围群山中内涵最丰富、最耐人游赏的一座山。山顶北部的"巫山十二峰"，怪石嶙峋，有笔架、香炉、棋盘、象鼻、玉笋、龟息、盘龙、舞鹤、鸣凤、伏虎、剑泉、牛眠等名称，又因这些岩山酷似十二生肖中的动物，也称"十二生肖石"。吴山是吴越、南宋文化荟萃之地，山上颇多摩崖石刻。苏东坡的咏牡丹诗和明吴东升书写的"岁寒松柏"4字刻于原宝成寺旁的"感化岩"上，下面山崖上有宋代书法家米芾的手迹"第一山"3字。山上的许多古樟树，冠盖如云，古朴苍劲，树龄一般都在四五百年以上，最老的"宋樟"已达800岁高龄。吴山左挹钱塘江，右掠西子湖，是汇观江湖，鸟瞰市容的胜地。山巅新建了"江湖汇观亭"，亭前楹联是从山上原城隍庙前移来的明代徐文长题辞："八百里湖山知是何年图画，十万家烟火尽归此处楼台"。恰好点明了"吴山天风"的佳境。

阮墩环碧中的"阮墩"即阮公墩，西湖中三岛之一，是清代浙江巡抚阮元疏浚西湖时用淤泥堆积而成。岛上土质松软，原无建筑物，近年来营造了青竹结构的亭、轩、堂、阁，造型朴素而又典雅，短篱茅舍的周围花木扶疏，组成了颇具特色的水上园林。因它处在粼粼碧波上，笼罩于郁郁丛林下，四面环碧，所以被定名为"阮墩环碧"。夏秋之夜，岛上举办"环碧庄"仿古游，重现了古代庄园迎接、宴请宾客的盛况。游人上岛，皆作为古庄园主的客人，在轻歌曼舞中受到款待，情趣十分古雅。

黄龙吐翠中的"黄龙"指栖霞岭下的黄龙古洞，是栖霞洞景中最著名的一处。传说宋代一个名叫慧开的和尚来此建寺修行，黄龙随之飞来，泉水从龙口喷出，因而得名。黄龙洞四周绿荫浓密，曲径通幽，以竹景取胜。方竹园内，栽有节上生刺的"方竹"，乃竹中珍品。整个园内还植了许多琴弦竹、凤尾竹、紫竹、斑竹、箬竹、鸡毛竹等，株株吐翠。洞内近年也辟为仿古园。因此，长乐亭内古乐声声，悠扬悦耳，置身于洞壑幽深之间，令人飘然欲仙。

玉皇飞云中的"玉皇"指玉皇山，位于西湖的南面。民间传说西湖是天上掉下来的一颗明珠，它由玉龙、金凤护卫，来到钱塘。嗣后，玉龙变成玉皇山，又名玉龙山，金凤变成它旁边的凤凰山。玉皇山高237m，最高处建有"登云阁"，登此阁，即云飞脚下，如登仙境，并可眺望钱塘江、俯视西子湖，一览杭州全城风光，故命名为"玉皇飞云"。山上有慈云洞、紫来洞、慈云宫、天一池等名胜古迹。

宝石流霞在西湖北岸的宝石山上。宝石山的保俶塔，姿态挺秀，如美人倚立西子湖畔，故有"保俶如美人"之称。它是西湖风景轮廓线上有代表性的标志。保俶塔左面的"来凤亭"，曾列为西湖十八景之一。"来凤亭"前有巨石名"落星石"（又名"寿星石"），塔后还有巨石，如云凝霞聚，因而题名为"屯霞"、"绮云"，又称为"看松台"。宝石山的主景是塔，"当峰一塔微，落木净烟浦"。在朝霞初露或落日余晖中，保俶塔影亭亭玉立于一片紫褐色的山岩上，岚光霞彩流溢，俏丽无比，故名"宝石流霞"。

4. 其他景点

西湖风景名胜区内，除"十景"、"新十景"外，著名景点还有天竺、五云山、凤凰山、玉山、北高峰、湖心亭、白堤、孤山、放鹤亭、刘庄、杭州花圃、植物园、南高峰、水乐洞、狮峰、葛岭、紫云洞、西溪、灵峰探梅等。

天竺在杭州市灵隐寺南面山中。有上天竺、下天竺、中天竺之分。上天竺的法喜寺、中天竺的法净寺、下天竺的法镜寺，分别创建于五代、隋代、东晋年间，是杭州著名的佛教寺院。

五云山在杭州市西湖西南面，濒临钱塘江。相传古时有五色瑞云萦绕山巅，因而得名。海拔344m，高耸入云。从山脚到山巅，石磴千余级，曲折七十二弯，前人有句道："石磴千盘倚碧天，五云辉映五峰巅。"山腰有亭，近瞰钱江，回望西湖，亭上有联"长堤划破全湖水，之字平分两浙山"，点景极妙。山巅有古井，大旱不涸。井之东首，有银杏一棵，树高21m，冠幅28m，胸径2.5m，粗可5人合抱，树龄达1400年，为杭州罕见的名木古树。

凤凰山在杭州市的东南面。主峰海拔178m，北近西湖，南接江滨，形若飞凤，故名。隋唐在此肇建州治，五代吴越设为国都，筑子城。南宋建都，建为皇城。方圆九里之地，兴建殿堂四、楼七、台六、亭十九。还有人工仿造的"小西湖"，有"六桥"、"飞来峰"等风景构筑。南宋亡后，宫殿改作寺院，元代火灾，成为废墟。现还有报国寺、胜果寺、凤凰池及郭公泉等残迹。

玉泉在杭州市栖霞山和灵隐山之间的青芝坞口。泉水晶莹明净似玉。原在清涟寺内，寺建于南朝齐建元年间，今寺已不存。1964年改建成为具有江南园林特色的新庭院，在长方形的池中养有大鱼，池畔筑轩，凭栏观鱼，有"鱼乐人亦乐，泉清心共清的意趣"。鱼乐园匾额是明代书画家董其昌的手迹。玉泉东面内院还有古珍珠泉、晴空细雨池，泉如抛珠、细雨，各有特色。

北高峰在杭州市灵隐寺后。与南高峰相对峙，海拔314m。自山下有石磴数百级，盘折三十六弯通山顶。登临眺望，群山屏列，西子湖云光倒垂，波平如鉴。钱塘江从南面重山背后绕出东去，有如新濯匹练。

湖心亭在西湖中。初名振鹭亭，又称清喜阁。初建于明嘉靖三十一年（1552年），明万历后才称湖心亭。今亭于1953年重建，一层二檐四面厅形式，金黄琉璃瓦屋顶，宏丽壮观。昔人有诗云："百遍清游未拟还，孤亭好在水云间，停阑四面空明里，一面城头三面山。"岛上有乾隆"虫二"谜碑，暗寓"风月无边"。"湖心平眺"为古"西湖十八景"之一。

白堤原名白沙堤。横亘在杭州西湖东西向的湖面上，从断桥起，过锦带桥，止于平湖秋月，长1km，唐代诗人白居易任官杭州时有诗云："最爱湖东行不足，绿杨荫里白沙堤。"即指此堤。后人为纪念这位大诗人，改称为白堤。堤上桃柳成行，芳草如茵。回望群山含翠，湖水漾碧，如在画中游。

孤山孤峰耸立于杭州西湖的里湖与外湖之间，故名孤山。又因多梅花，一名梅屿。海拔38m，地广约20hm²。这里是风景胜地，也是西湖文物荟萃之处。南麓有文澜阁、浙江图书馆、浙江博物馆、中山公园、西湖天下景庭园，东南面有平湖秋月，山巅有西泠印社，山后有中山纪念亭，北麓有放鹤亭及湖上赏梅诸景。古人有诗曰："人间蓬莱是孤山，有梅花处好凭栏。"

放鹤亭在孤山北麓。是元代人为纪念宋代隐逸诗人林和靖而建，近年重修。林和靖（967~1028年）名逋，北宋初年杭州人。居孤山20年，种梅养鹤，有"梅妻鹤子"的传说。他的"疏影横斜水清浅，暗香浮动月黄昏"咏梅名句，流传至今。亭壁刻有南朝宋鲍照的《舞鹤赋》，为清康熙帝临摹明董其昌书。亭外附近种有许多梅花，为湖上赏梅胜地。

刘庄一名水竹居，原为晚清刘学询别墅，俗称刘庄。在杭州市西湖丁家山前隐秀桥西。面积36hm²，背山濒水，环境幽雅。今园内有迎宾馆、梦香阁、望山楼、湖山春晓诸楼台水榭，室内陈设古朴别致。1954年以来经过著名建筑师精心设计改建之后，尤具东方园林特色，誉为西湖第一名园。为毛泽东来杭州的住所，1953年冬毛泽东在此亲自组织起草新中国第一部宪法。

杭州花圃在杭州市西湖西北侧，占地约26hm²。分设盆景、月季、兰花、菊花、香花、露地草花、水生花卉、温室花卉、牡丹芍药等景区，其中以盆景、兰花、月季为重点。兰花是杭州的名花，这里主要培育各具特色的春兰、夏兰、秋兰、寒兰。兰苑内有"国香室"和"同赏清芬"匾额，系朱德元帅手书。

植物园在杭州西湖西北面，地处双峰插云与玉泉观鱼之间的丘陵地带。1956年新建。全园面积250hm²，分展览区和实验区两大部分。展览部分主要有植物分类区、经济植物区、观赏植物区、竹类植物区、树木园；实验区主要包括植物引种驯化、抗性树种实验、果树实验三部分。已搜集、引种中外植物4000多种，200多科，1000多属。其中稀有珍贵植物有我国特有树种水杉、夏蜡梅、华东黄杉、澳洲梧桐、美国红杉、希腊油橄榄、比利时王莲等。园内丘陵起伏，园林布局采用自然风景式，既富有科学内容，又具有公园风貌，是西湖著名园林风景之一。

南高峰在杭州烟霞岭西北，与北高峰遥相对峙，海拔256.9m。山麓有烟霞洞、水乐洞诸风景点。登临眺望，钱塘江萦回若带，西子湖清莹如镜，一面城市三面山，杭州景物，尽收眼底。

葛岭在杭州市宝石山西面，海拔166m。据传是因东晋咸和年间著名道士葛洪在此结庐炼丹而得名。山上有抱朴道院、炼丹台、炼丹井等遗迹。葛岭顶巅有初阳台，是观日出的好地方。"葛岭朝暾"为钱塘八景之一。

西溪位于西湖西北部约6km处，素有"副西湖"之称。河渚清溪，萦流环绕，富有江南水乡风情。自唐代以来，以赏梅、竹、芦、花而闻名。"西溪探梅"为西湖十八景之一。清康熙二十八年(1689年)康熙帝南巡至此，写诗曰："十里清溪曲，修篁入望森。暖催梅竹早，水落草痕深。"名胜古迹有"秋雪庵"、"两浙词人祠堂"等。现今，西溪已被建成为我国首个国家湿地公园，西溪国家湿地公园总面积 10.08km²。工程分三期，将于2007年底全部建成，2005年5月向游人开放其中的为3.46km²。

灵峰探梅位于西湖青芝坞，1988年重新复建开放，面积12hm²。植梅5000余株，收集品种42种，梅树成片成丛，建筑因地而设，淡雅、简捷、朴实无华，有浓郁的山林乡土情趣。

(魏　民　编写)

【西湖湖西综合整治工程】

1. 西湖湖西综合保护工程的概念与意义

西湖湖西综合保护工程的最初出发点是以恢复湖西地区部分被淤积的西湖湖面,实现山水关系的重塑并完善西湖的风景格局,弥补游客只能在湖上欣赏湖光山色,却无缘荡舟山涧水湾寻幽觅胜之憾。现状西湖的景观空间以开阔为主,被堤岛划分的五个湖面在岸边基本都能一览无余,景观层次略显单调,缺乏与大水面形成对比的曲折幽深的港湾河汊,使游人无处寻源探胜,感觉西湖如同一潭静水,虽秀美有余却幽深不足,缺少活泼轻灵的气质,而水域西进恰恰可以弥补这一不足。

随着西湖湖西综合保护工程被提上议事日程、可行性研究地不断深入,以及各级领导、专家的倾力介入,工程的概念得到全面深化,其内涵不仅仅局限于景观空间的塑造,还成为一项传承西湖的发展历史、保持整个西湖地区生态系统良性循环、保持生物多样性、实现该地区社会环境和地域资源全面整治和整合的综合性工程,是关系到西湖风景名胜区以及整个杭州市经济社会及生态可持续发展的重要工程。

1.1 西湖湖西综合保护工程是历史赋予我们这一代人的重要任务,是西湖形成、发展历史长河中的必要一节,是传承西湖传统,还西湖以历史的原初性

多数学者认为,西湖是在秦汉时期由海湾演变为泻湖,最后形成一个普通湖泊。按照自然的演变规律,注入湖泊水流所夹带的泥沙及营养物质沉淀,在地质循环和生物循环的过程中,必然引发泥沙淤积、葑草蔓生而使湖底不断变浅的现象,而最终由湖泊至沼泽,由沼泽至平陆。但西湖从其成为内湖之日起直到今日,仍然一湖碧水,其原因完全是它的沼泽化过程受到人为遏制的结果——从有记载的资料上看,西湖历史上进行过上百次疏浚,其中重要的疏浚工程有20余次,其历史大至如下:

唐代时,西湖的面积约有 10.8km²,比现在的湖面面积大近一倍,湖的西部、南部都深至山麓,人们可泛舟至山脚再弃舟登山,去灵隐、天竺等寺进香拜佛。

公元822年,唐代著名诗人白居易到杭州任刺史,在杭三年,白居易大力整治西湖,建水闸,筑堤塘,并对西湖进行疏浚,清理湖底淤泥,疏通西湖进出水系,后人筑白堤以示纪念。

宋时,杭州政治地位衰落,自五代至苏东坡到杭州任知州(1084年)前的100多年间,西湖长年不治,淤积已相当厉害,葑草湮塞占据了湖面的一半。苏轼动用20万民工疏浚西湖,挖出淤泥在湖中堆成长堤,即著名的"苏堤",自此西湖水面分成东西两部分。

元朝时对西湖未加治理,富豪贵族占水造田,使西湖日渐荒芜,湖面大部分被淤为茭田荷荡,"六桥以西悉为池田桑梗,里湖西岸亦然,中仅一港通酒船,孤山路南,东至城下,直至雷峰塔迤西皆然"。

明弘治16年(1503年),杨孟瑛任杭州知州,他锐情恢拓,力排众议,几经曲折,兴工浚湖,对西湖又进行了一次大规模的清淤工程,拆毁田荡近3500亩,使苏堤以西至洪春桥、茅家埠一带尽为湖面,并用挖出的淤泥堆起了一条新堤,后人称杨公堤(即大致现在的西山路),堤上架六桥,称"里六桥",由北至南分别为"环碧"、"流金"、"卧龙"、"隐秀"、"景行"、"浚源",和苏堤六桥遥相呼应,今西山路自北而南仍有"里六桥"之名。

弘治以后,西湖又经历了几次疏浚,挖出的湖泥堆起了湖中的湖心亭、三潭印月两

个岛屿。

　　清朝时，西湖基本保持原有风貌。至雍正及乾隆年间，西湖面积尚有 7.54km²，但葑滩 20 多公顷，当时又对其进行了大规模的疏浚，基本恢复了西湖旧观。据清刊《西湖全图》所示，在清朝初期西湖中尚有杨公堤丁家山以南一段，从图上画出的堤两侧波光粼粼的广阔水面可知，当时的西湖面积比现在的面积要大得多，广及现在的西山路以西至洪春桥、茅家埠、乌龟潭、赤山埠一带。由以上几个村名可知，当时水体已抵至村头，并形成码头。公元 1800 年，阮元任浙江巡抚时又疏浚了一次，在湖中堆起了第三岛——阮公墩。至此，现代西湖的轮廓已经形成。

　　西湖的历史，基本上就是淤积和疏浚的历史，在漫漫历史长河中，劳动人民用自己的双肩，一担担疏浚了西湖的淤泥，假如没有一次次的疏浚，西湖将早已成为平陆，而前人的高明之处就在于这些淤泥恰恰被用来造就了西湖的景观。时至今日，所提出的西湖湖西综合保护工程就水域部分而言，只是西湖淤积与疏浚历史长河中的一章而已，它传承的是西湖的传统，其所为完全是还西湖以历史的本色。

1.2　西湖湖西综合保护工程是优化生态环境，改善西湖水质所需

　　山与水，在生态关系上，有着天然的依存，西湖作为一个独立封闭的小型水系，其与周围群山的关系，更为密切。西湖在历史上曾经源泉百道，有着丰沛优质的水源补给，并维持着良好的生态平衡，时至今日，由于流域内人口的膨胀，及人们生活生产方式的改变，湖西群山中的水体，被人们当作了生活生产水源，超量采用，变成污水后又排入溪中，长此以往，西湖所担负的生态负荷日益增加，并超出了其生态消化能力，湖体的生态关系已经达到了失衡的边缘。通过西湖湖西综合保护工程，在大范围上对流域范围内居民的生产、生活方式进行合理的引导与改变，并实现全流域的截污纳管和管网配水，减少人类活动对环境所施加的负荷，在小范围即湖西地区则疏解该地密度过大的建筑和人口，进行合理的生态配置和建设，重塑湿地生态系统，使西湖的入湖水体在此进行一次"过滤"，达到优化生态环境、改善西湖水质的作用，而湖西地区也将因此而成为锦鳞可数、水草丰盈，环湖地区最有特色的江南湿地生态动植物种群落基地，并由此形成特色景观资源。

1.3　西湖湖西综合保护工程是优化社会环境、整合社会资源所需

　　西湖湖西地区位处西湖风景名胜区腹地，西控群山，东连西湖，具有风景名胜区内最大的连片平坦用地，并集中了景区内最大规模的宾馆服务设施群落，该地也是辖西湖风景名胜区大部分土地的西湖街道政府所在地。

　　该地具备优良的地理位置及社会因素，但目前该地的社会现状不容乐观：区域内环境杂乱，布局零散，人口膨胀，建筑丑陋，基础设施薄弱，几乎所有的宾馆服务设施都效益不佳，通过西湖湖西综合保护工程，全面整治该地的社会形态，制止其城市化倾向，缩减人口，疏解建筑，纯化视觉环境，改造基础设施，整合旅游服务设施，使社会环境全面优化，与其所处地位相称。

1.4　西湖湖西综合保护工程是提升西湖风景效果、丰富景观资源、完善景观格局、扩大旅游空间所需

　　西湖风景名胜区东侧紧依杭州市区，由东到西构成了城市——西湖——自然山林的优美美景过渡，担负着维护和改善杭州城市生态环境，开发旅游活动的重要任务。

　　西湖风景名胜区以西湖为核心，北山、南山为两翼，西山为腹地，西溪、龙坞、之江为延伸，形成祥龙含珠的布局结构。

　　西湖是西湖风景名胜区的精华，历经多

年的建设，形成"孤山、两堤、三岛"的布局构架。湖之北、西、南三面皆为奔趋有致的群山，形成"乱峰围绕水平铺"的意境。北山包括宝石山、栖霞岭一带，有岳庙、黄龙洞、葛岭等景点，文物古迹众多，自古以来为旅游热点。南山包括玉皇山、吴山、南屏山一带，这里地理环境十分优越，历史文化积淀深厚，随着西湖南线整合的完成、雷峰夕照景区和吴山景区的陆续建成，加之拟建的凤凰山景区，改变了原有"北强南弱"的格局，而呈现出北强南热的形势。

环湖诸景区，惟有西山景区开发建设相对落后。西山景区包括西山路以西的茅家埠、金沙港、赤山埠所在的湖西一带，和作为西湖背景及风景名胜区重要主体、积淀着西湖山区文化的西部群山，是西湖风景名胜区的腹地，开发建设好湖西地区，不仅可以改变本地区内的景观面貌，更重要的意义在于可以打破西湖风景名胜区原有以南北两线为主的"线形"旅游格局，形成点、线、面相结合的景观及旅游布局结构，而且可以使西湖与西部群山有机地融合起来，并为西湖风景名胜区开辟新的发展空间。

西湖之美在于山水相依，水不广，但湖平如镜，山屏湖外；登山兼可眺湖，游湖亦并看山；山影倒置湖心，湖光反映山际，山抱水回，婉约秀逸。西湖湖西综合保护工程，使原来被城市化的湖西地区阻隔的山水完全相融，同时还产生出山水之间的过渡带，以其港汊水湾及丰富多变的岸线，创造出不同于外湖之"秀"的"幽"的景致。西湖湖西地区除了为西湖山水创造有机融合的大格局外，其本身区域通过因地制宜的风景景观建设，也将成为风景最为优美的地域。

1.5 西湖湖西综合保护工程是保护该地文物遗存所需

西湖湖西地区，位处环湖地块，历来人文活动密集，并遗存有数量繁多的文物古迹和丰富的民俗人文遗产，但随着该地域城市化进程加剧，此地的历史遗存有湮没、破坏之忧。通过西湖湖西综合保护工程，适度、合理、有机地展示、发掘该地的历史遗存，可以保护、保存该地所存留的大量人文遗产、民俗民风，使该地悠久的历史能一直传承下去，并形成西湖风景名胜区重要的风景资源。

2. 实习目的

(1) 在了解西湖湖西综合保护工程建设的背景与意义的基础上，体会西湖风景名胜区如何进行有机更新，以保证可持续的发展。

(2) 学习风景营造，采用哪些手段体现景区的"幽"与"野"、风景建筑设计"民居化"与"自然化"，以反映地域特色与文化。

(3) 体会风景名胜区的规划与建设，并非单纯的空间与风景的规划，而同时需要考虑社会、经济、环境等多方面的因素。

3. 实习内容

3.1 规划指导思想与基本原则

3.1.1 规划指导思想

西湖湖西综合保护工程规划的指导思想是：以区域综合整治为基础，水域充分西进为标志，人文内涵为神、自然生态为形，幽趣、野趣、闲趣、逸趣为景观特点，创造出可游宜憩、观光与休闲并重的西湖新景区，充分完善西湖风景名胜区的风景格局，为西湖申报世界遗产争创更好条件。

3.1.2 规划基本原则

(1) 景观特征求"幽"求"野"，以纯自然的景观外形创造朴素脱俗的生态美景；

(2) 文化内涵突出"茶文化"、"民俗文化"和"名人文化"；

(3) 历史定位以明代为主，兼收其他；

(4) 旅游组织要求"观光"与"休闲"共举；

(5) 旅游服务强调整合现有设施及农居

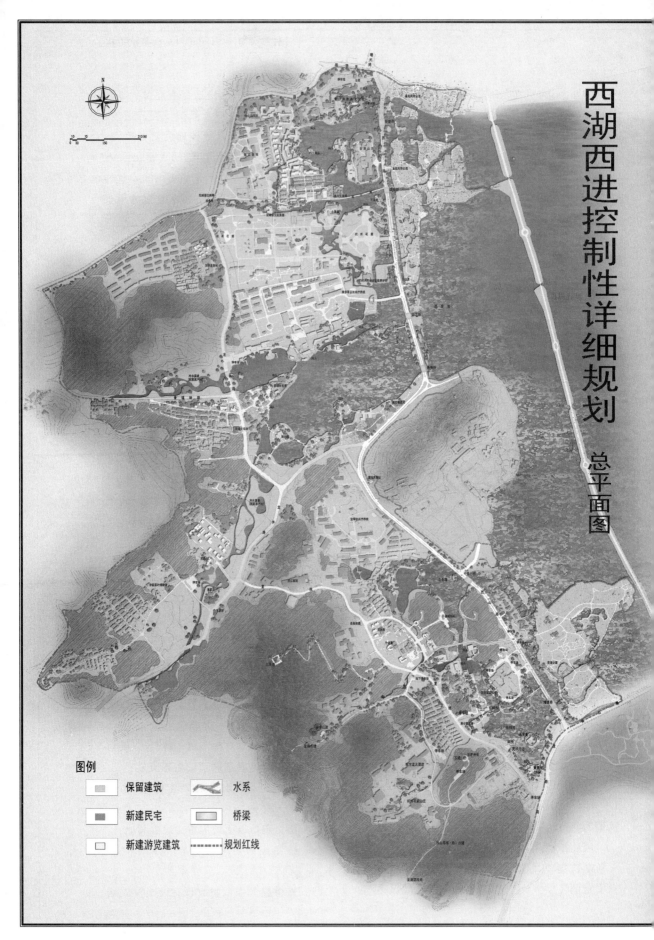

西湖西进控制性详细规划总平面图 [详见彩图5]

的服务能力，在实现社会、居民及产业调整的同时，塑造富含地域特色的旅游服务景观；

（6）建筑设计及改造要求"民居化"与"自然化"，强调白墙黑瓦的杭州西湖原生态民居群落的有机感及木、石、泥、竹等自然材料的真实感。规划范围内与自然景观不协调的建筑物均应予以改造和拆迁。

3.2 规划结构与布局

3.2.1 规划结构

根据风景资源的特点和现状地形、植被、水体条件，规划将工程用地划分为六个组团，并以恢复的杨公堤为轴将此六个组团相串连，杨公堤以东自北向南依次为曲院风荷组团、丁家山组团、花港观鱼组团，杨公堤以西自北向南则依次为金沙港组团、茅家埠组团、三台山组团。六个组团各具特色，又相互对比因借，均衡分布于杨公堤两侧，并将其装点得多姿多彩，为这一旅游主轴提供了丰富的景观内容。

3.2.2 规划布局

（1）杨公堤

工程的一期重点是恢复明代杨孟瑛修筑的杨公堤，据文献记载，杨公堤位于西里湖的西面，沿山脚布置，具体位置大致相当于现在的西山路，堤上设六桥与苏堤六桥遥相呼应，俗称"里六桥"，自北向南依次为：环碧桥(近净空院，玉泉之水流经此桥，西通耿家埠)、流金桥(金沙涧之水流经此桥，西通曲院路)、卧龙桥(近龙潭，西通茅家埠)、隐秀桥(绕丁家山而东，西通花家山)、景行桥（西通麦岭路）、濬源桥(从定香桥而入，虎跑、珍珠二泉之水流经此桥)。

① 现状条件

西山路作为联系城区与风景区的主要交通道路，现为两块板形式，中间为绿化分隔带，两侧均为单向机非混行，其中东侧板块路幅宽6m，路面标高较低，西侧板块路幅宽7m，路面标高较高。西山路东西两侧各有1.8m宽的人行道，其中东侧人行道与车行道之间有一条2.4m宽的绿化带，且人行道与车行道位于同一水平面上，西侧人行道与车行道则位于不同平面上。

西山路现有六座平桥，位置自北向南大致与杨公堤上原环碧、流金、卧龙、隐秀、景行、濬源六桥相对应。

② 规划设想

杨公堤恢复后，应适当减少其车流量，并控制车速，规划将西山路现有交通模式进行调整，以中央绿化分隔带为界，西侧板块适当拓宽，改为双向机动车通道，东侧板块则供观光电瓶车、非机动车及游人通行，因而机动车、电瓶车、非机动车及行人都能获得良好的交通环境。

恢复杨公堤六桥，为满足游船通行与构景要求，恢复的杨公堤六桥均为拱桥，由于西山路现状北端第一座桥距道路交叉口过近，如改为拱桥则不易放坡，宜另选址建环碧桥，规划拟在现园文局灵隐管理处入口处建环碧桥与苏堤第一座桥跨虹桥相对，游人立于桥上，西可观金沙港内港汊蜿蜒，酒旗若隐若现，东可赏曲院诸景，望西湖水烟缥缈。

流金桥位置不变，改现有平桥为拱桥，结合流金桥的改造调整曲院风荷密林区水系，形成水森林湿地景观，流金桥西通赵公堤接盖叫天故居及金沙港水乡风情镇，观花圃时花广场，看天泽楼凭水临风，东隔曲院水森林与玉带晴虹桥遥望，欣赏亲水木径曲折通幽。

卧龙桥位于郭庄南侧，沟通了茅家埠湖面与西里湖水面，由现有平桥改建而成。卧龙桥为古时灵隐上香水道的必经之处，因而茅家埠上香水道的恢复为卧龙桥增添了几分古典色彩。改造曲院风荷南端办公用房，使其成为一座林中临水建筑，取名卧龙居，作为对清代郭庄卧龙居菜馆的恢复。

于丁家山北侧恢复隐秀桥，此桥在杨公

堤六桥中体量最大，可通画舫，其东西两侧为水面开阔的西里湖与茅家埠水面，南为郁郁葱葱的丁家山，绿树掩映，水烟氤氲，远处小舟、画舫悠然自得，呈现出一派淡泊、悠远、水墨山水画般的景致。

景行桥位于乌龟潭边，由现有平桥改造而成，要求可通画舫，与于谦祠码头相对，隐约可见眠牛山观景亭，东侧搬迁水域清淤基地，拓宽景行桥东侧水面，并与鱼乐园水面贯通，游人行至景行桥，鱼乐园亭台楼阁便映于眼帘。杨公堤原景行桥仍在刘庄南入口处，规划妥善保护，并在其两边恢复部分杨公堤旧路，供游人访古。

由于西山路最后一座桥距道路交叉口过近，不宜改为拱桥，因而规划拟在原花港珠宝城(太子宫)入口处恢复杨公堤第六桥濬源桥，将浴鹄湾与花港水系沟通，行至濬源桥，花山霞鹃诸景尽现眼前，远可见玉岑诗舍，近可赏花港曲桥流水，亭廊如画。

除恢复杨公堤六桥外，应尽可能恢复杨公堤两侧沼泽湿地景观。剥落水杉林表层覆土，使其直接临水或处于水中小岛之上，适度调整杨公堤两侧临水植物，于流水中植池杉、水松等，恢复杨公堤昔日风采，而行人游步道则以架空铺设的原木板桥蜿蜒于林间水边，赏景最佳处还可以适当放大木板桥，形成休闲平台，创造出不同于苏白两堤的幽野特色休闲景观。

(2) 曲院风荷组团

该组团景观现状良好，现有游览设施完备，主要以名石苑、酒文化苑、曲院、福井院等构成景观主体，规划着重于对其水系的调整梳理，以理顺西湖水上游线。

(3) 丁家山组团

组团内人文景观资源丰富，环境良好，主要有刘庄、丁家山石刻、康庄、盖叫天墓址等，因现大部分用地属西湖国宾馆，规划暂不作过多改造。

(4) 花港观鱼组团

① 现状条件

主要包括花港公园与鱼乐园，花港公园景观现状良好，鱼乐园硬质景观较好，但由于某种原因，现为弃置地。

② 规划设想

拆除花港珠宝商城(太子宫)，开挖为水面，与花港公园内水系连通，西山路沿线尽可能多开挖拓宽水面，并把所有现状大树保留于小岛之上，改造花港公园内水港、园桥，沟通小南湖与浴鹄湾水面，供游船漂荡其间。修葺并增设临水亭台，拓展花港公园内游览空间。

搬迁鱼乐园旁水域管理处现清淤基地，将此用地开挖为水面，经景行桥沟通鱼乐园水面与乌龟潭，修整现鱼乐园环境，投入经营使用，并修筑园路景桥，与花港公园贯通，形成良好的景观游览体系。

(5) 金沙港组团

① 现状条件

金沙港组团位于西湖湖西综合保护工程用地的西北部，东隔西山路与曲院风荷公园相对，南临南京军区杭州疗养院，西为浙江医院与龙井路，北靠灵隐路，包括金沙港旅游文化村(一期、二期)、金溪山庄、金沙港社区、杭州花圃，该地存留有众多近现代名人故居，金沙涧自西向东蜿蜒流淌，经流金桥汇入曲院风荷水系。盖叫天故居位于金沙涧北岸，保存完好。

据《西湖游览志》记载，"赵公堤，自北新路第二桥至曲院筑堤，以通灵竺之路。中作四面堂、三亭、夹岸花柳，以北苏堤"。文中二桥即苏堤东浦桥，当时曲院在洪春桥旁。从记载可以看出现金沙港路即大致为原赵公堤走向。

② 规划设想

根据史迹与现状环境条件，本组团宜突出"港"的景观特点，以体现酒文化、京昆艺术及民俗民风文化为主，充分利用赵公堤、盖叫天故居等人文景观资源，丰富本组团文化内涵，形成"金沙醇浓"(暂定名)之景。

金沙港旅游文化村二期地形平坦，规划拟将其部分用地开挖为水面，沿水岸呈分散式布置一系列西湖原生民居聚落风格的低矮建筑群，并以水港溪流穿行其间，作为旅游服务建筑，与一期内容整合成能为游人提供餐饮、住宿、休闲、娱乐等配套服务的综合性服务设施。

搬迁杭州市园文局灵隐管理处、羽息茶苑、华大基因等单位，将原用地开挖为水面并通过环碧桥与曲院风荷水系相通，原有大树以绿色生态小岛的形式予以保留，恢复整修环碧湖舍，作为一座文化建筑供人们游赏。

新开挖水面与金沙港旅游文化村一期内水系贯通，于文化村入口处设游船码头，并结合改造整治文化村入口环境，使其景观风貌与环境相协调。

改造金沙港社区，拆除危房简屋，理顺内部交通关系，对保留建筑按西湖民居风格进行立面调整改造，引水港穿行于建筑间，形成家家垂柳、户户板桥的西湖湖滨原生态水乡小镇景观风貌。

结合水面拓宽，将金溪山庄消防车道内移，在金溪山庄与杨公堤之间开挖出一条清水湿地型水港。港内水草丰富，游鱼可数，成为山庄的"水中花园"。

结合金沙涧的拓宽拆除北山旅游服务公司办公用房及金沙港社区部分民房，将历史上的"赵公堤"局部恢复，使游人可自洪春桥沿赵公堤至苏堤的东浦桥，由堤可游曲院风荷与双峰插云，从而将曲院风荷、金沙醇浓、双峰插云及杭州花圃等景点有机联系在一起。

修复组团内盖叫天故居，增设京昆艺术陈列馆，设临水戏台，弘扬京昆艺术。

挖掘本组团人文景观资源，对区块内名人故居和优秀建筑予以修葺保留，以增加金沙港组团的人文内涵。

与灵隐路隔金沙港路相对的双峰插云碑亭处，由于周边林木较高，已不能看到南、北高峰，因而双峰插云景名及观景点虽存，然景观已无法见到，游人每慕名至此欲一睹"双峰插云"风景者，皆无法看见，无不遗憾而归。经现场踏勘，在杭州花圃用地内金沙涧旁可看到双峰景观，规划拟在杭州花圃西北地块临金沙涧建一处双峰插云观景楼，以金沙涧水环绕其周，远观近赏两相宜。为不遮挡观望南北高峰视线，涧旁不宜种植过高过大乔木，留出一定的观景空间供人们欣赏双峰景观。

拓宽杭州花圃东侧溪流，改造现有三座景桥，使其成为通船拱桥。于金沙涧南岸恢复历史上的小隐园，搬迁西山路电力开关站，改造原开关站建筑外观，临水建天泽楼，与流金桥形成对景。

(6) 茅家埠组团

① 现状条件

茅家埠组团位于西湖湖西综合保护工程用地的中部，东临西山路，南为丁家山、空军疗养院、浙江宾馆及五老峰，西至吉庆山山麓，北为南京军区杭州疗养院，包括茅家埠、翁家桥以及大小麦岭一带，区块内现状地势平坦，多为鱼塘、农田、茶园等，西、南两侧山体植被繁茂，源自龙井的龙泓涧在地块内蜿蜒流过。历史上，香客自西湖坐船至茅家埠上岸，再步行到灵隐上香拜佛。

除龙泓涧古上香水道外，组团内其余人文资源也十分丰富，现存有通利古桥、都锦生故居、赵之谦墓址等。

② 规划设想

本组团宜突出湖埠、香道及水滨民居的景观特色，着重体现茶文化、佛教文化及民俗文化，以再现西湖地区原生民居聚落及传统香市的景观风貌，创造"茅乡水情"之景(暂定名)。

拆迁市航海俱乐部、明之湖山庄、省体训大队划船队、西湖游船公司、园警支队等单位，在龙泓涧下游原有鱼塘、淡水珍珠养殖场等水体基础上拓展水域，形成一处开阔的湖面，经卧龙、隐秀两桥与西里湖相通。

改造整治下茅家埠自然村，进行功能置换，撤出村内所有常住人口，拆除危棚简屋及一些体量大造型差的建筑，结合都锦生故居的修善，充实桑蚕织锦文化的游览内容，对保留的建筑按杭州西湖传统民居形式进行立面调整改造，使下茅家埠自然村成为以体现古香道及织锦文化为主的特色观光旅游村落，并在村边沿水岸设置河埠头作游船码头，多植大叶柳，形成安详、宁静的西湖水村风光。

保留卧龙桥西 128 疗养院边的古上香水道，于古水道旁沿河岸错落有致布置一系列景观游览及服务建筑，内容以体现进香文化为主。水边植大叶柳、桃花、竹等植物，再现昔日"西湖柳艇图"所绘美景。于西部山麓结合山上溪流所汇聚的冷水溪塘种植莼菜，呈现出西湖莼菜原产地的自然田园风光。

充实龙井问茶古道的游览内容，结合中国茶叶博物馆整治龙井路沿线景观，拆除与环境不协调的游乐设施，还原茶乡淳朴自然的原生景观，按西湖山地民居形式调整改造农家乐建筑形态与立面，并沿上香古道因山就势适当增设几处休闲农居，使之成为具有茶乡农家气息的旅游服务设施。游人在此，既可参观以科学手段综合展示茶文化的中国茶叶博物馆，又可造访以文学及禅学角度诠释茶文化的龙井寺，还可在茶农家、茶地边体味原生茶乡风情，从而全面理解茶文化的真谛。

茅家埠湖水南岸陆地呈狭长带状，规划根据现状地形条件将其划分为一系列小岛、半岛等形式，以植物景观为主，形成富于变化的天际线，与丁家山、吉庆山等一起组成湖水南岸的景观背景，农居点局部保留，并对其进行建筑立面改造，以散置休闲农庄的形式或隐或露于山林之中，成为具有农家气息的特色旅游服务点。

结合现状大树群，于茅家埠湖水中布置一些景观生态小岛，以体现该地区原生湿地生态景观，并且大小形态各异的绿色小岛将湖面划分为多个空间层次，使水面旷奥有致，平添几分幽深旷野之趣。

赵之谦墓址原位于西山路路址，在建西山路时，曾将其移至路东侧丁家山山麓，用地狭小，不宜拓展游览内容，规划拟在墓址西侧依坡临水处建一座赵之谦纪念室，四周种植樱花，草坡上点几块金石石刻，营造素雅洁净的气氛，供中外游人怀古追踪。

拆除位于上茅家埠与风景游览无关的企业和单位，并在其用地上安置部分农居，调整改造街道文化站建筑，理顺村内交通，整治建筑立面使该村成为与环境相协调，具有西湖传统民居特色的，兼居住与经营于一体的景观式村居群落。

为突出杨公堤景观，规划拟将南京军区杭州疗养院主入口大门向西后退，其前开挖为水面，将金沙港组团水系与茅家埠组团水系贯通。

(7) 三台山组团

① 现状条件

本组团位于整个规划范围的西南地块，东临西山路，与丁家山、花港观鱼组团相对，南以虎跑路为界，与太子湾公园相望，向西包括玉城山、五老峰等山峰，北接浙江宾馆、空军疗养院。组团内旅游服务设施已具有一定规模，不同档次的宾馆饭店为该组团旅游的发展提供了服务保障，良好的周边景观环境为组团的发展建设奠定了坚实基础。

组团内现状用地以农田为主，并有多处水塘，东部水体有乌龟潭、浴鹄湾，西部山峦起伏，群峰竞秀，有峰、岭、脊、鞍等多种山架结构，山谷中有较开敞空间可供游人活动，现有山路可登南高峰及五老峰顶。该组团人文景观资源极为丰富，西部山中原有法相寺、玉岑诗舍、留余山居等。在六通宾馆西侧山谷中有杭州最古老的樟树唐樟，具有突出的文物价值和观赏价值，史载此谷密植梅花，古时香客到法相寺上香时同时赏花探梅，谷中有一条登峰古道可达南高峰，另有一条赤山寻桂古道通往满觉陇。此外组团内还有于谦祠、于谦墓、俞曲园墓等多处人文景观，古迹遗址大大丰富了该组团的文化内涵，为规划建设创造了良好条件。

② 规划设想

本组团主要突出以于谦、俞樾、黄公望为主的名人文化和以法相寺、六通寺为主体的佛教文化及山涧、溪流、水潭层层叠落的具有动感的山间水体生态景观，根据景观资源的特点，规划在该组团内部划分了三个景观分区。即三台泽韵、法相探春和花山霞鹃，并以三台山路为轴将三个景观分区相串连。

a. 三台泽韵

本景区以乌龟潭、眠牛山、三台山为景观主体，强调展示西湖地区历史上典型自然地貌和湿地生态景观。

结合现有水塘，利用周边闲置农田拓展乌龟潭水面，通过修复的景行桥与西里湖相通，水岸采用纯自然式岸线，使周围山体自然浸入水中，水边多植水生湿生植物，以及中上层木本开花树木和浆果植物、蜜源植物。以吸引鸟蝶，形成人与动植物和谐共生的自然湿地生物群落。乌龟潭北侧临空疗家属院一侧通过地形整理，做成土坡，坡上密植高大乔木和竹林，遮挡院内密集建筑。远期应创造条件，搬迁家属院内常住人口，所余建筑可梳理改造为向游人开放的旅游服务设施。乌龟潭中设景观生态小岛，并以木曲桥与水岸相连，拆除西湖乡敬老院，于水岸边筑茅草亭、茅草屋等易与湿地景观融为一体的景观建筑小品，四季皆能成景。

拆除眠牛山脚下的浙江省一建建设集团有限公司第四分公司，开挖一条宽阔的水港，沟通乌龟潭与浴鹄湾，于眠牛山马鞍形山谷口临水设于谦祠码头，并设山门牌坊，从而拉近了于谦祠与西湖的距离。沿马鞍形山谷拾级而上建一条游览步行道，供游人由水路到达于谦祠，并强化了于谦祠的中轴线。将三台山路位于于谦祠东侧路段改造成一条体现西湖山乡风情的步行街，机动车辆从于谦祠背后驶过，削弱其对于谦祠的干扰，同时也有利于保持改造后于谦祠的完整性。

在眠牛山"牛背"上及水港东侧山顶各建设一处观景建筑，形成该景区的景观控制点，便于游人登高远眺。改造丁家山泵站，在其外围以茅草、原木为材料建景观亭廊，使其成为三台泽韵景区的一处入口景观，改造泵站前原田间小路，与三台山路相连，作为该景区主要游步道之一。

该景区内的浙江宾馆，建筑色彩杂乱，布局零散，应予整治，浙宾五号楼体量过大，突兀于景区空间之中，应予局部降低至三层高度。

b. 法巷探春

修葺登峰古道，于五老峰南侧山谷两侧广植樱、桃、李、杏等春花植物，以恢复法巷探春景观，在古道旁随山就势复建留余山居（清乾隆时杭州二十四景之一），供游人驻足赏景。

加强法相寺唐樟的保护工作，复建樟亭，作为游人怀古寻踪的一处景观。于五老峰山巅建五峰观景台，作为该组团的景观控制点，与雷峰塔遥相呼应。

沿登山步道可通西湖风景区内两制高点之一的南高峰及烟霞洞，谷中游路迂回曲折，结合小道构筑质朴自然的草屋茅亭，点缀于樱花桃林之中，创造"柳暗花明又一村"的景观意境。

整理修筑赤山寻桂古道，与满陇桂雨相连，使西湖风景区各景点间相互联系沟通，互为因借共同提高整个风景区的服务水平。

另外，规划还于玉岑山山顶复建玉岑诗舍，以进一步丰富景区文化内涵。

c. 花山霞鹃

本景区东临太子湾，西为花港观鱼公园，考虑到花港观鱼以花、港、鱼为主题，以牡丹花为特色，太子湾公园以宿根花卉为主要观赏内容，以植物景观、开阔草坪、曲水湖洲为特点，因而花山霞鹃景区宜与花港观鱼及太子湾公园的景观特点相协调呼应，本景区以野生状态花卉为景观主题，以花为媒介与花港观鱼、太子湾公园形成呼应。

根据现状地形特点，扩大浴鹄湾水面，湖面聚散开合，岸线曲折有致，经潜源桥及花港公园内水港与小南湖贯通，结合浴鹄湾恢复黄公望故居、先贤堂、黄篾楼水轩、武状元坊、定香桥等故迹，恢复本地区的自然人文环境。

拆除杭州丝府服装厂、"文鸣苑"、三台山社区委员会等单位，在花港饭店西侧开挖一条水港将浴鹄湾与乌龟潭相连，改造花港饭店西立面，设临水廊榭及游船码头，充分发挥花港饭店的旅游服务功能。

本景区强调以"花"立意，以"花"布景，为突出其本身的特点并与太子湾、花港观鱼有所区别，景区植物景观注意乔木、灌木、花卉、地被的综合配置，以自然、野趣为景观特色。山坡、林缘、湖畔、路边、桥头、草坪以及建筑旁，野生花卉成丛成片栽植，绚丽多姿、芳香怡人，形成一处独特的风景。

规划本组团内三台山路以东常住人口全部外迁，部分建筑保留，改造为旅游服务设施，三台山路以西农居部分拆迁改造，并调整绿化，增加疏散空间，沿三台山路改造成为体现山乡风情街为特色的景观居住点，当地农民可在此提供特色民俗风情旅游服务。

3.3 总结

西湖湖西综合保护工程的规划除以上内容外，还包括居民社会调控规划、保护培育规划、游览交通规划、生物景观规划等等专项规划。规划于 2002 年 12 月编制完成。2003 年根据控制性详细规划的要求，开始了西湖湖西综合保护工程的建设。经过一年时间的建设，西湖湖西地区彻底改变了原先存在的布局零乱、山水脱离、污染源众多等问题，恢复了湖西地带宁静清雅的格调。

西湖湖西综合保护工程的成功，与前期的规划思路密不可分。在规划中有效的解决了西湖的历史传承、西湖水质的改善、扩大旅游空间、优化居民社会环境等问题，成为西湖旅游的新亮点。

4. 实习作业

（1）草测临水平台、建筑及环境三处。

（2）总结景区驳岸处理及湿生植物运用的形式与方法。

（3）评述西湖湖西综合保护工程景观设计中的得与失。

（童存志 编写）

【西湖新湖滨景区】

1. 背景资料

历史上的湖滨公园包括一~六公园，长约1000m，由南至北，分别为一公园、二公园、三公园、四公园、五公园、六公园。一公园解放前建有围墙，占地约1.4hm²，有民众教育馆、球场、图书馆、补习班、宣传机构、美琪电影院等。1976年拆除围墙，1978年建了游船一码头，之后陆续进行园林建设，1982年铺设地坪和园路以及少许临时商业服务设施，1983年扩大园林建设规模。建成终年常青、四季有花的园林景色和一定的透景线，植物以香樟为主，配以色叶树和花灌木如海棠、鸡爪槭、玉兰、木槿、紫薇、含笑、木绣球、月季、锦带花、金丝桃等，地被植物有葱兰、书带草等。二~五公园是狭长的滨湖绿地，面积约1.4hm²，解放前园与园之间有平海路口的陈英士铜像、群英路口的北伐誓师宣言纪念碑、学士路口的八十八师淞沪抗日阵亡将士纪念塔，及临湖的洗涤码头，以及少许花木，解放后均陆续被拆除改造。六公园解放后进行了向沿湖滨路、圣塘闸拓宽的改造，约1.73hm²，园内除较大树木如香樟、无患子、部分悬铃木外，其他花木均是扩建时新种。1953年后陆续进行改造，增添了抗美援朝中国人民志愿军塑像，1981年翻建了茶室，1983年设置花坛等园林改建。

六公园至圣塘闸一带面积近1.96hm²。宋代曾在环城西路与庆春路交叉口附近建有钱塘门，附近是杭州的香市集散地。清雍正《西湖志》记载，古时钱塘门外有择胜园、新园、云洞园、玉壶园、谢府园等园林，现今不存。解放后至1984年，由于设有杭州市人民政府、民政局、私人别墅，后被作为浙江省法院、浙江省委统战部等机关办公室和宿舍，游客不准入内，1984年对这一地区进行改造扩建，除可以保留或改造后保留为公园游览性建筑外，其他如住宅和办公楼等均进行了拆迁，1987年后逐步建成"石函精舍"、"湖畔居"等建筑，扩大公园绿地面积0.58hm²。圣塘路以东地块则仍保留作为省民政厅、外文书店、联谊大厦、市园文局等单位用房和大量住户。

北山路沿湖地带原为昭庆寺前，沿湖边有小街和住宅。1955年冬，结合昭庆寺改造辟为滨湖地坪。后陆续间种桃柳，设置座椅条凳。断桥桥头至北山街84号的沿湖地段仅有4m宽。1983年陆续在北山路沿湖地段设置小花坛，后将少年宫广场改为大型花坛公园。1985年恢复望湖楼，1986~1987年对自北山街84号对过至西泠桥一带的滨湖地段，对镜湖厅进行改造。

湖滨路北起环城西路，南至解放路与南山路相连，是西湖风景区和城区的衔接处，全长约900m。湖滨路远原是杭州西城墙，1913年，拆除清旗营和涌金门、清波门、钱塘门以及三门之间的杭州西城墙，在城墙原址上用拆墙砖建了湖滨路和南山路，路东是杭州商业中心，路西是湖滨公园。

2. 实习目的

（1）了解杭州西湖新湖滨景区的历史沿革，熟悉其总体功能重新定位的优势。

（2）通过实地考察、记录、测绘等工作掌握杭州西湖新湖滨景区的整体空间布局及造景手法等。

（3）将该园实践实习与理论知识印证，在建筑、地形、空间结构、植物等方面分别总结。

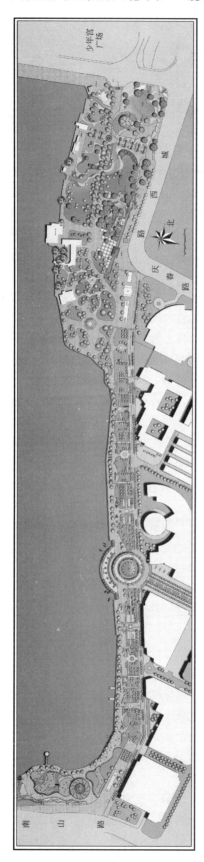

杭州西湖湖滨景观带设计（杭州园林设计院提供）[详见彩图7]

3. 实习内容
3.1 总体功能定位与空间布局
3.1.1 功能的重新定位

2003年杭州市政府进行新湖滨景区建设工程，范围从北山路断桥起到一公园止，途经北山路、白沙路、圣塘闸、环城西路、湖滨路、一公园，规划面积约9.43hm²，动迁单位10家，搬迁居民91户，拆除建筑面积约37000m²，建成真正意义上的西湖客厅。

新湖滨作为西湖和杭州市中心区的重要衔接面，在功能上有着双重性，西湖地区定位为生态旅游区和市中心区定位为区域旅游服务中心区，因此将新湖滨景观带作为城市与西湖风景区的结合部的功能作如下调整：

（1）弱化交通功能，突出生态休闲功能

湖滨路原是重要的南北向交通干道，阻隔了市中心的商业街与湖滨公园的联系，把湖滨路改作为步行路，原湖滨路约6.5m的机动车道，由西湖隧道承担交通功能，而湖滨景观带的绿地加宽约11m，突出新湖滨的休闲功能。将湖滨路从北山路到环西路口段（圣塘路段）改为绿地中的林阴步行道，从而将圣塘景区的范围拓宽至环城西路，使新湖滨景区的绿地面积增加约36000m²。

（2）弱化居住功能，突出高档生态商贸功能

对于湖滨路东侧地段，弱化其居住功能，圣塘路环城西路西侧大片建筑予以拆除，增加建设了风波亭等景观，结合商业街的建设，形成高档次的商贸服务设施。开挖水系约5900m²，挖掘新建10处历史文化景观，调整绿化结构，形成湖边景色优美、情调高雅的滨湖绿地，进一步突出了湖滨地区生态商贸的文化特色。

3.1.2 历史文脉的延续

西湖新湖滨景区的规划设计非常重视对湖滨地区历史文脉的延续，这也奠定了该景区景观特色的设计基调，其主要手法有以下

3点：

（1）延续栏杆和灯柱的风格，代言西湖特色

新湖滨景区规划设计中注重对历史文脉的延续，在西湖风景区的老照片中，西湖的栏杆和灯柱非常具有西湖特色，可以说是西湖特有的景观小品，哪怕照片中出现这样的湖滨栏杆的一角，也能断定照片是照于西湖湖滨的，可见其特有的景观特征，在设计中，尤其注重对这一历史文脉的延续，形成西湖新湖滨的特有风格。

（2）保留大树，暗示基地曾经的使用功能

设计还非常重视对基地现有的大树的保留以及对古树名木的保护，像被改为林荫步行道的从北山路到环西路口段的湖滨路上，原有许多高大的悬铃木，在将其城市道路的横断面改造为步行路的横断面的过程中，均予以保留，同时没有抹杀这一路段曾经是城市交通道路的历史使用功能，而把原有的车行道改为草坪，用绿色延续并暗示了湖滨路的城市道路的功能，同时也形成了位于高大郁闭的悬铃木下的草坪空间，草坪上种植花境，景观效果独特，并且古色古香。

（3）传统中有所创新，以延续杭州民居的建筑风格为主

保护湖滨绿地中的古建筑如圣塘闸，保留湖滨绿地中的近代欧式建筑如九芝小筑、石函精舍等近代别墅，以及江南民居式建筑，如湖畔居、玉壶春茶室、哈乐淇淋屋等建筑。而新建的建筑有些用青砖砌筑，采用现代的建筑语言，延续了江南民居的建筑材料和色彩；有些则采用传统的杭州民居的建筑形式，这种从建筑风格方面对传统民居文化的继承，使得新湖滨的景观风格具有了强烈的地方特色。

3.2 空间布局

该规划设计综合考虑了园林景观、集散铺装、服务功能、文化内涵等几个方面，规划了三个小景区，如下：

3.2.1 湖滨一~六公园段

湖滨一~五公园用地颇为狭窄，在现有景观的基础上，进行相应改造，增加铺装面积、扩大花坛等，六公园主要以改造花坛和铺装材料为主，适当缩小装饰花坛的尺度，实习中应学习的手法有：

（1）适当扩大并改造铺装广场。用设在平海路口、仁和路口、邮电路口、学士路口的四个集散铺装广场分成五个公园，与西湖相接的地方设亲水埠头，增加游客水陆换乘的方便性。

（2）滨湖的步行道宽度不宜太窄。结合花坛设置，有宽窄变化，但是考虑到是西湖与城市的相接处，是游人集中的地方。

（3）湖滨路步行街的设计。路面为红色花岗岩，管线改为地下管线，路东侧原平海路口至解放路口的骑楼位置略退后，骑楼走道宽度略增加，仍维持骑楼这一杭州民居特色。骑楼二三层均为玻璃幕墙，可以观景西湖。

（4）狭长地带注重引入景观元素。在平海路口设置音乐喷泉，并扩大铺装面积，增加木桶装栽的乔木等，设置2处小卖部和室外木桌凳、休息平台等。

（5）重新考虑游人休憩需要。增设了许多休憩坐凳，在湖畔大树下设木坐凳，在花坛边设石坐凳以及刻有咏颂西湖的自然景石等。

（6）景观透视线的营造。保留原有的无患子、香樟、垂柳等乔木，以草花、耐阴地被为主，在阳光充足处设置色彩丰富的灌木和草花，在树荫下以耐阴地被和冷绿型草为主，营造景观透视线，花坛采用形态和色彩各异的花灌木、地被进行组合，如采用八角金盘、南天竺、红叶石楠等形成丰富的景观。

（7）铺装、花坛材料的改造。防腐木材、石材等材料被广泛应用在景观设计中，浑朴性、亲人性都比改造前使用的水泥材料

更好。

3.2.2 圣塘路段

圣塘路段进行了保留和拆建,把其东侧建筑拆除后建设了大片绿地,增设了儿童游戏设施、游客服务中心等建筑,实习中应学习的手法有:

(1)城市道路改造为林荫步道。北山路到庆春路的圣塘路段,将城市道路改造为林荫步道,保留原有悬铃木行道树。

(2)沟通古新河来营造水上新游线。新圣塘路绿地中引入西湖水,沟通古新河,便于游船游览。

(3)疏水若为无尽,断处安桥。新圣塘路绿地中设置风波亭纪念岳飞,小水面与西湖衔接处,设置两个平桥。在风波亭附近设置拱桥,形成一组景观建筑。

(4)梳理挡景灌木。调整已有的挡景灌木、园林设施等,形成较好的透景线。充实开花地被和耐阴花灌木,保留原有疏密有致的风格,开辟中层透景线突出植物造景。

(5)串联景观节点和作为景观展示舞台的林荫步道。林荫步道将一些景观节点串联起来,如小型音乐喷泉、风波亭、桥等,同时也是基地中保留的湖畔居、玉壶春茶室、哈乐淇淋屋等建筑的景观展示舞台。

(6)保留建筑的建筑特色。圣塘闸始建于南宋咸淳六年(1270年),当时名为"九曲昭庆桥"。明代改称为"溜水桥",桥下设闸,是西湖最早的水闸,原通九曲下湖,后入新河,与北侧石涵闸、中龙闸称为"三闸"。民国初,拆除西湖城墙时,将钱塘闸外的水城门改建为现今的圣塘闸,是沟通杭州城区内河的主要通道。湖畔居周围的石涵精舍、九芝小筑等建筑的小庭院、小天井、灰坡顶、石库门等建筑语言代表了20世纪二三十年代的建筑风格。

3.2.3 北山路段

在圣塘闸南侧增设送别白居易雕塑,在保俶路口增设埠头和服务亭。保留现有大树,改造现有花坛、铺装、坐凳、绿地,使其风格与湖滨二~五公园一致。

3.3 造园理法

3.3.1 建筑小品设计与空间处理

(1)以杭州民居为主的建筑风格

由于该地段是杭州旧城区和西湖相衔接处,因此建筑风格上除保留建筑外,还是要与杭州旧民居的风格相协调。如圣塘路段中有许多建筑可以保留,如湖畔居、玉壶春茶室、哈乐淇淋屋等建筑,有些是欧式别墅,有些是用江南民居式的风格,如玉壶春茶室,有些新的风景建筑和管理建筑则为1~2层,庭院化布局,采用硬木结构,石质基底,梁架外露,坡屋顶,木本色防腐处理或略加底色,在保留传统符号的基础上有所创新。湖滨路东侧的商业步行街的建筑设计也与江南民居的风格相协调,采用杭州民居式的骑楼形式。为与景区协调,建筑的地下部分的屋顶均建成绿化或人行道,非常注重突出生态功能和历史文脉。

(2)对景手法处理城市与新湖滨之间的衔接

在庆春路、学士路、平海路、仁和路、邮电路等道路与湖滨路相交的路口处设置广场,广场上设置不同的雕塑小品,作为城市道路的对景,从城市道路望向西湖,在西湖山水背景的衬托下,这些小品分外美丽。广场与道路之间具有明显的关系,尤其是学士路、平海路、仁和路、邮电路等道路交叉口处的广场十分对正,在六公园到圣塘景区范围内,由于绿地形态不再是带状的,因此广场也与湖滨路有一段距离,如在庆春路口需经过中间的绿化来到广场中。而雕塑小品在广场上的布局也是具有不同的特点,有的居广场正中,有的居广场一侧,但是都与城市道路有明显的对景关系,这一对景手法的应用,不仅仅协调了城市与新湖滨之间的衔接关系,同时也很好地形成了不同于通过林下空间看西湖的景观透视线。

(3) 情趣各异的休憩空间

休憩空间不再是单纯地设计在平地上，利用人的亲水性，有悬挑于西湖湖面的休憩平台；利用花坛微妙的高差变化，设计在花坛内的防腐木铺装的咖啡座，形成了情趣各异的休憩空间，宛如停泊在西湖边上没有顶的船甲板空间，供游客休息，人们的视线可以相互交织，形成丰富的空间。

(4) 文化底蕴深厚的小品设计

结合历史上的典故，设计了送别白居易雕塑、马可波罗雕塑、清旗营小品、英语角雕塑、李泌引水雕塑等，保留了原有的志愿军雕像，同时还恢复了历史上在学士路口淞沪抗战纪念碑，通过文化内容来纪念历史上为杭州发展作过贡献的人物。其中，李泌引水雕塑纪念了唐建中二年至兴元年间（781~784 年），李泌在杭州刺史任上用石槽引西湖水至城内六井中，以解决杭州人卤饮之苦的事情，但没有设计人物雕像，而是用钢管、水井代表了水渠和六井，具有极简主义的手法，令人耳目一新。

3.3.2 种植设计

(1) 种植设计注重透景线的应用

种植设计注重透景线的应用，大量使用乔草结合的方式，局部地段采用乔灌草结合的方式，主要有以下手法：

① 注重林下空间的营造。保留原有大树，大树周围改为透水透气的木质铺装，改善其生存环境，也移植了部分大树（移植大树法不可取），营造了舒适的林下空间。

② 以草花、耐阴地被为主。在一~六公园和北山路段，在阳光充足处设置色彩丰富的灌木和草花，在树荫下以耐阴地被和冷绿型草为主，营造景观透视线。

③ 梳理挡景灌木。在圣塘路景区调整已有的挡景灌木、园林设施等，形成较好的透景线。

(2) 植物注重突出春景

结合湖滨春季赏花的习俗，植物配置突出春花，兼顾四季，赋予季相变化。注重常绿与落叶、不同层次植物之间的搭配比例。

植物品种主要选用玉兰、乐昌含笑、杜英、香樟、沙朴、桂花、垂丝海棠、樱花、红枫、喷雪花、花叶锦带、绣线菊、竹类植物等 250 多种，突出了生物多样性原则。

(3) 植物配置突出自然式风格

植物配置突出自然式风格，合理按照植物群落进行配置。改变原有的模纹为主的配置方式，以株丛为单位形成自然式的植物群落，通过花木的高低错落的安排，营造移步换景的效果。注重花境的使用，在带状的一公园至五公园处，种植设计主要为规则式的花坛，但是为了打破花坛的呆板，大量使用了双面观赏的花境，形成时代感极强的花坛景观。结合三水贯通工程，开辟水边花境。新圣塘绿地中营造自然生态群落，隔离环城西路的噪声。老圣塘绿地中则保留了原有树林，通过梳理中层灌木，来营造自然式的风格。

(4) 注重保护与利用原有大树

注重保护与利用基地原有大树，使之成为景观规划的重要元素之一。

3.3.3 竖向设计

(1) 朝向西湖倾斜的排水设计

一~六公园、北山路段采用朝向西湖倾斜的排水设计。圣塘路景区则靠近环城西路的地区利用新开辟的水面排水，靠近西湖的地区向西湖倾斜排水。

(2) 创造微地形丰富景观

二~六公园的花坛中的地形坡度有所起伏，采用 200~400mm 的平缓起伏，形成微地形来丰富景观，是带状缓坡绿地。老圣塘绿地中的大草坪部分增加其草地坡度。在新圣塘绿地中形成 800~1000mm 的缓坡地形，在从环城西路到新辟水面的坡中，草地也有起伏，形成较好的景观。

(3) 利用花坛上的木甲板创造不同高差上的停留空间

在一~五公园中，利用花坛上的高差，创造了几个架在花坛上的木甲板，形成具有两至三级高差的室外小休息平台，空间限定效果较好。而三、四公园中又有伸入水面的木质咖啡座亲水平台，这些不同高度上的木平台，为游客创造了不同高差上的停留空间。

3.3.4 水景设计

（1）以水作为新的景观元素，协调统一景观

把湖滨路步行街旁的水面与西湖水面衔接起来，步行街东侧的新天地庭院中，以水景和具有江南民居风格的建筑景观为胜，非常雅致，使西湖与湖滨地区的景观融合在一起。平海路口的湖中设置约100m高的大型音乐喷泉，形成代表新湖滨的特色景观。

（2）增加水体面积，沟通游船游线

结合三水贯通工程，开挖水系约5900m²，在圣塘路景区沟通西湖与古新河，形成自然化的水体景观，沟通了游船游线。

3.3.5 道路交通组织

（1）（湖滨路）步行街的园林化设计

湖滨路步行街的人行道与滨湖绿带巧妙地结合在一起，湖滨路步行街敷设地下管线，设置灯柱等小品。采用红色花岗岩铺砌，人行道的铺砌与滨湖绿带中的硬质铺地联为一体，但铺砌的纹路、色彩有所区分。

（2）拓宽滨湖小路，与湖滨路步行街的步行道形成环线

加宽临湖游步道，宽度在5m以上，与湖滨路步行街的步行道形成游览环线。利用带状规则式花坛，有效地将人流分为沿湖滨路步行街行走与沿临湖游步道行走两部分，可以不互相干扰，同时又能够便捷地相互联系。

（3）广场、码头与客流集散

在庆春路、学士路、平海路、仁和路、邮电路等道路与湖滨路相交的路口处设置广场，在与西湖相接的位置设置码头，便于客流的及时疏散。采用多口接入湖滨绿地，增加游客的就近进入的几率。

（4）湖滨路步行街西侧为小型透景式廊架，东侧为大型廊架

湖滨路步行街西侧的小品以透、露、轻巧为主要设计特色，在一~五公园中，多采用透景式廊架，以钢、木或玻璃等材料来营造。湖滨路步行街东侧的小品则结合线形的绿地特点，设置了大型廊架，风格略微厚重，同时，也结合了各个单位的附属绿地来进行设计。

（5）创建环湖电瓶车游览道，便于游客观赏西湖

创建环湖电瓶车游览道，便于游客观赏西湖。

4. 实习作业

（1）绘制湖滨路步行街到湖滨的横断面图、路段的平面设计图。

（2）绘制一个花坛及花境的平面图，标明植物种类。

（3）草测一个广场及其周围环境的尺度。

（4）自选其中建筑、植物、假山等景色优美之处，速写3幅。

（李　飞　编写）

【平 湖 秋 月】

1. 背景资料

南宋时平湖秋月位于苏堤三桥之南龙王祠,明末移建至孤山路口,即今平湖秋月处。唐朝时期,在今平湖秋月所在地段曾建有望湖亭。南宋时期,随孤山皇家道观四圣延祥观的建造,又在此处建望月亭。明代万历十四年(1586年)此处改建为龙王祠,清康熙三十八年(1699年)又改建为"御书楼",并在楼前水面铺筑平台,构围栏,立碑亭,题名"平湖秋月",由于平台向南伸出水面,视线低平,视野广阔,是临湖赏月的好地方。解放前,平湖秋月景区可开放游览的仅0.15hm²,西侧建有犹太富商哈同的"罗苑"(即哈同花园),在湖边占地约0.4hm²。解放后整理平湖秋月。1956年扩建平湖秋月,改建罗苑旧址,迁走浙大等单位宿舍,拆除部分建筑,移动其中原有厅屋位置,改建"湖天一碧",铺设园路,使之与外湖相同。1977年改造平湖秋月周围的环境,拓宽临水平台,改造入口小桥,修建碑亭,重刻碑石。

2. 实习目的

(1)通过实地考察、记录、测绘等工作掌握平湖秋月的整体空间布局及造景手法等。

(2)通过实习,为园林课程设计和毕业设计收集文字、图纸和摄影等资料。

3. 实习内容
3.1 总体布局

平湖秋月是西湖十景之一,位于白堤西端孤山南麓,亭台楼阁依湖平铺,高阁凌波,依窗临水,石桥九曲。宋代孙锐有诗云:"月冷寒泉凝不流,棹歌何处泛归舟?白苹红蓼西风里,一色湖光万顷秋"。自古以来平湖秋月就以秋季赏月的活动最为著名,因此此景区的设计主题是秋景和赏月,从植物配置、建筑布局等方面都烘托这一主题,明代徐文长写过一首藏头诗:"平湖一色万顷秋,湖光渺渺水长流。秋月圆圆世间少,月好四时最宜秋"。平湖秋月景区非常狭长,用地最窄处仅13m,而将近一半的长度上用地的宽度不足20m,在这一平均宽度不到长度1/10的基地上,建筑占地面积占用地面积达23.3%。主要有三组建筑和建筑间的绿化用地组成该景区,由东向西是御碑亭、平湖秋月亭、四面厅、八角亭、湖天一碧楼组成,是一处沿湖展开、错落有致、独具一格的园林景观。位于景区偏西处的湖天一碧楼,原是清末民初犹太富商哈同的私人别墅"罗苑"中的遗物,后来成为中国现代新兴木刻运动的摇篮"八艺社"所在地,如今这里辟为西泠书画院,为湖山胜景更添一份书卷气。

3.2 造园理法
3.2.1 建筑设计

(1)建筑布局

建筑均未采用狭长廊的形式,而是采用进深较深的单个建筑进行组织,五个建筑分布在带形用地上,这些建筑前临孤山路,后与湖面相近接,使建筑空间、植物空间的交替组织,减少景区的狭长感。

(2)建筑形式

临水建筑的赏月功能是最主要的功能,处理五个建筑的临水空间的手段是不同的,有的连接水中赏月月台,有的直接探入水中,有的则与湖面有一点距离。同时平湖秋月三幢建筑用水中赏月月台、平桥相连,形成一组水中的建筑群落,"穿牖而来,夏日清风冬日日;卷帘相见,前山明月后山山",美景入窗而来。

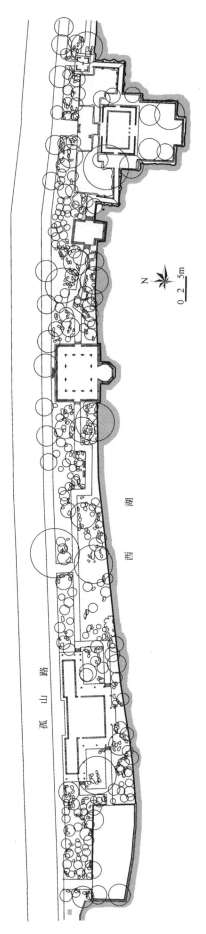

平湖秋月平面图

(3) 意境表达

水中建筑采用小拱桥，桥洞在水中呈现圆月倒影，跨过水池通向建筑面向孤山路的月洞门，也暗示"平湖秋月"的意境。湖中月、池中月、月洞门、拱桥，众月辉映的意境油然而生，蔚为壮观。

3.2.2 种植设计

(1) 四季兼顾，主题突出

以色叶树和花木来衬托"秋月"主题，秋色叶树以红枫、鸡爪槭、紫叶李、乌桕、柿子等五种为主，体现"秋色"，花木以"月到中秋桂子香"的桂花为主，体现"秋香"。宋代王洧《平湖秋月》诗云："万顷寒光一夕铺，水轮行处片云无，鹫峰遥度西风冷，桂子纷纷点玉壶"，诗中体现了桂花的使用，突出秋景。

突出秋景还兼顾四季，配置了春花的樱花、海棠、黄馨、杜鹃，夏花的含笑、石榴、夹竹桃、广玉兰，冬季除常绿树种外，采用梅花、蜡梅花等，形成四时有花的美丽景色。

(2) 层次丰富，空间感强

植物配置层次丰富，道路两侧的种植前后错落，有疏有密，枫杨、香樟、柿子、桂花、黄馨、含笑等，形成高度上层次丰富的植物搭配，大大减少基地的狭长感。

(3) 方式变化，多而不乱

树种多将近40种，以香樟、桂花、海桐为基调，开花灌木以丛植为主，不混乱，在开花时效果非常明显。

3.2.3 竖向设计

(1) 微地形处理

主要以小块的草地为主，且坡度平缓，道路曲折的地方点缀景石，以弥补草地的平缓带来的景观上的不足。基地主要向西湖排水。

(2) 高差变化，营造竖向空间

基地比较平缓，无法结合地形的变化来营造起伏的道路，因此步行道经过建筑或者建筑平台，营造路线的起伏。

3.2.4 道路交通

(1) 道路线性丰富

道路曲折为主，直线道路偏居一侧，仅占全长的1/7，采用曲折形道路，形成即若即离的临湖空间。

(2) 道路形式多样

湖滨步行道的组织方式多样，有的以水中平桥、水中平台相连，有的直接穿越建筑，有的则从建筑背后通过，多样的组织使临湖道路情趣多样，步移景异。

4. 实习作业

(1) 草测平湖秋月建筑的平面、立面。

(2) 自选平湖秋月中建筑、植物、水体、置石等，速写3幅。

(李 飞 编写)

【环湖南线景区】

1. 背景资料

2002年环湖南线景区整治规划中确定了九个基本单位,分别是湖滨一公园、大华饭店、老年公园、涌金广场、省军区政治部、钱王祠、柳浪闻莺、学士公园、长桥公园。其中大华饭店、省军区政治部是现有单位,湖滨一公园、老年公园、柳浪闻莺、学士公园、长桥公园是已经有的公园,而钱王祠是新建的景区。

一公园在新湖滨景区中已经介绍。

老年公园地段在南宋时称"柳州",1954年拆迁棚户改建为涌金公园,1977年改建为儿童公园,1996年儿童公园搬迁,改建为老年公园,2002年整合规划时在老年公园中始建西湖天地。

涌金地区解放前夕有三雅园,旁边有问水亭遗址。1956年在此处建设涌金公园,占地约2.8hm²。1957年建设金鱼馆、陈列室、游廊、花架、围墙、种植绿篱、草坪等。1961年将原少年科技站迁出并改建为茶室。1976~1977年迁柳浪闻莺的儿童公园于此地。这一地区靠近南山路一侧建筑很多,跨涌金闸是大华饭店。

"西湖十景"之一的柳浪闻莺在西湖东南隅,占地约21hm²。此地曾是南宋御花园"聚景园",南至杭州旧城清波门外,北至涌金门,东至城垣,西至西湖,包括接近湖岸的若干洲渚,如柳州、水心保宁寺基(即今小瀛洲)等。宋末元初,聚景园成为"散景园",逐渐趋于败落。明代中叶仅剩柳浪桥、华光亭两处。1949年柳浪闻莺仅存景名碑、石牌坊、石亭子和沙朴老树一个,表忠观(今钱王祠)旧屋一组及祠前方塘两口。1955~1956年在钱王祠南建简易儿童公园,1958年曾利用祠内基地安置动物笼舍展览动物。1957~1959年建造闻莺馆和象征和平的鸽亭,建成新柳浪闻莺。1960年拆除周公祠,建造百果园,建设学士桥一带绿化。1963年建造"中日不再战"友好纪念碑纪念杭州市和日本歧阜市建立友好城市,后来在此种植樱花、桂花等花木表示友好。1964年迁走月季园,1965年将百果园改为小花圃用地。1964年拆毁钱王祠前功德牌坊,1967年祠前方塘被填平,"柳浪闻莺"石碑被毁。1975~1976年分别迁走动物展览笼舍和儿童公园。1978~1979年扩建"中日不再战"友好纪念碑座及周围环境,改建鸽亭,新建养鸽房,建"柳浪闻莺"碑亭,将原有石亭回迁至古沙朴树旁。1978年利用钱王祠残存建筑和基址改建为聚景园。1980年以后对柳浪闻莺公园进行重修,将沿湖园路改铺为花岗石。植物配置上充实了紫薇、木绣球、海棠以及各种色叶树;草坪边缘,增植月季花带,树荫下普种书带草等耐阴性地被植物。1987年为突出柳浪闻莺特色,建占地约3000m²的"百鸟天堂"网笼,笼内点缀溪、桥、亭、山等园林景观,自然山水,莺歌燕舞,突出"闻莺"主题。

学士公园在柳浪闻莺南边,面积约12.7hm²。1996年少儿公园搬至学士公园,2002年南线整合时,少儿公园外迁,改建为学士公园。

长桥公园位于西湖东南角,南屏山东北麓,万松岭西北侧,是一块近似于三角形的地段。长桥公园宋代曾为"小南园",园内假山耸立,曲径通幽,柳荫槐花,景色美丽。解放时是上海永安公司总经理郭琳爽的私产,有建筑和庭院、种鸡场。1959年全部献给国家,改建为公园。从南玉皇和九曜流下的溪流从此处汇入西湖,由于在水上建"长桥",因此公园取名"长桥公园"。1984年在长桥公园整修园路,修亭筑桥,四周装置铁

杭州西湖环湖南线整合规划（杭州园林设计院提供）[详见彩图 8]

栅，新建沿湖亭廊 76m²。

2. 实习目的

（1）了解环湖南线景区的历史沿革，熟悉其总体功能重新定位的优势及综合整治的方法。

（2）通过实地考察、记录、测绘等工作掌握环湖南线景区的整体空间布局及造景手法等。

（3）将该景区与其他滨湖公园做横向对比，归纳总结其异同点，掌握其主要的造园特点。

（4）将该园实践实习与理论知识印证，在建筑、地形、空间结构、植物等方面分别总结。

3. 实习内容

3.1 总体功能定位

3.1.1 功能定位

西湖南线是西湖的东南岸线，北起湖滨路南端一公园，南至长桥公园，长达3km，占西湖岸线总长度的23%，面积达50.38hm²，2002 年开始环湖南线景区建设，增植环湖绿化带、导入西湖水系、大量拆除围墙和建筑、增加人性化设计的各类基础设施，复建亭湾骑射、金牛出水、双投桥等十八处景观，是提升西湖南线旅游的重要举措。其功能定位主要有以下 2 点：

（1）注重历史、艺术、民俗，提升南岸的文化性

要通过强调历史文化、艺术文化、民俗文化等，来提升南岸的文化性、休闲性，吸引游客前来观赏。

（2）增加游憩服务设施，提升南岸的休闲性

南岸虽然有"西湖十景"之一的柳浪闻莺等景点，沿湖滨还有新建的学士公园、老年公园等，但是景观的著名性相对于北线的灵隐寺、岳王庙等著名景点来说，吸引力还是不够。因此必须增加游憩服务设施，提升南岸的休闲性。

3.1.2 景观整合的手段

环湖南线景区整合规划的手段主要有下

列3种：

(1) 整合并丰富南岸景观内容，提升南岸的开敞性

南岸有许多杂乱的建筑，像一道道围墙将各个景点分隔开来，各个景点独立成景，互不关联，这种景观的不连续性造成游客不愿光顾。必须整合并丰富南岸景观内容，提升南岸的开敞性。

(2) 沟通环湖游览路线，提高游客的可达性

沟通环湖游览路线，构筑一条环湖绿色长廊，提高游客的可达性。在整合规划中调整了九区二带的布局，尤其是"二带"之一的滨湖亲水景观带将环湖游线沟通起来。

(3) 调整九区二带的布局，协调南岸景观连续性

通过南山街的休闲文化建设，将南岸各个景点串联起来，营造南岸景观的连续性。在整合规划中调整了九区二带的布局，尤其是"二带"之一的南山路休闲林荫文化景观带，将整个环湖南线的景观协调起来。

3.1.3 历史文脉的延续

西湖环湖南线景区的规划设计非常重视对湖滨地区历史文脉的延续，这也奠定了该景区景观特色的设计基调，其主要手法有以下4点：

(1) 保留历史性或有价值的建筑

环湖南线景区中保留原有的具有历史意义的建筑，如湖滨一公园的澄庐和澄庐南侧的黄色别墅。保留基地内有价值的服务设施，如鹂莺馆等。由于该规划是整合规划，大部分可以保留的建筑均予以保留，一方面延续了基地的历史，另一方面也很好地节约了资金，取得了协调景观的好效果。

(2) 恢复历史景观

复建了钱王祠，以纪念五代吴越国王钱氏的卓越表现。通过复建亭湾骑射、双投桥等景观，恢复涌金池等方法，将环湖南岸上曾经有的历史景观恢复起来。

(3) 利用保留建筑暗示历史文化

利用保留建筑的放庐(1925年为辛亥革命元老黄元秀的宅院)改为涌金楼，移花接木地暗示历史上曾经有的涌金楼景观。

(4) 异地迁移保护建筑和小品

柳浪闻莺中有两座异地迁来的古桥、三幢迁入的古建筑：三训堂、周家老宅、洪氏会馆。

3.2 空间布局

据环湖南线景区整治规划的内容，景区内规划了九区二带，分别是湖滨一公园、大华饭店、老年公园、涌金广场、省军区政治部、钱王祠、柳浪闻莺、学士公园、长桥公园及滨湖亲水景观带和南山路休闲林荫文化景观带等，这九区二带中九区体现了现状条件下存在了九个不同的小景区，每个景区采用了和其功能相协调的统一整治措施；二带则体现了从整体上对环湖南线景区的统一和协调。

3.2.1 湖滨一公园

湖滨一公园是环湖南线景区和新湖滨景区的转折点和衔接点，其中的景观设计以延续二~五公园的风格为主。

(1) 恢复清钱塘十八景"亭湾骑射"。史料记载亭名"集贤"，俗称"黑亭子"，是引西湖水入城的标志，亭下有两条明沟，通向城中六井，后倒塌。清代浙江总督李卫重建此亭，作为校阅的地方，取名"亭湾骑射"，后亭毁。将重檐八角攒尖顶亭建于湖中，通过短堤与岸相连，亭基处理得好，一是与水面持平略高，保持亲水性，二是用莲花做细部装饰，令人感到亲切。

(2) 保留澄庐及其南侧黄色别墅作为服务用房。澄庐为清末明初巨商盛宣怀(1844—1916年)所建，是其第四子盛恩颐的别墅，20世纪20年代送给蒋介石，与庐山"美庐"、上海"爱庐"并称"三庐"，是杭州市级文物保护单位。除保留澄庐及其南侧黄色别墅作为服务用房外，其余破旧建筑均予以拆除。

(3) 旱桥的趣味性。小空间设计得比较丰富，用旱桥来联系两个木甲板，令景观丰

富。一公园中一些台阶形成游客集聚或戏曲爱好者表演的场所，但缺少相应的聚集空间，是个遗憾。

（4）开挖水面沟通西湖，丰富公园景观。

（5）强调导向性入口的标志性。改造美人凤雕塑基座，作为南线景区的导向性入口。

3.2.2 大华饭店

大华饭店的整治主要采用下列方法：

（1）用水中步道沟通环湖步行道。用曲折的水中步道绕过大华饭店靠近西湖一侧，沟通环湖步行道，同时增加游览的趣味性。

（2）引西湖水增加景观透视线。将西湖水引入南山路边，使大华饭店的入口需跨河而入，成为建于四水环绕的岛上庄园。同时利用港湾河汊形成景观透视线，削弱大华饭店对西湖景观的遮挡程度。

（3）拆除临街建筑增加开敞性。拆除临街建筑和原涌金港外的船坞，增加视觉开敞性。

3.2.3 老年公园

老年公园突出其服务于老年人的特色，同时也兼顾其他游客人群，具有多样化的取向。

（1）强调公园的无障碍化设计。为强调老年群体的使用，园内设施无障碍化设计。

（2）提供多样的老龄化服务设施。在其中建设了西湖天地，占地约 3.3hm^2，集茶室、陶艺吧、小酒馆、画室等为主要内容的面向老年人的休闲服务功能，同时也融合了面向广大市民的餐饮、零售、文化、娱乐为一体的时尚性综合化室内外设施。

（3）提供足够的户外活动场地。建于水中的晚霞台既是供老人平时健身活动使用，也是节庆表演的好场所。

（4）利用保留建筑作为涌金楼。北宋政和年间(1111~1118 年)杭州知府徐铸在涌金池边建涌金楼，南宋又重建。清代是三雅园茶楼。1925 年此楼是辛亥革命元老黄元秀的宅院"放庐"，1965 年改建为涌金茶室，保留原有的木质屋顶和园林风格，是三层混凝土框架结构。整合规划中在西湖天地里用"放庐"作为涌金楼。

（5）通过梳理植物来提供充足的阳光日照。老年公园的植物群落生长得较好，因此遮荫条件较好，而老年人活动的特点是和阳光密不可分，以此适当迁移整枝，创造良好的日照、通风条件，更好地为老年人的活动服务。

3.2.4 涌金广场

涌金广场复建了历史上的涌金池，在涌金池东侧与南山路相接处设置涌金广场，同时也是游客如入园主要入口之一。

（1）以唐风为主恢复涌金池。后唐清泰三年(936 年)第二任吴越王钱元瓘在城门内开凿涌金池，引入西湖水，清康熙南巡时由涌金池上船抵达西湖。把涌金广场周围建筑拆除并挖湖埠，将西湖水引至广场周围，形成三面环水广场，广场周围即是涌金池。用唐风纹样装饰池岸。

（2）水中堤桥形成环线。在涌金广场面湖一侧有曲折堤桥沟通两岸，此桥用平桥和曲桥相结合的方式，弱化了大跨度造成的桥体尺度过大的现象。

（3）雕塑点出景观主题。传说此地是汉朝时期每当西湖干涸时就有金牛出水为西湖吐水。因此作金牛出水雕塑，并置于涌金广场西侧池中，以水为基，非常自然化，并且点出涌金池景观主题。

3.2.5 省军区政治部

省军区政治部由于其军事用建筑的特殊性质决定了其改造是小范围的，通过整治建筑立面，增加内部绿化的手段，与环湖南岸景区相协调。

3.2.6 钱王祠

钱王祠也是个新建景区，现今重建钱王祠，是对历史上维护统一中央政权的褒扬，具有较强的政治意义和丰富文化景观的意义。

（1）以明代祠庙风格复建钱王祠。西湖龙山(今玉皇山)南麓的表彰五代吴越国王钱氏的表忠观，始建于北宋元丰二十年（1079年），南宋末年毁于战火。明嘉靖三十九年（1560 年）浙江总督御史胡宗宪等在西湖东岸涌金门南的灵芝寺故址重建表忠观，清以后表忠观称为钱王祠。清雍正五年（1727 年）浙江总督李卫立石坊，称"功德崇坊"，为清代"西湖十八景"之一。钱王祠在旧址的中轴线上重建，由门庐、献殿、功臣堂、五王殿、庆系堂、怀慎堂、揽远堂、依光堂、阅礼堂等殿堂组成，是明代祠庙的格局和造型，并配置假山，形成颇具园林风格的祠宇院落，总建筑面积约 3200m²。

（2）在原钱王祠路上修建五个牌坊，以钱王雕塑作道路对景。在原钱王祠路上修建五个牌坊，象征并纪念吴越"三代五王"的历史，同时强调了这一景观透视线，可以通达到西湖边。路两旁配置的无患子等植物，树形优美，很好地打破了五个牌坊和钱王雕塑的规则对称感，并与墙体产生秋季很好的对比。钱王雕塑放于道路交叉口处，作道路对景。

（3）钱王祠路南用高墙屏蔽西湖博物馆。钱王祠路南用高墙屏蔽西湖博物馆现代风格对钱王祠明代风格的影响，手法简单而有效。

（4）钱王祠以南建设西湖博物馆。作为"西湖的窗口"的西湖博物馆占地面积约 2hm²，建筑面积约 8000m²，是以博物馆展示功能为主，兼有游客服务中心、西湖文化研究中心、西湖资料图书中心等功能的专题博物馆。本着对西湖的最小干预原则，建筑分为地下、地上两部分，地上面积控制在约 2000m²，建筑限高 9m，南向单坡屋顶为缓坡草坪铺砌的生态屋顶花园，向南巧妙地与园林相接，博物馆主入口广场在东北侧南山路上，通过台阶引入北侧位于地下一层的入口处，博物馆北边为玻璃幕墙，并以一墙之隔与钱王祠分隔开来，整体关系比较和谐。

3.2.7 柳浪闻莺

柳浪闻莺主要采用增加景观透视线，梳理植物，增加水体面积，增加服务建筑等手段，塑造自然化的景观。

（1）在南山路设主大门增加入口引导性。在自然纹样的铺装上行植垂柳，尽头是扩大的水面和水中岛屿，岛上植物配置较有情趣，水面由植物围合感较强，形成分流游客的景观导向作用。

（2）主入口南侧水杉林下结合休闲活动作开敞处理。主入口南侧水杉林下作开敞处理，结合保留的别墅，开辟休闲活动空间，形成舒适的林下活动场所。

（3）通过增加水景、柳树品种突出"柳浪"主题。西湖十景中，植物景观有四景：柳浪闻莺、花港观鱼、曲院风荷、苏堤春晓等四景，其中，1957 年发动群众进行义务劳动，柳浪闻莺的植物配置以垂柳为主，采用湖边行植、路边丛植、边缘密植方法来突出"柳浪"的主题，这是突出春景，与此同时也注重突出四季有景可赏，结合丛植、带植的月季、木绣球、樱花、夹竹桃等，点缀景色。并突出秋景，用大片丘坡草坪，配植枫杨、香樟等树丛，组成树林草地空间，林缘缀以鸢尾、萱草等宿根花卉。主干树种为垂柳、紫楠、银杏、枫杨，有雪松和广玉兰等常绿树。用水杉、枫杨、桧柏等块状混交林带作为公园的背景。2002 年环湖南线景区整合规划中在沿湖长达千米的堤岸和园路主干道上增加种植了垂柳等特色柳树品种，营造柳丝飘舞的妙境，梳理老化的灌木。增加水景，尤其是在柳下设置涌泉、雾森等水景小品，体现"柳浪"意境。宋代吴惟信有诗云："梨花风气正清明，游子寻春半出城。日暮笙歌收拾去，万株杨柳属流莺"，烟花三月，黄绿的柳丝轻曳，宛如碧浪随风起伏，意境美极。

（4）用音乐体现"闻莺"主题。用莺啼、蛙鸣、虫声等背景音乐，体现"闻莺"主题。同时栽植引鸟的植物，创造鸟类生存的栖境。

（5）形成富有地形变化的疏林草地和大草坪。开挖水体，改造地形，形成富有变化的疏林草地和大草坪。驳岸采用自然式驳岸，草坪坡度平缓。

（6）闻莺馆下开辟河流增加情趣。闻莺馆下开辟河流，利用河道两侧的标高，形成河水岸上与河水旁的两个不同高差上的道路，增加情趣。同时闻莺馆下也是引水的水闸，自然贴切，馆前平台旁有一小水池，池畔有四角攒尖顶亭，亭以自然山石驳岸为亭基，与自然环境融为一体。闻莺馆前大草坪的植物配置疏密有致。

（7）对植物进行梳理增加透视线。对已经老化的灌木和地被进行梳理，用来增加面向西湖的景观透视线。

（8）"桃花径"的设计。《吕氏春秋》中就有"桃李垂于街"的记载，柳浪闻莺在岸边的道路，体现了杭州园林"树树桃花间柳花"的传统景观。桃花喜光，与柳树间种相距不宜太近。

（9）湖滨步行道利用铺装减少道路尺度。湖滨步行道是园内主干道，比较宽，采用铺装的变化来减小尺度。

（10）重建御码头和翠光亭。据史料记载，古代帝王游览西湖大多是在涌金门外埠头游幸西湖，南宋高宗、孝宗的上下船的埠头叫"翠光亭"。在柳浪闻莺公园重建了南宋风格的御码头和翠光亭。

（11）修建清照亭。在柳浪闻莺公园南端修建纪念李清照的亭子。南宋高宗建炎元年（1127 年）是其人生转折点，南渡到杭州后，她的词创风格沉重悲伤，因亭子是纪念李清照在杭州清波门一带居住的孤苦飘零的生活，因此在清波门水杉林小溪边，采用了茅草覆歇山顶亭。

（12）异地迁来古桥两座。一是萧公桥，建于清乾隆八年（1743 年），又名报恩桥，具有现存江南园林中不多见的多边形桥拱，由杭州市园林文物局将此桥从秋涛路小学迁入柳浪闻莺景区内。一是新横河桥，建于清光绪五年（1879 年），是保存较完整的清代单孔石拱桥，拱圈由纵连分节并列法砌置，将此桥从仓河下坝子桥南面迁入柳浪闻莺景区内。新横河桥的位置放于鹂莺馆后面河道上，既形成人行的立体交叉，又形成极好的与鹂莺馆的对景，古朴清新，与山石驳岸、鹂莺馆的风格很好地融为一体。

（13）异地迁来古建筑三座。柳浪闻莺中有三幢异地迁来的古建筑：三训堂、周家老宅、洪氏会馆。三训堂是徽派风格的清代民居，原位于杭州市淳安县境内，由门楼、厢房、堂屋、天井组成，砖雕、木雕、柱基非常精美，建筑面积约 300m^2。周家老宅为清代晚期徽派民居建筑，原位于安徽歙县，房屋为硬山顶，具有封火墙，占地面积约 130.7m^2 的两层两进建筑。洪氏会馆为清代晚期徽商会馆建筑，原位于安徽歙县，房屋为硬山顶，占地面积约 116.1m^2 的两进建筑。

3.2.8 学士公园

结合有悠久历史的人文传说进行整治，将原来的儿童公园迁出，改建为学士公园。

（1）具有历史文化的景观学士港、学士桥。学士港又名"夹字港"，相传宋代有学士居住在附近，因此称为"学士港"。学士桥在学士港靠近西湖一侧，始建于宋代，当时是清波门一带进入西湖的必经之路，明代因仅剩丈余长的条石横跨港口，集资重建。《学士港》一诗中描写道："桥边小艇聚渔家，岸柳纤回绿径斜。几处春晴开殿阁，一泓晓碧浸烟霞"。

（2）用绿色建筑体现水南半隐意境。水南半隐是南宋末年京城临安府作官的郑起在西湖长桥南侧购建的住宅。其子郑思肖是南宋末年诗人和画家，诗、画的风格和《心史》一书都寄托了对"誓不降元"和"终身不仕"的骨气和心迹。为体现"半隐"意境，服务性公共建筑具有植草坪的坡屋顶，此屋顶既能够将建筑隐于环境之中，又能够经过这个缓坡通向屋顶的观景平台，而此观景平台恰恰位于雷峰塔和城隍阁的对景线的中点位置上，视野非常辽阔。

3.2.9 长桥公园

长桥公园在环湖南线景区整合时又着重从以下几个方面进行了整饬：

（1）靠近唐云艺术馆一侧，保留大乔木，建夕照坪，用曲桥联系湖中方亭。利用曲桥沟通水上线路和陆上线路，从"步移景异"的角度来说，局部营造水上线路无疑是西湖的一大特色。

（2）公园中段打开临湖栏杆，增加透景线。公园中段打开临湖栏杆，营造新的亲水空间。

（3）植物主要以梳理为主，增加透景线。梳理植物，尤其是灌木，使南山路上的行人视线可以深入公园内部，从而扩大视域范围，形成开放的湖滨绿地。

（4）复建"双投桥"。双投桥又即长桥，长桥之名源自于宋代始建有长桥，当时记载长桥比较长，分为三门，边上建有亭阁，在湖面绵延长达里许。后来逐渐填塞建造民居，缩短为数丈，因而有"长桥不长、断桥不断、孤山不孤"的"西湖三绝"。双投桥之名源自于南宋因婚姻受阻的情侣双双投湖殉情的凄美爱情故事，因此复建"双投桥"，以平桥为主，连有两个拱桥，暗示"双投"的含义，同时桥体在湖面上蜿蜒曲折，又极好地与"长桥"之名相吻合。

（5）保留"凝香居"。"凝香居"是砖木结构的两层小楼，曾是上海永安公司总经理郭琳爽（1896~1974年）的小南园别墅，在1984年及2002年的历次西湖绿地改建中都保留并重新粉刷。

（6）复建"朱娘酒店"。朱娘酒店在长桥边上，南宋思想家叶适《朱娘曲》中曾经写道："忆昔剪茅长桥滨，朱娘酒店相为邻"，以复建的朱娘酒店作为服务配套设施，形成新的休闲场所。

3.2.10 滨湖亲水景观带

人具有亲水的天性，也就决定了建设滨湖亲水景观带的重要性。因此沟通滨湖亲水景观带是整个西湖环湖南线景区整治规划的亮点，主要通过以下几个方法进行设计：

（1）通过把不同景区的湖边道路联系起来，串联贯通的滨湖步行道。原来的环湖南线的九个景区是九个独立的部分，相互之间联系甚弱。现在通过沟通九个景区的湖滨步行道，来创造一体化的景观带，无疑是个很好的方法。

（2）适当扩大并串联滨湖休闲铺装坪。适当扩大滨湖休闲铺装坪，来满足人们在湖滨游玩的需要，并且通过湖滨步行道串联起来，既为游客提供了很好的静赏地点，又提供了极佳的游憩场所。

（3）沿滨湖亲水景观带设置服务设施，使游人可以休憩。高品质的休闲是和高品味消费紧密地结合在一起的，在滨湖亲水景观带中设置服务设施，可以说具有得天独厚的环境条件，是游客乐意停留消费赏景的佳处。

3.2.11 南山路休闲林荫文化景观带

南山路两侧以休闲商业服务为主，两侧由于现状环境条件不同，而采用不同的手法：

（1）西侧因靠近西湖而以林下商业娱乐活动为主，幽静而具有西湖文化休闲氛围。这一设计主要是结合了基地现有的大乔木，通过梳理植物，创造富有情趣而又极具变化的林下空间。如柳浪闻莺主入口南侧水杉林下结合休闲活动作开敞处理，结合保留的别墅，开辟休闲活动空间，形成舒适的林下活动场所。

（2）东侧因靠近城市而以商业街的形式为主，繁华而具有城市文化气息。

3.3 造园理法

3.3.1 建筑设计

（1）绿色建筑技术

服务建筑的设计采用了绿色建筑的新技术，如水南半隐、厕所等，使服务建筑最大限度地与环境相协调。

（2）极简的设计语言与玻璃幕墙

新建建筑的风格不排斥极简主义的影

响，形式简约而有现代感。大量玻璃幕墙的使用也突出了建筑向湖面取景的基本功能和对景的需要。

（3）用保留、异地迁移等方式延续文脉

环湖南线景区中保留原有的具有历史意义的建筑，如湖滨一公园的澄庐和澄庐南侧的黄色别墅等予以保留。利用公园建设的大好时机，将城市里其他地方在拆迁中将被拆除的建筑、桥梁移至园内，作为景观的有机组成。

（4）设置小品暗示历史文化

西湖历来是文人骚客歌咏的对象，具有深厚的文化底蕴，因此，探寻了许多文化小品，与景观设计相结合。用设置小品的方式来暗示西湖历史上的著名事件和名人逸事。如金牛出水、张顺塑像等。

3.3.2 种植设计

（1）种植设计注重透景线的应用

种植设计注重透景线的应用，适当地使用大草坪，以多种形式相结合的方式，创造疏密相间的风景，如采用乔灌草结合的方式。

① 注重林下休闲空间的营造。如柳浪闻莺主入口南侧水杉林下结合休闲活动作开敞处理，结合保留的别墅，开辟休闲活动空间，形成舒适的林下活动场所。

② 以草花、耐阴地被形成的疏林草地为主。在阳光充足处设置色彩丰富的灌木和草花，在树荫下以耐阴地被和冷绿型草为主，营造景观透视线。

③ 梳理老化的挡景灌木。调整已有的挡景灌木、园林设施等，形成较好的透景线。

④ 根据老年公园的需要对乔木进行移栽整枝。为老年人的活动提供阳光、通风条件良好的区域。

（2）植物配置注重春景并突出主题

① 植物配置注重春景并突出主题。如柳浪闻莺以各种品种的柳树为主，种植垂柳等特色柳树品种，突出柳浪的主题。

② 涌金广场周围以栽植各种海棠花为主，以突出唐朝国业强盛，圣世鸿昌的奢华风格。

③ 同时也顾及四季有景，尤其是强调四季有变化。并突出秋景，用大片丘坡草坪，配植枫杨、香樟等树丛，组成树林草地空间，林缘缀以鸢尾、萱草等宿根花卉。

（3）植物配置利用林带作为公园的背景

① 尤其是在与南山路衔接的地块，用水杉、枫杨、桧柏等块状混交林带作为公园的背景，通过对挡景的植物进行梳理，形成某些地方比较通透、某些地方比较封闭的林带背景。

② 在与西湖相接的地块，有些是疏林草地，有些是草坪，既形成了朝向西湖的视线开敞空间，又成为游客提供大量的休憩空间。

（4）起伏的林冠线，丰富沿湖立面

在较长的湖岸边，植物随道路、广场的布局，采用了以垂柳为主的多种乔灌木的组合，形成建筑线条与植物线条相交错的、有起伏的林冠线。局部在建筑角落上配置春花灌木，不但花开时增加花冠的立面，又能够与水中的彩色倒影相呼应，别有风味，使立体轮廓线以及水中倒影都从形态与色彩上相得益彰。

（5）草坪具有较好的林缘线和林冠线，营造咫尺山林景观

草坪具有较好的林缘线和林冠线，如柳浪闻莺大草坪，面积达35000m^2，主体草坪空间面阔达130m，树高与草坪宽度之比约1:10，形成辽阔的大草坪，以香樟、紫楠、银杏等大乔木为背景，在草坪旁种植木绣球等花灌木，花开季节形成面面有景的壮观景象，草坪一侧有枫杨林，加强了山景草坪的意象。河滨草坪形成的水景草坪也有不同的林缘线和林冠线，这些草地与微地形相结合，其上配置的乔木植物并不是沿岸边一周栽植，而是离河岸有远有近，形成丰富的滨水空间，同时多种于地形较高处，也强调了微地形的起伏，成为草坪的背景。

3.3.3 竖向设计

（1）微地形的使用

大量使用微地形，起伏较平缓。如在疏林草地、草坪中，形成坡度起伏变化的缓坡。

（2）向内部河道或西湖排水

利用引入基地的河道，设计微地形，向内部河道就近排水。靠近西湖的地段，向西湖排水。

（3）绿色建筑屋顶草坪缓坡与环境的结合

西湖博物馆、水南半隐和厕所等应用绿色建筑技术设计的屋顶草坪有多种形式，平屋顶、坡屋顶等，这里多采用坡屋顶。坡屋顶又分为上人屋顶、不上人屋顶。上人屋顶就需要考虑游客的使用坡度，因此水南半隐的草坪坡屋顶比较平缓，而西湖博物馆的草坪坡屋顶不是为游客攀登使用，而是供绿化维护者使用，因此比较陡。水南半隐的草坪坡屋顶就与环境紧密地结合在一起，其竖向设计与周围草坪一同考虑。

3.3.4 水景设计

（1）设计若干湖畔半岛，利用水面形成景观透视线

把原有的平直岸线改为曲折断续的岸线，形成一个个的位于湖畔的岛屿，通过引入南山路的水体，一方面形成各个景区之间的自然分界线，另一方面也利用这些水面形成景观透视线。

（2）自然式的河道设计，形成犬牙交错的地形

采用自然式的、曲折的河道设计，结合河道两侧的微地形的处理，形成犬牙交错的景观。尤其是柳浪闻莺公园，改进了早期该园水体景观较少的局面，使水体蜿蜒曲折地伸入公园内，两岸营造微地形，既增加了水体面积，又形成富有变化、犬牙交错的自然河流景观。

（3）大多数地段采用自然式驳岸，某些景点用景石点缀驳岸

大多数地段采用自然式驳岸，利用缓坡草坪延伸入水中，某些重要的景点用景石点缀驳岸。如在学士公园的茅草顶亭榭所在的水池边，点缀了景石作驳岸。在柳浪闻莺公园的鹂莺馆东边的河道就用山石砌筑，形成极好的山石驳岸和亲水踏步。

3.3.5 道路交通组织

（1）利用环湖步行道整合景区游线

环湖步行道在大部分地段是与湖滨即若即离，有的地方就设在沿湖的地方，亲水性很好；有的地方设在离湖有一定距离的地方，自然景观性很好，有草坪绿化。

而在少数地段则采用了水中桥梁的形式来处理，非常巧妙得体，而又有步移景异的特殊效果。如杭州大华饭店由于基地狭窄无法提供湖滨步行道的空间而移入水中；涌金广场处采用水中桥梁形成捷径；长桥公园处则利用双投桥的典故，形成水中桥梁，非常自然贴切。

（2）设置水中栈道、桥、堤，沟通环湖步行游览线路

通过设置水中栈道、桥、堤等形式，来沟通环湖步行游览路线，同时也大大增加了步行游览路线的趣味性。

（3）增加南山路出入口位置，增加游客进入的方便性

增加南山路出入口的位置，并适当增加入口处的铺装广场的面积，以增加游客进入环湖南线景区的方便性。

4. 实习作业

（1）草测水南半隐建筑立面、平面。

（2）草测并绘制鹂莺馆前大草坪及其后面河道等周围环境的平面图，标明植物种类。

（3）草测清照亭及周围环境的平面图、立面图。

（4）草测涌金广场处的一组水中拱桥和折桥的平面、剖面图。

（5）自选景区中建筑、植物、水体、假山等景色优美之处，速写4幅。

（李　飞 编写）

【虎　　跑】

1. 背景资料

虎跑问泉是西湖新十景之一，位于天目山南脉，杭州西湖南隅大慈山白鹤峰下，四面环山，谷内地形高低错落，林木葱郁。"虎跑"名称是由一个"虎移泉眼"的神话传说而来的，相传在唐元和年间，寰中（又名性空）禅师于南岳童子寺出家后来杭，见此山幽邃，结庵于此。后因缺水，意欲它迁。夜得一梦，梦中神人说："南岳有童子泉，当遣二虎移来，师无忧。"次日，果见二虎"刨地作穴，泉遂涌出"，故名"虎跑泉"。虎跑泉水甘冽醇厚，为西湖三大名泉之一，素有"天下第三泉"之称。

据记载虎跑寺始建于唐元和十四年（819年），由寰中禅师所建，初名广福院。咸通三年（862年），寰中逝，其弟子为其建定慧塔。到僖宗时（874~888年）乃以其塔名改寺，即"大慈定慧寺"。其后寺庙屡毁屡建，1983年按原寺格局进行了全面的整修。并复建了罗汉堂，新建了虎跑茶室、虎跑菜馆，开辟陈叔同纪念馆和济公陈列室等纪念性内容。

2. 实习目的

(1) 了解虎跑寺独特的造园立意。

(2) 掌握"虎跑问泉"景区总体布局特色。

(3) 了解虎跑寺的建筑院落组合的类型及其与环境的关系。

(4) 掌握山地寺庙园林如何利用和改造自然条件，因地制宜，因势利导的造景手法。

(5) 学习如何结合"虎跑水龙井茶"双绝布置茶室。

3. 实习内容
3.1 总体布局与空间序列分析

"虎跑问泉"景区自头山门至大慈山南麓谷底，占地约 4.7hm²。分布着由东西、南北两条丁字式轴线组成的庙宇建筑院落，虽然两组寺庙院落布局轴线近成90°角，但都以"泉"为组织造景的主题，围绕泉水组织寺院格局，并凭借山间谷地高低错落的地形，采用介于佛庙与民间祠堂之间的建筑形式，构成多层次而富有变化的建筑组合空间。

纵横分布的两座庙堂各自有前殿、中殿、后殿三进三级庭院格局，南北向分布的是老定慧寺，东西向的虎跑寺地势低平而近前，与头山门、二山门几乎在同一条轴线上，纵深远比定慧寺大，从后殿还向西延伸至高十余米的高台，建造殿堂与八角形的三层三檐楞岩楼。由于位置偏离山门轴线，定慧寺在二山门的方形水池西岸建造尺度巨大的石踏道四十八级，并在上首尽端建上书"虎跑泉"的照墙，起到了引人入胜、招揽香客的良好效果。

在景点设置和游线组织上，也是紧紧围绕泉水来展开。运用传统的造园手法，通过空间组合的变化与连续，借景、对景、隔景等处理手法，达到自然美与人工美的相互融合和联系，以"泉"和"虎"为造景主题，使林、石、溪等自然素材与建筑、雕塑等达到密切结合、浑然一体。

根据虎跑的实际环境，20世纪80年代改建后的虎跑景区，在延续"深山藏古寺"的原有意境的基础上，着重在"引"、"缓"、"突"、"发"四字上做文章，即在景点设置上做到引人入胜，缓慢深入，突出主题，发掘潜力，从头山门至虎跑泉，通过"问泉"的序列组织景点，再次突出了"泉"的主题，并随着游程的步步深入，能听到、看到、摸到、尝到甘冽醇厚的泉水，品味"西湖双绝"——龙井茶虎跑水。

自虎跑头门起，设迎泉、戏泉、听泉、

赞泉、赏泉、试泉、梦泉、品泉八个景点。迎泉设于头山门门内较大的水面上，正对大门竖一湖石立峰，峰正面刻"迎泉"两字；戏泉设于原老停车场以北，水池边跨水汀步和小亭以下，辟沙质卵石处理的一段水面、专供人们戏耍玩水之用；借虎跑二山门方池溢水口，作为源头，处理成流直三四米的跌水，并获得终年不绝的淙淙泉声，于是在此建复该亭，为听泉处，并书"听泉"题额及对联"石涧泉渲仍定静，峰回路转入清凉"；赞泉设于翠樾堂（原定慧寺）的前厅，陈设历代人士咏赞虎跑泉的诗画；试泉则是"问

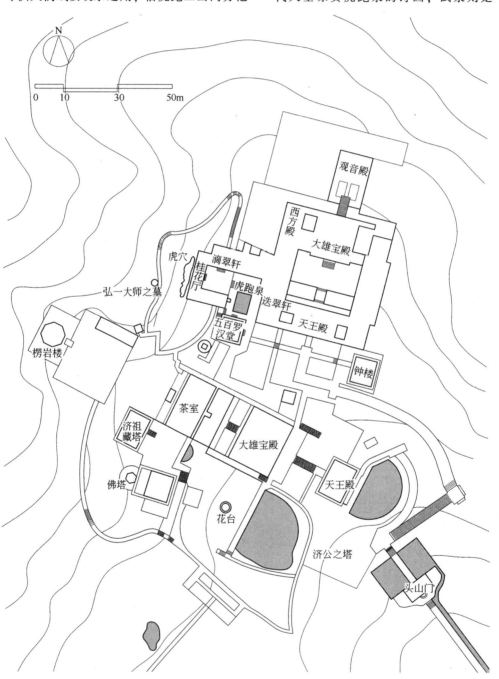

虎跑总平面图(改绘自《杭州西湖导游》西湖书社)

泉"序列中的高潮,设于虎跑主泉眼对面的滴翠轩内;梦泉是高潮的延续,设于虎跑寺三大殿西部的原祖殿基地的高台上,此处以西山峻坡陡、谷窄崖峭,在平台西北角,设梦泉雕塑,并在平台东南角设小亭,题额"清音",林涧峭壁上有摩崖石刻"虎移泉脉"四大字,点出了梦泉的主题。品泉设于原虎跑寺大殿及后殿内,把两个不同高差的殿堂连成一体,作为品茗的主要场所。

天下名山僧占多,寺庙园林是旅游社会活动和群众公共游览活动的一部分,对寺庙来说香客也是其主要的经济来源。因此,一个风景优美,近水源的山林地,往往是寺庙选址的必备条件。虎跑问泉景点的成功之处,在于选址合宜,因地制宜。建造者选择风景优美,有高下、俯仰、层次、曲深变化的谷地,并以谷地宽度确定院落组合,以谷深确定院落进深,布局灵活机动,因借地势之宜。同时,借泉之源,引泉成池,因泉成景,点题巧妙,为景点增加了丰富的文化内涵。

3.2 建筑布局特色

虎跑现存的建筑格局,是为了满足游览需要,在原有寺庙格局的基础上进行拆改、充实、完善,使其更符合现在的使用和组景要求,两个庙宇的中轴依然存在,但局部景点的外貌已大有改变。建筑布局特色主要体现在以下四种组合:

3.2.1 四合院式建筑庭院

这是原定慧寺改建的翠樾堂,堂前有进厅,左右设连廊,北接进口门廊,南通正对虎跑主泉眼的迭翠轩,两厢设檐廊通主厅,天井前部小拱桥跨矩形水池,天井后部古桂荫庭,厢房南端作不对称的处理,左首设鹅颈椅靠栏,右首设月洞门,直通主要泉池景点。现西厢作为弘一大师陈列室,东厢作接待室。此处布局严谨而活泼,富有庭园意趣。

3.2.2 差层式建筑庭院

在原虎跑寺的大殿和后殿的基础上,通过前轩连接大殿和后殿,拆除护坎板,改制石栏,突出其山墙上"鹿鹤同春"的精美花窗,将前后两处高差3m的地坪连成整体,作为具有相当规模的品尝"双绝"的场所,分级设茶座。此处,东、西有泉池相依,周围绿树掩映,虽是古庙格局,但前轩后堂,堂后虚壁,层次叠落,已大有山林寺院情趣。

3.2.3 回廊曲院式建筑庭院

这是虎跑主景点和精华所在,在定慧寺内,现存建筑都是清末所建,其中滴翠轩及泉上廊屋建于清光绪年间,罗汉堂则建于1926年。此院南有罗汉堂,北有滴翠轩及附屋,东为叠翠轩,西为廊屋"桂花厅",西面围合而成曲尺形庭院。泉水汇为上下两池,上池依山傍崖,作不规则状,下池为长方形,两池水面落差约1.7m,院内地面因此分为上下两层,即罗汉堂、叠翠轩为一层,滴翠轩与桂花厅为另一层。院内多植桂花,下池中以湖石筑小岛,岛上散植花草,池岛相映,呈现出灵秀活泼气息,极富山林自然意趣。

3.2.4 自由式建筑组合

这是一组完全新建的虎跑菜馆,局部二层,面积达1800m²。处于虎跑主景侧向,水系下游,车行路线尽端的分叉地,四周有丛林回绕,有闹中取静的优点。此处建筑体量较大,因隐现于幽处,甘当配角的布局处理,取到了较好的效果。

4. 实习作业

(1) 草测"赏泉"景点的庭园平面图。

(2) 草测并绘制虎跑寺轴线剖面图。

(3) 速写1~2幅。

(4) 总结"虎跑问泉"的水景类型及理水艺术特色。

(5) 总结"引"、"缓"、"突"、"发"的造景手法及实例。

(陈云文 编写)

【灵隐寺】

1. 背景资料

"斗牛之下有郡，曰：钱塘。

浙水之右有山，曰：武林。

居山之寺，曰：灵隐，其得境之胜地乎。"

——《灵隐寺碑记》宋·罗处约

灵隐，深处杭州市千峰竞秀、万壑争流的北高峰、龙门山和天竺山间，离城区五六公里。景区内既有我国著名的古刹灵隐寺，自五代至宋、元的石窟艺术，也有奇妙幽深的天然洞壑，历代帝王贤达、文人雅士咏诵者络绎不绝，可谓名山胜水、文物荟萃。

灵隐寺创建于东晋咸和元年（326年），到现在已有一千六百多年历史。相传印度僧人慧理来杭，见飞来峰峰奇石朴，洞壑邃幽，惊奇地说："此为天竺灵鹫峰小岭，不知何代飞来？"当时人们都不相信，理公又说："此峰向有黑、白二猿在洞修行，必相随至此。"于是他就在洞口一呼，果然有二猿出来。借此因缘理公连建五刹，灵鹫、灵山、灵峰等寺或废或更，而独灵隐寺延续至今。

灵隐寺是江南著名古刹之一。公元10世纪时，五代吴越国王钱俶崇信佛教，大建寺宇。当时灵隐寺有九楼、十八阁、七十二殿堂，房屋一千三百余间，僧徒达三千人。宋代苏东坡在题灵隐寺的诗中有"高堂会食罗千夫，撞钟击鼓喧朝晡"之句。明代张岱在《西湖梦寻》里也有灵隐寺"香积厨中，初铸三大铜锅，锅中煮米三担，可食千人"的记载。说明灵隐寺虽几经变迁，其盛况却历久不衰。现在灵隐寺的寺宇，是19世纪以来重建的。

2. 实习目的

（1）学习寺庙园林的布局特色和造园手法。

（2）学习园林造景因地制宜，利用自然、改造自然的造景手法。

（3）体会飞来峰自然山石对园林假山与置石艺术的启示。

3. 实习内容

3.1 总体布局

在西湖风景名胜区中，灵隐景区是杭州西湖年游客量最大的一个景区，总占地面积为16.67hm^2，主要包括飞来峰景区、中华石窟景区、韬光观海景区、灵隐寺和天竺三寺，其中以灵隐北部景区的灵隐寺和飞来峰两处为代表，最受历代文人雅士青睐。

灵隐寺地处北高峰与飞来峰之间的谷地，建造者巧妙地利用山谷的自然环境，使建筑与自然环境相映成辉，清心深幽融然一体。从灵隐公共汽车站（二寺门旧址），经合涧桥、春淙亭，沿着飞来峰、灵隐涧，至壑雷亭、冷泉亭，即达灵隐寺前。灵隐寺的寺庙建筑格局为典型的中国佛寺院落布局结构，沿寺院的中轴线院落共分五进，依次为天王殿、大雄宝殿、药师殿、藏经阁、华严殿。轴线东侧建筑以大悲楼为中心，分布有祖堂、方丈、客堂（六和堂）和斋堂等。轴线西侧的寺庙建筑采用散点式布局，以天王殿西侧的重檐歇山顶的罗汉堂占地面积最大，东侧则为院落式布局。

飞来峰位于灵隐寺南部，为脱离大山而独立存在的小山，与灵隐寺相峙成景，海拔168m，林木苍郁，怪石峥嵘，"翠拥螺攒玉作堆"，宛如一幅泼墨山水画卷。沿着迂回的小径，拾级攀登，但见岩石特异，"若犉骇，若隼立，若豹跃，若虎踞，若蛇逝，若棋置剑植，衡从偃仰，益玩益奇。"参天古木，盘根错节，挺立于巉岩峭壁之间，丹葩翠蕤，荫天蔽日。一泓清泉，沿着飞来峰麓曲折奔突。岩间路边，芳草佳木，点缀其间，浑然天成，绝妙图画，令人流连忘返。

[南方实习]·灵隐寺

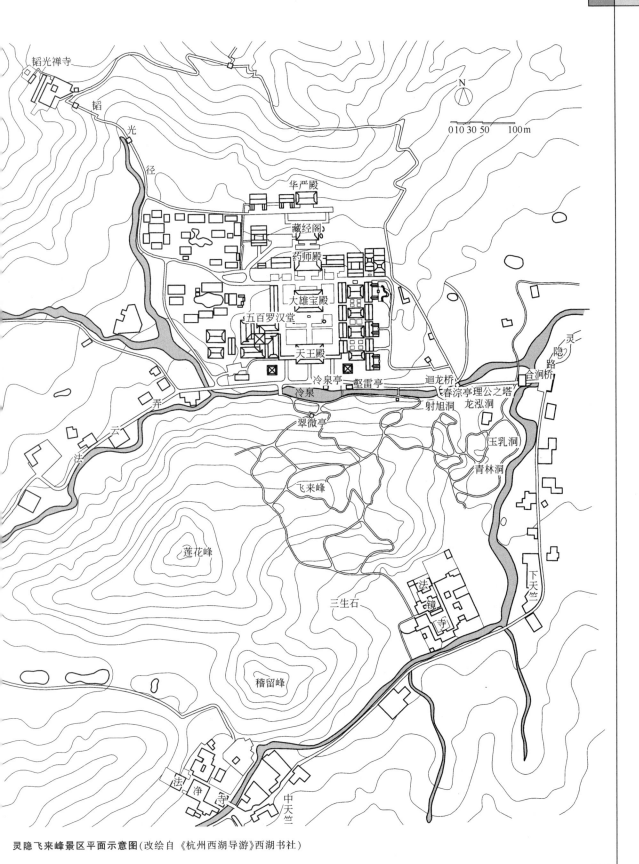

灵隐飞来峰景区平面示意图(改绘自《杭州西湖导游》西湖书社)

由于长期受地下水的溶蚀，飞来峰形成了许多奇幻多变的洞壑。据前人记载，飞来峰过去有七十二洞，但因年代久远，多数已湮没。现仅存的几个洞，主要集中在飞来峰的东南一侧。龙泓洞位于飞来峰东麓，前接迴龙桥，后通冷泉洞，相传因洞中藏龙而得名。"曾知一泓水，会有老龙蟠"，即是咏此。洞内有通天洞、"一线天"、观世音造像等景物，在观音像的右侧还有一个小小的洞窟，要爬着才能进去，传说宋代的时候，有人进去采石乳，不停地往里走，忽然听到有风浪篙橹之声，于是说此洞可通钱塘江南岸的萧山。

出龙泓洞，绕行理公塔，沿曲径前行，就到了"玉乳洞"，洞高 2~3m，是个循水平方向发育的水平溶洞。洞内岩液沁凝，山泉涓滴，终年不竭，曲室相连，幽暗深邃。因洞内镌刻着二十多尊真人大小的罗汉，故又名"罗汉洞"。又因过去曾栖有许多蝙蝠，又俗称"蝙蝠洞"。传说东吴赤乌二年（239年）葛孝先在此得道成仙，故洞又名"岩石室"。洞内钟乳岩石千姿百态，如冰柱，似玉笋，奇石嶙岣，如刻似雕。

青林洞在玉乳洞之右，洞口如虎口，俗称"老虎洞"。洞口朝东，高约 40m，宽 30~35m，长约 50m，洞高 2~3m。洞内可容百余人，藤萝蔓绕，峰石纵横，洞中有石，题有"金光"两字，又名"金光洞"。洞旁有青林岩，岩多楮桂，凌冬不凋，故又称"青林洞"；由于楮桂芳香，又名"香林洞"。

射旭洞与龙泓洞相通，地质上称垂直溶洞。此洞形如狭巷，洞底宽 3~4m，顶宽却不足 0.5m，上方有一石隙与洞外地面相通，抬头仰望，微露一线天光，故名一线天。

呼猿洞位于冷泉上，洞口狭长，洞厅宽敞，两侧有幽暗通道，深不可测。《天竺山志》称："呼猿洞外狭内广，堂皇深邃，冥苦长夜，索炬偃行，可四五百步，不敢深入，故人惮而未详。"据明代田汝成《西湖游览志》载，东晋慧理曾养黑、白二猿于此。至宋时，有位叫智一的僧人探访旧迹，仍畜猿于山间，每临洞长啸，即群猿毕集，人称"猿父"。好事者常布施食物喂养猿猴，故上有饭猿台。

3.2 造景理法

从寺庙园林的类型来看，灵隐寺的园林主要包括寺、观内部各殿堂庭院及其周边区域的园林，如飞来峰景区。建造者深谙灵隐之地宜，相地造园，因境成景。

3.2.1 相地之胜，立意新奇

灵隐所处山林谷地为杭州最胜之域，林深谷幽，景致奇胜，泉眼遍地，水源不断，流派分明。于是，建造者选择北高峰与飞来峰之间的谷地，称此地为"仙灵所隐"，地南的飞来峰，以其奇特的山石洞壑景致，称其"灵鹫飞来"。其相地与立意将灵隐优美的自然环境与佛教宣扬的天国仙境和因果理论相结合，为招揽香客、建造寺庙及其园林环境奠定了地利、人和两大先决条件。

3.2.2 缘水设路，借水造景

沿灵隐涧溯源而上，沿途流水淙淙，林木葱郁。设计者利用山涧的流派来组织游线，灵隐路沿灵隐涧将游人引至合涧桥，从此往西溯源而上则至灵隐寺，往南缘涧而行可通往天竺三寺。往灵隐方向，过了冷泉，其水上游为三流汇合而成，其西北一支沿水设韬光径再将香客、游人引往韬光禅寺。因此，水系成了香客进香、游客观光的指引道，成了灵隐景区游线组织的重要因素。

从灵隐浦到合涧桥之水，再到冷泉、温泉、澧泉，灵隐之水，一直是文人雅士撰文颂咏的主要对象。于是，灵隐的许多景点建筑都依水而设，因水成景。从合涧桥到迴龙桥和春淙亭、壑雷亭、冷泉亭，直至灵隐寺前。景因水成，名由水来。

另外，灵隐寺内也有多处利用山泉、池水造景构园。如罗汉堂西北角山坡上有一冽泉，借助黄石假山造景理水，营造自然瀑布溪涧，将泉水隐至坡下阿耨达池，为池旁有一具德亭，为六角攒尖顶，以纪念临济宗师具德。在大悲楼下，引山上泉水，设一方池，因池小，取名蘸笔池。又如藏经阁东侧结合挡土墙和排水沟设置了两个不同高差的水池，既解决了排水的问题，又起到了一定的调节小气候和造景的目的。

3.2.3 借地之宜，设亭立意

亭子是灵隐寺寺庙园林中成景、得景的重要建筑，也是因地制宜、借景随机的代表作。灵隐在历史上出现过许多著名的亭，如白居易在《冷泉亭记》中记载由于当时冷泉深广可通舟楫，唐代相里君等五位当官者相继在水中建有虚白亭、候仙亭、观风亭、见山亭和冷泉亭，五亭相望，如指之列，美景尽收。但由于历史衍替、山水变迁，许多亭都已消失，其中冷泉亭也由于水流冲毁，而从水中移至现址。

冷泉亭得名于冷泉，白居易在《冷泉亭记》中记载"东南山水，余杭郡为最。就郡言，灵隐寺为尤。由寺观，冷泉亭为甲。"可见冷泉亭为因境成景之佳例。现址冷泉亭在灵隐寺山门之左，登上冷泉亭，仰看飞来峰，岩窦嵌空，怪石峥嵘，杂树芳草，荫翳幽森；俯看冷泉水，湛净明碧，沁人肺腑，波光山影，相映生辉。置身其中，犹入图画之中，为观景、纳凉、赏月、抒怀之佳所。但与古时冷泉亭相比，在因近求高、近水得月等方面都稍有逊色。

壑雷亭位于冷泉亭东侧，初建于宋，取苏轼诗句"不知水从何处来，跳波赴壑如奔雷"，故名。亭址处水面狭窄，原有冷泉闸，每当夏雨季节，冷泉水暴涨，开闸放水时，泉水穿过飞来峰下的石洞，猛烈地冲击山涧中的巨石，发出震耳响声，登亭听来犹如"壑雷"之感。

春淙亭原是合涧桥上的木结构亭，后将此名移至现址迥龙桥上亭。此亭与冷泉亭、壑雷亭相比，亭立桥上，沿水系上下而视，视线更加深远。水从桥下流过，虽经秋冬、春夏涧水有变化，水声有时淅沥幽咽，时而激越澎湃，更具听泉之情。

翠微亭位于灵隐寺正对面的飞来峰山腰，是南宋抗金名将韩世忠为纪念岳飞而建。此亭为重檐西角亭，雄踞山腰，峭然耸立，掩映于苍松古木之中，亭前设有平台，下可俯览冷泉水，远眺灵隐寺。亭址位于灵隐寺中轴线南延长线上，延续了灵隐寺建筑的轴线，成为灵隐寺的对景，加强了飞来峰与灵隐寺之间的联系。

3.2.4 顺应自然，因境构室

灵隐寺所在谷地势较为平缓，建造者利用北高峰山麓缓坡的地形，结合建筑地坪逐步抬升、调整建筑体量等设计手法，使灵隐寺获得鳞次栉比，气势壮观的景象。同时为了与飞来峰体量相适应，互成对景，天王殿和大雄宝殿采用了较大尺度和体量的建筑，其中仿唐式建筑的大雄宝殿更高达33.6m。

3.2.5 造化神秀，因势利导

飞来峰由于地质原因，形成非常奇特的洞壑山石景观。为了展示形态各异、变幻万千的自然景观，设计者因势利导地规划了游览道路，沿途景色丰富，步移景异。游人时而穿洞而行，时而缘坡而走，时而临深渊，时而履平地，景观空间也随之变换，时而狭窄，时而开阔，时而昏暗，时而敞亮。

飞来峰处处是景，有着丰富的峰、峦、洞、壑等山石景观形式，为我们提供了向大自然学习山石艺术的极好机会。师法自然，我们可以从天然的山石中发现园林中假山艺术的内涵所在，领悟山石结合的内在原理，或许还可从中发现假山结合的"十字诀"的构造原形。

4. 实习作业

（1）草测一组寺院院落平面图，并标注主要园林树木的种类。

（2）自选冷泉亭、壑雷亭、春淙亭、翠微亭及其环境速写2幅。

（3）自选飞来峰山石洞壑，速写2幅。

(陈云文 编写)

【曲 院 风 荷】

1. 背景资料

曲院风荷公园位于西湖西北隅，濒岳湖、西里湖，与苏堤遥遥相望。公园东起苏堤跨虹、东浦桥，沿岳湖、金沙港一直延伸到西山路卧龙桥，占地 28.4hm²，是西湖环湖绿地中一座最大的、并以夏景观荷为主的名胜公园，全园的布局突出"碧、红、香、凉"四个字，即荷叶的碧，荷花的红，熏风的香，环境的凉。公园的水面设计突出风荷的景色，而在公园的布局和建筑小品的设置上突出"曲院"的意境。园内融建筑于自然，突出荷花及山水的自然情趣，成为"芙蕖万斛香"的游览胜地。

曲院风荷，南宋时称"麴院荷风"。"麴院"原是指南宋朝廷开设的一家酿制官酒的作坊，在今日的九里松东，洪水桥一带。当时，金沙涧水在此流入西湖，麴院取金沙涧水酿酒，并在湖中种植荷花。每逢夏日，和风徐来，荷香与酒香四处飘溢，令人不饮亦醉，因名"麴院荷风"。后麴院逐渐衰芜、湮废。清康熙年间，为迎皇帝巡游，特地在苏堤跨虹畔的岳湖里引种荷花。康熙书名立碑，改"麴院"为"曲院"，易"荷风"为"风荷"，遂名"曲院风荷"，并在苏堤跨虹桥畔建曲院风荷御碑亭。一时之胜的曲院风荷园林，在咸丰末年（1861年）毁于兵燹，官宦富豪随之侵园为居。1950年，曲院风荷仅剩一碑一亭半亩地，濒湖荷花少许。如今新建的曲院风荷公园其规模、园林景观都远胜前代。

杭州市园林管理部门自 20 世纪 60 年代规划修建以来，共修砌 61 座植荷池台，栽种 42 种荷花和 6 种睡莲，铺设三处大草坪，建起了观荷赏花的廊阁亭台。1983 年风荷景区建成开放。1985 年滨湖密林区开放，内有大型石舫湛碧楼。1996 年景区内充实了酒文化内容，并首次举办了西湖酒文化节。院内增辟的酒苑，有仿南宋官酿作坊的"酒道探源"陈列，并引进曲水流觞一景，使曲院风荷重又飘起酒香。2003 年设南宋酒文化陈列，用壁画、场景复原等手法生动地展示南宋御酒制作流程、宫廷酒宴、民间酒肆、赛酒会等内容。不但可了解南宋酒文化内涵，且可品尝南宋名酒。

2. 实习目的

（1）了解在公园规划中如何根据功能和造景需要，结合实际情况，安排好总体布局，使之与整个自然环境有机地融合于一体，保证传统特色。

（2）了解规划中如何统筹景观序列的起、承、转、合，使之交替变化，引人入胜。

（3）学习通过运用建筑、植物、水体、山石、桥等各种构景要素的多变组合来突出主题，在竹素园内通过建筑的曲折围合，以及建筑与周围环境的融合，来营造多样的空间层次。观察建筑与水体的结合、山石与水体的结合、小品（桥）与水体、建筑的结合，驳岸的处理。

（4）学习不同空间环境中的植物配置，以及在基本无地形起伏的情况下如何运用植物的各种特性来营造空间并产生层次与空间的开合变化。

3. 实习内容
3.1 总体布局

全园划分为五个景区：

岳湖景区为开敞空间是序幕；

竹素园景区为内向的庭院空间是起景，有承上启下的作用；

风荷景区和曲院景区是高潮，表现"曲院风荷"的主题；

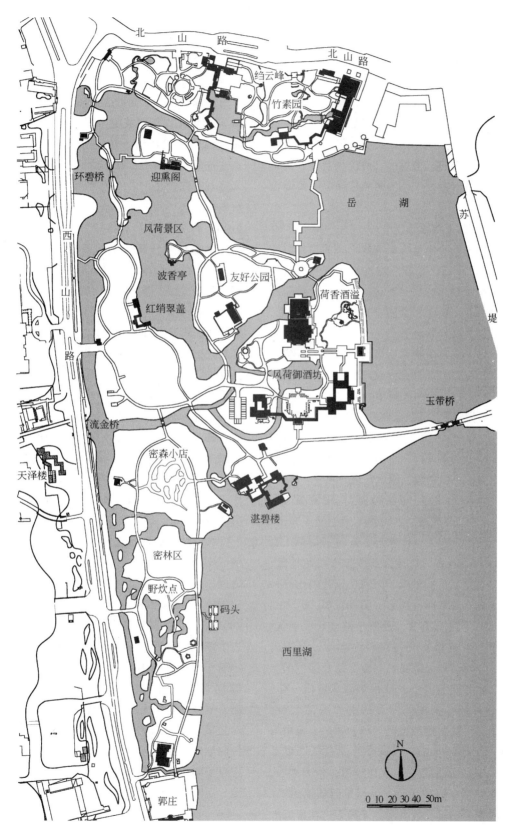

曲院风荷平面图(根据杭州园林设计院提供的底图整理)

密林区则是尾声，使人陶醉于自然之中有余味不尽之感。

3.1.1 岳湖景区

包括庙前广场、碑亭和岳湖。以岳庙山门为中轴线，统筹安排两旁的服务建筑，组织庙前广场空间，衬托岳庙大门。岳湖景区保存了清康熙帝御题的"曲院风荷"景碑小院，那块景碑是仅存的两块康熙题"西湖十景"原碑之一。

3.1.2 竹素园景区

这里是清代西湖十八景之一的"湖山春社"，现在还保存着一座青石小桥和一块清乾隆皇帝御笔的汉白玉碑。景区设计仿"湖山春社"，恢复竹素园，园中以竹类为主，平时作为展览场地用。

竹素园在曲院风荷沿北山街一侧。清雍正四年（1726年）和九年（1731年），浙江巡抚（后改总督）李卫两次疏浚西湖之后，新增了"西湖十八景"，"湖山春社"就是其中之一。湖山春社建好之后，李卫又在庙右辟地为园，修筑竹素园。凿池置石，构筑亭轩，栽四时花木，引栖霞桃溪水环绕园内。

竹素园先后几次被毁，几次重修，1991~1996年重建，2003年对其进行了整治。如今的竹素园占地面积近2万m^2，仿湖山春社的布局恢复，建有聚景楼、十二花神廊、临花舫等原古园景观，采用仿宋代结构，并用太湖石筑起小桥曲水，相得益彰。园内栽梅、桂等四季花木，置松、柏盆景百余盆。整个竹素园植物配置以竹为基调，突出幽趣，体现"独坐幽篁里，弹琴复长啸"的意境。竹素园与旁边的江南名石苑连成一体。江南名石苑集中陈列着江南的各类名石，其中有一块大型英石绉云峰，为名石苑中的极品。此石高2.6m，狭腰处仅0.4m，以其瘦、皱、"形同云立，纹比波摇，体态秀润，天趣宛然"而著名，与苏州留园的冠云峰、上海豫园的玉玲珑齐名，并称为"江南三大名石"。

3.1.3 风荷景区

以荷花池为中心，占地108亩，有水面36亩，池中种植近百个品种的荷花，沿池布置道路和建筑。北面的迎熏阁是此区的主体建筑，从此南望荷花池，设计了一条透景线，池中的碧莲洲，是环池观荷视线的焦点。池面园桥六座，以平аков桥为主，便于游人近观荷莲景色，人行其中，仿佛行走在莲荷丛中。

3.1.4 曲院景区

由水杉密林围合成的园中之园，以建筑、围廊组成各种院落，空间有开有合，疏密有致，成为名副其实的曲院。

荷香酒溢位于曲院景区内，往玉带桥方向而去，即见此建筑。主体建筑为二层仿古庭院式，北侧设一回廊。它以餐饮经营为主，里面陈设内容皆以风的故事、荷的风采为主题，通过壁面木制透雕、玻璃装饰、国画、书法小品、玻璃彩绘等装饰艺术手法展现荷之百态，并配以咏荷吟风为内容的楹联，营造酒香与荷香交融的美妙意境。每到夏季，菱荷深处飘来清香，在此赏荷品酒，不觉陶醉于"古来曲院枕莲塘，风过犹疑酝酿香。熏得凌波仙子醉，锦裳零落怯新凉"的意境中。

御酒坊在曲院景区内。中华民族五千年的酒文化，博大高雅，源远流长。西湖山水之间，同样也弥漫着酒文化浓郁的醇香。北宋时，杭州取西湖水酿酒，已非常有名。2003年，在曲院风荷公园内重修这千年古迹。新建的御酒坊占地约1.3万m^2，园内融建筑于自然，突出荷花及山水的自然情趣，成为"芙蓉万斛香"的游览胜地。酒坊内有场景复原、壁画、微缩景观、实物陈列，生动地展示了南宋御酒制作流程、宫廷酒宴、民间酒肆、赛酒会等内容。游人至此，不但可以了解南宋酒文化的内涵，而且可以品尝到"南宋名酒"。

3.1.5 滨湖密林区

公园的安静休息区。园内现辟有"西湖

密林度假村",位于公园西部。濒临金沙港畔的密林度假村,绿树遮天,地被植物如茵。建有幢幢架空的桦木小屋、木板平房供游人租用,同时还出租吊床、营帐和炊具等供游人野炊。

3.2 山水地形

全园地势低平,没有大的地形起伏变化。北部入口稍高,中部利用开挖水面的土方局部做土阜以丰富景观,其余各地多为平地。

园内水系发达。西部山区下泻之雨水通过环碧桥、流金桥以及金沙港等处入园,园内港汊纵横,向东汇流进岳湖和西里湖。风荷景区开凿的水面则取南北向布置主要景观,东西向以丰富的植物成景。

3.3 建筑小品

全园以植物造景为主,建筑布局疏朗,多为点状建筑,设置在景观的关键节点,其他大部分面积均为水面、绿地。

为品赏荷花,在风荷景区建有迎薰阁,居于园林之北的最高处,是登高远视之所,在这里可领略"接天莲叶无穷碧","十里荷香到门"的意境。迎薰阁下辟有荷文化陈列室,向人们展示"花中君子"出淤泥而不染的高风亮节,以及寄寓着人们的价值取向、审美观念和道德追求的种种艺文佳作。迎薰阁南望的主要对景是红绡翠盖,一组亭廊榭组合建筑,在湖面主要视线焦点的东、西两侧各建一亭形成夹景,丰富池边景观。

风荷景区的桥均为低平的小桥,桥面贴水,桥栏低矮,便于游人近距离欣赏荷花,横跨岳湖的曲桥更是转折于荷叶之中。

荷香酒溢和御酒坊以及公园北入口的亭廊组合、江南名石苑等建筑均为仿南宋古建形式。建筑多为木构,但修饰较少,风格较为朴实。

靠近西里湖的湛碧楼是曲院风荷一组向外观景的建筑,现辟为茶室。该组建筑以水杉密林为背景,前临开阔的西里湖,一座石舫形制的建筑伸入水面,周围遍植荷花,是远眺苏堤和西湖东、南诸景的观景点,也是从苏堤西望的重要景观点,起到了观景与被看的双重作用。

景区内还有著名的"玉带晴虹"景观,为清代"西湖十八景"之一。清雍正《西湖志》卷四载:"金沙港在里湖之西,与苏堤之望山桥对,适当湖南北正中。"雍正八年(1730年),浙江总督李卫爱其形胜,便于堤上构筑石梁,使舟楫得以进出,桥设三洞,状如带环,上构红亭,飞甍高骞,晴光照灼时,俨如长虹卧波,故名。1982年,杭州市园林文物局修建玉带桥,复建重檐桥亭和雪花白石栏,恢复了景观。游人置身桥上,湖西山水尽收眼帘。同时,它作为湖西旅游景点借景的最佳景观之一,已成为杭州西湖的景观标志之一。

3.4 植物配置

全园以夏秋景为主的植物景观,使水面、陆地相互映衬,达到"毕竟西湖六月中,风光不与四时同"的独有景观效果。以"曲院风荷"这一意境为主题,在植物配置上突出体现"风荷评彩"之意趣,充分利用曲折迂回、开合多变的大小湖面,种植红莲、白莲、重台莲、洒金莲、并蒂莲等珍稀名贵品种,并点缀适量的睡莲,呈现出"接天莲叶无穷碧,映日荷花别样红"的意境。

在密林区以水杉为主成片栽植,挺拔的树干森立,林荫匝地,形成密林区主要的景观。从苏堤、花港观鱼等处远观密林区的水杉挺拔浓郁,加之水中倒影,与开阔的水面形成横、竖对比,深绿色的枝叶也与周围其他植物的色彩有明显差别。秋冬之际绿叶转红,冬季水杉丛生的枝条也别具风格。

水际和草坪的植物配置多以低矮的花灌木为主,在岸边视线集中的地带点缀红枫等植物。注重林缘线和林冠线的变化,形成丰富的植物景观。

4. 实习作业

（1）分析曲院风荷植物造景的分区、特点。

（2）实测三处草坪空间的平面和立面，分析其植物布置方式，植物的景观层次、季相景观等特点。

（3）实测园内桥梁6处，分析其造景特点，桥头植物配置方法。

（4）速写3幅，其中绉云峰山石及环境为必选。

（张　嫒编写）

【花 港 观 鱼】

1. 背景资料

"花港观鱼"位于西湖西南角,东连苏堤、西接环湖西路,是一个介于小南湖和西里湖之间的半岛,为西湖十景之一。

据记载,花港原指源出于大麦岭后花家山的一条溪流,为西湖诸源之一。因沿溪多栽花木,常有落英飘落溪中,故名"花港"。南宋内侍卢允升曾在花家山(今丁家山)下结庐建私家花园。园中花木扶疏,引水入池,蓄养五色鱼以供观赏怡情,渐成游人杂沓频频光顾之地,时称"卢园"。花港观鱼的史称,源出南宋宫廷画师马远所作西湖山水画的画题。清代,康熙南巡至杭时,曾手书花港观鱼景名,并在赏鱼池畔立碑建亭,诗中有句云:"花家山下流花港,花著鱼身鱼嘬花。"

旧时的花港观鱼只有一池、一碑、三亩地,亭墙颓圮,野草丛生,除浅水方塘外,一片荒芜。1952年和1955年进行了两次大规模的整修,形成目前这座集观赏、游憩、服务于一体的综合性大型公园,今日花港观鱼与西湖杨公堤景区相毗邻,是一座占地30余万平方米的大型公园。

2. 实习目的

(1) 体会各个景区不同的特色,各景区开展的活动内容及服务设施,作为设计的借鉴。

(2) 分析全园各景点如何以植物配置形成各自特点。选取园内较好的植物配置成景的实例,如花坛、花台、树坛、孤立树、树丛、树群、草坪或相互配合的例子,分析植物的种类、树木、配置方式。

(3) 实地踏察牡丹园局部,对地形利用与改造、园路场地的安排,植物配置等方面评述其优点与不足,提出改进建议,作为设计的借鉴。

3. 实习内容

3.1 总体布局

公园规划布局充分利用原有地形的特点,恢复和发展历史上形成的"花""鱼""港"的景色,以牡丹和红鱼为主题形成总体布局方案。全园分为鱼池古迹、红鱼池、牡丹园、新花港、大草坪、丛林区和红栎山庄七个景区。景区划分明确,各具鲜明的主题和特色,其中以观鱼的红鱼池和赏花的牡丹园为公园的主景区。空间构图上开合收放,层次丰富,主要导游线贯连各景区,组成一个完整的、具有变化、虚实对比的连续构图。以草地和植物为主体组景,具有开朗、明快的特色。

3.1.1 红鱼池

面积约 $2.8hm^2$,位于公园中部南侧,是全园平面构图中心。鱼池四周用土丘和常绿密林围绕,组成封闭空间。鱼池以山石驳岸,低接水面,掇石有聚有散,或隐或显,高低错落,重点处作崖岸散礁,以增加池岸曲折起伏变化。临池水边,栽种了色彩绚丽的花木,花落时,落英缤纷,呈现出"花落鱼身鱼嘬花"的诗情意境。在池中堆土成岛,增加景观层次,以曲桥、土堤与周围园地相连接,水面划分为大小不等的三片。

3.1.2 牡丹园

公园主景之一,面积约 $1.1hm^2$。在植物造景方面,除突出牡丹花的艳丽姿容与增添牡丹的画意佳趣外,还要求"方多景胜"四季美观。采取以土带石,土石结合的假山园形式,参照我国传统花卉画所描绘的牡丹与山石相组成的错落有致的画面来布置。为了使游人在赏花时能看到每株牡丹的花姿,又保护牡丹免遭践踏,平面布置上用曲折小道划分为18个区,拱环制高点上的牡丹亭。将纵横交叉小道的路面低隐于小区之间,远

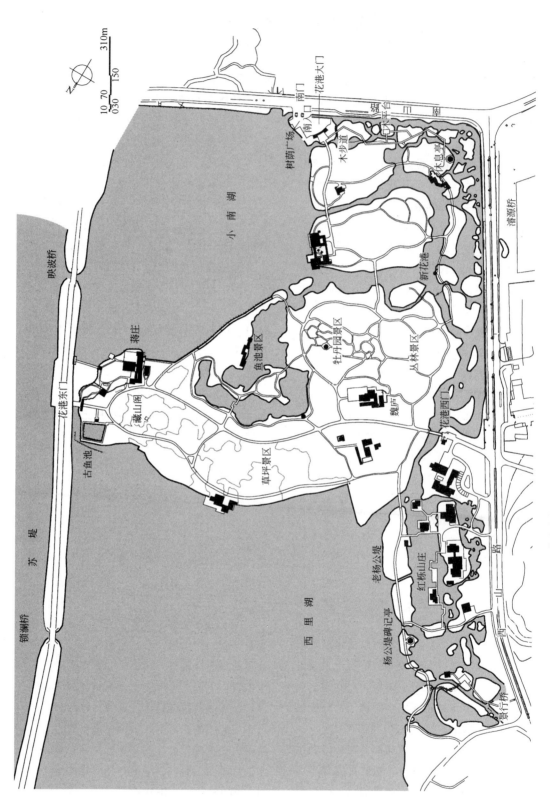

花港观鱼平面图（根据杭州园林设计院提供的底图整理）

望不见路，避免因道路而造成支离破碎的感觉，保持牡丹园完整的艺术构图景观。牡丹亭畔小径一侧，结合地形，辟设自然平台一处，植古梅一株，梅树下，铺黑白卵石树形图案，犹如梅之倒影。以宋代诗人林逋咏梅诗"疏影横斜"的诗情来立意造景，并有现代学者马一浮题名为"梅影坡"。自牡丹亭中眺望，公园东、南、北三面景色尽收眼底。东面，绿树婆娑，遥接湖波堤痕；南面，南屏山葱茏山色被借景入园，密林浓荫后，一湾绿水萦绕，拱桥飞架，港汊连通了西里湖和小南湖，全园水景因此更显灵动，沿水竹树繁茂，禽喧枝头，透露着山野风情；北面，大草坪视野开阔，西里湖波光山影引人浮想联翩。草坪上间以大乔木为主的树丛、树林，既增加了空间林缘线的层次变化，又为游人提供了庇荫、休憩的场所。

3.1.3 大草坪

景区面积 1.8hm²。采用开敞空间处理，境界开阔。边缘种植大片雪松纯林，与周围景区分开，气势磅礴，构图简洁，与鱼池的闭塞空间形成对比。北临西里湖，境界辽阔，可极目远眺北山一带的湖光山色和六桥烟柳。为打破大草坪空间的单调，草坪中央布置了一个桂花树群环抱而成的闭合空间，构成了空间的多重性。

3.1.4 新花港

在公园西部，由人工疏挖而成的自然曲折、宽狭不等的港道，沟通了小南湖与西里湖，发挥小南湖的游览作用，也为公园增添水景。夹港两岸种植四季花木，在岸坡高大乔木的浓荫掩映下，繁花如锦，使花港名副其实。

3.1.5 丛林区

在公园西部，与牡丹园相邻。利用原有杂木林，增植常绿阔叶树，结合地形开辟建林间小道，环境幽静，宜于漫步休息。芍药圃与疏林草坪区在公园南部，面积 5.5hm²，局部辟为芍药圃。建亭设廊，环境幽静。在小南湖与花港交接处，建水榭式茶室一座，以牡丹园为对景。该区色叶树为主，为公园增添秋色。

3.1.6 红栎山庄

红栎山庄位于花港公园西北侧。清光绪年间(1875~1908年)建造，为杭人高云麟别墅，俗称"高庄"，在湖上的众多别墅中向以幽雅著称。当时，庄内遍植春柳，四围亭台环绕。其内辟有莲池，池中养着各色金鱼。园景以喜竹、夏荷、秋菊、冬梅出名。庄后小桥，下通湖中，北可观隐秀桥，西能看三台来水，玉泄清流，铮淙可听。园内园外互相映衬，湖山秀色历历在目。可惜这么优美的一组建筑，在抗日战争杭州沦陷时被破坏殆尽，只剩藏山阁一处。2003 年，结合西湖湖西综合保护工程，取山庄之园林意趣，在杨公堤畔花港公园原鱼乐园内易地恢复此庄。如今的红栎山庄，占地面积约 4.67 万 m²，经一番仿明代风格式样的装修后，形成了一组有楼、馆、阁、榭、堤、桥、园、林巧妙融合的休闲园林建筑群，六七幢小楼被分别命题为"红栎山庄""梦蝶楼""枕湖居""云麟湖馆""画舟梅笛轩"等雅号。现由百年老店知味观经营杭州菜，遂亦名"味庄"。

3.1.7 蒋庄

蒋庄位于花港公园内。此庄原为金石收藏家、无锡人廉泉(1868~1932年，字南湖，号惠卿等，其夫人即吴芝瑛)的别墅，名"小万柳堂"，后售给南京人蒋国榜(清末至民国，字苏庵)。蒋得此楼后，改建屋宇，并易名为"兰陔别墅"，俗称"蒋庄"。蒋庄是目前杭州保存比较完好的私家庭院之一，傍湖而筑，修竹婆娑，以其门对藏山阁，又名"掩水园"。现此庄已辟为马一浮纪念馆，对外开放。建筑东临小南湖，主楼建于 1901 年，东楼与西楼建于 1923 年，占地面积 3468m²。主楼建筑为中西合璧风格的两层楼房，三开间，通面阔 15m，进深 12m，单檐歇山顶。四周回栏挂落走马廊，与西楼相接。东楼正面重檐,南北为观音斗式山墙。

3.1.8 魏庐

魏庐又名"惠庐",位于花港公园西侧。其占地面积2000m²,建于20世纪40年代,砖木结构,局部二层,有大小客房十余间。2003~2004年,对魏庐进行了全面整治,使这一老景点重新焕发出生机,融入了花港公园的景观。在整治中,汲取了中国传统园林布局手法,保持了原来砖木结构的风格。步入魏庐大门,进口处脚下是一段青石阶道,它的西侧是一座古雕土亭,雕刻工艺十分精湛,装饰风格繁花似锦。园内亭台楼阁错落有致,假山回廊迂回曲折,街窗临池,红鱼戏水,流水潺潺,鸟语花香,在园林配置上还采用松、竹、梅加以点睛,辅之以观叶观色植物,是一座典型的江南庭院园林建筑。

3.2 园路设置

全园有东、南、西三处入口,东大门位于苏堤,邻接游船码头,西、南入口设在西山路和南山路上。公园主干道贯穿东西两出入口,另有支路连接各个景区。路宽分3m、2.5m、2m和1.6m几种,部分小路为1.3m。园路除入口部分外,均随地形弯曲,自然流畅。

3.3 竖向设计

公园建造充分利用原有地形,因高就低,全园地势由西向东南倾斜。牡丹园相对高度在10m左右,牡丹亭设于其上,为公园中部制高点。全园地形均作自然起伏,避免平坦无奇。大都采用地面排水,园路低于两侧绿地,兼做排水之用。

3.4 植物配置

公园植物配置的艺术较高,对园林植物的体型、层次、色彩的对比组合,作了细致的处理,全园采用孤植、丛植、群植等自然式种植方式,以园林植物组成疏林草地、丛林等不同景观和不同功能的园林空间。观赏植物除牡丹之外,选择了海棠、樱花为主调,广玉兰为基调。力求景色丰富,季相明显。冬季有蜡梅山茶,早春有梅花玉兰,春天有海棠樱花,晚春有牡丹芍药,夏秋有紫薇荷花,秋天有丹桂红枫。每个园林空间的植物景色各具特色,有主有从,各景区主调基调树种均有区别。

牡丹园要求色彩鲜艳,以牡丹为主调,配植槭树,针叶树为基调,配植方式以混交为主,是全园种植的构图中心。牡丹怕烈日喜半阴,为不影响假山园的小比例尺度,园内不用高大乔木,而用树荫不太浓密的亚乔木庇荫。为增加秋色,丰富冬景,配植较多的色叶树、观果树和常绿树。花木配置上为四季景观的需要,以牡丹为主景,同时选用花期与牡丹不同的配景花木,如杜鹃、梅花、紫薇等。

鱼池景区为突出"花落鱼身鱼嘬花"的园林意境,构图要求华丽,以海棠为主调,广玉兰为基调,临池水边混交栽种色彩绚丽的花木和水生、湿生花卉。

草坪区在功能上要求开敞辽阔,构图简洁雄伟,主要选用巨型大乔木雪松为基调,樱花为主调,栽植上以小片纯林为主,不用灌木,以免琐碎。

花港一带为起到屏障作用,采用连续的种植构图方式,以阔叶常绿树为基调,春天以樱花,夏天以紫薇,秋天以红枫作为港湾突出部分和岛上的焦点树种。主干道两侧,构图简洁,乔木采用五种,使用自然式,以广玉兰为基调贯穿始终。春季以红色海棠花及白色珍珠花点缀,夏秋以红白紫薇装饰。

全园以广玉兰为基调,将各区统一起来。公园配植大量的红色花木,约占花木的40%,与大面积浅绿色草坪在色彩上产生明显的对比。公园多暗绿色常绿树,大量种植白色、黄色的花卉,以创造明快的园林景色。在混植和分层配植时,注意乔、灌木的形态和叶色绿色度的组合。全园花色色调虽不多,但由于花色的色度变化和叶色的绿色度变化,全园园林植物的变化十分丰富。为了延长花期、景色和使四季花开不断,较多采取不同花期的花木混植，在树丛、树群内分层配置不同花期的花木，花期长者株数多，花期短者株数少，同时多采用宿根花卉来延长园林空间的季相变化和色彩变化。

草花布置，除入口处采用规则式花坛、花带形式外，其余均作自然丛植式，置于树丛树群之前，在林缘水边、路旁石畔还疏落地点缀一些多年生宿根花卉，更加突出公园的花景。

4. 实习作业

（1）牡丹亭速写。

（2）实测大草坪区的空间关系和植物配置。

（3）选取园内较好的植物配置成景的实例进行实测，分别选取疏林草地、水边、桥头、建筑、道路交叉口等不同位置进行，并从植物配置方法、景观特点、成景方式、空间尺度关系、季节变化等方面进行分析。

（4）实习报告，重点分析花港观鱼从很小的面积扩大到一个大型城市公园时所使用的方法，即如何借题发挥，分别以花港、观鱼为主题，延伸发展适合现代生活的公共园林的内容。

（5）实测魏庐平面图及周围环境。速写其庭院水景。

（张　媛　编写）

【三潭印月】

1. 背景资料

三潭印月又名"小瀛洲",是西湖三岛中面积最大的一个岛屿,以赏月和水上园林著称。全岛由人工堆积而成,面积 7 公顷,水面占 4.2 公顷。从整个西湖的布局来看,西湖三面环山,三潭印月为沿湖各风景点对景的焦点,又与湖心亭、阮公墩鼎足三立,丰富了西湖的赏景空间层次。

三潭印月的前身是始建于后晋天福年间(936~943)的水心保宁寺,也称湖心寺。北宋时为湖上赏月佳处。元祐五年(1090 年),杭州知州苏轼疏浚西湖后,于湖中立三石塔作为标记,严禁在三塔之内植菱芡,以防湖泥淤积。

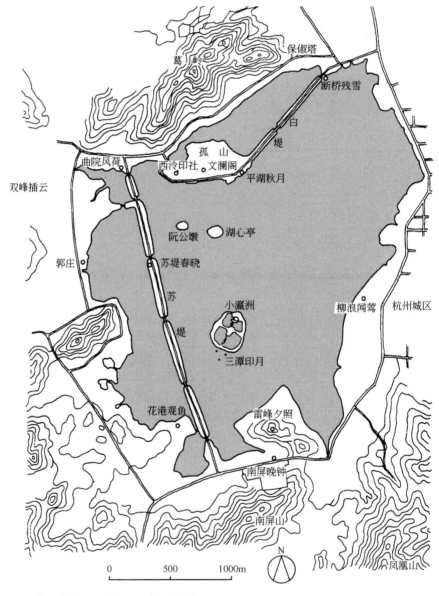

西湖三岛位置关系图(引自《江南理景艺术》)

明弘治年间，三塔被毁，仅留塔基。明正德年间，三塔塔基亦被掘去。

明万历三十五年(1607年)，钱塘县令聂心汤取湖中葑泥在岛周围筑堤坝，初成湖中之湖，作为放生池，又在旧寺基建德生堂。三十九年(1611年)，县令杨万里继续筑外坝，并将德生堂增葺为寺，恢复旧湖心寺匾额。池外仿北宋苏轼开湖时所立三塔造小石塔三座，塔顶为青石雕成葫芦状，塔身呈球形，饰有浮雕，塔身中空，环塔身均匀分为五个小圆孔。中秋皓月当空，塔内点上灯烛，洞口蒙以薄纸，烛光透出，宛如一个个小月亮，与天空之月、水中之月相映成趣。天光云影交相辉映，扑朔迷离，其境绝美，妙不可言，这就是久负盛名的"三潭印月"胜景。

清康熙二十八年(1689年)，玄烨手书"三潭印月"四字，勒石建亭。清雍正五年(1727年)，总督李卫再做整饬，筑土堤横贯东西；架曲桥于渔沼之上，贯通南北，池中种植荷花、睡莲，环池植木芙蓉，花时灿若

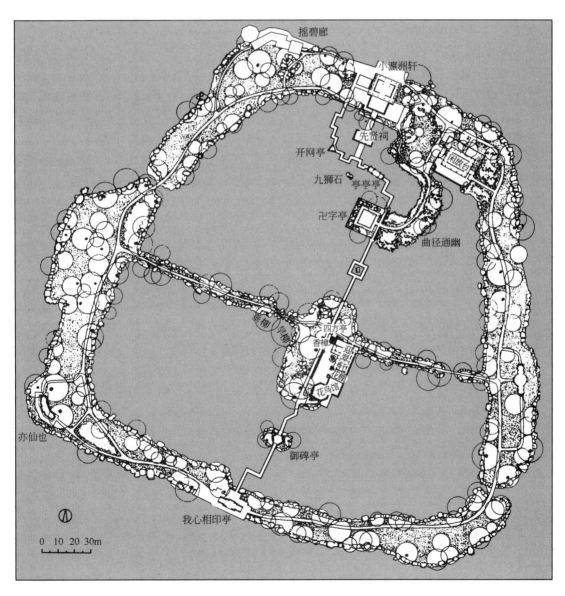

三潭印月平面图(引自《江南理景艺术》)

锦绣，为西湖十八景所称之"渔沼秋蓉"。并在岛上建亭、台、楼、阁。从此形成了三潭印月"田"字形框架的基本格局。

早在宋代，西湖十景中已有"三潭印月"之名，可见小瀛洲岛屿堆成之前，此处已成名胜，但只是水上游览点。自从此岛堆成，三潭印月不但可以舟游，而且可以陆游，扩大了游览内容，使这一名胜更加充实丰满起来。

2005年对三潭印月进行了修缮整治。整修了先贤祠、卍字亭、迎翠轩、花鸟厅、御碑亭、我心相印亭等建筑，进一步发掘人文历史景观；适量增添了四季花木，疏理林下灌木及地被层，增添岛上的花卉植物种类，在内湖广植优雅的水生湿生植物，使岛上花卉色彩鲜明，植物景观丰富；重新整治了游船码头、照相亭和售货亭等，重新统一设置了导游牌、指路牌、果壳箱、护栏、电话亭等，完善各类配套基础设施。

2. 学习目的

（1）学习造园中常用的岛屿的营造方法，通过堆积岛屿来分割水面，创造不同的空间感觉。分析岛屿与其它陆地的联系方法，如何通过交通工具、堤、桥、汀步等各种不同方式来增加游览者的个人体验。

（2）建立整体的空间感觉。

园林设计不能舍弃周围的环境来孤立地考虑具体的方案，设计必须与周围环境相结合，必须有一个宏观调控的观念，调整好点与面的关系，面与面的关系。自身内部景色优美的同时，需要将周围的景色能够被自己利用，同样自身也能够成为其他景点的借景。

（3）通过实地观察，分析在岛屿的内部与外部如何通过景观要素的建立丰富景观层次，湖中有岛，岛中有湖的平面布局对这一目地的作用。

（4）体会视觉与景物之间的视觉关系。景高:景深=1:10，仰角在6°~13°较为合适，植物、水面、道路都具有调整视距的功能，使人获得最佳视觉感受。

3. 学习内容

3.2 总体布局

三潭印月景观层次丰富，空间多变化，建筑布局匠心独运。以南北向桥、岛为轴线，由北向南依次布置小瀛洲轩、先贤祠、开网亭、亭亭亭、卍字亭、迎翠轩、花鸟厅、御碑亭、我心相印亭等建筑物及湖石峰与曲桥，以供游览休息之用。

由岛北码头上岸，这里昔日有"小瀛洲"石牌坊。正面的那一座歇山式的敞轩，原是清水师名将彭玉麟(1816~1890)归隐时所筑的退省庵；辛亥革命后曾改作先贤祠，奉祀明末清初具有强烈民族意识的四位浙籍学者——吕留良、杭世骏、黄宗羲、齐周华。

先贤祠边，便是九曲桥。九曲桥连接南北，共九转三回三十个弯，起了扩大空间，延长游程，引人渐入佳境的作用。在迂回多变的曲桥上，随不同的方向和角度，布置了三角形造型的开网亭，建亭于桥上的亭亭亭，水中则点缀有九狮石。

九曲桥尽头是岛的中心绿地。此处花木疏密相间，以翠柳、荷花、红枫、木芙蓉为主，四季花开不断，艳丽多彩，春秋两季景色尤佳。岛内岛外湖面如镜，楼台花树倒影摇曳生姿，天光云彩相映，着实让人感到如入蓬莱仙境。这里有新复建的卍字亭。"卍"字带有浓厚的宗教色彩，意为"吉祥万德之所集""万德圆满"之义，始建年代不能考证，此次按老照片上的建筑形式在原址恢复。亭边绿树繁花掩映着一堵矮墙，青瓦粉墙上嵌有数个花窗，墙内墙外，景色互见。墙上开有洞门，门额"曲径通幽"，出自近代维新派领袖康有为(1858~1927)之手。洞门口一条石板铺成的幽径通往竹林深处，给人以"庭院深深深几许"的感觉。竹林后有一座古建筑，便是彭玉麟退省庵的闲放台。

"闲放"之名出自清康熙朝大学士高江春的诗句:"圣朝休甲兵,吾其得闲放。"这是在整个岛区极为开阔空旷的环境下设置一处封闭幽奥的境域,使人感到一种空间气氛的变化,并从中获得心情上的安定感。沿矮墙南行,是一组绿色的建筑:迎翠轩、木香榭、花鸟厅。这里水绿树绿,波光树影,浓浓淡淡,苍翠欲滴,春深似海。

中心绿地也是南北东西堤桥的交汇处,由绿地南行,重又上一段曲桥,曲桥中部有康熙题名的"三潭印月"御碑亭。曲桥尽头是一座一面为粉墙洞窗、一面是轩廊的敞亭——我心相印亭。亭南湖面上,三座石塔亭亭在目,这就是"三潭印月"石塔。从"我心相印亭"南望,三塔对称地布置在全岛的轴线上,使岛与塔连成一个整体。

3.2 景观特点

三潭印月的特点是湖中湖,岛中岛,园中园,面面有景,环水抱山,山抱水。三潭印月通过堤岸和树木被划分为内湖和外湖,而内湖又由东西和南北的两条轴线划分为四个空间,使内部空间层次加深。南北、东西轴线的处理上,采取了不同的手法,南北轴线由建筑和曲桥贯穿,东西轴线则是堤岸、岛屿组成,两条轴线是自然与人工的对比,形成内部空间主次分明的丰富变化。从空中俯瞰,岛上陆地形如一个特大的"田"字,丰富了园林景观层次。

另外在南北轴线的建筑由曲桥连接,运用不同的曲度和平面变化延长游线,缓解平淡感,同时利用曲桥来弱化人工轴线的生硬感觉;东西轴线利用自然的岛、堤、树木配置来打破轴线感,形成空间变化。

建筑平面变化较多,且多开敞通透,彼此成对景,并使用粉墙漏窗创造空间,使内外空间相互渗透。在"西湖十景"中独具一格,为我国江南水上园林的经典之作。

全岛利用不同植物合理进行空间划分,形成大小不同,或开阔或郁闭的空间,从岛外看岛则林木茂密,林缘线丰富,富有韵律感。植物配置多考虑中秋赏月时的效果,水面种有多种睡莲。

4. 实习作业

(1)实习报告。重点分析三潭印月的湖中湖、岛中岛这一特殊布局形式,及东西、南北两条轴线的形成方式。

(2)以速写加文字的形式,表现岛中建筑如何通过漏窗等方式使内外空间相互渗透,形成流动的空间。

(3)选取岛中植物配置成景的佳例进行实测,从植物配置方法,成景方式,季节变化等方面进行分析。

(4)速写岛内任意二亭。

(张 媛 编写)

【湖 心 亭】

1. 背景资料

湖心亭是西湖外湖中的一个小岛。

宋苏轼疏浚西湖时，在湖中立了三座石塔作为界限，塔内的水面禁止种植菱茨，以防湖泥淤积。三塔到明朝弘治年间损毁。

明嘉靖三十一年（1552），杭州知府孙孟访得北塔塔基遗址，用疏浚西湖的淤泥加以拓展，广植花木，增设石栏，其上建亭，取名"振鹭"，逐成规模。不久，亭毁。

明万历四年（1576年）按察金事徐廷禄重建此亭，额曰"太虚一点"。司礼监孙隆在其四周堆叠石块扩展面积，建造"喜清阁"，周围种植花柳。游人将这座岛统称为"湖心亭"。亭亦作岛名，岛也为亭名。

清康熙二十八年（1689年），康熙皇帝御书"静观万类"四字，又在阁上御书"天然图画"扁额。

清雍正五年（1727年）再次增葺，旁边增加雕阑飞翼，并向上增加楼层。时称"湖心平眺"，为西湖十八景之一。

清乾隆二十七年（1762年），乾隆皇帝御书"光澈中边"匾额。

抗日战争杭州沦陷时，喜清阁楼屋旧址改建为财神殿。抗战胜利后又改为观音大士殿。

1953年在观音殿殿址上新建为一重檐歇山琉璃瓦钢混凝土方亭，是20世纪50年代西湖风景名胜建设中的第一所庭园建筑。

在2005年的"两堤三岛"修缮工程中，对湖心亭进行了修整。经过对沿湖原有建筑布局和有碍观景植物的调整，恢复了"湖心

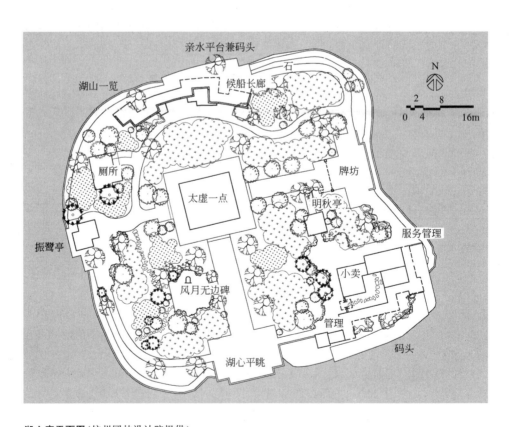

湖心亭平面图（杭州园林设计院提供）

平眺"景观。位于岛中的"太虚一点",显得更加富丽堂皇、端庄古朴。建筑内陈列了有关湖心亭的历史典故,岛上还竖立了暗寓风月无边的虫二碑,在旁边有文字小记说明此碑的由来及典故,为湖心亭增添了浓浓的历史人文意蕴。

2. 实习目的

(1) 通过湖心亭的实习,学习西湖这一大型水体空间的布局手法,对比颐和园、圆明园的福海、承德避暑山庄等中国传统园林中"一池三山"的造园模式。

(2) 学习湖心亭建筑布局的手法和变化处理。了解景点的空间布局。

3. 实习内容
3.1 总体布局

全岛面积约 $5000m^2$,与三潭印月、阮公墩并称"湖中三岛",在西湖中形成所谓"蓬莱三岛"的鼎足之势。

湖心亭四面环水,花柳相映,漂然一叶,荡于青山绿水之间。在此眺望西湖,绿水盈盈环抱,青山苍苍遥峙,水色山光一片,这就是所谓"湖心平眺",为清代"西湖十八景"之一。前人对月下的湖心亭和雪中的湖心亭更是情有独钟。

因全岛面积较小,湖心亭的空间布局以太虚一点为中心,周围以平台、亭、廊等环绕,太虚一点建筑的主要观赏点布置在岛的最南端"湖心平眺",其余方位则通过植物的密植将太虚一点隔离在视线之外,并通过为游人提供外向观景的场所而使岛内空间变化多端。

3.2 建筑小品

全岛的建筑布局紧凑,以湖心亭为中心,布置了码头、小卖、湖心亭坊、湖山一览、振鹭亭、清喜亭等,这些小型园林建筑的体量都较小,有藏有露,以太虚一点为中心形成一定的对比衬托关系。在岛的四个方向所布置的建筑各不相同,为外界观察湖心亭提供了足够的丰富度。太虚一点本身采用黄色的琉璃瓦,屋檐高大,在烟雨空蒙的西湖上形成一道靓丽的风景。

4. 实习作业

(1) 分析湖心亭岛建筑的布局方法,着重探讨在重点突出的前提下如何丰富建筑组群的空间关系和立面变化。

(2) 速写"湖心亭坊"或湖心亭建筑。

(张　媛 编写)

【杭 州 花 圃】

1. 背景资料

杭州花圃位于西湖风景名胜区西侧腹地的黄金地段，东临西山路，与曲院风荷隔路相望，西靠龙井路，南邻128医院，北以金沙溪为界与赵公堤接壤，总用地面积26.23hm²。花圃周边景区、景点环绕，在800m范围内就有曲院风荷、岳坟、植物园、双峰插云、茶叶博物馆、郭庄、赵公堤等。

杭州花圃始建于上世纪50年代初。建圃初始，遵循"科研、生产、观赏"三结合的方针，建成具有"科研内容、生产基地、公园外貌"的花卉圃地。在当时曾作为样板影响了全国各地园林部门花圃的建设。

鉴于杭州花圃在西湖风景名胜区中的独特区位，适应风景区的建设、发展需求，促进旅游的发展，早在上世纪90年代杭州市园林文物管理局就将杭州花圃的改造纳入议事日程，先后编制了多轮改造方案并于1999年完成了对东部区块（蒔花广场部分）的改造。2002~2003年，西湖风景名胜区开展了全面的西湖湖西综合保护工程。杭州花圃作为综合保护工程的一部分，由北京林业大学提供了花圃改造方案，以此方案为蓝本，开始了花圃的综合改造工程。

花圃地块用地呈长方形，东西长约690~775m，南北宽268~400m，全圃地势平坦、略有起伏，基本自西向东倾斜，黄海高程变化在15.20~8.20m。用地东部原为西湖疏浚堆泥区，土壤偏酸性，西半部土壤中性偏碱。园路结合生产需要，呈网状布局、平直相交，基本把全圃分割为北、中、南三大条块。路边乔木成林、长势良好。园中水生花卉区、兰花室、盆景园外围乔灌木高低错落、疏密有序，有良好的景观效果。

2. 实习目的

通过杭州花圃由城市生产绿地发展为城市公共绿地的改造实践，体会如何在利用现状、尊重现状的前提下，通过山水骨架、布局空间的重塑，达到"人与天调、人花共荣"的设计立意。

3. 实习内容

3.1 现状分析

杭州花圃改造工程建立在对原始地形、水系、植物的分析基础之上。在原始条件中，有以下几点对于布局有制约或有利影响，主要包括：

（1）三面环景、一面为院（疗养院），宜按"嘉则收之、俗则屏之"的造园手法，形成借景或障景。

（2）区内原有孤立、零星的水面，自净能力及景观效果一般。应将区块内的水景塑造纳入西湖湖西综合保护工程的水体整合范畴之内，以宏观的视角来处理花圃的水系组织形态。

（3）用地地势平坦、平直的路网形态具有鲜明的生产圃地特征。如何通过山水骨架的重塑、结合路网体系的调整，创造自然迂回的景观变化、兼顾土方平衡需求，是改造的难点。

（4）如何将江南传统园林"精在体宜"的造园艺术、中国传统的赏花文化同现代园林的休闲游赏需求有机结合是改造需解决的重点问题之一。

3.2 总体布局

总体布局以蒔花广场、四时花馆（待建）为中心，采用一主多辅的集锦式布局手法。在花园东西向中轴线方向布置有以蒔花展示为主、以满足户外大型活动需求为主要内容的蒔花广场和以温室花卉展示、室内休闲为

杭州花圃改造前平面图（杭州园林设计院提供）

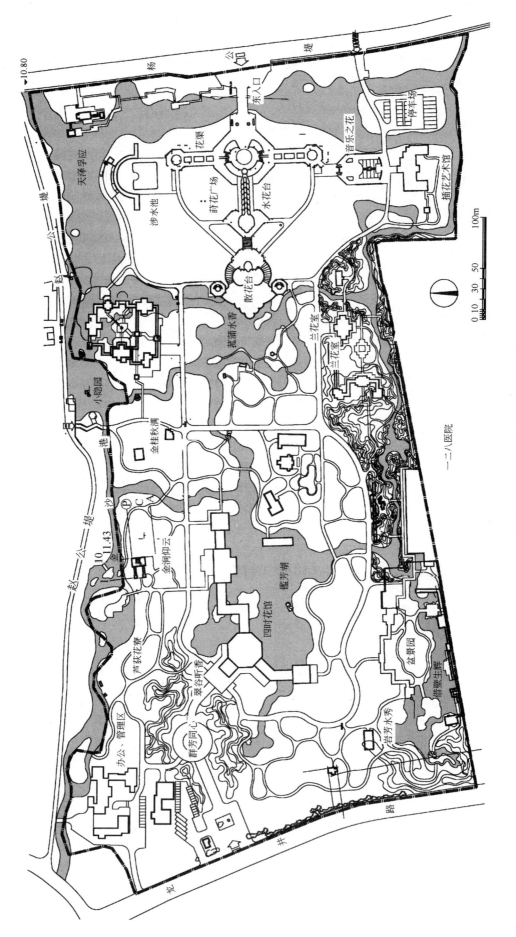

杭州花圃改造后平面图（北京林业大学提供）

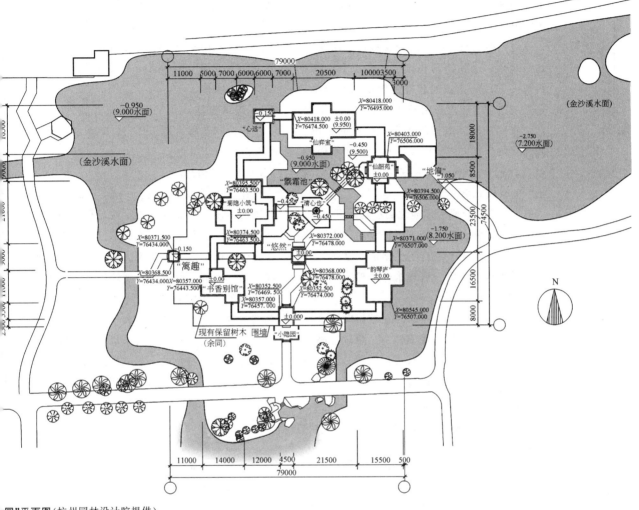

"园"平面图(杭州园林设计院提供)

主、室内外环境密切交融的"四时花馆"。

"莳花广场"部分位于花圃东部,以简洁、大气的空间处理形式,结合"花渠"、"水花台"、"散花台"、"十二花神"雕塑及花卉文化的延伸(包括儿童之花、音乐之花)等素材的综合处理,形成场地东界的大型户外莳花展示场地。"莳花广场"东界以保留的水杉树为背景,西侧散花台部分借远处北高峰之景,形成有障有借的空间界面。本广场的布局形态有利于大型节庆活动的布展。

"四时花馆"的室外环境以鑑芳湖为中心,湖之北、西两侧布置观赏温室。集中的水面、大型温室花卉展室、临水而设的缀花草坪,构成花圃的中心景区。花馆建筑融入自然环境之中,南缘设咖啡茶座,室内室外均花意撩人、相映成趣。

在中心主轴的外缘、场地的北、西、南三面,采用集锦式的布局手法,结合现状地形条件、人文资源、花卉主题串联有各具特色的花卉展园,主要有:

(1)天泽孚应:位于园之东北、临近杨公堤流金桥。此景点以天泽楼为主景,三面有水，建筑群体布局照应多面景观。为顺应史书记载中"宋代京尹与明代郡守在此祈雨"所建。

（2）小隐园：位于天泽楼以西、莳花广场西北角。小隐园与花圃的结合点在菊花，借菊夫人以菊花新曲起舞之因建菊园小隐。地之东西皆有小溪贯南至菰蒲水香，使得院落式布局的菊园取得闹中取静的空间氛围，暗和"结庐在人境，而无车马喧。问君何能尔，心远地自偏。采菊东篱下，幽然见南山"的景观意境。

（3）金桂秋满：用地北侧小隐园以西。

（4）菰蒲水香：莳花广场以西、小隐园之南。保留利用了原有沼生湿地，通过与外界水系的沟通串联，梳理水体框架，提供了沼生花卉的展示场地。

（5）金涧仰云：在四时花馆以北、金桂秋满之西。此处得景在于仰高、眺远。高台远借双峰之景，取"近水楼台先得月、近山楼台先得云"之意，通过竖向的高低起伏变化，将赏景、休闲、花卉展示结为一体。

（6）翠谷听香：在公园西入口处，四时花馆之西。通过地形的处理围绕西入口广场，并引导至规划中的四时花馆。种植芳香植物，翠谷穿风、清香袭人。

（7）岩芳水秀：在花圃西南高地。起土山由角隅跌落而下，主脊向北，西墙以黄石与岩生植物组合而成，以土山带石结构掇山而成"众香岩"。谷地作涌泉花溪，黄石跌落作花台。

（8）借壁生辉：位于原花圃盆景园南界。按"嘉则收之、俗则屏之"的处理手法，结合区块南界长廊的处理，形成公园的特色景点。

（9）兰花室与插花艺术馆：位于公园东部、南侧，均为原有景点。通过环境的整合改造，塑造精品兰花展室与满足游人参与需求的插花艺术馆。

以上各部分基本环绕花圃的外圈地带，逐一展开，形成杭州花圃各具特色的花卉展园。在这些园林中，有的是采用庭院式的处理手法，形成园中园，有的采用以自然素材（包括花卉、山石、水体等）为园林主景，在中心空间主框架的协调统一下，形成各具特色的集锦式园林。

3.3 设计方法

在杭州花圃改造工程中，景观创作方面主要具有以下特色：

3.3.1 设计构想

在总体关系上，外连内合，强调整体。花圃改造不是孤立的造园，而是整个西湖湖西综合保护工程的有机组成部分。其山水骨架、脉络的形成无不顺应、强调与外界的视线呼应、功能串联。使花圃环境真正融入西湖湖西的总体框架之中。除了总体布局中提到的散花台、金涧仰云、天泽孚应等景点考虑到"看与被看"的关系以外，花圃的边界处理是颇有特色的。其边界强调了障与透的关系，化不利为有利，化随机为必然，拓展了视域，丰富了景观层次。

3.3.2 布局结构

布局结构上，采取了一主多辅的集锦式布局，形散神聚。场地周边的多个组团式花园为各类花卉的展示提供了尺度精巧宜人的小空间，各个小节点分别有不同的花卉或人文主题。而位于场地东西向的中央轴线方向布置了莳花广场与四时花馆，其空间尺度较大，利于塑造壮观的花卉展示场景，同时它又作为花圃的"心"，将周边地带集锦式花园串联起来，增强了花园的秩序性、方向感，增强了花园的整体性。

3.3.3 景脉传承

作为改造类项目，杭州花圃的改造充分利用了原有的植物条件、水系条件，新建园林与原有有利条件完美衔接，浑然一体。比较有代表性的是菰蒲水香与天泽孚应，保留了原有树木、水体，新建设施、建筑完全融入环境之中，使得新建项目建成后即取得历史感。

3.3.4 汲古赋今

现代园林不是单纯的观赏性园林,应在突出主题表达的同时,满足游人的参与、休闲需求。花圃改造汲取了中国传统园林的"巧于因借、精在体宜"的造园思想,在塑造各类不同主题的花卉展示空间的同时,充分考虑了游人的休闲、参与需求,使得改造方案结构丰满,可游、可憩。其中包括茶座、婚庆场地、插花培训、莳花广场表演空间得预留等。

4. 实习作业

(1) 通过对比花圃改造成果与改造前的现状图,分析花圃改造中如何在尊重现状、利用现状的基础上实现由生产绿地到城市公共绿地的转变。

(2) 阐述花圃边界空间处理的特色。

(童存志 编写)

【西泠印社】

1. 背景资料

西泠印社社址远含山色，近挹湖光，坐落于孤山南麓、西泠桥畔。五亩坡地，依山傍水，以泉衬石，水随岩转，亭台楼阁，错落有致，茂林修竹，佳木繁荫，方寸之中，气象万千。西泠印社是我国研究金石篆刻的著名学术团体。1904年（清光绪三十年），浙派金石书画家丁仁、王褆、叶铭、吴隐等四人在孤山买地建房，修契立约，发起创建西泠印社，1905年，仰贤亭建成；1910年，造石圆桌；1911年扩小盘古、得印泉；1912年建石交亭、山川雨露图书室、斯文、宝印山房，立"壬子题名刻石"；1913年，疏浚印泉。以"保存金石，研究印学"为宗旨，探讨六书，研求篆刻。1913年，近代金石书画界泰斗吴昌硕出任西泠印社首任社长，盛名之下，海内外印人云起景从，入社者均为精擅篆刻、书画、鉴赏、考古、文字等之专家。经百年传承，西泠印社融诗、书、画、印于一体，成为我国研究金石篆刻历史最悠久、影响最广大的学术团体，在国际印学界享有极为崇高的学术地位，有"天下第一名社"之盛誉。

西泠印社现有柏堂、竹阁、仰贤亭、四照阁、题襟馆、观乐楼、还朴精庐、华严经塔等建筑。各抱地势，参差错落。其间有印泉、闲泉和潜泉，幽雅清静。亭阁内嵌有清代印人画像石刻及印学大师丁敬的墨迹石刻，岩壁上存有众多名家的摩崖题记。还建有"汉三老石室"，室内保存的东汉《三老讳字忌日碑》和历代碑刻，有重要历史价值。园林之巧，诗韵隽永，被称为"湖山最胜"。原有"石交亭"、"宝印山房"、印社藏书处"福连精舍"等建筑，现均不存。

2. 实习目的

（1）学习台地园的处理手法，体会"因山构室"的园林设计思想。

（2）体会园林空间序列组织的起承转合。

（3）体会风景名胜区景观体系建构中景观层次的相互联系。

3. 实习内容

3.1 总体布局

计成在《园冶》中曾指出："园地惟山林最佳，有高有凹，有曲有深，有峻有悬，自然成天然之趣，不烦人事之工。入奥疏源，就低凿水，搜土开成穴麓，培土接以房廊。杂树参天。楼阁碍云霞而出没；繁花覆地，亭台突池沼而参差。绝涧安其梁，飞岩假其栈……"西泠印社依山而起，大致可分为山下、山腰、山顶三层台地以及后山四大景区，占地约 $2hm^2$。山下南向与外西湖隔路相连，入口园门相对西湖湖体形成框景，将湖中景色纳入园中。景色相互渗透，可纳湖中岛景。园中以柏堂为中心，东西各连廊宇，堂前挖一水池。绕过以柏堂为主体的山下庭院，同时出现三条上山路径，三条上山道路分为东、中、西三个方位，而这其中以石牌坊最为明显，引导游人选择道路的作用更为明显，可见标志物对游人的导向性作用。山路沿等高线上升，每到线路转折或坡度变化的地方，都会有建筑或标志物作为引导，一方面对游人的行走节奏加以控制，另一方面适时的对景、框景的巧妙运用，使园林空间层次更为丰富。山路各节点位置依次布置有"山川雨露图书室"、"仰贤亭"，原本还有"石交亭"、"宝印山房"、印社藏书处"福连精舍"等建筑，现均不存。建筑体量并不大，均依山而建，建筑形式与山势变化结合紧密，犹如山体中天生而出，彰显"因山构室"的精到处理。穿"仰贤亭"西门洞而过，即可见对景"印泉"。经"鸿雪径"到达

[南方实习]·西泠印社

西泠印社平面图(摹自《中国古典园林史》)

山顶，"鸿雪径"与"华严经塔"形成对景与框景。山顶平台占地1600多平方米，山顶中间有一水池，并建有华严塔、四照阁、题襟馆、观乐楼等建筑，建筑围绕水池，占周边用地，相互呼应。"华岩经石塔"为山顶区域标志性主景，而"四照阁"与"题襟馆"成为因借西湖美景，联系内部景致的视线转换节点。寻桥过小龙泓洞，进入后山景区。

西泠印社是中国传统台地园的范例，其建筑物巧借自然之势，各抱地势，布局灵活，参差有致地布置于山坡的不同标高之上，融于自然山林之中，构成一幅天然的山水画卷。在节点形式选择上，使用两种方式，一种以建筑作为节点，另外一种则以不同形式的泉池作为景观映衬，使空间组织更为灵活多样。

3.2 空间序列的组织

根据西泠印社的布局特点，从入口至山顶庭院大致可分为五段。因其所处的位置不同，在成景序列中各有其特殊的作用。

3.2.1 起景

由入口至柏堂：沿西湖孤山路可至园门入口，园门不大，门洞上有额，刻有"西泠印社"四字，朴素典雅，别具一格，成为全园景观构成的起点。步入园中，为一封闭式布局庭院，四周风景顿收，思绪由外至内，收于园中。庭院之北为主体建筑柏堂，西有竹阁，小巧玲珑，作为陪衬。由围墙、廊、柏堂、竹阁围成的空间有几个豁口，特别强调上山去的通道，所以东为实墙，不作漏窗，北端又是一廊子，起到了很好的导向作用。整个入口起景，空间以收为主，封闭式庭院布局，起到了很好的欲扬先抑、欲露先藏的组景效果。

3.2.2 承景

由石牌坊至印泉：经柏堂、书碑廊西行，在上山的蹬道石阶上，矗立着一座石牌坊，朴素无华，引人入胜，四周古木垂萝，郁郁葱葱，清宁幽雅。石阶和树木构成了该段的重要组景因素，形成景观的过渡地带，拾阶而上，眼前已是"山穷水尽"，峰回路转，却又是"柳暗花明"——山川雨露室和仰贤亭呈现于眼前。整个景段布局短小精悍，正所谓"即起即承，即承即转"，空间变化收中有放，有"曲径通幽，含蓄蕴藉"之感。"山川雨露室"造型朴实，体态轻盈，巧取山势，横向展开，与行进方向垂直，使山上山下组景空间分开。

3.2.3 转景

由印泉至四照阁：过山川雨露室迎面可见一巨石，石上刻有"印泉"，石下为清泉小池。从印泉折向东，经"鸿雪径"的导引，至临崖而筑的四照阁，侧墙一挡，视线反弹，有石级"指路"，由东转向北，可直达山顶庭院。但整个景段似乎显得平淡，然却是别有用心，从印泉至山顶，园路随地势生长延伸、曲折转向、步步高升，造成一种力的倾向，使心理场在空间场的作用下，具有一种张力运动的惯性，导致心理的期待、悬想和寻觅的视觉追踪，可谓"转之又承"、"承之又转"的组景序列变化，为高潮的到来作情绪的酝酿和铺垫。空间变化由收至放，由闭至开，与入口的"收"和"闭"取得了很好的抑扬呼应。

3.2.4 高潮

山顶庭院：山顶庭院景观组织更妙，中心一石池，实中有虚。建筑布置于四周，南面临崖，西有观乐楼、汉三老石室、吴昌硕纪念馆，东有题襟馆，北方整台地上立八角形十一级玲珑小巧的华严经石塔，成为整个庭院的构图中心，也是孤山景色的重要点缀。总的空间围而不合，以虚为主，可以感到有空间的内聚之感，又能因借西湖之景，内外相结合。山顶庭院通过华严经塔作为整个序列意境的最高升华，起到控制组景序列节奏、升华意境的作用。

3.2.5 结景

从小龙泓洞至后山：沿山顶庭院的小龙

泓洞北行，则构成序列的延伸和空间的再度收闭，起到"合中有起"的组景，景断意联，留有余味，取得景观构成的延续，成为新的组景序列的起点。

总之，西泠印社在组景序列中采用灵活的分散式布局，在序列组织和空间变化上颇具匠心。此外，建筑与地势巧妙结合，园林小品的环境渲染，更使组景序列增色不少。

3.3 景观层次控制

西泠印社作为典型的台地园林，拥有相对独立的空间范畴。其内部形成自身相对稳定的景观体系，在这一体系中，由主景、次景以及配景等多种构景要素组成，但同时作为西湖风景名胜区中的一个景点，它同样在大的景观体系中充当一个景观角色，这就要求在内部景观体系完善的基础上，必然要与西湖风景区内的其他景点利用各种方式取得联系，而在这方面"四照阁"建筑、"题襟馆"前平台起到了至关重要的作用，它们在西泠印社内部起到稳定景观构架的作用，同时又成为内外联系的枢纽，因此，从系统的角度出发，风景名胜区、景区、景点等等之间都存在着层次鲜明的网络化格局，这同时说明，在做局部设计的时候，形成完善的内部景观体系只是工作的一部分，而还需要更多的考虑如何与外界取得联系，并将这种与外界的联系表现为最大的景观化。

4. 实习作业

（1）草测西泠印社前山平面及竖向。

（2）以西泠印社为例，总结台地园的造园理法。

（3）速写1~2幅。

（魏　民　编写）

【太子湾公园】

1. 背景材料

太子湾公园南靠九曜、南屏二山，东邻净慈寺、小有天园及张苍水、章太炎墓道，西借南高峰烟霞翠岚入园，北有一长列高大葱郁的水杉密林如翠帷中垂而与车水人流的南屏路相隔。山（九曜、南屏）为屏，水（明渠）为脉，山障水绕，气韵生动。太子湾公园位于苏堤春晓、花港观鱼南部及雷峰夕照、南屏晚钟西部背山面湖的密林间，原是西湖西南隅的一片浅水湾，有近180亩低平的空地，据《宋史》记载，宋时曾被择为庄文、景献两太子埋骨之所，湖湾因此而得名。古时的太子湾为西湖一角，由于山峦泥沙世代流泄冲刷，逐渐淤塞为沼泽洼地，解放后，曾是两次疏浚西湖的淤泥堆积处，西湖泥覆盖层达2~3m，表面为喷浆泥，经阳光曝晒，满是龟纹和洞坑，踏之如履软絮。土壤色黑、黏性重、物理性质差。山麓山坳岩隙为黄壤，属砂质黏土。1985年，西湖引水工程开挖的引水明渠穿过太子湾中部，钱塘江水自南而北泻入小南湖，明渠两旁堆积着开山挖渠清出的泥土和道渣，形成一块台地、两列低丘，其余皆为平地，地面长满藤蔓，间或有几丛大叶柳，冬季叶落枝垂，平地及堆泥区一片枯败景象。太子湾紧接九曜山北坡，夏季无风，冬季风厉，立地气候条件不佳。

该园始建于1988年，随着钱塘江西湖引水工程的竣工，这里被辟为太子湾公园。总面积76.3hm²。

2. 实习目的

（1）学习自然山水园的理景手法，着重体会山水骨架的构建对园林布局、空间组织的作用。

（2）学习在自然山水园的竖向设计中，如何处理地形塑造与水体变化之间的关系。

（3）学习在自然山水园的种植设计中，如何运用植物的体量、质感、色彩等来塑造空间。

3. 实习内容

3.1 总体布局

在总体构思中，将太子之意延伸为龙种，故在整体布局中，突出龙脉，以水为"白龙"，以地形植被为"青龙"，两条龙相互渗透，形成动与静、内与外、上与下等不同关联，共同构建全园的山水骨架。

太子湾公园以园路、水道为间隔，全园分为六个区域，即入口区、琵琶洲景区、逍遥坡景区、望山坪景区、凝碧庄景区及公园管理区。琵琶洲是全园最大的环水绿洲。

3.2 地形塑造

在地形塑造中，利用丰富的竖向设计手段，组织和创造出池、湾、溪、坡、坪、洲、台等园林空间，同时还根据功能与建设管理的需要，严格控制排水坡度，将所有园路均低于绿地，对园区排水及植物生长更为有利。全园地势南高北低，顺应引水需要，利用地形形成高差，促使水流顺畅的泻入西湖。

3.3 水系处理

在水体处理方面，首先是从功能出发，在保证满足钱塘江——引水工程需要的同时，从景观和谐出发，以自然朴野为原则，在水系走向、驳岸处理、水位控制、水景营建、植物护岸等方面，进行了相应调整与建设，使引水工程与景观创造达到了完美的结合。水系由引水河道接出，以瀑布、溪流、跌水、潭池等多种形式组成，最终分流三处，在全园迂回流淌后泻入西湖。

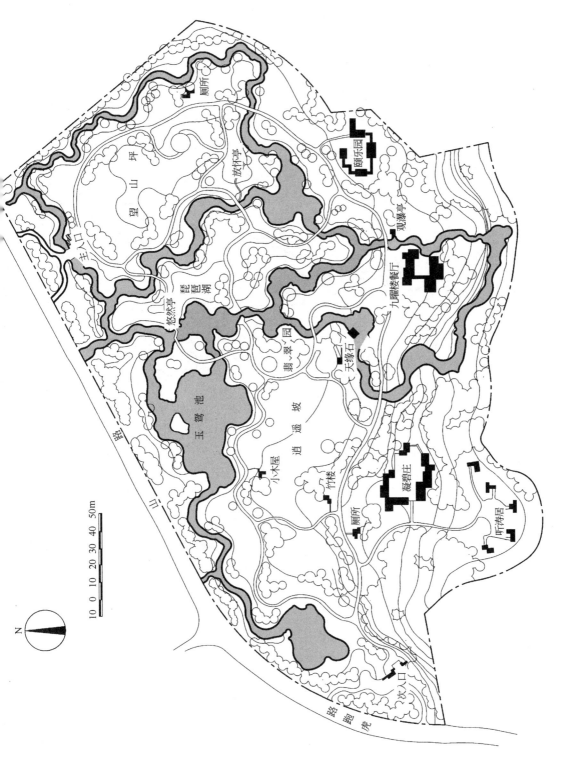

太子湾公园平面图（摘自《中国优秀园林规划设计集（三）》）

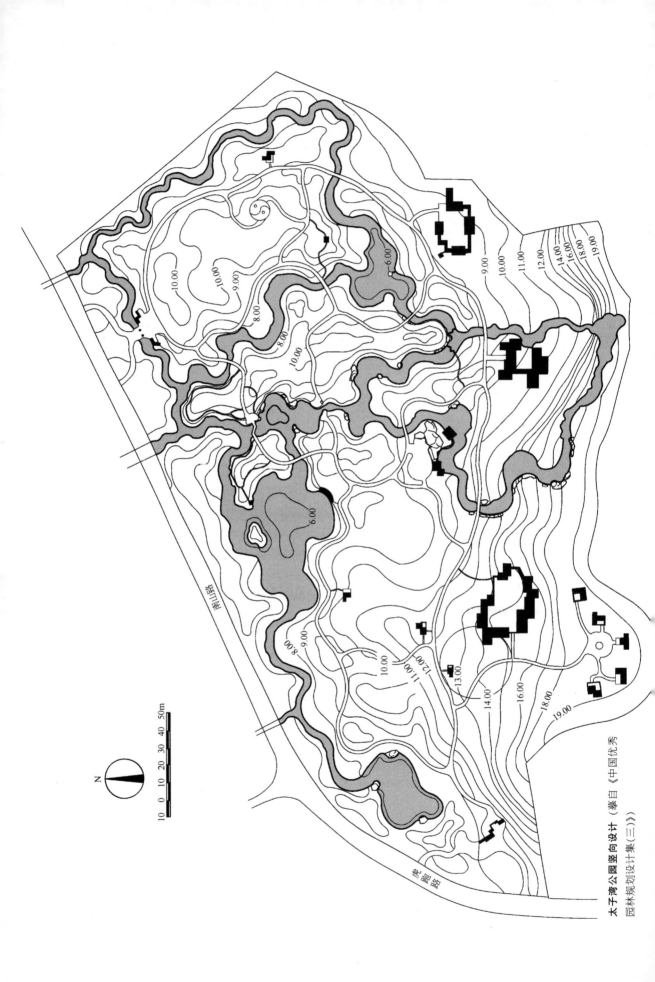

太子湾公园竖向设计（摘自《中国优秀园林规划设计集（三）》）

3.4 种植设计

植物配置中充分考虑植物的生长特性及生长态势等多种因素，利用植物特有的色彩、体量、外形、质感等表征，创造出层次丰富的植物空间。植物配置分高、中、低、地被及草坪等五个层次，高层主要有乐昌含笑、四川含笑等木兰科植物；中层按照季相划分，春季以樱花和玉兰为主，秋季突出丹枫和银芦；低层大量使用火棘和三颗针等植物；地被突出宿根花卉和水生植物；草坪以剪股颖和瓦巴斯为主。种植形式以片植与孤植、密植与疏林相结合，以体现全园自然、单纯、明快的氛围。

3.5 建筑道路

园中建筑不多，且体量较小，以体现建筑融于绿色，建筑生于绿色之感。同时在建筑及工程构筑的外装饰上，利用带皮原木、水泥仿木、茅草、树皮、水泥塑石等材料与手段进行了自然化的处理，以保持全园景观的和谐统一。园路分为三级，均采用石材铺设。

项　　目	绿地	水体	道路	建筑	其他	合计
面积(m^2)	35530	26370	12800	2500	300	177500
所占比例(%)	76.3	14.9	7.2	1.4	0.2	100

3.6 用地平衡

太子湾公园的精到之处在于以引水工程和明渠改建为辅以其他形式的水系处理，结合丰富的地形塑造，构建了一个饱满稳定的山水骨架，在其之上覆以大块面的植物种植、轻盈的建筑及流畅的园路，使全园在创造丰富景观空间的同时，不失简洁明快的特点。正如中国画论中指出："山之体，石为骨，土为肉，林木为衣，草为毛发，水为血脉，寺观、村落、桥梁为装饰。"

4. 实习作业

(1) 以太子湾公园为例，总结自然山水园中地形与水系的处理手法。

(2) 总结太子湾公园水系驳岸处理的手法(护坡形式、材料及植物等内容)。

(3) 速写2幅。

(魏　民　编写)

【玉 泉 观 鱼】

1. 背景资料

"玉泉鱼跃"是杭城的老牌景点。有记载的人文经营始于南齐建元年间（479~482 年），这之后玉泉即以其"泉清境幽"见称于时，更以观鱼盛事名闻天下，若干年来文人墨客也词章不断。最近的整理修建是在 1965 年前后进行的，之后一度中兴，近年来则日趋冷落。主事者不忍见此，于 1999 年决定拨款对其进行整修，并于其南侧又划出同样面积的用地做扩建用地，以希复兴。

2. 实习目的

(1) 了解景点的空间布局。"玉泉观鱼"由多重规则式院落套叠而成，为西湖景区所少有（彭一刚的《中国古典园林分析》有论述）。

(2) 体会尺度——多处院落的围合和分隔有围廊参与，它们具有不同于苏州古典园林的尺度。

(3) 了解对同一主题的表现中不同设计手法的运用（南园为 2000 年新修）。

3. 实习内容

3.1 总体布局

玉泉观鱼景点总体上分为南园与北园两部分，而在空间布局上，南园与北园遵循了不同的理景手法。

3.1.1 北园

北园中，建筑占据着组织者的地位。总共 7500m² 的用地中，由 1750m² 的建筑划分出共 9 块天井、庭院，组成了 3 个院落。这些天井或庭院大小不一，形状上却都方正。这方面又与大多数的江南园林形成对比——那些庭院空间大多都是异形平面。因此，将上述两方面结合在一起，可以用"整形建筑围合空间"来概括老北园的空间特征。

3 个院落也都是围绕着其中呈矩形的水池形成的。西部两个分别唤作"古珍珠泉"和"晴空细雨"。东部另一饱满水庭即大名鼎鼎的"鱼乐国"。

3.1.2 南园

南园与北园一墙之隔，位于它的南侧，用地也是 7500m²。西、南部是有一定高度的山坡地，东部临植物园内一游览主路。用地内有长直废弃水池近 700m²。并有若干大树散植其间。

"自然山水开放空间"是南园的大的空间格局。空间围绕着水面展开，两个主要建筑隔水相望，另有小亭偏置于其中，充实空间，同时迎向从老北园而来的人流。

这里，通连的水面替代了北园的建筑，成为南园空间的组织者和统一者。水面因此就不会成为一自在之物。它与陆地交织、同建筑交结、与园路交通，构成丰富的底景。水也因此得到了多种形态（计有浅滩、深池、小潭、涌泉、跌水等）和多种形状的表现。

3.2 风景园林建筑与小品

南园散点式布置有四座建筑，除了北部围绕着原先泵房发展而成的茶室（清心堂）外，其余三座（玉泉庵、探泉亭、东入口）都是单体建筑。与北园纵横连续的建筑组群构成对照。南园建筑因此从组群中活跃出来，获得了更多的表现机会。

同时这种表现仍需得到环境的许可和支持。因此建筑与环境的结合也得到了特别的注意。尤其是与水环境的多样结合，分别形成了水边（清心堂）、水上（玉泉庵）、水中（探泉亭）三种组合方式，构成一系列建筑与环境彼此内在的，自然、朴拙而丰富的场景。人对自然的亲和愿望也借此得到如期表达。

建筑形式沿用了老北园的样式，大都取悬山屋面。中部的探泉亭是四角攒尖，算是一种变化。

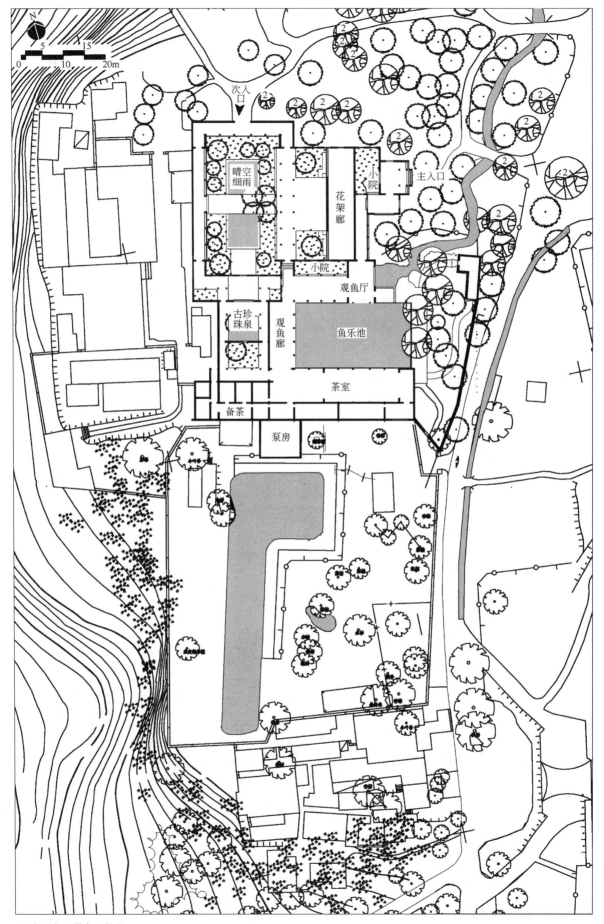

"玉泉观鱼"景点现状图

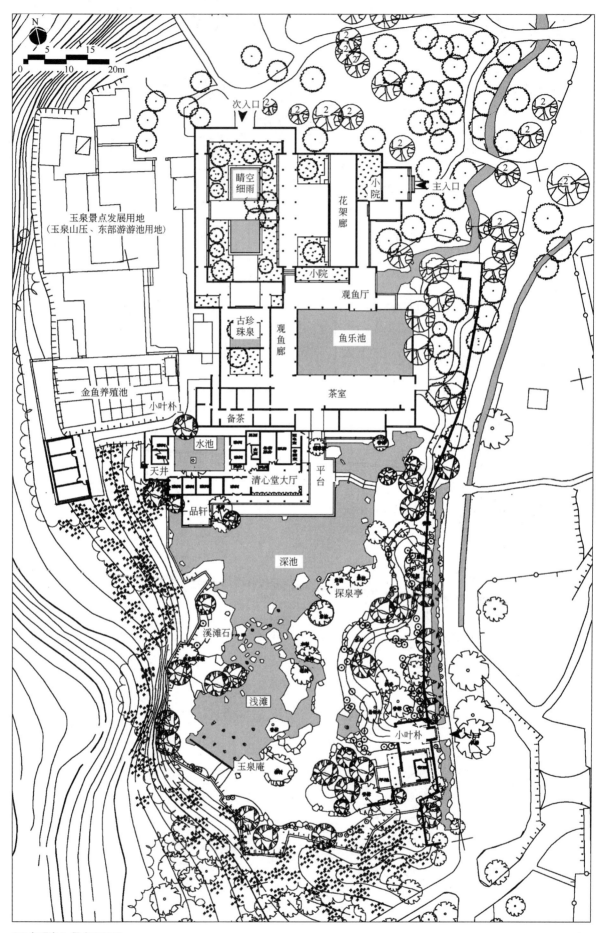

"玉泉观鱼"景点平面图

3.3 工程做法与细部处理

3.3.1 边界处理

南园北部与北园相接处，设一高达 5.5m 的长墙作为彼此的分隔。西部、南部与山林联结处，则设置不等高的挡土墙。挡土墙进退不一，强调了场所感的形成，同时因应古有的"开山筑庵，草创玉泉"的记载。挡土墙块石干砌，利于表现石材的肌理，也利于日后植物的生长。东部界线临近园外道路。设计延续了北段现有围墙风格，以体现园子的整体性。围墙后退道路5m余，将原路东的水渠改道此间，配以山石、植物，增加与环境的亲和。围墙内另做1m左右的微地形起伏，平衡土方，丰富底景，也呼应了山形走势。

3.3.2 东侧入口

在东界围墙的中断处，为一四柱悬山建筑，点明入口所在。入口正对用地东部现存的三棵大枫杨。其朴素、大方的造型也为内部空间定了一个基调。同时利用入口功能建筑的组合，在内部形成了一个迂回曲折的空间，避免了直露。

3.3.3 玉泉庵(现名)

于场地的西南角建三开间临水草庵一座，应和旧日记载，以建筑材料的拙朴和造型的简朴渲染环境的自然清新气息。撰联点题，并与北部鱼乐园的对联相和("鱼乐人亦乐，泉清心共清")。联曰："水清且净可以观鱼，天虚而空正好放心"。

3.3.4 清心堂(现名)

取名"清心"，既应和茶室自有的"清心"之用，也附和了北园所有的"池清心共清"之意。茶室依墙面南而建，与水的亲和性极佳。同时也打破后部立墙的单调，提供北视站点、丰富南部景观。

3.3.5 汀步群

在深池和浅滩间设置溪滩石汀步群，分隔南北水面，也沟通东西两岸。同时，其群体式的设置，改变了一般线形的汀步设置方式，暗示了它的停留性能，更为游人全面地接触、亲近水体和鱼提供可能。

3.3.6 探泉亭(现名)

探泉亭位于用地中部偏东北，为一四柱攒尖方亭。三柱岸上，一柱入水。这种别致的建筑平面处理，是建筑与水的亲和，也表露了人与自然的合作姿态。

3.3.7 涌泉

在水池中设置了几处点状涌泉，丰富水景，同时也是对原有对此地的记载("玉泉地区为松散沙砾石层地带，地下水十分丰富，泉眼极多")的模拟。

4. 实习作业

（1）草测探泉亭及周边环境平面。

（2）以实测为基础，分析杭州古代园林与苏州古代园林在空间经营、细部设计以及尺度把握等方面的异同。

(赵　鹏　编写)

【万松书院】

1. 背景资料

杭州万松书院初创于明弘治十一年（1498年），浙江右参政周木就凤凰山万松岭报恩寺故基创建，取白居易诗"万株松树青山上，十里沙堤明月中"句意，称万松书院。当时有仰圣门、大成殿、明道堂、毓秀阁、飞跃轩、居仁、由义斋、颜乐、曾唯亭，之后屡有修葺、增减，规制日益完整。清康熙十年（1671年）重建，并改名为"太和"。五十五年（1716年），又更名为"敷文"。乾隆年后逐渐荒废、湮没。如今，书院遗址只剩石狮一对，以及民国时期牌坊一座，照壁一座。

万松书院是明清时期杭城规模最大、历时最久、影响最广的书院，曾是浙省文人汇集之所。作为当时浙省最高学府，书院为浙地造就了许多人才。明著名学者王守仁、清著名学者齐召南、秦瀛等，都曾在此讲学。袁枚曾就读其间。传说戏曲人物梁山伯、祝英台曾于此就读，民间亦称万松书院为梁祝书院。

书院遗址于2000年7月被市政府公布为市级文保单位。2001年9月，主管部门决定依照明代格局，对其进行复建。从而对杭城历史文化名城的风貌体现，包括西湖旅游景点的丰富，以及带动整个凤凰山景区的开发，均有积极意义。

2. 实习目的

（1）了解古代书院功能内容及平面布置格局。

（2）体会万松书院的空间序列。

（3）分析山地园林的处理特色。

3. 实习内容

3.1 书院总体布局与空间分析

3.1.1 总体布局

自明弘治初创，至清光绪十八年（1892年）原址停用，400年间，书院屡修屡圮，屋舍多有增减、位置也有变动。但不外乎围绕着讲学和祭祀等功能布置。具体修建情况，历代修建碑文虽有记载，但多有不详之处，前后也无法一一应证。无论是其原状、还是历史修建状，都难以确知，而现状又遗存极少、破坏极多，无法确定一"标准平面"供复建设计工作完全参照。

考虑到完全的复原性重建不可能，也无甚必要——因为本处遗址的价值主要在于其历史文化方面，而非建筑技术本身，因而允许复建设计有一定的主动选择。但必须坚持如下3个标准：

（1）围绕书院的主要功能——讲学和祭祀，考察并取舍万松书院历史上曾出现的书院建筑配置，保证主要建筑配置的完备。

（2）参考一般书院的布置格局，组织书院空间序列，保证书院空间的完整和妥贴。

（3）以基地的自然条件，包括遗存情况，以及未来的考古、勘探工作成果做最后依据，检验平面布置是否贴切、可行。

复建后的书院计有：万松书院、德侔天地、道贯古今三座牌坊（引导）；仪门、仰圣门（门区）；明道堂（讲堂）、居仁斋、由义斋（学斋）；曾唯亭、颜乐亭、大成殿、孔子祭台（祭祀）；毓秀阁（祀魁星，兼藏书）。从而可以保证书院主要建筑配置的完备。

3.1.2 空间序列

根据现状遗存情况，参考了一般书院的布置格局，书院空间由外而内，从低到高，分别安排了外部引导空间→书院门区过渡空间→讲堂空间→室内祭祀空间→露天祭祀空间，从而构成完整而贴切的书院院落空间体系。明道堂置于前面，突出了书院以讲学为中心的特有空间组构方式，从而有别于以礼殿为中心的学宫。大成殿位于后一进院落、

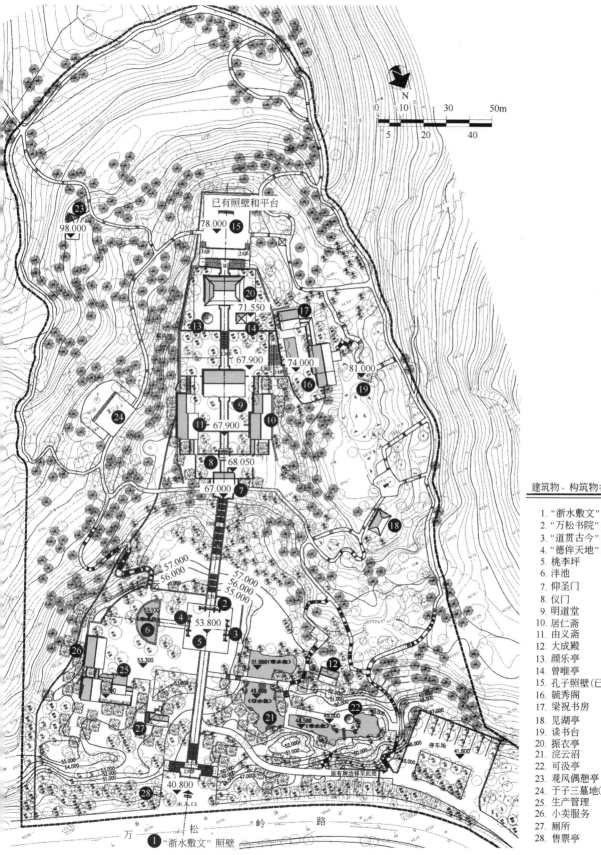

书院平面图(杭州园林设计院提供)

建筑物、构筑物名称

1. "浙水敷文"照壁
2. "万松书院"牌坊
3. "道贯古今"牌坊
4. "德侔天地"牌坊
5. 桃李坪
6. 泮池
7. 仰圣门
8. 仪门
9. 明道堂
10. 居仁斋
11. 由义斋
12. 大成殿
13. 颜乐亭
14. 曾唯亭
15. 孔子照壁(已存)
16. 毓秀阁
17. 梁祝书房
18. 见湖亭
19. 读书台
20. 振衣亭
21. 浣云沼
22. 可汲亭
23. 观风偶憩亭
24. 于子三墓地(已存)
25. 生产管理
26. 小卖服务
27. 厕所
28. 售票亭

则反映了先师先圣的尊贵地位；同时，又与现状遗存的最后一进的露天祭祀空间构成一个完整的空间。整个书院空间因此显得收放得体、开合有致。

同时，还需特别指出的是整个序列的首尾呼应的处理手法。即作为书院特征景观之一恢复的三座"品"字形排列的牌坊群作为整个空间的外部引导空间，分列桃李坪的南、西、东三面，中部虚空而待。作为高潮的最后一进空间，则是孔子照壁和祭桌露天居中而立，直接面对周边的山体和上部的白云，在对自然的重新开放中，整个书院空间在此实现最后的凝聚，圆满地表现了"德侔天地"的无量功德。

3.2 书院建筑设计

依据文献中的相关记载，以形制素朴，形式端庄、色彩淡雅，强调书卷气为总的要求。形式以单檐硬山为主，大成殿取歇山样式，以示尊贵。粉墙、栗柱、青瓦，材料自然古朴。主轴线上的建筑按明式建筑的风格，工整柔和，雅淡明快，简洁利落。尺度权衡与细部设计依据明代建筑通例。其他辅助建筑仿明式建筑的特征。

3.3 书院外部环境设计

3.3.1 主入口

入口部分原来过于贴近万松岭路，设计中适当后退，利用现有高差，做壁刻，上书万松书院重修记。两侧台阶引导入中轴线上的甬道。入口旁植松树。

3.3.2 泮池

因用地限制而居于一侧，与轴线两侧的牌坊成一副轴线。泮池半圆形，周边围以栏杆，并在池内植栽水草和莲花。

3.3.3 九华山山脊一线

书院西部山脊一带为岩溶地貌，石峰林立，上有历代摩崖石刻多处。现修整游步道，保证石景的最佳展示。择地复建史书载"见湖亭"，留出透视空间，以取得与西湖的景观联系。拓展一定的台地，在其南部改造原有杂乱无章的地形，挖池堆山建亭，复建史载之"浣云沼"、"振衣亭"、"可汲亭"。

3.3.4 梁祝景点

适合在书院中展示的梁祝故事，主要是其中的三年同窗一段。设计选择在书院的毓秀阁别院的厢房内展示，其中之一可名为梁祝书房。

3.3.5 植物

现状植被良好，具浓郁山林气息。但主要以落叶阔叶、常绿阔叶树为主，少针叶树。设计中尽可能保留原有大树，伐去长势差的植物，补植松树，恢复唐·白居易"万株松树青山上，十里沙堤明月中"景观。在建筑前后片植竹类，点植梅花，形成以松、竹、梅"岁寒三友"为主题的植物景观，共同完成对书院整体气氛的营造。同时，插植银杏、枫香等秋色叶植物，丰富山林景观的季相变化。

4. 实习作业

（1）草绘"浙水傅文照壁"照壁至"孔子照壁"断面图。

（2）评析万松书院空间经营以及细部设计方面的优劣之处。

（李永红 编写）

【上海园林概况】

1. 历史渊源

世界造园已有6000年历史,而上海公园的出现却只是近一二百年的事。上海公园的发展,从元代寺院和私家园林到产生第一个公园,就有573年的历史。鸦片战争后,外国殖民者入侵,带入了公园这一园林绿化的新形式,1868年原英租界工部局在黄浦江、苏州河汇流处,投资9600两白银,建成上海第一个公园——外滩公园(今黄浦公园)占地2.06hm²。嗣后,又兴建了虹口体育娱乐场(今鲁迅公园)、极司菲尔公园(又名兆丰公园,今中山公园)、昆山、霍山、南阳等公园;旧法租界又辟建了顾家宅公园(又名法国公园,今复兴公园)和兰维纳公园(今襄阳公园)等。上海公园一开始就有"华人与狗不得入内"的侮辱中国人的规定,经中国人民不断抗争,从1928~1931年才逐个解除对中国人开放的禁令。1931年华人集资建造的河滨公园诞生,以后,单位和个人营造的、对个人开放的经营性公园随之出现,如:张园、丽娃丽妲庄、冠生园、康健园。

自1868年上海第一个公园建成至1949年建国,上海全市仅建造公园14个,总面积65.87hm²,而私人花园总面积超过公园的两倍多,劳动人民集中的杨浦、普陀、南市等区都没有一个公园。

新中国成立后,市政府确定了"为生产、生活服务,首先为劳动人民服务"的建设方针,即使在经济十分拮据的情况下,1949~1952年还投资园林建设70余万元,恢复和辟建公园12处,特别注重在劳动人民居住密集处辟建公园,方便市民就近游憩,将原来的"跑马场"、"高尔夫球场"辟为人民公园和文化公园——西郊公园(今上海动物园);改造垃圾场,建设杨浦、蓬莱等公园;与居住区同步建设居住区公园——上海第一个居住新村公园——曹杨公园。为了适应人口的增长,市、区、县政府努力发展公园,尤其是改革开放以来,公园得到空前发展,全市公园建设走上了持续、稳定发展的新阶段。按总体规划发展市、区县、居住区级公园,将市区苗圃外移,改建成公园,方便居民就近休憩,在创造特色、完善布局结构、缩短服务半径、健全分类等方面提高为市民服务的水平。经50余年努力,至2000年底,全市已建有公园122处,面积1153.39hm²,与1949年相比,公园数量增加7.7倍,面积增加16.5倍。

2. 公园分类

上海公园按时间、功能性质、经营性质划分为三种形式。

按时间分:

以"鸦片战争"、"新中国成立"两个历史时期分界,分为古典、近代、现代三类。

古典园林:鸦片战争前建造的寺庙园林、私家园林,现对公众开放,布局形式是中国古典传统山水园林。上海现存五处,有:豫园、古猗园、秋霞圃、醉白池、曲水园。

近代公园:鸦片战争后至新中国成立时建设开放的公园,现存十处,有:黄浦、复兴、襄阳、衡山、中山、闸北、鲁迅、昆山、霍山、康健园。

现代公园:新中国成立后建造开放的公园,至2000年已有107处,其中八处是由近代私家园林、公墓、公共娱乐场所改建而成,即:人民、绍兴、淮海、静安、桂林、漕溪、复兴岛、动物园。

按功能性质分:

综合公园:市级、区级、居住区公园(按服务半径、服务人口确定不同的用地面

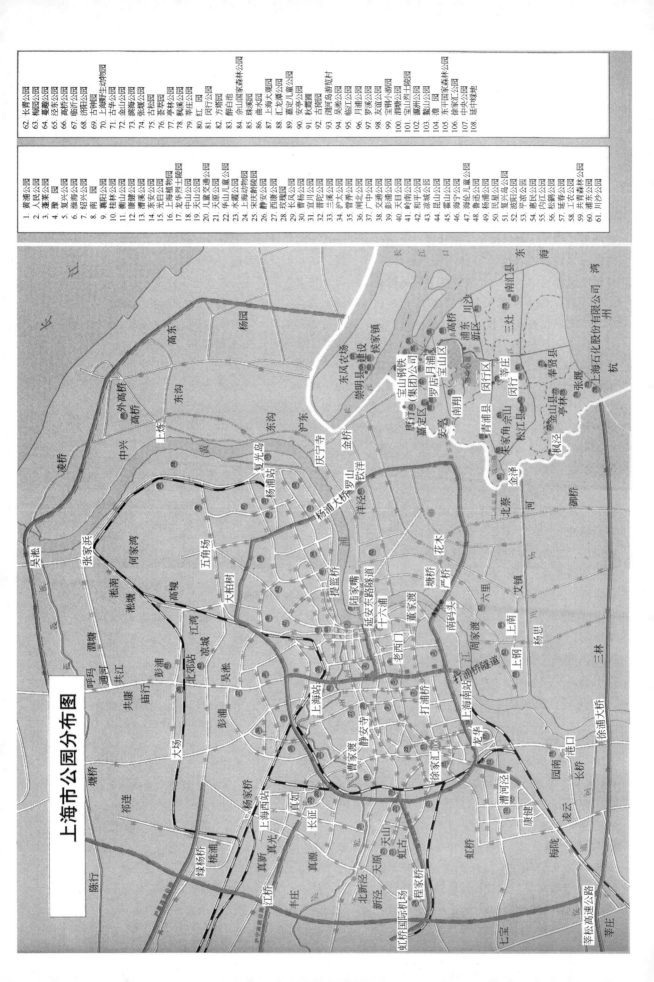

积和服务、游乐设施内容)。

专类公园：儿童公园、纪念性公园、动物园、植物园、体育公园、游乐公园、森林公园、风景游览区等。由于上海用地紧张，即使在专类公园内综合性功能也较大。

按经营性质分：可分为经营性公园、公益性公园。

3. 公园的特征

上海公园受中外文化的综合影响，形成海派园林的鲜明特征。具体表现为：

3.1 服务对象的大众性

在欧美公园运动的推动下，公园的诞生就意味着体现为"民众"服务的指导思想，新中国成立前上海公共租界内公园的配置，就考虑到洋人平均享用水平和布局均衡；公园道路设置也考虑民众性，只设步行道或乘坐公共马车的便道，园外一般不设宽阔的停车场。新中国成立后上海公园的布局不仅人均享用水平有大幅度提高，而且人均公共绿地从 0.13m² 提高到 9.16m²，在服务半径上考虑到游人能够便捷到达，从市级、区级、居住区公园发展到郊县森林公园及每一个城镇都规划建造公园。

3.2 服务内容的多样性

公园服务对象的大众性决定了公园必须满足不同年龄、不同层次、不同文化、不同爱好游人需要的特点，形成了似"百货商店"式的公园，活动内容十分丰富。上海的近代公园有供午休、散步赏景、听音乐、喝茶或咖啡、观赏动物、进行体育活动、娱乐、博彩或兼作军事训练场地的功能，当时对外开放的私家公园尤为突出，如：张园除绿化外，有宴会厅兼演讲厅的安垲地、有"海天胜地"剧场，以及有照相室、电影场、弹子房、电气陈列展览室、骑驴、住宿、餐饮等内容。康健园内至今还保留有原来作住宿的临水微型建筑。上海现代公园因受用地限制和游人量大等特定条件，呈现出"螺丝壳中做道场"的局面，现在服务面更广，服务内容更齐全、更丰富，有电动玩具、健身、舞蹈、展览、科学普及等，即使一些纪念性园林内，亦保留了游览性、娱乐性、健身性的活动项目。

3.3 活动形式的参与性

上海市民受外来文化的感染，具有一定的特质条件，喜爱户外活动，并热衷参与。上海保留的近代公园，如：中山、虹口公园均设有西式的音乐台；复兴、黄浦公园等原常有乐队演奏，游人能于绿茵上，坐在白色藤椅中欣赏音乐；球类活动更是普遍(后因游人量剧增，干扰性大，逐渐取消)，现共青森林公园有迷你型高尔夫。儿童的游戏设施更从常规型逐步发展为儿童乐园或专类儿童园，进而设置大型游戏机，近年又引进"翻斗乐"等大型主题系列活动项目。公园的其他参与性活动项目和设施丰富多彩，如：露天舞台、卡拉OK厅和舞厅、溜冰场、游泳池、水上活动场、射击、阅兵、钓鱼、划船、弈棋、品茗、文艺游园、花卉盆景、英语角、电脑角。跳舞、健身亦已成为上海公园群众参与的重点活动内容。

3.4 设计风格的兼容性

"一方水土养一方人"，各地公园均有自己独特的风格、特色，较著名的有皇家园林、岭南园林、苏州园林等。上海是国际化、移民化程度较高的城市，历史上也曾有欧美亚非各洲的 50 多个国家和地区的侨民居住，万商云集，也有全国各地经商劳工涌入。长期处于中外人员、本地外地人员杂居，东西文化交融、兼收并蓄的状况，形成了特有的上海海派文化。上海公园设计映现了海派文化脉络，也构成了独特的气质和风度，其主要特征为借鉴、兼容、变革后的创新，始终能体会到中西文化的融合、广撷博取、多元复合，如：复兴公园内有典型法国规则式毛毡模纹花坛、喷水池和玫瑰花园；中山公园、上海动物园内典型英国式自然起伏的大草坪；虹口公园有仿绍兴风格的民居式建筑等；上海公园的建设发展接受大量外来信息后，受现代文化影响，既注重保护发扬中国传统园林艺术精髓，也注意借鉴国外各种造园流派的经验和风格，结合实际，古今中外兼收并蓄，如：松江方塔在造园风格上力求新意，力图创造一种既满足大量游人游览要求，又能烘托主体古建筑的新型园林，具有独特情趣。

4. 规划布局特点

4.1 突出功能，有序组景

上海公园用地紧张，功能要求列首位，注重立意与相地结合，内容与形式的统一，将建筑、道路、水体、植物、动物各因素有机结合，形成景色各异、风格不同的绿色空间。综合性公园根据各种游憩活动需要设置景点、景区，专类公园则突出专类作用，如：植物园按生态环境或生理习性，形成不同的连续观景点。

4.2 园以景胜、景以境出

上海公园的组景注重意境，大都以自然美为主，辅以人工美，充分利用山石、水体、植物、动物、天象之美，塑造自然景色，并把人工设施和雕琢痕迹融入自然景色之中。其手法除符合一般造型艺术的基本构图规律，如：对比与调和、节奏与韵律、均衡与稳定、尺度与比例等外，还从空间组织、时间因素、游人动静观所产生的视觉感受和心理活动诸方面进行综合研究。空间景色的层次方面，有开放与封闭，外向与内向，季相与日相，对景与借景，分景（包括障景、隔景、渗景）与框景等，以组成各种不同的连续画面，并与各种功能的游憩空间相结合，组成各种景观展示程序，使之有起景—展景—转景—高潮—转景—结景，达到步移景异，置身自然之感，如：广中公园将一个个中国民间寓言故事巧妙地安排在景色秀丽的绿色空间内，园东北部采用中轴对称的规则式造园手法，从东入口到西部管理建筑，有250m长中轴线贯穿，然后一条副轴线垂直于主轴往南，逐步变为自然曲线的道路、土山、水池，构成了自然式的园林空间，增加游人的游览兴趣。

4.3 因地制宜，创造特色

上海公园布局充分利用原有地形和原有植被，如：长风公园利用城市老河套，低地挖湖，用城市垃圾堆山，是上海公园中叠山理水的佳例。对原有植被的利用，如：闵行紫藤园、金山古松园、松江方塔园都利用原有古树造园景。上海的五座古典园林按始建时风格，"忠于原作"、"整旧如旧"、"精心布景"，如：古猗园内保留宋代经幢，并增添竹、梅等植物形成主景；园内岛上放养丹顶鹤，形成"白鹤南翔去"的意境。植物园、动物园、天山、和平、杨浦等园内，充分利用原有地形，运用中国传统造园的艺术手法，顺应自然、分隔空间，布景或旷或奥、有隐有现，兼容曲折幽邃和开阔舒展于一体。大观园则利用淀山湖上的小岛——杨舍岛，用现代土木工程技术，比照"红楼梦"的描述，局部仿造古园林建筑，创造以江南古典园林为主，又有大量江南水乡风情的园林。近代上海居住区内平坦地形的居住区公园，如：蔓趣园、广中、凉城、永清等公园均尝试运用新颖活泼的设计手法，创造给人以现代化美感的特点。

4.4 体现生态，模拟自然

20世纪80年代提出了生态园林后，上海公园的环境绿化设计冲破了原有的传统模式。首先，从过去采用纯观赏植物转向选择多种功能的植物，改变观叶、观花、观果才叫园林植物，可吃、可用的不叫园林植物的自我封闭观念。其次公园设计中注重建立多层次的人工植物群落，扩大绿量，提高绿视率，增加叶面积指数，创造以植物为主的特色空间，按照美学法则的原理，采用有障、有透、有疏、有密，有多层次或单纯的手法创造景观。例如，改建后的外滩绿地设计就运用这一原理，突出外滩"世界是建筑博览会"的景观要求，绿化种植设计与建筑环境相呼应，以保持一个完整的外滩景观，在布局上采用既有多层次密植的群落，如：香樟+小叶栀子花+白花三叶草；白玉兰+杜鹃；银杏+枸骨+金丝桃。又有单纯的成片栽植的群落，如：瓜子黄杨成片种植成的绿篱带，草花组成的花带等等。这些疏密相间、高低错落的植物群落组成丰富的天际线，不仅衬托了外滩建筑，更在绿地内形成丰富多变的绿化空间。

5. 上海园林展望

展望未来，新一轮上海市绿地系统规划的框架是形成具有特大型城市特色的都市绿化和生态环境系统。从上海整体区域发展考虑，体现大都市圈思想，建立城郊联动的城市绿化网络体系，促进各种性质、各种形式绿地协调发展；城市各级、各类绿地达到布局合理、均匀，同时满足城市绿地因害设防、防灾、减灾功能的需要，降低城市绿岛效应。近期将达到国家园林城市的标准。

（曾洪立　编写）

【豫　　园】

1. 背景资料

豫园位于上海老城厢的东北部，北靠福佑路，东临安仁街，西、南与老城隍庙、豫园商城相接。1995年全园面积1.81万 m²，为全国重点文物保护单位。

豫园原是明代上海人潘允端(字仲馥，号充庵)的花园。潘允端建园为的是"愉悦老亲"，故取名豫园。

豫园规模宏伟，景色佳丽，素有"奇秀甲江南"之誉。建园时以乐寿堂为中心，有玉华堂、会景堂、容与堂、充四斋、五可斋、凫佚亭、涵碧亭、挹秀亭、留云亭、醉月楼、徵阳楼、颐晚楼、介阁、纯阳阁、玉茵阁、关侯祠、土神祠、大士庵、留春窝、雪窝、大假山、南山、池、岛等诸景，其所在范围包括今湖心亭、九曲桥及其以南以西的一片土地。先后经过清康熙四十八年(1709年)、乾隆二十五年至四十九年的建设，园中初具规模。

1986年3月，南市区人民政府投资600余万元整修豫园。整修工程参照清乾隆年间豫园的布局，力求体现这座江南古典园林昔年的特色，内园整修工程由同济大学陈从周、蔡达峰指导施工。整修后的豫园典雅精巧，布局合理，植物配置得当，胜似当年。

1993年豫园用地分析表　　　　　　单位：万 m²

项　　目	总面积	其　　中						
		绿地	服务设施	儿童园	生产区	生活区	水面	道路地坪	其他
面　　积	1.80	0.51	0.05	—	0.01	0.10	0.68	0.34	0.11
占总面积的%	100	28.33	2.78	—	0.56	5.56	37.77	18.89	6.11

2. 实习目的

(1) 该园林中的建筑无论是何种功能，何等体量，在建造时都尽量利用建筑本体和角隅空间创造或结合园林景观而建，学习通过建筑空间的塑造创造园林空间之间的设计方法。

(2) 学习利用丰富而多变的水院空间与建筑、植物相结合等方法控制景观空间尺度。

(3) 了解并学习传统假山、置石的丰富表达形式和堆叠技术。

3. 实习内容

3.1 总体布局

全园大体可分为西部、东部、内园三大景区，共计48处景点，其中西部景区为全园的主景区。

3.2 西部景区

3.2.1 三穗堂

位于园西南部，建于乾隆二十五年，原址是明代潘氏豫园的乐寿堂。堂为五开间，高6m多，华丽宽敞。堂名寓意丰收，所以门窗上雕刻着稻穗、黍稷、麦苗和瓜果。堂四周有回廊，四面有精美的漏窗，构思奇巧。堂前桧柏分植，南面临湖。清代中叶以后，三穗堂是豆米公所同行议事、定标准斛之所，俗名"较斛厅"，又是官府召集绅商传谕之处。

3.2.2 仰山堂　卷雨楼

位于三穗堂后，为两层建筑，建于同治五年。底层名仰山堂，以隔荷花池与大假山相望而得名。堂五楹，北有回廊，曲槛临池，可以坐憩观山。堂之上的卷雨楼为曲折

[南方实习]·豫园

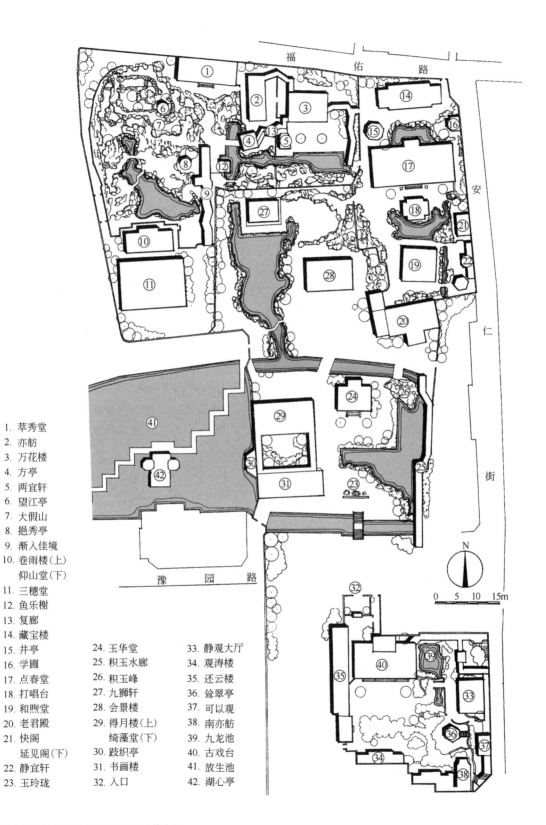

1. 萃秀堂
2. 亦舫
3. 万花楼
4. 方亭
5. 两宜轩
6. 望江亭
7. 大假山
8. 挹秀亭
9. 渐入佳境
10. 卷雨楼(上)
    仰山堂(下)
11. 三穗堂
12. 鱼乐榭
13. 复廊
14. 藏宝楼
15. 井亭
16. 学圃
17. 点春堂
18. 打唱台
19. 和煦堂
20. 老君殿
21. 快阁
    延见阁(下)
22. 静宜轩
23. 玉玲珑
24. 玉华堂
25. 积玉水廊
26. 积玉峰
27. 九狮轩
28. 会景楼
29. 得月楼(上)
    绮藻堂(下)
30. 跂织亭
31. 书画楼
32. 入口
33. 静观大厅
34. 观涛楼
35. 还云楼
36. 耸翠亭
37. 可以观
38. 南亦舫
39. 九龙池
40. 古戏台
41. 放生池
42. 湖心亭

"豫园"总平面图(引自《上海园林志》)

楼台，飞檐高翘，精雕细刻，雨中登楼观大假山，有王勃《滕王阁序》中"珠帘暮卷西山雨"的意境。

3.2.3 大假山 挹秀亭 望江亭

假山位于仰山堂北面，由明代江南叠石名家张南阳建造。山高约14m，用数千吨浙江武康黄石堆砌。假山层崖峭壁，重峦叠嶂，气势磅礴。这座假山在明代就颇负盛名，此后豫园历经沧桑，而大假山仍保持原貌。近山东侧的一堵墙上雕有大幅砖刻，有达摩、吕纯阳、铁拐李、奎星、观音、福禄寿星等各种形象。山上有两亭，挹秀亭在东山麓，望江亭在山巅。清代中叶以前，城外均为农田、河滩，当年立于望江亭中，"近可俯瞰全园，远则视黄浦、吴淞皆在足下"。山侧有湖石小假山"螺丝洞"，南有钓鱼台。

3.2.4 元代铁狮 游廊

仰山堂东有游廊，通大假山。廊口置铁狮一对，左雌右雄，造型生动，铸工精致。铁狮底座上有款识："章德府安阳县铜山镇匠人赵璋□□□（编注：原缺）"，"大元国至元廿七年岁次庚寅十月廿八日"。铁狮原置河南安阳县衙大堂前，抗日战争期间被运往日本，后归还中国，1956年修园时移置于此。

游廊跨于池上，中为小桥，两侧有鹅颈靠。廊中间竖一取名美人腰的太湖石立峰，高约2.3m，石后有一小照壁。

3.2.5 萃秀堂

位于大假山北麓，乾隆二十五年动工，十载建成。道光二十三年经油饼豆业公所大规模修葺，作为议事场所。堂四周拦以围墙，堂前峰峦罗列，花木阴翳。堂内明间有紫檀木门窗10扇，上有木刻诗文，极为珍贵。

3.2.6 亦舫

位于萃秀堂东墙外。乾隆年间重修豫园时的三只石舫都临水，但均坍圮。亦舫是建在陆地上的舫形建筑，四面无水。

3.2.7 万花楼

位于复廊左侧，道光二十三年，油饼豆业公所出资在万花深处遗址上重建。楼两层，精雕细镂，造型美观。楼下四角有梅兰竹菊图案漏窗。楼前有古树两株，右侧的银杏树高达14m，相传为潘允端的父亲潘恩种植，历400多年；左侧的广玉兰也有200年树龄。楼南面有湖石假山，四周多回廊曲槛，三步一折，五步一弯，廊旁的白色粉墙边依墙缀以石峰，栽植翠竹。万花楼当时主要用于祭祀活动和同业议事，后以人神咫尺相隔而取名"神尺堂"，1950年后恢复万花楼名。

3.2.8 鱼乐榭

位于园西北部，横跨于溪流之上。榭一边为有漏窗的花墙，墙下有半圆洞门，溪流穿洞门而出；另一边有围栏，游人可凭栏观鱼。榭旁有一株古紫藤，是明代建园时所植，老枝虬干，每年初春时节枝条上璎珞满架。

3.2.9 复廊

位于鱼乐榭东北，为亭—廊—轩组合建筑。廊中央以墙分隔，墙上设形状不同的窗洞，廊两边行人。廊西端有方亭，东端为两宜轩。轩面山对水，有观山观水两相宜的情趣，故名。

3.2.10 点春堂 打唱台 和煦堂

位于万花楼东，道光年间(1821~1850年)由花糖业公所建造。点春堂为五开间，高敞轩昂，门窗隔扇上雕的人物故事形神毕现。咸丰三年上海小刀会起义，在堂内设立城北指挥公署，起义失败，建筑遭严重破坏。同治七年重修，历时四载。此房近百年未加维护，直到1956年后才彻底修复。点春堂是仅存的小刀会起义遗址，现为小刀会起义历史陈列室。

点春堂对面是一座石结构的清代小戏台，名凤舞鸾吟，俗称打唱台。戏台依山临水，半跨池上，建筑精致。台前的垂檐雕刻细腻，涂金染彩，式样精巧。台东南有一座小假山，水从假山下石窦中流入台旁小池。

打唱台南面是和煦堂，方形，四面敞开。堂内陈列的一套家具，包括桌、椅、几和装饰用的凤凰、麒麟、如意等，都用榕树根制作，工艺精巧，造型别致，已有百年历史。堂西的一株茶梅树，树龄150余年，有"茶梅王"之称，花艳叶茂，风姿绰约。堂后面水池畔有假山，山下有洞，流水零洄。山上有座方形小轩名"学圃"。与学圃隔池相对为八角古井亭，内有明代古井，井栏是明嘉靖年间旧物。

点春堂周围建筑较为密集，又有溪泉木石，是西部景区中的一个小景区，古人称这一景区是"花木阴翳，虚槛对引，泉水萦洄，精庐数楹，流连不尽"。点春堂东假山上有抱云岩，水石缭绕，洞壑深邃。抱云岩旁有积玉峰，其南有小楼，上下两层，上层叫快楼，下层称延爽阁。快楼状若云中楼阁，是景区中的最高点，登楼可览全园。点春堂北面为两层的藏宝楼，五开间，楼下亦陈列小刀会起义的历史资料。在打唱台与和煦堂东的狭长地带有花墙半绕，墙内筑静宜轩，出轩穿小廊为听鹂亭。初建点春堂时附近还有钓鱼矶、水神阁、一美轩、庄乐亭等景点，废圮后未重修。

点春堂西有一堵穿云龙墙，龙头威武，用泥塑制成，龙身蜿蜒，以瓦作鳞片；整条龙似欲昂首腾飞，穿向云中。

3.3 东部景区

3.3.1 玉玲珑 玉华堂

玉玲珑位于园东部中间，是一座高约3.5m的立石峰。石呈青黝色，外形犹如一支万年灵芝草，玲珑剔透。石中百窍相通，据说从石顶倾倒一盆水，会孔孔汨汨流泉；从石底洞内焚一炉香，会窍窍袅袅出烟。古人以"漏、皱、瘦、透"来品石，玉玲珑可谓四美俱备，故一直被视为石中上品，号称江南三大名石之一。潘允端在《豫园记》中说，这座奇石名玲珑玉盎，相传是宋徽宗为了修建皇家园林艮岳，在江南大肆搜掠名石而部分未及运往东京的遗物。与潘允端同时代的王世贞在《豫园记》中说，玉玲珑石是从乌泥泾的朱尚书园中移来的。而据清代王孟洮《记玲珑石》载，玉玲珑属储昱所有，储将石置于浦东三林塘的宅园内。后储昱女儿嫁给潘允端的幼弟允亮，遂将玉玲珑赠予潘家。在运输途中，船至黄浦江心"舟石俱沉"，以后费了不少功夫打捞并运到豫园。此事在潘文中未见记载，难辨真伪。潘允端在玉玲珑北建玉华堂，寓此地有玉石精华之意。石前一泓清池，倒映出石峰的倩影。石峰后有一宇照墙，背面有"寰中大块"四个篆字。清道光年间重建后，玉华堂改名香雪堂。民国26年香雪堂被日军飞机炸毁，1959年修复豫园时重建，仍名玉华堂。玉华堂原为潘允端的书房，现室内仍按明代书房摆设，所陈列的书案、方桌、靠椅、躺椅都是明代遗留下来的红木家具，十分典雅。堂前的两株上海市花白玉兰已有130余年树龄，花开时节，繁花满枝，清香沁人。玉玲珑南有一青石单孔拱桥，明代初建时无桥名，曾于清光绪年间重修，在"文化大革命"中被拆毁，1987年修复东园时重建，取名环龙桥。

3.3.2 积玉水廊 积玉峰

积玉水廊依园东围墙而建，为沿墙半廊，廊西临九龙曲池。积玉峰原为园内的立石峰，1956年移置于积玉水廊中。池西及玉华堂前后，流水萦洄，山石嵯峨，植白玉兰、白皮松、翠竹。

3.3.3 会景楼 九狮轩

会景楼位于园中央，建于同治九年。楼下入厅为敦厚堂，登楼可观全园景物，故名"会景"。楼三面环水，楼东侧墙上有八仙过海砖刻，形象逼真，具有较高的观赏价值。楼周围植香樟、石榴、紫薇、红枫、罗汉松等。九狮轩在会景楼西北，1959年建，是一座敞开式的建筑。轩东临池处有月台，可凭栏观赏荷池中的游鱼。轩西一片杉树，轩东修竹万杆，满目青翠。

3.4 中部景区

3.4.1 得月楼 绮藻堂

位于玉玲珑西，由布业公所重建于光绪十八年，楼两面临水，取"近水楼台先得月"之意。得月楼是园中最高大的两层建筑，楼厅名绮藻堂，上为得月楼。楼上画梁彩栋，修廊曲栏，内供奉布业祖师黄道婆神像。楼南北两面分别悬"皓月千里"、"海天一览"匾，月夜登楼俯视湖心亭、九曲桥，别有一番情趣。绮藻堂檐下有100个不同结构的木雕"寿"字，名"百寿图"。堂前左侧围墙上有以广寒宫为内容的清代砖刻，嫦娥、吴刚、玉兔、桂树、刘海、蟾蜍等形态逼真。

3.4.2 跂织亭

位于得月楼西南，是一只小巧的长方形靠墙廊亭。亭阔3.5m，深2.1m，4柱6梁，正面无门，左右接廊。这只亭是在光绪二十三年为纪念黄道婆而建，故名。跂织亭南北两侧的门板上有16幅表现植棉、纺织、售布的木刻，雕工精细、笔力刚健、字体均由当时名家所书，或楷、或篆、或行、或草。

3.4.3 书画楼

又名藏书楼，位于得月楼对面，上下各五楹，光绪年间重建。清末这一带曾是有名的书画市，上海一些书画家组织的"书画善会"经常在楼上聚会，展出作品，楼下专卖古书和国画。

3.5 内园景区

位于园东南部的内园，占地2.19亩(1460m²)，原是康熙四十八年始建的城隍庙庙园，兼供娱神及作道场之用，又称灵苑、小灵台、东园。1956年修复豫园时，把东西两园相连，内园成为园中园。内园有精致的园林建筑，并与其周围的山水树石配为一体，景色幽雅，小中见大，是保存较好的清代小园。

3.5.1 静观大厅

位于内园大门东侧，是内园的主建筑，初名晴雪堂，乾隆四十一年为钱业所所有，经几度整修，仍保持原建筑风貌。厅五楹，堂基高爽，装饰华丽精美。堂前有堆叠多姿的奇石，有的似九狮盘球，有的似孔雀展翅，有的似犀牛望月，还有似象、虎、猴、鹿、羊、龟等等。石峰间的黄杨、石榴、白皮松等都有一二百年的树龄。大厅东侧小院落中有池水一泓，老树横卧，修篁数竿。厅外回廊盘曲，环境幽绝。

3.5.2 观涛楼

位于静观大厅西南侧，背靠城隍庙大殿，为全木结构，危栏曲槛，古色古香。楼三层，高十多米，为豫园中楼层最多的建筑，也是清代城东最高的建筑物，登楼可观赏昔日"沪城八景"之一的"黄浦秋涛"，故名观涛楼。

3.5.3 还云楼

位于观涛楼前假山后，面对静观大厅，为串楼形，有廊通向观涛楼。此楼在历次劫难中幸未受损，仍保持初建时的风采。

3.5.4 耸翠亭

位于假山东坡，由两只相连的双层重檐方亭组合而成。亭为砖木结构，绿色琉璃瓦双攒尖顶，六角上翘。底层设石桌、石凳，有梯登楼。亭内置"灵木披芳"匾。

3.5.5 可以观

位于假山东墙外，为一小型方厅。厅前花墙角砖雕描绘的是为唐朝名将郭子仪百岁祝寿，人物的形象生动。旁有龙墙，精致幽静。

3.5.6 南亦舫

位于假山南坡上，周围饰以波浪纹，仿佛行于涛中。

3.5.7 九龙池

位于假山东南。池北大南小，置湖白礁。池东四腑壁隙间有四个石雕龙头，水中龙头的倒影时隐时现，故称九龙池。九龙池把内园景物分隔为二，池东有别有天、鸾凤亭等景点，池西有观涛楼、耸翠亭等景点。池上有石桥可通。

3.5.8 曲苑 古戏台

位于静观大厅南面，占地约600m²，是园内文艺演出的场所。古戏台建于光绪十五年，由闸北区塘沽路原沪北钱业会馆迁此，北邻曲苑，坐南朝北。台高约2m，面积约

50m²，两侧有栏杆，正面有狮子、凤凰、双龙戏珠、戏文人物等，贴金木雕。台顶穹隆状藻井上有22层圆圈和20道弧线相交，四周28只金鸟展翅欲飞，中心是一面圆形明镜。藻井不仅装饰华丽，而且构造合理，有助于取得良好的音响效果。台后部有6扇木屏门，门上雕有山水、人物、花草图案。台南面的还云楼设贵宾佳座，座椅和茶几为清代遗物；两边双层看廊安放着仿古的明式红木靠椅和茶几，共有200个席位。戏台前的院落中有一特大的青砖，长1.23m，厚0.16m，重近1t，堪称青砖之最。

3.6 绿化配植

该园的绿化布局合理，植物配置得当，层次分明，其特点是古树名木多、大盆景多、摆花多。全园共有乔灌木670余株，常绿和落叶树约各占一半。古树名木有27株，其中百年以上20株，200年以上5株，300年以上2株。在万花楼前的一株古银杏已有430余年树龄，树高26m，冠幅13.8m，直立如巨人。在静观大厅前的一株白皮松，树高6.2m，冠幅7.2m，树龄已有200余年，每年花开繁盛，为上海所罕见。鱼乐榭南侧的一株老紫藤，树高4.2m，有300余年树龄，墙外设紫藤架，紫藤枝干盘绕，每逢春天，朵朵白色璎珞满架，深受游客喜爱。在亭、台、楼、阁、厅、堂、廊、榭的周围栽植银杏、女贞、广玉兰、白玉兰、紫薇、瓜子黄

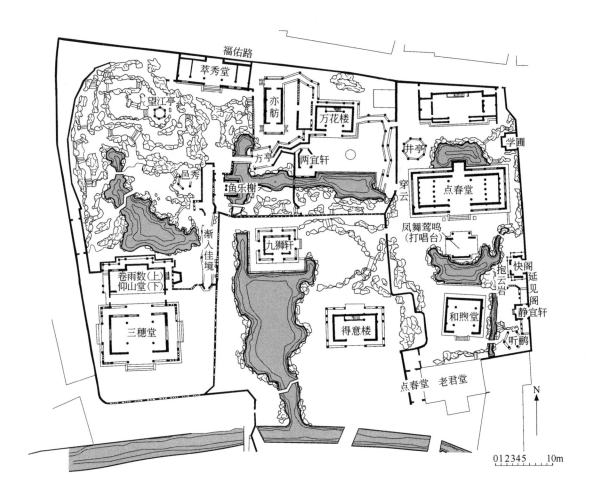

"豫园"景点平面图(摹自《中国古典园林史》)

杨、白皮松、罗汉松、桂花、茶花、茶梅、香樟、紫藤。有的地方摆设了铁树、五针松、罗汉松等大盆景。在群置、散置的湖石间与桥旁栽植青枫、五针松、茶花、桂花、杜鹃、瓜子黄杨、黄馨等，在墙脚下植常绿的箬叶、天竹、麦冬、竹、盆花等。整个园内树木苍翠，层次分明，体现了明清两代古典园林的艺术风格。

3.7 展览活动

豫园成为城隍庙西园以后，一直免费开放，东园于每月朔望之日也对外开放。豫园是城内游览和举办各种活动的主要场所。豫园举办各类花展历史悠久，还有重阳节登高望远活动、元宵节灯会等游艺活动，平时常举办奇石、书画展和茶道活动等。这些传统民间活动在日军占领上海后基本上停办。1979年以后，花展、灯会、书画展等活动相继恢复。

3.7.1 花展

豫园的花会(花展)约起于清嘉庆年间(1796~1820年)，以后相沿成习。花会以菊花为主，其次有兰花、梅花等，参展的盆花皆由私人提供，并评出优胜者。

3.7.2 灯会

上元观灯是中国的古俗，豫园元宵灯会比花会历史更长，规模更大，热闹非凡。道光二十九年就到上海的清末思想家王韬在《瀛壖杂记》(1875年出版)中写道：城隍庙内园以及萃秀、点春诸胜处……正月初旬以来，重门阔启……上元之夕，罗绮成群，管弦如沸，火树银花，异常璀璨。豫园周围大街小巷也是群灯似海，一些大户人家出灯有多至二三百盏的。

3.7.3 书画展

从清道光年间吴家麟在豫园创办萍花书画会起，直至当代，豫园一直是书画家、书画活动活跃的场所，主要活动地点在得月楼、题襟馆、点春堂等处。

3.7.4 其他活动

"重阳节"登高望远、内园有晒袍会、"雨花石精品展"、"柳州红河奇石展览会"、茶艺表演等等。

4. 实习作业

(1) 思考现代化城市当中的古代名园的保护与利用应注意哪些方面？

(2) 豫园在历史上经过多次重修、改建，但其建园风格依然保持原貌，简述其园林布局的特点。

(3) 速写"江南三大名石之一"——玉玲珑，并草测其周边环境，研究独立置石的观赏适宜尺度。

(4) 豫园内有众多的楹联、诗词，举例说明这些涵义是如何在园林景观中体现出来的？

(曾洪立 编写)

【秋 霞 圃】

1. 背景资料

秋霞圃位于嘉定镇东大街314号，南邻东大街，东邻嘉定酿造厂，西毗归家弄，北依清河支路。1995年全园面积3.15万 m²。

秋霞浦系由龚氏、金氏、沈氏三姓的私宅园林和邑庙（城隍庙）合并而成。园内建筑大多始建于明代，部分可上溯至宋代。

龚氏园始建的确切年代已难稽考。一说可上溯至南宋后叶；另一说可能是在明成化十四年（1478年），也可能在明弘治十五年（1502年）。1980年开始，市人民政府修复秋霞圃。规划设计本着尊重历史、照顾现状、因地制宜的原则，除结合地形进行改造和植树栽花外，根据遗存园林建筑的损坏程度进行翻建或整修，对已毁建筑则参照有关记载重建。

1993年秋霞圃用地分析表　　　　单位：万 m²

项目	总面积	其中						
		绿地	服务设施	儿童园	生产区	生活区	水面	道路地坪	其他
面积	3.15	1.46	0.44	—	0.30	0.23	0.33	0.39	—
占总面积的%	100	46.35	13.97		9.52	7.30	10.48	12.38	

（资料来源：《上海园林志》）

2. 实习目的

（1）学习地形处理与园林空间布局的相互协调关系。

（2）体会空间尺度——通过植物种植而形成多处水面的独立围合和相互分隔的布局形式，形成不同于苏州古典园林的尺度。

（3）掌握通过植物配置的方式表达本座园林的设计立意——"秋霞"的方法。

（4）了解文学艺术与古典园林之间相得益彰的衬托关系，学习古典园林是如何表达文学内涵的。

3. 实习内容

3.1 总体布局

全园有4个景区，桃花潭景区（原秋霞圃）、凝霞阁景区（原沈氏园）、清镜塘景区（原金氏园）及邑庙景区。

3.2 桃花潭景区

位于园西南，东临宾藻风香室，西靠归家弄，南以院墙为界，北至清镜塘，占地约5400m²。景区以桃花潭为中心，南北两山隔潭相望。园林建筑南有晚香居、霁霞阁、池上草堂、仪慰厅，西有丛桂轩，北有即山亭、碧光亭、延绿轩、碧梧轩、观水亭。

3.2.1 西门楼　仪慰厅

西门楼为公园西南部入口，南向，门高5m，宽3.5m，系嘉定镇清河路民居门楼移建于此。门楼上方塑以花鸟及纹状图案，楼脊上有吻兽，新增的"含芳凝露"砖刻门额为朱了然词，陈从周书。仪慰厅又作义慰厅，始建于民国10年前后，毁于八一三兵燹，1981年按旧时式样重建。厅位于西门楼西侧，东向三楹，面积25m²。其前后有两院，步入门楼为前院，南侧孤植女贞，东北隅有松竹湖石。园南的东西主干道越前院及厅中而过。厅檐悬"秋霞圃"行书额，系魏文伯1982年所书。后院以罗汉松、枸骨、慈孝竹、芭蕉、茶花与云层状假山组成一幅精致的庭院小景，院北侧有梅花形门洞通南山坡，门南北两面题额为"幽赏"、"翠叠"。

"秋霞圃"平面图(引自《上海园林志》)

3.2.2 南山 霁霞阁 仙人洞 晚香居

南山位于桃花潭南岸，以湖石夹土筑成，东西长40余米。山有南北两冈，冈上林木遮天蔽日。北冈有叠成牛、马、羊等动物形状的湖石。南冈有霁霞阁，方形，面积6.3m²。此阁原建于金氏园，毁于清咸丰庚申（1860年）兵燹，1985年重建，由百岁老人苏局仙题行书额。出霁霞阁，经长约5m的仙人洞，即抵位于南冈东南脚下的晚香居，此居为1985年新建，三楹，面积66m²，由阙长山题额。居前有小院，植四时花木，散置湖石。居后有廊，通宾藻风香室。

3.2.3 桃花潭 涉趣桥 三曲桥

桃花潭系原龚氏园的中心，旧时潭畔桃红柳绿，故名。潭东西约55m，南北约17m，池岸曲折萦回。南岸港汊有石板平桥，长2.83m，宽0.8m，桥侧崖间嵌阴刻楷书"涉趣桥"三字，系明万历、天启年间"嘉定四先生"之一的娄坚所题，道光十八年（1838年）按残石拓本摹刻。潭东南有平桥通向凝霞阁景区，桥三曲，长9.4m，桥面双拼石条共宽0.75m，石条两侧刻圆形寿字和蝙蝠图形，故又名福寿桥。桥边置石栏杆，望柱头上镌有4头狮子，神态各异。

3.2.4 池上草堂

形似舟揖，故又名舟而不游轩。位于桃花潭西南岸，南向，三楹两披，东西长15.5m，南北宽6.65m，高5m，面山背水。此堂始建于道光、咸丰年间（1801~1861年），名出自唐代诗人白居易《池上篇》、《草堂记》，堂与额均毁于咸丰庚申年兵燹，光绪二年重建，1982年重修。堂中楹陈设明式红木家具，上悬夏雨的行书额。堂前置数峰玲珑石，间植桂花、海棠、芭蕉、杜鹃及南天竹。东披形如船头，三面临水，有一形如跳板的条石连接南岸。室内侧设扶王靠，上悬上海画院应野平题"舟而不游轩"篆书额。额下置一面大镜，可尽收桃花潭四周景色，虚实相间，真幻莫辨。

3.2.5 丛桂轩 三星石

丛桂轩位于桃花潭西，临池向东，方形，面积49.5m²。此轩始建年代无考，毁于太平天国之役，光绪十二年重建，1980年重修。轩东西两面为清式格子门，南北两面置落地花格长窗，四角有漏窗8扇，桥式穹顶，内陈明代红木家具。原额已毁，1982年上海画院唐云重题"丛桂轩"行书额。"丛桂"之名，出自《楚辞·小山招隐》："桂树丛生兮山之幽"。轩南侧有门洞，两面额为"清芳"、"含芳"，系邑人浦泳所书。轩东沿池遍植迎春花、垂柳，南种芭蕉、翠竹，西有南天竹、金桂，北栽青松、蜡梅；西侧两株金桂已逾百年。轩南侧有酷似老态龙钟的福、禄、寿星的三座立峰石，"寿星"居中，左"禄"右"福"，形神兼备，故名三星石。

3.2.6 北山 即山亭 归云洞

北山位于桃花潭西北，东西长约40m，高2m余，系黄石堆叠而成。因山巅有大银杏，西侧遍植青松，故名青松岭。山顶上六角形的即山亭，原建于清乾隆、嘉庆年间，咸丰十年毁于兵燹，民国11年重建，1974年6月为狂风摧毁，1981年于原址再建，由陈佩秋题额。亭西侧置石凳石桌，亭下的归云洞曲折三弯，长12.6m，高1.9m，南口有百年枫杨屏蔽。南北洞口原分别镌有"归云"、"洞天"的题刻，已佚，1982年修葺后由浦泳重书。

3.2.7 碧光亭

位于桃花潭北，归云洞东，三面临水，又名扑水亭。始建年代无考，毁于咸丰十年兵燹。民国10年由嘉定县城南门外各猪行捐资重建，易名二六亭。传说中的晋代赵亥有二首六身，"亥"在十二生肖中为猪，"二六"表示此亭由屠宰同人捐建。亭年久失修，1969年濒临坍毁时被拆除，1981年重建后恢复原名。亭面积28.6m²，临水三面置扶王靠，亭额为谢稚柳书。亭北墙上辟月洞门，门上"渡月"额系浦泳书。

3.2.8　碧梧轩　横琴石

碧梧轩位于桃花潭北,亦称山光潭影馆,俗称四面厅。始建年代无考,毁于咸丰十年兵燹,民国11年重建,1981年整修。轩三楹,南向,面积149.9m²,其名出自杜甫"香稻啄馀鹦鹉粒,碧梧栖老凤凰枝"之句。轩东侧植桂花、迎春,西侧栽芭蕉、青桐。轩前月台石板铺地,东西有两株百年盘槐,临潭石栏护围,凭栏眺望,南山景色一览无遗。轩后小院青苔如茵,两株百年桂花叶稠荫翠。轩内置清式红木桌椅、长几,中楹闸堂板上悬松竹石"三清图"木刻画一幅,高1.67m,宽1.36m,伏文颜、顾振乐绘,王威刻,两侧粉墙亦悬名家书画。轩有"壶峤长春"、"静观自得"、"山光潭影"、"静观自得"、"碧梧轩"、"壶峤长春"等6额,分别由张爱萍、杨廷宝、胡厥文、沈迈士、叶路渊、王个簃书。轩东侧有古琴形云纹石,长1.64m,宽0.85m,为民国初年修园时所置,石上镌刻的"横琴"两字,由赵梦苏书。

3.2.9　延禄轩　观水亭　题青渡

延禄轩位于北山北麓,碧梧轩西。始建于清初,毁于咸丰十年兵燹,光绪二十年重建,1981年拆除并重建。轩南向,一楹,面积28.42m²,额题由胡文遂书。轩外有曲廊与碧梧轩相连,四周青松、翠竹相间,芭蕉互映。观水亭位于碧梧轩东侧,北临清镜塘。原题额"枕流漱石"已佚,现额为陈秋草书,故又名枕流漱石轩。亭建于民国10年,面积9.6m²,四披屋顶,飞檐翘角。亭内三面有扶王靠,亭前木莲根株盘结。题青渡位于桃花潭东北隅,碧梧轩东,原为龚氏园一景,民国10年重建,1981年又重建。渡上架双拼石条,长3.1m,宽0.72m,为连接桃花潭景区与凝霞阁景区的捷径。

3.3　凝霞阁景区

原为沈氏园旧址,西邻桃花潭景区,东止于园墙,南联邑庙景区,北依清镜塘,面积约2700m²。景区建筑密集,以太湖石堆砌的大屏山为中心,北有凝霞阁,南有聊淹堂、游骋堂、肜轩、亦是轩,东有扶疏堂、环翠堂、觅句廊,西有屏山堂、数雨斋、闲研斋、依依小榭等。区内多院组合,院廊相连,院墙多置漏窗,院内孤植树木和丛植花草。

3.3.1　凝霞阁　依依小榭

凝霞阁亦作迎霞阁,位于桃花潭东北,为景区的主建筑。凝霞阁处于景区中轴线的北端,坐北朝南,原系沈氏园景物,其旧址及建造年月无考。民国10年重建时为坐北朝南五楹两层阁,1985年改成三楹,只西楹上有阁;平房高5.02m,阁高7.3m,面积87.78m²,阁额由宋日昌题写。阁四周有回廊,阁前庭院宽敞,湖石屏山,绿树成荫。依依小榭系从凝霞阁西出,再曲折向南连结屏山堂的曲廊,廊长8.7m,宽1.6m,高3.1m。廊东侧有一株百年枸骨。

3.3.2　环翠轩

位于凝霞阁东南,原系沈氏园景物,民国9年重建,1985年落地翻建后,由顾振乐题"环翠轩"、"长春精舍"额。轩三楹,面积73.5m²。轩东侧回廊北连洗句亭,南接扶疏堂。轩前院有古井一口,井口石栏圈呈六角形,镌有正楷阴文"义井"两字。轩四周遍植青桐、桂花、芭蕉。

3.3.3　扶疏堂　文韵居　肜轩

扶疏堂位于环翠轩西南,其西侧为肜轩,系沈氏园景物,其旧址及废弃年代无考,民国9年重建,1983年重修时分别由刘小晴、林仲兴题额。扶疏堂三楹,南向高5.1m,面积58m²。肜轩一楹,西向。扶疏堂前庭院湖石玲珑,花木扶疏。堂南与聊淹堂毗邻有文韵居,1983年重修时建,南向,一楹,面积10.08m²,门前孤植的五针松枝繁叶茂。

3.3.4　觅句廊　洗句亭

位于环翠轩东北,均为沈氏园景物,1985年重建。廊为南北复式五曲廊长22.15m,高3.3m,16方碑刻置于其中,由束长开、郑孝同分别题"觅句廊"、"碑廊"额。洗句亭位于觅句廊北端,内置《柴侯德政去思碑》。

3.3.5 屏山堂　宾藻风香室

位于凝霞阁芦南,堂室联为一体,呈凸形,建于民国10年。朝东三楹为屏山堂,朝西一楹为宾藻风香室,中间有砖墙相隔,堂、室东西长10.1m,堂南北宽9.4m,高5.3m。堂前湖石假山高约3m,石质坚实润泽,形似屏风,故名。堂、室原额已佚,现额分别由张森、陈从周题。

3.3.6 闲研斋　数雨斋

两斋位于屏山堂南,北为闲研斋,南为数雨斋,有曲廊与堂相联。两斋原分别为沈氏园、龚氏园中景,早圮,民国9年重建,1985年重修时,分别由钱茂生、童衍方题额。两斋均为一楹,东向,面积分别为13.49和23.63m²,高5.2m。闲研斋窗外修竹淡石,斋前一株百年茶花高4m余;数雨斋旁植海棠、芭蕉。

3.3.7 聊淹堂　游骋堂　亦是轩

两堂并列于数雨斋南,南向,西为游骋堂,东为聊淹堂,中为天井。两堂原系沈氏园景物,其旧址及废弃年代无考,民国9年重建时为七楹,中一楹为启良学校校门,1985年重修时将中楹改为天井。两堂均三楹,面积各为52.99m²,高5.75m,分别由袁寿连、赵冷月题额。聊淹堂前乔松疏竹,游骋堂前有合抱雪松。亦是轩在两堂南,隔院与游骋堂相望,东西有曲廊与两堂相连。轩为1985年新建,一楹,高4m,面积7.5m²。轩东、南、两墙有漏窗,可观四面景色。

3.4 清镜塘景区

位于园北部,北、东、西三面为园墙,南与桃花潭、凝霞阁两景区相邻,面积约1.35万m²。此景区为金氏园遗址,清镜塘横卧于南面,塘北与东有三隐堂、柳云居、秋水轩、清轩,西有青松岭、岁寒亭、补亭。景区以植物景观为主体,疏朗开阔,有浓郁的林野风味。

3.4.1 清镜塘

原系练祁河的支流,1974年被填平作为学校操场的一部分,1985年重疏,面积2700m²。塘东、西、北三端膨大如池,其余水面狭窄如溪,岸线曲折多变,并有河道与桃花潭相通,形成一个完整的水系。东端宽阔处置一绿岛。塘上从东至西有观荷、绿荫、听松三座石板平桥,在东北面园北门处还有一座混凝土结构的清镜桥。

3.4.2 隐堂　柳云居　秋水轩

位于园东北,1985年建,堂名系沿用华亭乡蒲华塘畔的原三隐堂之名,陈丛周题额。堂南向,三楹,高6.1m,面积315.27m²,宽敞明亮。东与其相连的柳云居,原系金氏园景物,旧址无考,1985年新建,由陆慰萱题额。居一楹,西向,高5.1m,面积33.82m²,四周植柳。堂西侧为秋水轩,1985年建。轩西向,一楹,高4.5m,面积25.08m²。轩南植桂花,西栽牡丹、杜鹃、海棠,北种蜡梅。

3.4.3 青松岭

位于景区西部,1985年挖塘堆土而成。山南北长35m,东西宽18m,高约2m,遍植青松。山顶有长方形亭,面积11.34m²,高4.35m,1985年建,由徐家彝题"岁寒亭"额。亭内置一方形石台,四周栽松、竹、梅。西南以黄石叠一座高6.2m的假山,山巅瀑布泻入山下小溪,溪中设汀步。山南临塘处有扇形亭,东向,大弧长4.5m,小弧长3.8m,间宽3.8m,高4.25m,1985年新建,由丁祖敏题"补亭"额。亭内顶面、漏窗、石台、石凳皆呈扇形,造型独特。

3.4.4 清轩

位于三隐堂东北;为园北部出口,北向,三楹,1985年新建。

3.5 邑庙景区

位于园东南,北连凝霞阁景区,西北邻桃花潭景区,南及东南为职工生活区,东西两面为围墙,面积约2700m²。

3.5.1 大殿、寝宫

城隍庙大殿于明清两代因火灾和兵祸，而屡毁屡建，今大殿及工字廊、寝宫均系清光绪八年重建。清代末年，殿前尚有井亭、头门、仪门、打唱台，天井内置铁鼎，抱厦内有石制"千砍"、"水盂"等。1983年大殿按原样修复，其南北长50.66m，东西宽23.54m，高5.24m，面积1192.54m²。大殿重檐覆顶，檐口饰钉帽，屋脊上塑盘龙吐水戏珠图，两端塑动物及八仙。殿北有工字廊与寝宫相连，宫内置大床及家具，陈设华丽。殿西有月门，门额"逸趣"、"神韵"，由王仁元书；殿东侧有石板路通凝霞阁景区。殿前月台三面有石围栏，十八根望柱头上镌有形态不同的石狮。

3.5.2 井亭

两只亭均为原邑庙遗物，内有井，位于园东南大门外两侧。亭皆方形，飞檐翘角，斗栱花板，高3.1m，面积6.76m²。经1986年修葺，檐口置人物塑像，亭内天花板镌双龙戏珠图，四周设石栏连四柱。

3.6 绿化配植

园内现存百年以上的古树22株，其中12株已由市园林管理局建立档案和树立保护标志。这些古树或树高冠大，或树形古拙，成为古园绿化组景的骨干。1981年后重修时，增植了较大规格的花木，并采用密植方式。在绿化布置上，注意观景树种的配置及乔灌木、常绿、落叶树比例，在建筑周围的花木配植与景观命名相适应。主厅布置牡丹花丛，种植青桐、桂花、乌桕、红枫、盘槐等，形成古典园林厅堂传统的园林景观。园内增植秋景树种，山前多植藤萝灌木，并以茂密的丛竹作为地被植物。池畔溪间，配以低矮水生耐湿草本花卉，在南北两山，种植松柏常绿树木，山巅多植落叶乔木，其余墙边隙地，遍植丛竹及野生蕨类草本花卉，形成老园秋容的意境。

全园共有树木3964株，草本花卉209株，藤本49株，竹2405株，其中富有江南园林特色的南天竹300余株。乔木与灌木之比为1:1.77，常绿树与落叶树之比为1:0.6。

4. 实习作业

（1）解读园内对联、额题，并分析园林景观与之相呼应的处理方式。

（2）"秋霞圃"园善于利用地形造景，通过实地测查，举2例因地制宜的实例说明。

（3）速写园中风景3~4幅。

（曾洪立 编写）

【方 塔 园】

1. 背景资料

位于上海市西南的松江区城厢东部，北临松江中山东路，东靠方塔南路，南近松汇路，西濒县府路，全园面积 11.52hm²。

松江在商代属扬州域，春秋时称茸城，唐宋以后，直至清中叶，松江一直是这一地区的政治、经济、文化中心。至今尚存有许多具有重要历史价值的珍贵文物。1978 年批准以古迹——宋代兴圣教寺塔（俗称方塔）为中心建历史文物公园，由同济大学总体规划，上海园林设计院负责绿化设计。

2. 实习目的

（1）了解有着"我国现代主义风格园林代表作"称号的方塔园在布局、造型、空间、色彩等方面的特点。

（2）学习为营造空间氛围而进行植物配置的方式，了解这种方式与传统古典园林植物景观、模拟自然群落种植方式之间的异同点。

（3）掌握以历史文物保护为核心的园林设计方法，建议采用比较式的学习方法，对上海方塔园、北京皇城遗址公园、杭州西湖南线园林工程等进行分析比较，从而得出结论。

3. 实习内容

3.1 总体布局

以宋代方塔为主体，保存邻近方塔的明代大型砖雕照壁，宋代石桥和七株古树等文物古迹。从园外迁建明代楠木厅、湖石五老峰、美女峰、假山、清代天妃宫大殿，适当改造地形，仿松江境内有名的九峰三泖，在园内堆九处土丘，开挖河池，并点缀亭榭，保留原有大片树林，以主题树种统一全园，建成一个自然、空旷与幽静深邃结合，以观赏文物古迹为主的园林。

3.2 园景

通过山体与水系的整理，把全园分为各景区，各区设置不同用途的建筑，形成不同的内向空间组合与景观。围绕方塔中心区，东北有茶点厅，东南有诗会棋社的竹构草顶茶室，南有欣赏塔形波光的水榭，西南有鹿苑和大片放养草地，西面接待室，接以廊榭，与楠木厅连成一组作陈列展览用，西北设服务设施。

3.2.1 中心文物主题景区

文物布置不拘泥于寺庙布局，因地制宜，灵活组织空间。突出方塔，并将明照壁、矮墙、台阶、花坛组成的塔院为主体，西侧有楠木厅、五老峰、美女峰，并由水榭、花墙、长廊、连贯成园中园。塔前为大成池，塔形映池。

3.2.2 大成池

西为宋代石桥和新建仿石舫。池水延至园南成河，河道环绕一小岛，岛上东为土假山，北为竹林，南建何陋轩，环境十分幽静，呈现江南水乡风光。

3.2.3 石堑道

塔园东北为清代天妃宫大殿，殿西用花岗石砌成 100m 长、5m 宽、3m 高的壁道，石砌两壁，壁外为人工土山。游人进入，只见壁道时高时低，时突时收，抬头望两边树木参天，绿树成荫，时隐时现，春夏之际，凉风阵阵，鸟语花香，有回归大自然的感觉。

3.2.4 入口

园北入口设牌楼一座，高低起伏的石板步行路，路东以浓荫树木为背景的花境，其中保留三株古树和一口水井，由水井处进入，逐步向下，降至广场，见方塔更显

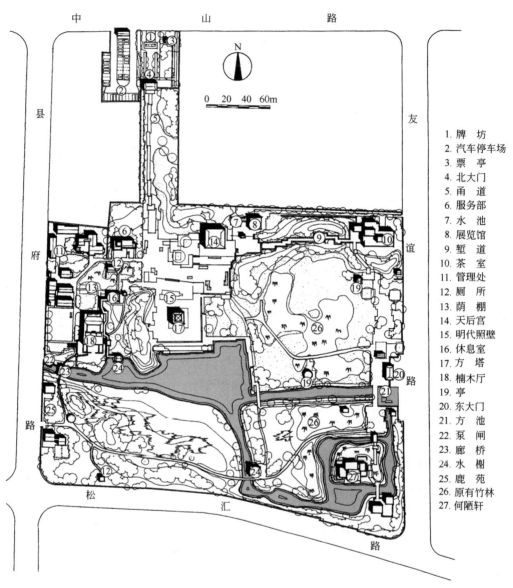

"方塔园"平面图(引自《上海园林志》)

巍峨;东入口进园,途经富于变化的空间,出堑道登天妃宫平台看方塔、广场,顿觉开旷,园林空间的塑造采用了我国造园经验当中"几经曲径渐入佳境,幽旷开合"的处理手法。

3.3 风景园林建筑小品

方塔为唐制北宋砖木结构古塔,方形九级,高42.5m,177朵斗栱中,宋代原物占62%;照壁高4.75m,宽6.1m,壁南为粉墙,北为砖刻浮雕,名"狻";天后宫殿,三开间,高17m,歇山大殿;兰瑞堂,硬山顶,楠木厅堂;何陋轩为竹结构,茅草大屋顶,方砖铺地,建筑按地势高低分为三个层次,造型别致。

3.4 植物配置

园内种植的植物均为我国传统花木,

不作造型，显示其自然形态，园东及东南为成片竹林，在园东北及园南土山上种香樟、枫香等高大乔木，底部间植桂花、郁李、八仙花，沿围墙植水杉，以屏蔽园外高大民宅，其他沿边地带植香樟、女贞、水杉，其土山绿化各具特点，山上分别以黑松、白皮松、罗汉松、湿地松、香樟、国槐、枫香、女贞为主，散植青枫、红枫、杜仲、红叶李、白玉兰，山脚下以火棘、黄馨、山茶等护坡，平地大量种植桂花、蜡梅、紫薇等。园内还保留不少大树、古树，如：五老峰有四株大的枸骨，楠木厅外有一株树龄70余年的紫薇，方塔北有七株胸径20cm的枫杨，摄影部墙内有一株百年山茶等等，这些大树、古树与古建筑交相辉映。

园内植物有97种，乔木和灌木之比为1:4.36，常绿与落叶之比为1:1.59。

4. 实习作业

（1）方塔园堪称我国大陆现代园林的代表作，试从山水骨架、环境空间、构筑物、绿化配置等角度说明它的设计区别于古典园林、体现现代园林风格的方面。

（2）草测方塔庭院，分析其空间尺度关系。

（3）草测何陋轩、堑道平面。

（曾洪立 编写）

【古 猗 园】

1. 背景资料

古猗园位于嘉定区南翔镇民主东街,园门在真南路3503号。1995年全园占地9.19万 m²。明万历年间(1573~1619年),历任光禄寺良酝署署正、河南府通判、代理嵩县知县、汝州知州的闵士籍,以宦囊在南翔兴建宅园。园的规模有"十亩之园,五亩之宅"之说。该园由擅长竹刻、书画、叠石的朱稚征(三松)设计布置,园中有亭、台、楼、阁、水榭、长廊等。因园内广植绿竹,园名取自《诗经》"绿竹猗猗"句,名为"猗园"。

清乾隆十一年(1746年)冬,叶锦购得猗园,次年春大兴土木重修和改建,乾隆十三年秋落成,改名古猗园。重修后的园门位于园北,西向。园南围墙外有河,船可进入园内。园东部于1985~1987年扩建了2.2万 m² 的青清园,园西部中以逸野堂和戏鹅池为中心置景,山有小云兜、小松冈和两座无名土山,水有戏鹅池、泛春渠和通园外的河道,亭有幽赏亭、孕清亭、梅花亭、怡翠亭、孤山香雪亭、嘉树亭、仿雪亭、荷风竹露亭,廊有承香廊、绘月廊和一无名曲廊,轩有鸢飞鱼跃轩、西水轩、柳带轩、听雨轩,楼阁有环碧楼、翠霭楼、浮筠阁、岭香阁,桥有磬折渡桥、浮玉桥,此外还有春藻堂、清馨山房、坐花斋、书画舫、蝶庵、药栏、鹤寿轩、石塔等建筑。园内除广植竹以外,还专辟了一个竹圃,体现"绿竹猗猗"的意境。青清园以竹造景,并在园中建造了荷风竹露亭、君子堂、翠霭楼、青清园等景点。

1977年恢复古猗园的园名,1979年、1981年、1983年都曾进行整修。1985年熊山改建为龟山。

1993年古猗园用地分析表　　　　　单位:万 m²

项　目	总面积	其　中						
		绿地	服务设施	儿童园	生产区	生活区	水面	道路地坪	其他
面　　积	9.18	5.16	0.47	—	0.26	0.14	1.47	1.38	—
占总面积的%	100	56.21	5.12		2.83	1.53	16.01	15.03	

2. 实习目的

(1)学习园林空间布局中多中心分散布局,既互相联系形成整体又相互分隔的设计方法。

(2)体会空间尺度——学习不同于精致小巧的江南古典园林尺度的大尺度园林空间处理方式,以大草坪、大假山为实例。

(3)掌握竹类植物的配置方法,通过种植植物的方式表达本座园林的设计立意——"绿竹猗猗"。

3. 实习内容

3.1 总体布局

古猗园总体上分为东、中、西三部分,西部有逸野堂景区、戏鹅池景区,中部有松鹤园景区、鸳鸯湖景区,东部有青清园景区、南翔壁景区。而在空间布局上,各景区都有一个中心,互相之间有较为明显的分隔,并且在塑造景观上亦各具特色。

3.2 逸野堂景区

位于园西北部,以逸野堂为中心,北有北园门和曲廊、幽赏亭,南有鸢飞鱼跃轩、小松冈和南亭。四周分别有五老峰、古盘槐、小云兜和桂花林。

3.2.1 北门和曲廊

位于园西北角。门前有一空阔场地,花岗岩地坪,规则方正,四周以绿竹作篱。门

"古猗园"平面图（引自《上海园林志》）

1. 鹤寿轩
2. 鸳鸯湖
3. 曲香廊
4. 南大门
5. 南翔壁
6. 大草坪
7. 门楼
8. 荷风竹露亭
9. 翠霭楼
10. 龟山
11. 唐代经幢
12. 微音阁
13. 梅花厅
14. 浮筠阁
15. 门楼
16. 荷花池
17. 鹤寿轩
18. 松鹤园
19. 白鹤亭
20. 竹枝山
21. 浮筠阁
22. 缺角亭
23. 逸野堂
24. 鸢飞鱼跃轩
25. 南厅
26. 不系舟
27. 戏鹅池
28. 厕所
29. 温室
30. 九曲桥
31. 南亭

为山居式，砖木结构，平脊翘角，小瓦结顶，小三楹，朱柱，朱门两扇，建筑面积为34m²。门内小院配置松竹梅和假山石。向右是长25m的复廊，中有葫芦形门洞，廊上有八仙图案的漏窗，廊外配植桂花、牡丹、修竹。

3.2.2 幽赏亭

建在与逸野堂正门相对的假山顶上，亭与堂成对景。亭为砖木结构，高4m，六角翘檐，檐上挂落，小瓦结顶，顶端塑有"万年青"图案，面积为6.5m²。顺假山旁小路拾级登亭，倚亭内扶王靠可一览逸野堂之势。亭底有山洞，游人可穿山而过。

3.2.3 逸野堂

为全园的主建筑，坐东面西，三楹，高7m，面积133.2m²。堂前后各有长门八扇，其余堂壁都是长窗隔扇。堂顶由十六根大柱支撑。堂上是横梁雕花平顶，挂有宫灯五盏。屋面是小青瓦结顶，漏空高脊，脊两端两只龙头相对而视。屋檐四角高翘，山头檐边如花瓣相连。堂内摆有木雕九龙屏风和龙椅、茶几，堂匾系唐云所题。堂门外有台阶三级；阶前地坪及环堂路面用陶片、瓷片、石片、卵石、玻璃片、青砖拼成，有冰裂式、梭子式、方格式；在冰裂式地坪上砌出碧玉如意、无字天书、八仙等图案。堂前有两株古盘槐分立于左右，右边一株树龄已有470多年，形状如伞，姿态优美。

3.2.4 鸢飞鱼跃轩

位于逸野堂南，三面依水而建。轩为三楹，砖木结构，面积52m²。屋面为小瓦结顶，飞檐翘角，花色屋脊，两面有四根垂带形成垂脊，脊端置有花篮，四面落水。屋内花色吊顶，仿砖地坪。轩门圆形，临池的一面有四根大柱，不设门窗。

3.2.5 南厅

位于鸢飞鱼跃轩南，面向逸野堂，厅后临河。厅为砖木结构，小瓦结顶，四角高室内三楹前后分隔六间，均用长窗隔扇，面积97.2m²。厅外绕龙脊围墙形成一个小庭院，西北角有雕花门楼，院门北向。院内种植玉兰、桂花和数丛修竹，增添了素雅幽静的气氛。院外矗立一座唐乾符二年（875年）建的经幢，惜因遭雷击而只剩下半段。

3.3 戏鹅池景区

位于园西部北面，西邻逸野堂景区。区内以面积约750m²的戏鹅池为中心，南有竹枝山和浮筠阁，北有不系舟，西有白鹤亭，亭阁相对，山水相依。

3.3.1 不系舟

位于戏鹅池北侧，原为古猗园的书画舫：舟高5m，宽3m，面积74.6m²。舟体为石结构，舱为砖木结构。前舱为亭形，歇山顶，小青瓦，长窗隔扇，舱首悬"不系舟"三字匾。中舱为廊，南北两面设扶王靠。后舱为楼，四面设窗，小瓦结顶。

3.3.2 白鹤亭

位于戏鹅池西岸。南翔镇地名传说是在梁代（502~529年）初年，有两只仙鹤飞临此地一巨石上，后又南翔，故名。后人在此石上题诗："白鹤南翔去不归，惟留真迹在名基。可怜后代空王子，不绝薰修享二时"，白鹤亭就是依据这个典故而建。亭高9m，面积10m²，五角高翘似孔雀开屏状。亭尖成五方宝石形，尖顶有一只形状特异，展翅南飞的白鹤，引颈伸尾，双翅拍击，凌空欲飞。亭边水中立石碑，碑高2.7m、宽0.95m，上刻前述的白鹤南翔诗。

3.3.3 竹枝山和浮筠阁

位于戏鹅池南，竹枝山占地1300m²，高4m。山上多竹，曾名绿竹山，后改名竹枝山。浮筠阁坐落在竹枝山北麓，半处池中，实为水榭。阁原系竹结构，1977年重建时改为砖木结构，面积55.1m²。阁北靠岸一边是一堵白粉墙，中间为月洞门，两旁漏窗上为竹形的花格。阁内六柱支撑，三面外设栏杆，内为扶王靠，在栏杆与扶王靠之间为外通道。屋面为筒瓦歇山顶，屋脊与垂脊相连，四角上翘，垂脊下端以花篮结尾。

3.3.4 缺角亭

位于竹枝山顶,又名补阙亭。民国20年九一八事变,日军侵占东北三省。民国22年4月建亭时,四柱翘角亭独缺东北向的一角,以志国耻。1976年重建的缺角亭为砖木结构,高5m,面积40.9m²。亭为方形,筒瓦攒尖顶,上塑火炬,其东南、西南、西北三角塑有紧握的铁拳,惟东北角无拳。亭内上方塑有九条龙,四周有坐凳。亭基为一方形混凝土平台,台周围设花色栏杆。

3.4 松鹤园景区

位于园中部偏北,以梅花厅为中心,东有荷花池、普同石塔、鹤寿轩和松鹤园,北有唐经幢、微音阁和绘月廊。区内轩塔厅阁,配以松荷竹梅,景色宜人。

3.4.1 唐代经幢

位于梅花厅北,微音阁南。经幢建于唐咸通八年(867年),全名为尊胜陀罗尼经幢。幢体为花岗石,高10m,仰莲基座,八角七级幢柱,飞檐幢顶,上镌尊胜陀罗尼经,四大天王佛像坐立其顶,各节系束腰莲花瓣。

3.4.2 微音阁

位于梅花厅北。阁上层小下层大,三楹,砖木结构,高10m,面积32.3m²。正面有长门八扇,两面是花色漏窗,两头是八角花窗,上下两层都飞檐翘角,四面滴水,高脊垂带,小瓦结顶。

3.4.3 绘月廊

位于梅花厅北,微音阁西。廊长33m,宽2m,高3.5m,砖木结构,面积150m²。廊首有一方亭,圆洞门朝南,亭右是扶王靠,亭左是花色漏窗,亭后两扇门内为廊。廊北墙南柱,柱间为坐凳及栏杆。廊南临水,岸边植宽叶印度竹。

3.4.4 梅花厅

位于园中部偏北。厅五楹,木结构,高7m,面积190m²。厅内墨柱紫窗,前后备有长门16扇,门窗上为梅花图案精雕镶嵌,老戗飞檐,前后走廊,小瓦结顶,平背垂脊,山头嵌花,厅额由魏文伯题写。厅前有两株古柏,四周遍植红梅、绿梅、蜡梅。厅邻近道路均用鹅卵彩石、白瓷、青瓦铺成形态各异的梅花图案。

3.4.5 荷花池 普同塔 鹤寿轩

位于梅花厅东侧。荷花池面积400m²,塔立池中,有莲花托塔,塔浮荷面之感。普同塔体为花岗石,建于宋嘉定十五年(1222年),高约3m,六面七级,腰束莲花瓣,塔柱镌如来佛像。鹤寿轩为混凝土结构,面积8m²,上如楼阁,下如厅堂,四面相通。

3.4.6 松鹤园

位于梅花厅东边,占地1200m²,三面环水,一对大仙鹤雕塑屹立松林之间的水边,一只仰天长鸣,一只伸颈啄食,全身白色,头顶红色,栩栩如生。

3.5 青清园景区

一个位于园东部的园中园,占地2.2万m²,有围墙与其他景区分隔。青清园内种植了方竹、紫竹、佛肚竹、矮竹、印度竹、慈孝竹、箬竹、凤尾竹、四季竹等20多种翠竹,还有门楼、荷风竹露亭、君子堂和翠霭楼等景点。

3.5.1 门楼

位于青清园南。门前有一对1.7m高的石雕幼狮,圆洞门两边是对称方窗,以郑板桥竹画立体枝叶嵌镂窗间。上面小瓦结顶,飞檐翘角。

3.5.2 荷风竹露亭

位于青清园南部。亭临水而建,东侧有假山,西边为游船码头。亭方形,砖木结构,高5m,面积24m²。四角高翘,小瓦结顶,亭内四周设扶王靠。

3.5.3 君子堂

位于青清园南部,荷风竹露亭东南面。堂为砖木结构,面积36m²,有前廊后廊,白墙红柱。堂前植紫竹,左右种兰、菊,堂后栽蜡梅,中堂悬挂梅、兰、竹、菊书画。

3.5.4 翠霭楼

位于青清园北端。原系南市区大东门和

顺街 18 号火神庙内的清代建筑，1984 年移建于此。楼两层，高 13m，三楹，砖木结构，建筑面积 186m²。二楼中央飞出一阁，楼檐两边飞檐斗栱，雕二龙戏珠。楼顶部圆形斗栱，由 240 只雕成的鸟头组成，中间是双龙戏珠。上下窗面开阔，细格斑鳞，前后开门。楼前 20m 处是一座临湖石砌平台，长 20m，宽 6m。

3.6 鸳鸯湖景区

位于公园中部。东侧有龟山，湖上及沿湖有九曲桥、湖心亭、曲香廊等景点。

3.6.1 龟山

位于鸳鸯湖的东侧，面积 3300m²，山高 8m，四面环水。山东侧水面较宽阔，为龟山湖。山四周有小桥与岸相通，似巨龟四爪。龟山的东南有圆形小岛，似巨龟之首，名龟头岛。山顶建龟背型地坪，四周用湖石堆砌成围土墙。地坪中间有一方形基座，混凝土结构，高 47cm、长 2.55m、宽 2.54m，上伏一只石赑屃，龟身龙首，头东尾西。赑屃背负石碑，碑高 2.2m、宽 1.15m，正面镌刻由"一百岁"三字连写成的一个大"寿"字，反面有一百个以不同方法书写的"寿"字。龟山紧挨鸳鸯湖，靠近松鹤园，临近青清园，将松、鹤、龟、竹、湖连成一片，成为古猗园中的"长寿区"。

3.6.2 鸳鸯湖

东与龟山湖相接，西北和戏鹅池相通，东西长而南北狭，面积约 1 万 m²。横跨湖面的九曲桥，石结构，长 18m、宽 4m，石墩朱栏，盘曲蛇形。桥中部湖心亭建于桩柱之上，砖木结构，面积 9m²，六角高翘，小瓦结顶，四面设扶王靠。环湖植垂柳。

3.6.3 曲香廊

位于湖南，沿曲折的岸线而建，东首联茶室。廊长 52m，宽 3.2m，砖木结构，廊的顶盖呈蛇腹形，紫椽墨柱，南北透景。廊北有株百年红牡丹，廊周围种植桂、菊、梅、兰，杂以翠竹，四季芳香，故名曲香廊，又

名五曲长廊。

3.7 南翔壁景区

位于公园东南部，以壁为主，区内有大草坪、紫藤架、南亭、樟树林、大假山等景点，视野开阔，有林野风味。

3.7.1 南翔壁

位于南大门入口处，以水泥、方砖砌成。壁高 5m，阔 10m，厚 0.6m。照壁上的水泥浮雕以"白鹤南翔"为内容，左下方是两位古人手拿铁锹挖到一块白色长石，上方是白鹤飞翔，中间和右方是"白鹤南翔寺"及其周围的苍松翠柏。壁上覆小青瓦，四角微翘，两个龙头相对，龙尾相交于脊中，名为"孵龙脊"。照壁周围以松竹为背景，壁前对称设置两盆大铁树，前面地坪用小青砖铺砌。

3.7.2 大草坪

位于南翔壁北，占地 2000m²，四周种有高大的雪松和古柏。草坪东首有只六角形的南亭，砖木结构，面积 16m²，攒尖顶，筒瓦翘角。亭内除西面为通道外，四面设扶王靠。草坪东北面是一片有数十株碗口粗的香樟林。草坪北面有一座紫藤棚架，混凝土结构，长 22m、宽 4m，6 株紫藤盘缠于架上。草坪西北是座大假山，占地 1180m²，山上灌木丛生，山下有洞可穿行。

3.8 绿化配植

3.8.1 以竹为主的传统特色

解放后公园数次扩建，除种植了大量乔灌木外，也相应增加种竹的面积和品种。除在旧园区的石旁路边，堂前宅后，粉墙边角零星点缀丛竹和小片竹林外，又在东边新辟竹园 30 余亩（2 万多平米），并引种方竹、紫竹、弥陀竹等新品种。全园突出以竹造景，竹与石相结合，形成竹石立体画。丛竹三五成群，配以曲折道路，构成了"竹径通幽"的景观。竹与建筑、小溪相结合，创造了自然、宁静、优美的空间。

3.8.2 植物配置

古猗园的园艺布局除突出竹以外，还以

传统的园林植物相配，环湖植柳，大草坪周围苍松翠柏，主建筑前种槐，梅花厅四周遍植梅花，厅堂院落内配以梅兰竹菊四君子。全园种植乔灌木 133 种 1.22 万株，乔木与灌木之比 1:4.93，常绿树与落叶树之比 1:0.29。

3.8.3 温室

公园北部建有温室，铝合金结构，面积 $200m^2$，年生产各类花卉 10 多个品种 3000 余株，盆花 40 余个品种 4000 多盆，供公园的四季用花。

4. 实习作业

（1）以古猗园为例，简述我国传统园林在植物配置方面的特色。

（2）简述并图示古猗园的园林布局特点。

（3）草测鸢飞鱼跃轩、浮筠阁、缺角亭，并分析其选址。

（4）速写园中风景 2~3 幅。

（曾洪立　编写）

【醉白池公园】

1. 背景资料

园址位于松江镇人民南路64号,东至长桥南街,南濒人民河,西临人民南路,北接驻军营房和松江县第一中学。1995年全园面积5.13万 m^2。园址原有一座建于明代的残破宅园,清顺治年间(1644~1661年),本籍人士顾大申在此地修建别墅花园。园以一泓池水为主。顾仰慕唐代诗人白居易的风雅,仿宋代韩琦慕白居易而筑醉白堂的故事,取园名为醉白池。嘉庆二年(1797年),此园成为松江善堂公产。道光至咸丰年间(1821~1861年),建善堂田产征租厅,重修宝成楼、大湖亭、小湖亭、长廊等。光绪二十三至二十五年(1897~1899年),建船屋、六角亭、粮仓。宣统元年至二年(1909~1910年),建池上草堂、雪海堂、茅亭,并广植树木。民国13~20年(1924~1931年),建卧树轩,改建乐天轩等。

1958年8月县人民代表大会通过决议将醉白池辟为公园,并进行了扩建。1980年1月,进行整修及局部改建工程,新辟玉兰园、赏鹿园、碑廊、砖雕照壁、儿童乐园,将松江镇的清代雕花楼、深柳读书堂迁入园中,并整修了园中绝大部分的古建筑,翻修所有园路,充实和调整了绿化布局,至1986年完成。

1993年醉白池用地分析表 单位:万 m^2

项 目	总面积	其 中						
		绿地	服务设施	儿童园	生产区	生活区	水面	道路地坪	其他
面 积	5.13	3.39	0.04	0.32	0.18	0.12	0.68	0.40	—
占总面积的%	100	66.08	0.78	6.24	3.51	2.34	13.25	7.80	—

2. 实习目的

(1) 了解著名的古典园林与扩建的现代风格园林的异同之处,学习处理它们之间的既互相联系又相互分隔的设计方法。

(2) 掌握改建古典园林的设计方法,保护古典园林景观,尊重并符合初始园林意境。

3. 实习内容

3.1 总体布局

全园东西方向分为内园、外园。

3.2 内园与工程细部处理

位于东部的内园为原来的古园,虽然只占全园总面积的五分之一强,但景点很多,建筑较密集。环醉白池有池上草堂、乐天轩、四面厅、宝成楼、碑刻画廊、雪海堂等建筑。

3.2.1 醉白池

位于内园中央,主体部分南北呈长方形,河道蜿蜒伸至园北和园东北。初建时池广约三四亩(2000~2600m^2),后来善堂将池南填没造屋,仅余500多平方米。池中植名种荷花"一捻红",池北与河道交汇处建石桥,桥北河道渐宽;池上草堂横架于河上。堂建于清宣统元年,面积114.5m^2。堂前原有清初画家王时敏题写的"醉白池"隶书匾,毁于"文化大革命"中,现匾为程十发重题。堂上悬"香山韵事"额,堂中置古色古香的家具、瓷器、屏风。环池东、西、南三面有廊,与池东长廊相连的有一亭一榭。亭为半亭,上有"花露涵香"额,亭前花坛有两株百年牡丹;廊南临水处有榭,上悬"莲叶东南"额。池西南有半临水的六角亭,亭南有廊与

2. 醉白池
3. 碑刻画廊
4. 邦彦画像
5. 雪海堂
6. 宝成楼
7. 乐天轩
8. 朱太仆
9. 玉兰园
10. 鹿苑园
11. 前门
12. 砖雕照壁
13.
14. 荷池
15. 池上草堂
16. 苗圃
17. 儿童活动园
18. 食堂
19. 办公楼
20. 厕所

"醉白池"平面图（引自《上海园林志》）

池南长廊相连。亭北有四株百年女贞。

3.2.2 《邦彦画像》石刻与碑刻画廊

《邦彦画像》嵌砌于池南长廊内壁，计有30块石刻。原画出自乾隆年间松江画家徐璋之手，光绪十七年篆刻上石，嵌砌于松江府学的明伦堂壁间。石上阴刻明代松江府乡贤名士董其昌等91人的画像，线条流畅，形象生动，像前有当时的松江府同知何士祁题写的"云间邦彦画像"六字（"邦彦"意为国中名士，源出《诗经》）。民国26年明伦堂被日军所毁，乃移置醉白池。"文化大革命"初期，经有关人员精心伪装保护，石刻得保存完好。碑刻画廊位于《邦彦画像》南，道光年间（1821~1850年）善堂在此建仓库，后住居民，1986年迁出居民后改建成碑刻画廊。廊四合院式，建筑面积304.3m²。廊中陈列的多数为当代书画、碑刻，也有少数古代或摹古代碑刻。

3.2.3 雪海堂

位于池西，宣统年间建，五楹，面积406.4m²。堂为内园主建筑，屋宇高大宽敞，民国元年孙中山曾在这里发表演说，并与同盟会松江支部成员合影。堂上悬邑人朱孔阳题额，门口置石狮一对，植桂花两株。在堂前院落中有一方形睡莲池，四周围石栏杆，池中有一座鲤鱼与荷花的雕塑。沿院墙有松竹梅花坛，墙角栽芭蕉。院东西两门旁建半亭，各置一对石鼓。

3.2.4 宝成楼

位于醉白池东，隔池与雪海堂相望。这里原是园主住宅，由仪门、花厅、宝成楼三座建筑组成，建于清初。仪门门楣上刻有人物、建筑、树木、荷花、假山，雕工精细。花厅面积150.4m²，内陈列轿子两顶，厅前植蜡梅、桂花、竹丛、茶花、罗汉松、红叶李。厅后的宝成楼为五楹两层建筑，面积429.5m²。楼前轩廊悬郑为书的"宝成楼"匾。楼后小院有一株树龄250余年的罗汉松，院角植佛肚竹。花厅前及西面廊壁上嵌有石刻40余块，系元代赵孟頫以行书写的宋苏轼前、后《赤壁赋》。石刻原在四面厅，"文化大革命"时拆下，藏于宝成楼后院夹墙中保存，但几经拆运，部分碑石断裂以至损毁。

3.2.5 四面厅 疑舫

四面厅位于池上草堂东，宝成楼西北，建于清初，面积131.1m²。厅四面均为花格长窗，窗外回廊环绕。厅前临醉白池有一株300余年的樟树，树高荫大。疑舫在四面厅西，宝成楼北。醉白池北端延伸的河道经过池上草堂下分成北向、东向两条支流，疑舫在东支流的东端，舫首西向，舫北临水。舫为明代旧园遗物，原有董其昌手书"疑舫"匾，早已无存。在舫与四面厅之间有两株逾百年的蜡梅。

3.2.6 乐天轩

位于河道北支流的东面，与四面厅隔东支流相对，面积78.3m²。轩以白居易字乐天得名，三面回廊，旁丛植慈孝竹，轩后有一株250年以上的银杏，其西南临河处有一株200年的榉树。

3.2.7 玉兰园

位于雪海堂南，碑刻画廊西，以园中广植二乔玉兰、白玉兰、紫玉兰得名。园西北建玉兰厅，面积49.9m²。厅中悬陆俨少题额，下挂一幅顾绣玉兰图。厅前荷花池以湖石驳岸，池上架小石桥，球状黄馨条布于岸边。池畔有一只名为"玉兰"的六角亭，亭内置六角形石台、石凳。

3.2.8 赏鹿园

位于内园南部，有园墙与北面的玉兰园、碑刻画廊相隔，园名出自春秋时期吴王射鹿的故事。园东堆山，上植黑松、罗汉松、蜡梅、香樟和丛竹，山顶建六角形笠亭。园西凿池，周围植黄馨、栀子花、女贞、桂花，池旁建一方形扑水亭。园北有面积为119.9m²的赏鹿厅，厅中悬程十发《吴王出猎图》。

3.3 外园

位于园中部和西部的外园为1959年扩建，布局疏朗，以小桥流水、荷池长廊、草坪为主景，具有现代公园的风格。1986年迁入清代雕花厅、深柳读书堂、五色泉，建砖雕照壁、儿童乐园，进一步充实园景。

3.3.1 砖雕照壁

位于西大门内，高3m，长7m。画面上有奔鹿驰骋在三泖九峰之间，仙鹤飞翔于云间古城之上，仕女游宴在醉白池园林之中，显示出古城历史悠久、景色秀美的风貌。

3.3.2 雕花厅

位于外园中部北面，西隔鱼池与照壁相望。厅建于嘉庆年间(1796~1820年)，为三进两院四厢民宅，原位于松江镇西塔弄底。第一进门厅装饰朴素，二厅、三厅厢的梁枋和门窗均有花卉、人物等木刻浮雕，这些雕饰在"文化大革命"中大部分被损。1984年将厅拆迁至外园，原二厅、三厅现为前后厅，两厅间庭院的东西厢为小厅。前后厅内均置有大型木雕立屏，前厅为《百花齐放》，后厅是《赤壁大战》，以突出这座建筑的木雕工艺的特色。厅周围树木葱郁。

3.3.3 荷池 土假山

荷池按照江南园林传统的理水手法，有聚有分，在外园南部形成东、中、西三处较宽阔的池面，中池有河道曲折延伸至外园北。在东池东部有一个半岛，岛中央建六角亭。东池与西池畔各有一座土假山，山上散点湖石。东池植睡莲，西池植荷花。池北是一片水杉林，池南两座土假山密植各种树木。

3.4 绿化配植

3.4.1 绿化布局

由于公园内外两部分成园历史不同，其绿化布局也有很大的差异。外园面积较大，建筑很少，主要依靠植物造景，以香樟、桂花、水杉作基调树，建成常绿林景观，配植蜡梅、海棠、桃花、石榴、紫薇等花灌木，使之四季有景。有大草坪两块，其中一块是常绿草种。通过对各种植物的适当配置，形成上有乔木，中有花灌木，下有地被植物覆盖，富有季相色彩变化的植物景观。内园建筑密集，有百年以上的古树14株，树种有香樟、银杏、罗汉松、榉、朴、女贞、桂花，还有一些不足百年的大树。内园中有些景点原有的绿化配置就很好，如四面厅前古樟参天，紫藤枝虬纵横，"花露荷香"亭前两株牡丹突出了湖亭的主题。解放后的历次修建，植物配置主要是补原有的不足，加植适当的树种，以符合其所要表现的意境。如在雪海堂对面补了一组"松、竹、梅"岁寒三友，在碑刻画廊的四个小天井里分别种植白玉兰、紫薇、桂花、蜡梅等，以体现四季景观。全园种植各种树木3927株，乔木与灌木之比为1:1.68，常绿树与落叶树之比为1:0.76。

3.4.2 苗圃 花圃

在内园东南有一个小花圃和一个小盆景园，栽培各种草花，繁殖盆景材料，养护和制作盆景，以供应园中展览和厅堂摆设之用。

4. 实习作业

(1) 以醉白池公园为例，谈谈古典园林改扩建在满足当代人休闲游憩需要方面的利弊。你对此有何建议？

(2) 简述扩建部分与原古典园林部分在空间处理手法上的异同之处，并说明处理的原由。

(3) 草测醉白池及周边环境，分析其空间尺度比例。

(4) 图示分析池上草堂在园林构图形式当中的重要性。

(5) 速写园中风景2幅。

(曾洪立 编写)

【长风公园】

1. 背景资料

位于大渡河路189号，东邻华东师范大学，南近吴淞江(苏州河)，西靠大渡河路，北临怒江路。公园设四门：南门(正门)在大渡河路为1号门；东门在枣阳路南端为2号门；西门在大渡河路云岭路口为4号门；北门在怒江路为3号门。1995年全园面积36.56万m^2。

园址原是吴淞江(苏州河)古河道中的西老河河湾地带。湾内地势高处有一村落名宋家滩，俗称老河滩，村旁为坟地。这里因低洼易涝；农民耕种所获无几，是一处有名的穷滩。1956年初市人民政府决定征用这块滩地辟建公园。

建园工程由上海市园林管理处设计科柳绿华负责总体规划，主要建筑由上海民用建筑设计院设计。由公园筹建组组织施工。通过挖湖堆山，将施工挖出的约30万m^3泥土分别堆成占地15亩(1万m^2)、高26m的铁臂山，和占地5.5亩(3667m^2)、高11m的黑松山，还把95%的低洼地填高1m，从而解决了这一带长期存在的积水问题，改善了种植条件，工程提前两年完成。1959年10月1日，公园正式对外开放。

公园在筹建时名沪西公园。1958年局部开放时改名碧萝湖公园。在1959年全园开放的前夕，中共上海市委书记处书记魏文伯取《宋书·宗悫传》中"愿乘长风破万里浪"之意，将园名改为长风公园；又取毛泽东《送瘟神》诗中"天连五岭银锄落，地动山河铁臂摇"句，将园中人工湖命名为"银锄湖"，大土山命名为"铁臂山"。

1993年长风公园用地分析表　　　　　　　　　单位：万m^2

项　目	总面积	其　中							
		绿地	服务设施	儿童园	生产区	生活区	水面	道路地坪	其他
面　积	35.56	17.41	0.44	—	0.67	1.45	14.26	2.30	0.03
占总面积的%	100	47.62	1.21		1.83	3.97	39.00	6.29	0.08

2. 实习目的

(1) 学习模拟自然，创造山水格局的园林设计方法。

(2) 了解因地制宜，挖湖堆山，降低造价，塑造园林空间的工程措施。

(3) 体验聚散两宜的多样水空间尺度氛围。

3. 实习内容

3.1　总体布局

公园布局模拟自然，因低挖湖，就高叠山，山体坐北朝南，可眺望宽阔的湖面。水面采取以聚为主、以分为辅的布局，巧妙地保留了原有的一条西老河，它从铁臂山的东南向北再西折，恰好环绕整个山体。铁臂山有起伏的山峦和蜿蜒的余脉，隔河的黑松山向东延伸，与铁臂山西北余脉有连贯趋势，从而增添园林空间层次，避免山型轮廓相同。

3.2　园景

3.2.1　铁臂山

位于园北部，占地15亩(1万m^2)，与银锄湖同为公园主景。其东与长寿银杏林相接，西与银锄湖相连，南邻松竹梅景区，北靠西老河；山高26m，为上海公园中人造山之最。主峰周围分布着高低不等、形姿各异的次

1. 北大门
2. 女民兵塑像
3. 勇敢者道路
4. 苗圃
5. 亭
6. 划船码头
7. 怡红亭
8. 售品部
9. 厕所
10. 百花亭
11. 荷花池
12. 探月亭
13. 听泉亭
14. 百花洲
15. 游船码头
16. 三曲廊
17. 睡莲池
18. 松竹梅区
19. 清波亭
20. 清心茶室
21. 银锄湖
22. 扇亭
23. 夕照廊
24. 桂香亭
25. 朝霞榭
26. 青枫绿州
27. 碧萝餐厅
28. 西大门
29. 木香亭
30. 丰收亭
31. 青枫亭
32. 电动游艺场
33. 游泳池
34. 塑像
35. 迎春亭
36. 钓鱼台
37. 露天舞台
38. 船坞
39. 天趣亭
40. 水禽池
41. 管理处
42. 南大门

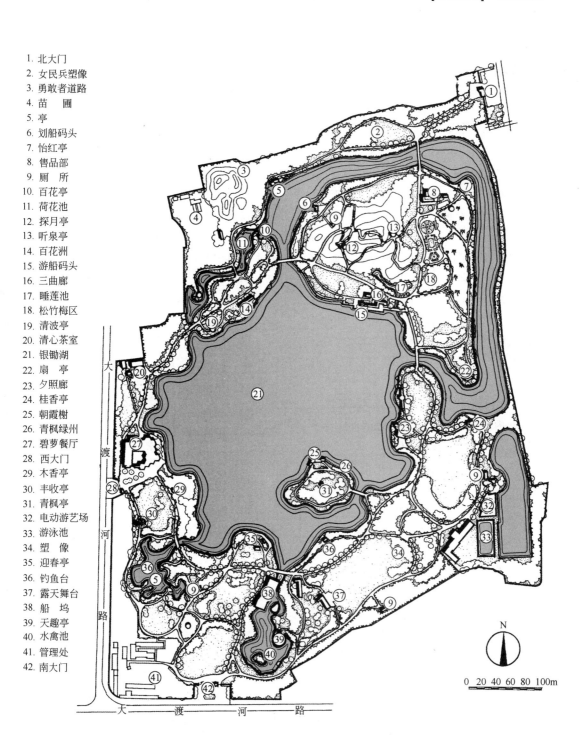

"长风公园"平面图(引自《上海园林志》)

峰，东南有一幽静的山谷。整个山形有凸有凹，有曲有伸，有峻有缓，可收"横看成岭侧成峰"之妙。有八条崎岖的山径通往顶峰，主路与小路在山坡上纵横交错。西南有环形睡莲池，池内植有黄、红、白色睡莲。东西坡各有一只六角形竹亭，西亭名探月，面积 10m²；东亭名听泉，面积 11.2m²。主峰顶端有近 20m² 的石平台，登台可一览全园景色。东南次峰顶亦有小平台，台上设石桌、石凳。山坡树木郁郁葱葱，四季繁花似锦，最引人注目的是春季的桃花，夏季的睡莲，秋季的红叶李，冬季的蜡梅。

3.2.2 银锄湖

位于公园中部，面积 220 亩(14.67 万 m²)。全园水系主次分明，聚中有散。长约 400m 的西老河道，曲折环绕铁臂山，两端与银锄湖相连，形成了广阔湖面与河道萦回如带交融的水景。在湖的东、南、西南沿岸，散布着大小不等、形状各异的睡莲池、荷花池、水禽池、钓鱼池；池湖相通，宛如一串珍珠撒落在湖边。湖水来自地下水和雨水，夏季水位上升时，有泵站排入苏州河。银锄湖是上海公园园湖中最大的人工湖，平均水深1.5m，水质较净，碧波涟漪，空域畅朗，全园以湖为主体，环湖置景；湖东有桂香亭、枕流桥、夕照廊、三号船码头；东南有青枫岛、朝霞榭、青枫桥、青枫亭；西有天趣亭、木香亭、展览厅、银锄楼；北有绿荫桥、百花亭、画廊、飞虹桥、曲廊、松涛亭、一号船码头；东北有铁臂山、曲廊、怡红亭；南有凌波桥、二号船码头。每年收获水产约万斤，大部分供应园内餐厅。

3.2.3 青枫岛

又名青枫绿洲，位于湖东南，面积 4 亩 (2600m²)。岛以广植青枫而得名，有青枫桥通湖岸。岛上建有青石柱、圆顶的青枫亭，面积 12m²。亭南叠一太湖石假山。岛北临湖处的朝霞榭为廊亭组合建筑，钢筋混凝土结构，绿色琉璃瓦顶，面积 81.5m²。岛上除种青枫外，配植香樟、桂花、罗汉松等，环境幽静，景色宜人。台湾民主自治同盟上海市委员会以青枫岛象征台湾，多次在此欢庆中秋佳节。

3.2.4 松竹梅区

位于西老河东端与银锄湖交汇处，东、西、南三面环河，北邻铁臂山东南麓，其西为跨越老河套东口的绿荫桥，占地约 4000m²。景区中间为一块草坪，四周广植黑松、雪松、罗汉松、子母竹、小竹、蜡梅、红梅等岁寒三友，配植银杏，树下散置石桌、石凳。景区南河面宽广，在临水处建扇形亭，砖木结构，竹顶，面积 50m²。

3.2.5 钓鱼池

位于湖西南，面积为 2900m²。池南有钢筋混凝土结构琉璃瓦结顶的方亭，名丰收亭，面积 12.5m²。池水浅处置汀步，池边有用太湖石砌的石墩，供垂钓人或立或坐。池的周围树木茂盛，夏季可在树荫下垂钓。池东北河道与湖面相连，河上架桥。

3.2.6 水禽池

位于湖东南，面积 2000m²，原规划饲养观赏水禽，后未实施。池中有两个小岛，岛上因种植牡丹和杜鹃，曾叫过牡丹岛和杜鹃岛。后因土质不宜种植牡丹和杜鹃，改种子母竹、红枫、垂柳，两岛红绿相映，别具特色。池的东岸有六角竹亭，名天趣亭，面积 9m²。

3.2.7 百花洲

位于湖西北，占地 4000m²。此地南依银锄湖，东为西老河入湖的西口，北面是西老河的延伸河道，三面环水，洲上植百花，因而得名。洲中有广玉兰林和群植的白玉兰、紫玉兰，还有其他木本、草本花卉，计百多种，四季都有盛开的花卉。洲西南角临湖处有六角形竹亭，名百花亭，面积 15m²。

3.2.8 长寿林

位于园东部偏北，东、北两面为老河套河道，南邻松竹梅区，西依铁臂山，由银杏林和花坛群组成，占地 2700m²。花坛群四季有花，50 多株银杏树生长茂盛，年年结果。

3.2.9 桂香亭

位于园东部偏南，西老河东口宽阔处的南岸，与松竹梅区扇子亭隔河相对，西南为大草坪。亭为长方形，竹结构，面积 42m²。亭周围广植桂花，每逢 8 月中秋前后桂香扑鼻。

3.2.10 雷锋塑像

位于园西南部，1984年10月由共青团上海市手工业管理局委员会、市红领巾理事会和南京路上好八连筹资建成。塑像为半身，铜质，高1.5m、宽1.5m。底座用花岗石砌就，高3m、长1.5m、宽1.5m。塑像面朝南，北面植一排高大香樟林，西面为龙柏及花坛，东面有银杏和丝兰。塑像正面有一片大草坪，少年先锋队常来此举行队日活动。

3.2.11 少年先锋队员群雕

位于园中央大草坪，1990年5月27日立，是由市总工会等32个单位赞助，市儿童和少年工作协调委员会主建的。雕塑占地共523m²，包括了几组浮雕与一座人像雕。在长23m、阔11m、高0.3m的花岗石平台上，有四堵大小不一、高低错落的大理石墙，正面为红色，在每一块墙面上贴一组钢质浮雕；背面为白色，上刻与每组浮雕相对应的碑文。四组浮雕由水泥框架悬挂的中国少年先锋队队徽连接在一起。每组浮雕分别反映上海解放前各个历史时期儿童的革命斗争活动：第一组是第一次国内革命战争时期，中国共产党创建的劳动童子团在五卅运动和上海工人第三次武装起义中的活动；第二组是第二次国内革命战争时期，劳动童子团和后来建立的赤色儿童团在白色恐怖下的活动；第三组为抗日战争时期，革命儿童组织在日伪统治下，不避艰险，不怕困难，开展抗日救国宣传工作；第四组为解放战争时期，中共上海地下党建立和领导的地下少先队和报童近卫军所作的斗争。浮雕前面花岗石广场占地270m²，上置一座双人少年先锋队队员雕塑，男童在吹号，女童在行少年先锋队礼。像体以不锈钢制成，高3m；底座用红色大理石砌成，高2m、宽1.4m、长1.3m。广场的南北两端靠公园的两条主干道，前面是一块7096m²的大草坪和用于集会演出的242m²的露天舞台，在西北面的一块巨大花岗石上，镌刻着康克清题写的"地下少先队"五个大字。

长风公园有全市最高的人造山和最大的人工湖，不仅吸引了广大游人，影视界也常到这里来拍外景。

3.3 绿化配植

截至1988年底，公园树木有160多种共1.85万株，主要树种有银杏、雪松、黑松、悬铃木、香樟、水杉、棕榈、柳树等。乔木与灌木之比1:1.89，常绿树与落叶树之比1:0.5。

园西北部有占地6700m²的苗圃，内有建筑面积共300m²的温室2座。1988年苗圃提供给花坛露地花卉6.79万株，盆栽花卉5237株(盆)。

4. 实习作业

(1) 观察公园内是如何因地制宜，进行挖湖堆山，创造聚散分合相宜的水系空间变化。

(2) 为适合青少年活动，公园内是如何运用各种设计元素来组织活动空间，为开展各项活动服务的？

(3) 实测园内植物配置景观2~3处。

(4) 速写园内风景2~3处。

(曾洪立 编写)

【黄浦公园】

1. 背景资料

黄浦公园位于中山东一路28号，东濒黄浦江，南邻外滩绿带，西沿中山东一路，北接吴淞江(苏州河)。1995年全园面积2.07万 m^2。原址是苏州河口的一块浅滩。清同治二年八月十八日(1863年9月30日)，英美租界(1899年改名公共租界)工部局计划改造外滩(今苏州河口至延安东路口)的道路和岸线，工程包括填土以拓宽外滩，整理岸线，在江边辟建了30英尺(9.14m)的人行道和种植行道树。为此，工部局工程师克拉克(J.Clark)于同治三年八月十日和十二月十九日先后提交两份整治外滩和苏州河口岸线的报告。克拉克认为，由于苏州河口的特殊地形，在退潮时，苏州河水流和黄浦江水流产生对撞而在河口外形成漩涡，但在河口南侧的水流却相对静止，泥沙不断沉淀成滩，这对于安全航行和稳定岸线都不利。为改善这种状况，克拉克建议构筑外滩永久性的堤岸，并在苏州河口南的浅滩上填土，变苏州河口的喇叭形为直筒形，迫使苏州河的水流方向和黄浦江一致，这样就不会在河口出现漩涡和继续形成新的浅滩。工部局董事会同意克拉克的报告，并且打算利用河口南端的滩地辟建公共花园(公园)。

公园的英文名称为Public Park，中文译名公共花园、公家花园或公花园，中国人习称为外国花园或外摆渡公园、大桥公园、外滩公园。

在民国以前，公园是全市观赏浦江景色的最佳处，又是夏夜纳凉的好地方。因此，除隆冬季节以外，公园每天开放到午夜零点，游人于傍晚以后最为集中。除园景以外，音乐会是公园一大传统特色。

公园从开放时起就不准中国人入内，甚至在公园门挂出过牌子，规定华人与狗不得入内，因而激起了全国人民的极大愤慨。经过60余年的坚持不懈的斗争，工部局终于宣布从民国17年6月1日起公园对中国人开放。

公园纪念塔建塔所需要的1100万元资金，由全市3700多个单位共99.6万余人捐助。

1993年9月27日公园免费对外开放。

1993年黄浦公园用地分析表　　　　　　　　　单位：万 m^2

项　目	总面积	其　中			
		纪念塔及空厢	绿地	服务设施	道路地坪
面　积	2.08	0.70	0.56	0.16	2.96
占总面积的%	100	33.70	26.90	7.70	13.81

2. 实习目的

(1) 了解黄浦公园的成因，发掘河流汇聚点潜在的绿地景观资源，学习掌握在城市绿地规划中布置具有地标性质的公园绿地的重要方法之一。

(2) 在地标性质的开敞公园绿地中建设标志性构筑物，需要考虑尺度、色彩、造型，以及设计内涵等多种因素，学习本公园的处理方法。

(3) 江堤的处理再次出具有代表性，既要满足防洪汛的功能，又要显示雄奇美观，评价和尝试设计多种方案。

3. 实习内容

3.1 总体布局

以人民英雄纪念塔为主景，园内诸景均

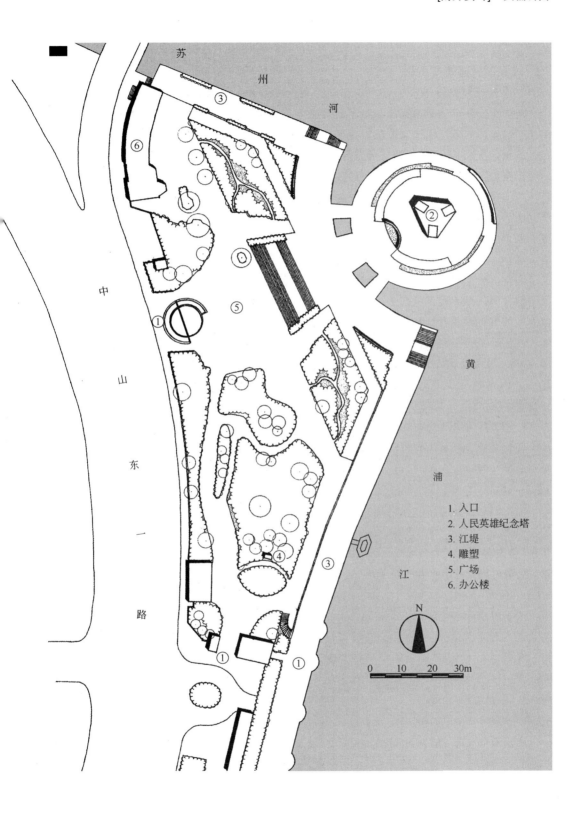

"黄浦公园"平面图(引自《上海园林志》)

与纪念塔相协调。

3.2 风景园林建筑与小品

3.2.1 人民英雄纪念塔

矗立在公园东北部的黄浦江与苏州河交汇处。这里的两条江堤相交原呈钝角形，施工中苏州河堤延伸 8m，黄浦江堤延伸 11m，两堤相交处变成圆形。纪念塔及空厢占地面积 7000m² 左右，塔身建于直径为 56m 的圆岛之上，岛下有 500 多根钢筋混凝土桩支撑。圆岛、塔座、塔身均为钢筋混凝土结构。塔高 60m，形态如江中涌起的三股浪柱汇于高空，象征鸦片战争、五四运动、解放战争牺牲的人民英雄，他们永远受到人民的敬仰。碑下有献花石，其周围为小花坛。圆岛有三座平桥与公园相接，桥头设两只三角形花坛。塔座壁的花岗石浮雕高 3.8m，长 120m，内容是反映中国人民从鸦片战争至 1949 年解放战争，共有 97 个人物形象。纪念塔参观大厅为外滩历史纪念馆，除展出图片、实物之外，还利用先进的多媒体电脑系统，演绎外滩的变迁。

3.2.2 江堤

位于园东、北两面，苏州河堤长 80.7m，黄浦江堤长 137m，均宽 10m，高出地面约 10m，堤外侧置铁栏杆，游人可凭栏观赏江景。沿堤内侧植花灌木和四季草花。

3.2.3 雕塑

位于园南部的花坛中，面朝园门。雕塑名为浦江潮，雕像是一个勇士在挥舞着旗帜，象征人民挣脱旧社会的铁锁链。像高 8m，宽 11m，用铜浇铸而成，重 25t。底座高 2m，以大块花岗石砌就。

3.2.4 广场

位于园中北部。中间是占地 1040m² 的花岗石地坪，东面为市长陈毅和副市长潘汉年、盛丕华的题字奠基石碑；东、北面分别有 900m² 和 700m² 的两块三角形草坪；南面有花坛和椭圆形草坪；西面有直径 6.5m 圆形喷水池，池中间竖有 7m 高的钢架，上有"永垂青史"、"浩然正气"八个金字。

3.3 绿化配植

在园西沿马路种植抗性强的高大乔木，并有浓密的绿篱，以减轻噪声和尘埃的影响。在江边及园路旁多植悬铃木，其余均为草坪。园南以花坛为主，花坛保持四季有花。北部以草坪为主，植有 747m² 的天鹅绒草坪一块。西北部有大悬铃木，园中部植有广玉兰、香椿、银杏等。1986 年全园有 111 个树种，共 3546 株，绿篱 264 米。乔木与灌木之比 1:4.24，常绿树与落叶树之比 1:0.2。

1989 年园内树木大多搬迁他处，只保留绿地面积 5632m²，其中草坪占 4000m² 左右，园西绿化带为 1000m² 左右。1994 年全园有乔木 66 株，灌木 3009 株，藤本植物 14 株，球形植物 64 株。

4. 实习作业

（1）因为防洪固堤、疏浚河道的初衷，形成了黄浦公园的早期形态。分析黄浦公园的形成与苏州河和黄浦江口岸的地形水文有怎样的联系？

（2）黄浦公园在爱国主义教育中的启示？

（3）目测和草绘人民英雄纪念塔的平立面。

（曾洪立 编写）

【静 安 公 园】

1. 背景资料

静安公园位于南京西路1649号，静安寺对面，园呈凸字形，南临延安中路，西靠华山路，东为住宅。全园面积3.36hm²。

原址为英美租界工部局于清光绪二十四年(1898年)辟建的静安公墓。

2. 实习目的

(1) 学习精巧的园林布局方式。
(2) 掌握适宜的园林借景方式。
(3) 体验丰富多变的园林空间。
(4) 学习城市公园与周边城市用地相邻边界的处理方式：诸如公园引导入口、过渡场地、分割区域、高差变化地点等的设计和工程处理方式。
(5) 学习设计公园游览方式当中的回游式线路手法。

3. 实习内容

3.1 总体布局

今静安公园在狭小的空间内，利用"巧于因借，精在体宜"的设计手法，营造出丰

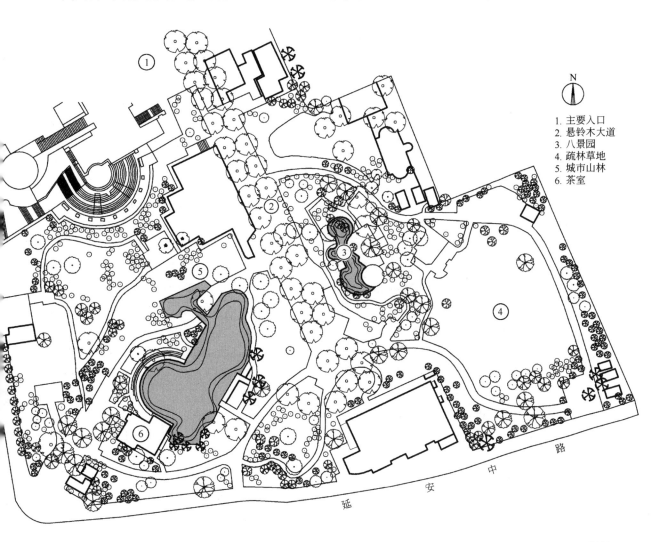

1. 主要入口
2. 悬铃木大道
3. 八景园
4. 疏林草地
5. 城市山林
6. 茶室

公园"平面图(摹自《上海园林绿地佳作》)

富多彩，各具特色的园林景观。

3.1.1 游览导入空间

公园大门前银杏广场面积达3000m²，既是人流量很大的地铁二号线静安寺站出入集散地，又是社区开展广场文化活动的场地等，同时又突出了秀美、苍古、挺拔的银杏所特有的植物景观。开敞、旷达的广场既为静安寺地区商业蓄流，又起到引导人流入园的作用。

3.1.2 历史人文空间

以参天古木掩映的公园大道为界，东侧是将"静安八景"浓缩而成的园中园——八景园。八景园的创作既体现了静安寺地区历史文化的风采，同时也展示了中国古典园林艺术的个性之美。在这仅2300m²的袖珍园林中，巧妙地运用了参差自然、曲径通幽、藏漏互补、遮隔景深的中国传统造园艺术手法，以水景为主体，曲径贯穿"沪渎垒"、"陈朝桧"、"芦子渡"、"赤乌碑"、"涌泉"、"绿云洞"、"讲经台"、"虾子潭"等八个景点。园内半亩池塘，水光泛影、绿柳如烟、曲桥浮水、池中小岛占榻掩映、怪石峥嵘、岸边粉墙翠竹、鉴亭凌波，形成上海市中心独具一格的幽雅、游览、休闲之处。

3.1.3 疏林草地空间

八景园的东南侧为疏林草地空间。高大的罗汉松林下，4500m²的草地绿毯般起伏延伸，从八景园幽闭的空间转而进入开敞的空间，给游人以豁然开朗的境界之美。

3.1.4 城市山林空间

公园大道西侧是气势恢弘、感受自然山水的空间。因地制宜地利用公园外侧地铁商城顶部与地面4m落差，在公园内侧因势叠山理水，堆砌大型假山、瀑布，栽植形态自然的植物，设置山顶观景平台，建造成壮观而美丽的"城市山林"景观。

3.2 山水造景

在公园造景中，多处运用山与水的组合，取得"出奇制胜"的观赏效果。西侧假山、瀑布是利用地铁建筑的高差，用2000t的太湖石堆砌成峭壁，蓄水池宛若"天池"，"山涧溪流"缓缓流入，池满则飞流而下，形成"疑是银河落九天"的美景；东侧八景园山水则结合绿云洞，讲经台、涌泉等景点堆砌假山，山体中空，可穿油菜花洞而过，登阶入山，"涌泉"从山中汩汩而涌，经潺潺溪流，直入虾子潭中。

公园东、西两侧水体灵动而有生气；东、西两座假山，如坚韧的臂膀，厚重而有生气。在公园内还有多处运用了孤立石，如正门入口处，一块重达5t、浑厚质朴的太湖石成为公园入口的标志；八景园门前石峰兀立，因形似灵芝，下部瘦峭，上部灵芝冠状，取名"灵芝石"；八景园池中小岛上两座石峰，或皱褶、或凹凸，亭亭玉立。

3.3 风景园林建筑与小品

在公园山顶水际，采用木制凉亭、棚架的空间组合，既起到突出制高点景观效果，又丰富全园整体景观；在公园大水池西端设置一座联体尖顶建筑，与水体相连，为水景添色，成点景之作，并与山上凉亭互为上下对景；八景园"沪渎垒"城墙外侧，两块巨石立地构筑的棚架，简洁而粗犷，起到八景园和与之相邻的空间和谐过渡的作用。

3.4 植物造景

公园的植物种植，运用了生物多样性的原则，在原有116种植物的基础上，又引进了131个品种，通过合理配植，做到繁而不杂，形成多种各异的景观效果。

3.4.1 片植植物

如八景园"赤乌碑"周围片植的竹子，幽幽倩影，似乎在摇曳着那1000多年前的历史烟云；东侧的成片水杉，则静谧地挡住了公园围墙与周边的居民住宅，起到遮景作用。

3.4.2 孤植植物

山上的紫薇，配与木棚，姿态舒展；"赤乌碑"前的合欢，胸径达30cm，树干约成 60°自然倾俯，悠闲乖巧地依偎着碑前照壁，枝影横斜，浓荫馥郁。

3.4.3 群植植物

在公园西侧大假山坡脚前，引种了花叶大美人蕉、矮生紫薇、矮水仙、玉簪、百子莲、紫萼、石菖蒲等 16 个花木品种，构成或高、或低、或石隙、或路沿、或红、或黄，参差有致、组合自然的花境群落。水生植物配植也富有艺术感，如大水池一侧的鸢尾，在微风轻抚下，娉娉婷婷于水中摇曳；而八景园中"汇景漪"的水生植物则更为丰富，有欧洲芦苇、鸢尾、水芋、大水椒等，平添了水中自然情趣。

3.5 游览路线

公园的游览线采用回游式手法，八景园内则采用曲径通幽的手法，加上曲桥、步石等一路设景，不断变化，引人入胜。在游览线上，依视距、视域设置视点场景，使不同的视点均能捕捉到最佳的景观。随着视点移动和视线变化，不断产生近景、中景与远景的变化。

3.6 工程做法与细部处理

公园西侧的大假山借地铁商场顶板高差和地铁变电站高差而筑，因高差不一而造成填土最厚处达 4m，最薄处为 0.2m，而顶板承重每平方米仅为 5t，采用填土，局部承载将会超重。为做到既符合承载要求，又能保持 1.2~1.5m 的覆土，同时还要确保造出优美的山体造型，采用了泡沫聚苯乙烯材料作下垫层。

在草坪建坪上，采用暖季型草坪，天富道草坪，预先生产草卷，秋季补播冷季型黑麦草的办法，解决了冬季枯黄的问题，使草坪四季常绿。

4. 实习作业

（1）静安公园既具有悠久的历史，又处于城市繁华而敏感的地段，在设计中需要考虑将众多的影响因素和限制条件有机地融合于园林环境当中，试分析在设计中，运用了哪些方法将园林中的各要素融合在一起，创造出宜人的城市园林空间？

（2）草测茶室及其环境空间。

（3）速写园景 4~6 处。

（曾洪立 编写）

【复兴公园】

1. 背景资料

位于雁荡路105号,东邻重庆南路,南临复兴中路,西近思南路,北与科学会堂等为界。公园有三个大门出入;南门在复兴中路重庆南路转角;北门在雁荡路;西门出皋兰路。1995年全园面积8.89万 m^2。

园址原系一片农田,有一小村名顾家宅。清光绪三十四年六月初三(1908年7月1日),法租界公董局全体会议决定把顾家宅兵营辟建为公园,并责成工务处提出建设方案。同年建园工程开工,聘用法籍园艺家柏勃(Papot)为工程助理监督。宣统元年(1909年)四月落成,同年五月二十七日(7月14日,为法国国庆日)开放,称顾家宅公园,俗称"法国公园"。公园早期限制华人入园,游园人数有限。民国17年(1928年)7月1日起向所有国人开放,民国35年元旦起更名为复兴公园。

公园早期按欧洲风格作规则式布局,园内有几何形花坛和大草坪,在草坪边建音乐演奏亭,后来增加一座避雨棚,没有其他园林建筑。民国元年,为纪念于宣统三年四月初八(1911年5月6日)在上海上空飞行表演失事身亡的法国人环龙(Vallon),公董局决定把在建中的马路定名环龙路(今南昌路),并在公园北部建立环龙纪念碑。民国6年,公董局聘法籍工程师如少默(Jousseaume)负责公园的大规模扩建和比较彻底的改建。设计方案于民国7年基本通过并开始施工,直到民国15年基本完成,奠定了迄今为止公园的基本格局。

民国21年7月,法商电车、电灯公司获准在公园大草坪下建地下蓄水池四只,占地面积11.57亩(7713m^2)。并在靠近复兴中路边建造占地409m^2的泵站一座。配合这项工程,公董局于民国22~23年又拨款整修公园。除将地下蓄水池上面的草坪复原外,在园西新建绿廊、棚架,在中国园小溪上建桥,并将园界上的竹篱全部改建为围墙。

1993年复兴公园用地分析表　　　　　　　　　　单位:万 m^2

项　目	总面积	其　中						
		绿地	服务设施	儿童园	生产区	生活区	水面	道路地坪	其他
面　积	8.89	4.54	0.19	0.02	0.05	0.22	0.21	2.14	1.52
占总面积的%	100	51.07	2.14	0.22	0.56	2.48	2.36	24.07	17.10

2. 实习目的

(1) 了解在我国早期公园当中,通过规则式与自然式相结合的造园风格进行公园布局的方法。

(2) 欧式园林以法国为代表,初步了解规则式花园和大草坪的空间尺度与我国城市居民生活相适应的多种方式。

3. 实习内容

3.1　总体布局

公园的造园风格,是以规则式与自然式相结合的布局。北、中部以规则式布局为主,有毛毡花坛、中心喷水池、月季花坛,以及南北、东西向主要干道。西南部以自然式布局为主,有假山区、荷花池、小溪、曲径小道、大草坪。融中西式为一体,突出法国规则式造园风格,为公园的一大特点。

3.2　园景

3.2.1　假山区

位于公园西南角,占地面积1850m^2。山不甚高,以块石叠成,山脊有道路与平地人行道相通,山上下林木荫翳。山顶有混凝土

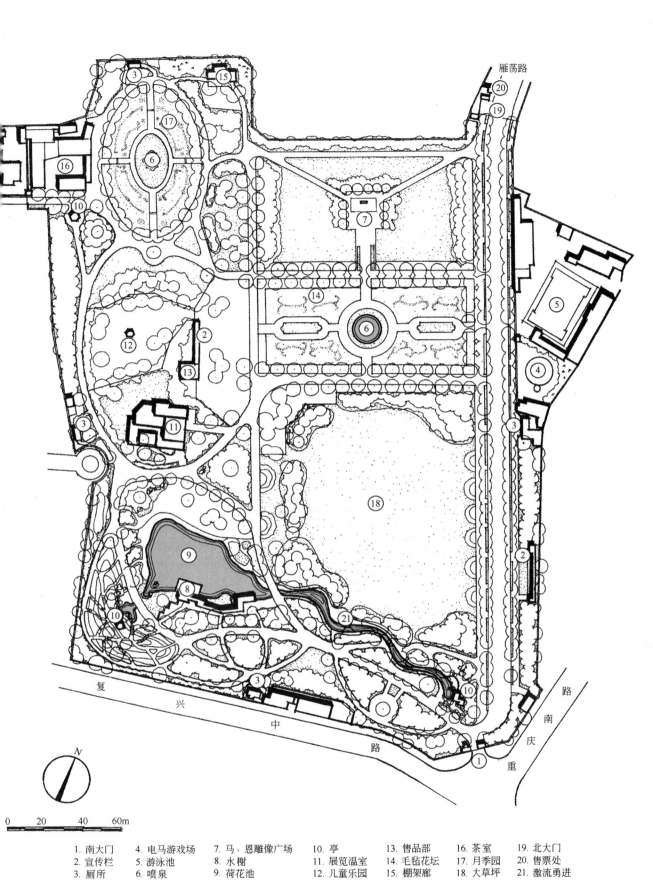

"复兴公园"平面图(引自《上海园林志》)

1. 南大门　　4. 电马游戏场　　7. 马、恩雕像广场　　10. 亭　　　　13. 售品部　　16. 茶室　　　19. 北大门
2. 宣传栏　　5. 游泳池　　　　8. 水榭　　　　　　　11. 展览温室　14. 毛毡花坛　17. 月季园　20. 售票处
3. 厕所　　　6. 喷泉　　　　　9. 荷花池　　　　　　12. 儿童乐园　15. 棚架廊　　18. 大草坪　21. 激流勇进

结构亭子一只，可眺园中景色。山前的悬崖上凸出一块巨石，石上原有潺潺的流泉下注到一个碧潭内，悬崖下有一个山洞，游人可穿过水濂，沿洞边小道通过。近年流泉已堵，只留残景。

3.2.2 荷花池

位于园西南部假山的东北，北为展览温室。池面积约2000m²，满植荷花。池南畔临水有混凝土结构榭廊结合的一组建筑，面积共221m²。池东北以一条小曲堤隔成一个小池，池上覆盖着一株斜长高大的悬铃木，别有景色。荷花池边原有小溪，曲折向东伸延，溪内稀疏地开着几朵睡莲。小溪尽处为一小丘，丘顶有亭，亭下有人工流泉注入溪中。1992年起将小溪填没，改建成"激流勇进"冲浪活动区。

3.2.3 温室展览区

位于荷花池北，原是公园的温室生产区，占地2411m²。1975年市园林管理处投资115万元，将砖木结构温室改建成对外开放的钢结构展览温室，建筑面积269m²，此外有生产用的温室、荫棚等。建成后曾举办多次温室花卉展览。1992年由浙江瑶琳天工园提供300余方奇石，双方共投资约530万元，将温室展览区改建成集奇峰怪石于一室的"天园"，有"上天有路"、"仙家花园"、"天河奇观"、"西游之路"、"仙人商场"、"天府动物"、"佛国天光"、"诗词意境"、"名山胜水"、"天山独秀"十个景观，作长期展览。

3.2.4 月季园

位于园西北的综合大楼前，面积2741m²。园呈椭圆形，中心有一圆形水池，面积65m²。1988年在水池中加置喷泉和牧鹅少女不锈钢雕像，系上海油画雕塑创作室设计塑造。喷水池周围以园路分割成四块图案，内铺草坪，花坛中种有月季千株，周围植有盘槐12株。园四周沿路植有高大的国槐、枫香、龙柏及乌桕等，形成一个幽静小区。

3.2.5 马、恩雕像广场

位于毛毡花坛以北的小草坪上，是原长方形图案式草坪的南半部分。雕像系花岗石雕成高6.4m，宽3m，自重70余吨，由三块大花岗石组成。像基平台855m²，通道363m²，均为花岗石块砌成。像旁植有苍翠挺拔的雪松，设置色彩缤纷的花坛，周围绿草如茵。该项工程于1983年5月5日马克思诞辰165周年纪念日奠基，1985年8月5日恩格斯逝世90周年揭幕。

3.2.6 毛毡花坛

位于大草坪北，公园东西向两条干道之间，呈长方形，面积2742m²。花坛地形低于四周，为法国式沉床花坛。其内有六只图案式花坛，中间有小径分隔。沉床花坛中心面积154m²，中有喷泉和孩童戏水不锈钢雕像。水池周围有环状花坛，围以铁链栏杆。花坛以绿草为底，一年四季以红绿草、三色堇、金盏菊、朝天椒、扶郎花、瓜叶菊、太阳花等不断更换，形成各种图案、色彩绚丽夺目，远视如织锦，又极似美丽的地毯，故称之谓毛毡花坛，为公园之主要景点。喷水池喷射时，水花向四周散发，形成多层的喷水景观，如冲天水柱或如珠帘倒垂，与池旁红花绿草相映成景。

3.2.7 大草坪

位于公园东南部，面积8000多平方米。大草坪周围有花坛和高耸茂密的大树。草坪空间开阔，当年法租界当局常在夏夜举办音乐会，解放后有些大型集会、文艺表演、花卉展览和放映电影等活动也在此举行，为市中心区有限的几处群众活动场所之一。

3.3 绿化配植

建园初，温室荫棚培育四季花卉，露地栽植的花卉有紫罗兰、金鱼草、三色堇、矮雪轮、雏菊、福禄考、葱兰等草花和郁金香、风信子、水仙等宿根花卉，乔灌木有国槐、香樟、梧桐、杜鹃、玫瑰等。随着公园用地的扩大，辟建了法国式沉床花坛，扩建大草坪、月季花坛。新扩土地上大量种植树丛和花卉，在笔直的大道两旁种植悬铃木，逐步形成具有法国式造园的特色，同时又在建国西路建立苗圃，扩建温室，供应公园用各种花卉、苗木。1990年全园树木有悬铃木、七叶树、枳橘、椴树、梓树、榉树、柘树、白蜡、丝棉木等120多种，1.2万株，乔木与灌木之比为1:1，常绿树与落叶树之比为1:1.15。

4. 实习作业

（1）试想在建造当时，复兴园在处理规则式和自然式花园的结合方面，有哪些创意？

（2）通过参观，结合课堂学习内容，阐述法国式园林有哪些特点？

（3）实测并绘制法国式沉床花园的平面图。

（4）绘制3幅园景速写画。

（曾洪立　编写）

【中山公园】

1. 背景资料

中山公园位于长宁路780号，坐北朝南。东邻兆丰别墅，西与花园村、苏家角相连，北界万航渡路。1995年全园面积21万m²。

鸦片战争前，园址一带均为农田、坟地，仅在今华东政法学院以东的吴淞江边有一个名为吴家宅的村落。清咸丰十年至同治元年(1860~1862年)，时任英租界防务委员会主席的英国人霍锦士·霍格(James Hogg)及其兄弟以低价购买了吴家宅以西极司非而路两旁的大片土地，不久又在路南修建了一个占地70亩(4.67万m²)的乡间别墅。因为他们于咸丰四年(1854年)以前在花园路(今南京东路)开办了一家霍格兄弟公司(Hogg Brothers&co.)，中文名称为兆丰洋行，因此，他们的别墅也习称兆丰花园。民国3年(1914年)3月初，20日召开的公共租界纳税(外国)人年会上通过一项决议，批准买下兆丰花园及其邻近的土地(共123亩，8.2万m²)，并将这块土地作为新建的风景公园和植物园的核心部分。民国33年6月改名为中山公园至今。

公园初期规划分三个区：一是富有乡村风味和野趣的自然风景园，由林地、草地、溪流和湖组成，是游人野餐和聚会的场所；二是植物园，拟尽量搜集原产于中国的各种乔灌木，使之成为最大和最有趣味的中国植物标本园；三是观赏游览园，包括宽广草坪、林荫大道、喷泉和雕塑、中国原产花卉园、小型动物园等。在长达十多年的逐步扩建中，规划中的小景区基本上按原规划的要求进行建设。

民国13~14年重点是完善公园中部的景点。至此，公园各主要景点都已建成。

民国24年，侨民爱斯拉夫人给公园赠建一只古典式大理石亭。亭建在园中部一只中国式凉亭的位置上，建成后就取代了原来的音乐演奏台。民国28年，为掩埋公共租界的垃圾，在园东南侧挖土1600m³，然后倾倒垃圾1.2万t，再用挖出来的土和疏浚湖池的400m³塘泥覆盖，形成为一座带状土山。

解放后，在保留原有园林布局风格的基础上，市人民政府多次拨款对公园进行局部改建、增建。1951年增建、改建了动物和植物标本陈列室，后改为展览馆。1956年增辟

1993年中山公园用地分析表　　　　　　　　　　　　　　　　单位：万m²

项目	总面积	其中							
		绿地	服务设施	儿童园	生产区	生活区	水面	道路地坪	其他
面积	21.43	12.74	2.08	1.54	0.30	0.20	1.22	2.96	0.39
占总面积的%	100	59.45	9.71	7.19	1.40	0.93	5.69	13.81	1.82

了牡丹园、梅园、桃园、桂花林、蜡梅林、棕榈林，增加了月季园、樱花林的品种和数量，从而丰富了公园的四时景色。

2. 实习目的

(1) 了解我国早期园林从业者在吸取外国园林精华所作的不懈努力，学习融汇东西方艺术风格的园林作品的设计方法。

(2) 学习多个景区既分散，又结合成整体的自然园林布局方式。

(3) 掌握平地造园、处理地形、划分空间的方法。

3. 实习内容

3.1 总体布局

民国20年出版的《上海县志》中说：

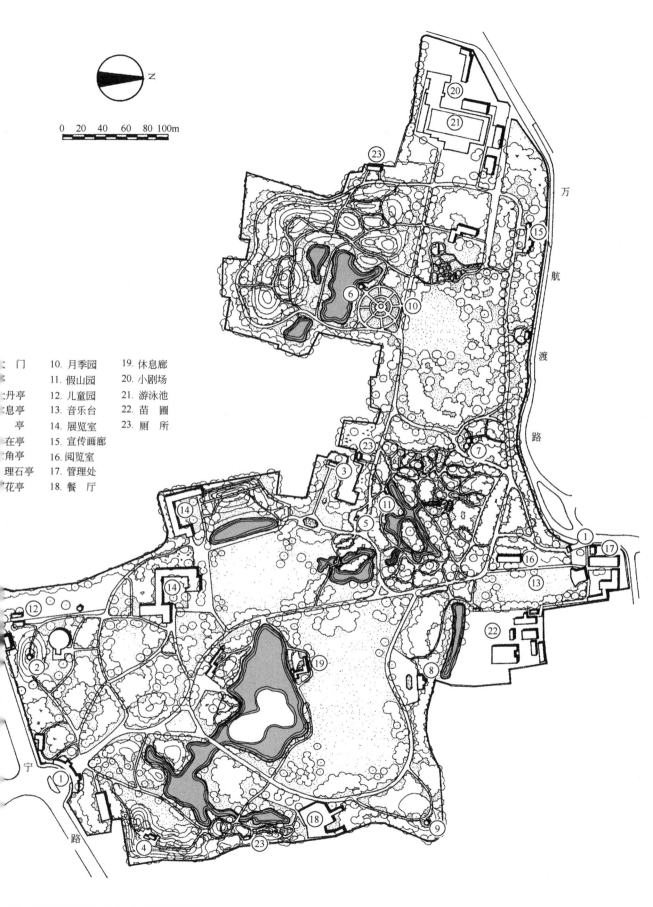

"中山公园"平面图(引自《上海园林志》)

"极司非而公园……为公共租界公园中之最优美者。园中布置合东西洋美术之意味(共)冶于一炉。有吾国名园之幽邃，有日本名园之韵味，而园中大体格局，又莫不富于西方之情趣"。这段话基本上反映了该园的特色。公园以植物造景为主，园内地形起伏自然，有假山、树木、鱼池、亭榭，景色优美。公园的形状像一只从西北向东南斜放着的靴子，以园中部旱桥为界，南部比较宽敞开阔，集全园景区精萃；北部比较曲折紧凑，以植物园景区为主。园门内布置一个四季花坛，格外引人注目。

3.1.1 前园(南部)

以园中大道分隔为东西两部分。东部草坪区面积达 $8000m^2$，地势起伏宽广，视野开阔，景色最为优美，是前园景区主体。

3.1.2 后园(北部)

总面积 6 万 m^2。1955 年起对树木进行调整充实，把同科的植物丛植于一个地块，有的营造成林，如棕榈林、蜡梅林、桂花林等特色树园，并标写树名，供游人鉴别观赏。1992 年园内树木品种有 75 科 260 余种，面积扩展到百余亩(约 7 万 m^2)。

3.2 园景

3.2.1 陈家池

位于园门内东首，面积 $6500m^2$，南北长，东西窄，池岸曲折迂回。这里原是横贯园南部的清水浜的一段河道，河旁的池塘据称原为一户陈姓所有，故名陈家池。民国 7 年填浜时，将这段河道及池塘扩大，增加了曲岸，并把取出的土堆成小丘，以丰富空间层次。池中有一座林木苍翠的孤岛，面积为 $1642m^2$。岛上遍植柳树、香樟、水杉、落羽松等树木，草木丛生，有乡土野趣。池东南有一座联通东西岸的石桥，池边植柳树，池南、北面有临水长廊和大草坪，西面是几只花坛及游船码头，游人可以驾驶电动游船荡舟池中。

3.2.2 樱花林

位于公园东草坪的东北部，占地约 $1000m^2$。这里原是日本园，始建时曾聘请日本横滨市的园艺设计师来协助设计，早就种有樱花。解放后，经过几次补植和更新，目前有樱花 157 株，每逢早春樱花竞相开放，深受游客喜爱。

3.2.3 东假山

位于公园东南部，沿园界成长条形，是屏障园东南部的一景。假山参照日本式山水庭园置景，山巅有凉亭，山上广植各种常绿树，石铺小路蜿蜒山中，路旁散点岩石。山北端接水池，以汀步与彼岸相连，颇有山重水复的园林趣味。

3.2.4 西草坪

位于南部园中大道以西，草坪面积 $6000m^2$。草坪南面为 $105m^2$ 的大花坛及展览馆，高大的悬铃木遮荫着通道。草坪西沿园界有南北走向的长约 30m，高 5m 的小土坡，坡上密植龙柏、侧柏、海棠、杜鹃等花木；坡东侧有小龙柏修饰而成的"中山公园"四个大字，每字 $25m^2$，格外醒目。土坡下有面积为 $900m^2$ 的月牙形荷花池，夏天粉红色的荷花与浓绿的大字相映成趣。草坪西北为牡丹园与牡丹亭(原称中国亭)。亭呈长方形，深 9m，宽 4m，砖木结构，翘角，小青瓦歇山顶，建筑面积为 $36m^2$。亭内三面设木靠背园凳，亭前置两只石狮。1956 年在亭东首辟设由花坛群构成的牡丹园，面积 $3824m^2$。园内 15 只花坛大小不等，形状不一，均以湖石作侧石，坛中丛植牡丹数十种共 300 余株，并配植芍药、杜鹃和一些灌木。

3.2.5 大悬铃木

位于园西北部。据工部局民国 23 年年报记载："园内北部，种有中国最大之筱悬木(即悬铃木)标本一株，此树来自意大利，为汉壁礼(Jhomes Haubury)爵士赠送霍格"。霍格于同治五年植于园内，现树高 28m，冠幅 31m，依然生机勃勃。

3.2.6 月季园

在后园中部。解放前月季已是公园的特

色花卉，常有月季花展览。1956年公园重新辟建月季园，面积881m²，两只大型花坛栽有70个品种1400余株。到1990年，园内月季已增至300多个品种2000余株，以花期长和繁花似锦成为公园特色亮点之一。

3.2.7 东西长廊

位于后园的北面二廊长28m，钢筋混凝土结构，廊壁是画廊橱窗。廊西端布置一只高低错落的花坛，置有湖石、黄石，植南天竹、茉萸花。廊东端是一座木香棚架。廊背后种有高大的夹竹桃、香樟、白榆。廊前面两端植广玉兰，其余是草坪。

3.2.8 西北假山

在后园南部。这是一座较大的土假山，长130m，高5m，最宽处140m，占地约1.82万m²。山两端和中间均有小径通园路。山上植有中山柏、海棠、杉木、柞树、红叶李等植物群落。山北有鸳鸯湖。

3.3 绿化配植

园内树木、花卉品种之多，草坪面积之大，为全市综合性公园之冠。全园种植乔灌木2.17万株，乔木与灌木之比1:178，常绿树与落叶树之比1:0.88。

公园有绿篱1126m。地被植物8.09万m²，其中草坪3.69万m²、水生植物1000m²。花坛面积共4151m²，其中：一级花坛615m²，占15.68%；二级花坛1256m²，占30.25%；三级花坛2280m²，占54.07%。一级花坛能做到一年四季有花。全年花坛花卉品种73种，草花13.57万株、盆花1.64万盆。

苗圃占地4.5亩(3000m²)，其中温室面积558m²。

4. 实习作业

(1) 观察公园内的游人活动方式，简单描述游人对公园设施的使用特点。

(2) 实测园内植物配置景观2~3处。

(3) 实测园内水景空间2~3处，增强丰富的尺度概念。

(4) 速写园中风景2幅。

（曾洪立 编写）

【鲁 迅 公 园】

1. 背景资料

位于东江湾路146号，坐北朝南，东沿甜爱路和欧阳路，西连虹口体育场，北邻大连西路。1995年全园面积22.33万 m²。

园址原为农田村舍，称金家库。清光绪二十八年(1902年)，工部局决定采用英国风景园林专家斯德克(W.Lnnes Stuckey)的公园规划设计方案，是年开始动工建设。光绪三十年正月，工部局首任园地监督阿瑟(Mr.Athur)卸任，由园艺和植物专家苏格兰人麦格雷戈接替。在麦格雷戈的主持下，加快了公园的建设。光绪三十二年闰四月，公园局部对外国人开放，宣统元年(1909年)全面对外国人开放。民国11年(1922年)11月25日改名虹口公园。1988年10月19日上海市人民代表大会常务委员会底351次会通过，公园更名为鲁迅公园。

虹口公园原是一个以体育活动为主的综合性公园，在民国24年江湾体育场建成以前，是上海最主要的体育活动场所。

早期的虹口公园是一个按欧式风格布局的自然风景园，园内景色赏心悦目。当时进入大门内是一片圆形的草地，草地四周是一条15英尺(4.57m)宽的道路。在草地的东北角有一座用毛石叠砌的西式岩石园，在岩石园纵横交错的园路终点，是一个圆形的石洞。再向西，在草坪与草坪之间的小河上，有一座乡村式的小桥。草坪的西面有湖，湖中小岛上建亭，亭四周密植翠竹。大门附近草坪中央设音乐台，常在此举行音乐会。草坪旁有玫瑰园，园中立玫瑰亭。园西有一片面积约为全园总面积三分之一的大草坪，北部边界设有一个半圆形的花园，中置日晷，花园前有睡莲池。民国9年前后，在园内挖小溪、池塘，初步形成水系。池内植水生植物，小溪狭处有木桥，宽阔处设浅滩，滩上植灯芯草、蘘花草和其他禾本科植物。园内绿化布局也作了较大的调整。民国12年草花园在音乐台附近落成，园内种植各种草花和温室盆栽花卉，园两边的花坛上，有75种大理花、矮牵牛花、金鱼草和菊花。民国22年在公园北端建亭状紫藤棚，南部筑大假山，溪上建两座平桥，湖边砌了驳岸，在大门内筑圆形大花坛。直到解放初期，园内景观再没有重大的变化。

1956年是鲁迅逝世20周年、诞辰75周年，经中共中央批准，市人民委员会决定将鲁迅墓从万国公墓迁葬于虹口公园，公园地界向北扩展。规划由上海市园林管理处设计室吴振干、柳绿华负责，绿化设计柳绿华负责。鲁迅墓、纪念馆以及部分园林建筑设计由上海民用建筑设计院陈植、汪定曾负责。工程于是年7月动工，当年10月竣工，总投资87.7万元。1956年10月14日鲁迅灵柩迁葬于虹口公园，并举行墓前鲁迅塑像揭幕仪式，10月25日迁墓工作全部完成，公园向公众开放。不断地改建一直持续到1985年。

2. 实习目的

（1）学习以自然式为主的园林空间划分方式，巧妙运用地形、植被、道路、水面、

1993年鲁迅公园用地分析表   单位：万 m²

项目	总面积	其中							
		绿地	服务设施	儿童园	生产区	生活区	水面	道路地坪	其他
面积	22.33	13.63	0.58	0.30	0.72	0.23	3.44	3.28	0.15
占总面积的%	100	61.04	2.60	1.34	3.22	1.03	15.41	14.69	0.67

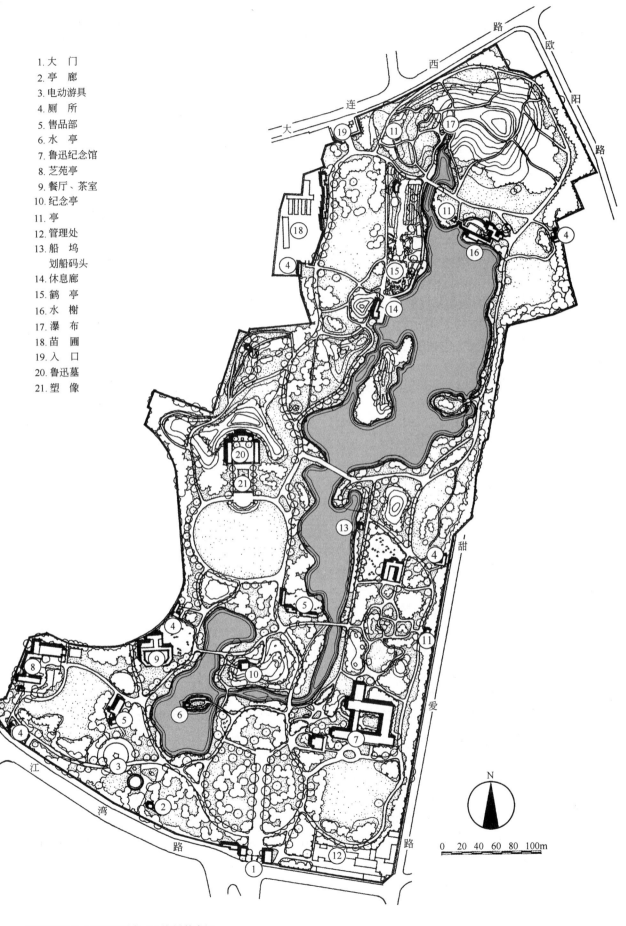

"鲁迅公园"平面图(引自《上海园林志》)

构筑物等。

(2) 体验园林空间的尺度，针对不同园林要素构成的空间采用适宜的量化处理。

(3) 观察园内丰富的植物景观，掌握植物材料与园林其他各要素互相配合、营造园林景观的设计方法和技巧。

3. 实习内容
3.1 总体布局

公园扩建和改造的总体布置是以鲁迅墓和纪念馆为主体，保留几片大草坪，形成疏朗开阔的空间，适当配置少量园林建筑，并以道路、湖池、树丛、山丘构成一个有机的整体。

3.2 园景
3.2.1 鲁迅墓

位于公园中部，占地 $1600m^2$。墓地呈长方形，用 2000 多块细密坚实的苏州金山花岗石建成。三层平台：第一层与道路连成一个小广场；第二层平台中间是一块长方形天鹅绒的草坪，草坪中央矗立着鲁迅铜像，平台两侧各有一封闭式花坛，植樱花、海棠、蜡梅等花木，还有日本友人栽植的龙柏、桂花、翠柏等；第三层平台左右有两株胸径达 0.4m 的广玉兰，正面是一座高 5.28m，宽 10m 的花岗石墓碑，上面镌着毛泽东的镏金手书"鲁迅先生之墓"，碑旁有许广平、周海婴亲植的桧柏。平台两侧墓道为石柱花廊，植紫藤、凌霄。墓地前面是一片碧绿如茵的草坪。墓碑后面从东到西，是屏风式土山，遍植香樟，山麓林缘植有樱花、夹竹桃等树木。

3.2.2 鲁迅铜像

高 2.1m，肖传玖作。像为鲁迅安详地坐在藤椅上，左手执书，右手搁在椅子的扶手上。面容坚毅而亲切。体现了"横眉冷对千夫指，俯首甘为孺子牛"的革命精神。基座上镌刻着鲁迅"1881~1936"的生卒年份，上部的花饰浮雕采用鲁迅生前亲自设计的《坟》一书扉页的云彩部分。

3.2.3 纪念亭

位于鲁迅墓南端的土丘上，与墓地构成轴线。亭建于高 1.38m，面积 $60m^2$ 的方形平台上，方形，攒尖顶，砖木结构，面积 $31m^2$。亭四角为毛石块石檐柱，水磨石横梁，杉木作椽木和檩条，上铺望砖和青瓦。亭内毛石地坪，除东西间的走道外，四周设置了高 0.45m，宽 0.75m 的石板凳。亭三面环水，水中植有睡莲、荷花等水生植物，向北能远眺墓地全景。

3.2.4 松竹梅区

位于纪念亭东南，鲁迅纪念馆北部，面积 $8000m^2$。景区里小径曲折迂回，地形起伏自然，中间有一片草坪，四周布置树丛。小区南端成片栽竹，在中部和东北部的起伏地形上丛植雪松、黑松、罗汉松、白皮松。西北面植蜡梅，西南面为桃花树丛，其余地方丛植玉兰、桃花、樱花等花木。整个景区曲径清幽，红梅翠竹，松柏常青。

3.2.5 友好纪念钟

位于松竹梅区北部，于 1984 年庆祝中日青年友好大联欢时建造。钟座建在高 0.6m，面积 $230m^2$ 的平台上，座高 3m，为双手高举友好钟的装饰性造型。电子钟长、宽、高均为 1.8m，外圈上下两端有约 0.2m 宽的缺口，使钟体呈"中"字形。钟座上有中日友好协会会长王震的题词："中日青年世代友好"。在平台上东、西、南三面设计了三组与花坛组合的景灯，景灯杆粗 0.1m，黑色，灯罩为乳白色。钟座的南面是由常绿树木组成的绿色背景，北面和东面是草坪，并面对着开阔的湖面。

3.2.6 柳堤

位于公园东部，沿着河岸逶迤向南，直至鲁迅纪念馆，全长 800 余米。北端两侧临水，东侧依墙，沿墙植高绿篱，中间穿插各种观花观叶植物。沿湖布置不规则点状树丛，其间密植夏季盛开的夹竹桃、花石榴、金桂、木芙蓉。柳堤南端有荷花池，面积约700m²。柳堤终点的河面西折而成睡莲池，面积270m²，池内植有三个品种的睡莲。

3.2.7　北大山

位于园北，占地1.5万m²，山体长约150m，构成公园的竖向主景。山前一片面积为3000多平方米的缓坡草坪，满山苍翠，层林叠嶂。主峰位于大山东侧，高22m，上有一面积约100m²的平台。主峰西侧为次峰，高约20m，峰南有瀑布顺黄石叠砌的山坡倾泻而下，注入小池。次峰西南侧为高12m的配峰，峰南的缓坡上有圆形玉兰亭，钢筋混凝土结构，面积17m²，亭四周均植白玉兰。亭旁山体横断成狭谷，一条山径穿越其中，两边垂挂黄馨。

3.2.8　大湖双岛

全园有3.44万m²的水面，主体是一个面积约2万m²的大湖。以大湖为中心，从北向南散布池沼、溪流，水体有分有聚，有动有静，纵贯全园，连成一个完整的水系。大湖中峙大小两岛。小岛位于东侧，面积约700m²，有桥与柳堤连接；岛上遍植棕榈，橘树葱郁，具有鲜明的南国风味，故称海南岛。大岛位于西侧，面积3000余平方米，名湖心岛；岛上地形起伏，密植观叶、观花、观形树木，是观赏植物景观和季相变化的主要景点。

3.2.9　水边长廊

位于大湖东北，大山之南，是集亭、台、廊于一体的一组建筑，均为钢筋混凝土结构，绿色仿琉璃瓦顶，总面积600m²。最西端是一只面积为20m²的四角攒尖亭，以20余米的临岸曲径与一座面积为70m²的长方形游廊联结。廊三面开敞，局部用扁铁作装饰性分隔，一面为墙，墙面上镶嵌一幅瓷砖的江南水乡风景画。廊南三层台阶下是临水平台，廊北一层台阶下，又有另一座面积约10m²的临水平台，台前水池里植睡莲，东面是喷泉，东南角有一组台阶式瀑布。游廊东头有一座棚架与之垂直相交，棚架上攀木香。再经过曲折的走廊，进入最后一只长方形亭，亭南有汀步可达北平台。

3.2.10　百鸟山

北大山的余脉向南绵延成百鸟山，占地约7000m²，贯穿于公园北区中部。山高9m，在起伏的山丘上散点黄石，密植红叶李、樱花、海棠等特色树种。

3.2.11　立鹤亭

位于百鸟山西南，钢筋混凝土仿木结构，六角重檐，攒尖顶，脊端翘起，两层檐之间有装饰性花窗，亭顶之高0.6m的立鹤，面积19m²。亭周围叠砌黄石，小道上下盘绕回旋。

3.3　绿化配植

3.3.1　绿化布局

公园现有的布局是在原来的英国自然风景园的基础上改建的，植物配置符合上海地区气候温和湿润、四季分明的特点。园路侧安排了大面积缓坡草坪，草坪边缘点缀孤植树、树群和自然式花境，同时还采用草地缓坡接水的方法来处理水岸关系，使之过渡自然。

3.3.2　树种选择

因为存在工业污染，土壤立地条件较差，植物一般选择对土壤要求不高、养护粗放、抗逆性较强的树种，通过合理、简洁、精巧的配置，形成整齐的群体效果。如围墙边用珊瑚树植成高绿篱加以遮蔽，防护林一般选用水杉并适当密植。园路两侧或疏林广场一般选用生长较快、遮荫面积较大的悬铃木、香樟等，在道路分叉或转弯拐角处用蚊母树、胡颓子、海桐等遮挡视线。湖岸边丛植夹竹桃，各类观花、观叶、观果树木也采用群植形式。环绕各功能区的大草坪边缘、建筑物旁及园路的主要交汇处，重点布置花坛或以樱花为主的开花小乔木、低矮花灌木，以取得较为清晰、鲜明的景观效果。以各类海棠、桃花辅以樱花为春季观花植物；石榴、紫木槿为夏季观花植物；桂花、火棘为秋季观花、观果植物；石楠、青枫为春秋观叶植物；蜡梅为冬季观花植物。木香、紫藤、蔷薇、黄馨为空间垂直绿化及水岸、山石、护坡植物；以麦冬为主，辅以鸢尾、石蒜、石菖蒲、萱草等为主要草本地被植物；水生植物以睡莲、荷花为主。

3.3.3 植株数量

全园种植乔灌木167种17805株，乔木与灌木之比1:1.97，常绿树与落叶树之比1:0.66。

3.3.4 苗圃

公园西北部沿围墙有苗圃，占地9.45亩（6300m²），建有温室两座，面积566m²。每年生产各类花卉60多种10万余株，以供公园花坛的四季用花。

4. 实习作业

（1）分析鲁迅公园的山水地形，它们灵活地划分了各种功能空间，并使所有的园林元素结合在一起，构成一个有机的园林整体，学习并掌握它们塑造空间的方法。

（2）草测水边长廊，并分析它所处位置的特殊性。

（3）草测公园各入口，熟悉它们是如何组织各种交通功能和引导活动空间的。

（4）草测墓和雕像周边的环境，掌握环境空间的尺度关系及植物配置特色。

（曾洪立 编写）

【古 城 公 园】

1. 背景资料

古城公园位于人民路新开河地区，与豫园、城隍庙相邻，为老城厢的一部分，也是旧上海城的边缘。古城公园是黄浦区老城厢地区第一块大型绿地，其意义在于改善老城厢地区缺乏绿地的状况及其周边地区的生态环境和市民的生活环境。同时又是未来与过去的过渡，即从喧闹的都市过渡到豫园、城隍庙、沉香阁等古城区。建成后的古城公园将成为大树参天、绿树成荫、历史文化根基深厚、古城韵味、老上海精华荟萃的现代城市公园。

为此，将古迹与现代生活融为一体，将公园景观、绿化与文化及历史交织是古城公园的设计灵魂，是公园内的大片绿地树林融入老城厢的历史，既有文化，又有历史，绿脉与文脉交织，进而提高了绿地的品位，丰富了绿地的内涵。

2. 实习目的

(1) 了解城市绿地在城市设计中的作用。
(2) 学习现代城市景观绿地的设计方法。

3. 实习内容

3.1 总体布局

古城公园规划用地为 A、B、C 三块，其中：A块(东部)在人民路、安仁街、福佑路之间，面积 34916m^2；B块(中部)在人民路、丽水路、福佑路小商品市场、城隍庙第一购物中心之间，面积 18010m^2；C块(西部)在人民路、旧仓街、福佑路、河南南路之间，面积 9032m^2，三块绿地总面积 61958m^2。

老城厢人多地少，交通拥挤，最缺树木和活动健身空间，故 A、B、C 三块绿地均做成林中空地形式，尽可能形成都市森林，发挥最大的生态效益。同时，绿地周边种植2~3排榉树为行道树，树下铺装透水地坪，配置座椅，供人们过路交通、散步休闲或拳操活动，让人在现代的日常生活中寻觅百年前的绿色意境；内园均以常绿树复合林包围每块绿地，与外部隔离，形成林中空地，林下种植高度低于 80cm 的低矮灌木，上有绿冠覆盖，下则视线畅通，从马路及人行道上均可透视绿地景观。

3.2 园景

A块、C块绿地靠人民路一侧均做成开敞的疏林草地，上层种植桂花、银杏、枫香等特大乔木，下层以多种宿根花卉、小灌木等作彩色地被，形成良好的景观效果，背面以桂花、竹林、香樟等密植形成浓密绿色屏障。B块绿地建一条在绿荫中长约 90m 的大花境，形成一大特色。A块绿地是古城公园的绿化重点，总体方案通过设有一条无形的时间隧道，在豫园、城隍庙与新开河之间留出一条视线通道，把古城与浦东新区连同并与之对话，已形成一个"宽阔的视觉走廊，使之敞怀面对浦江。往前看，是浦东东方明珠、金茂大厦等一批现代化的国际化商业楼群。向后看，是上海历史的瑰宝——豫园和城隍庙，从而在时间上承上启下，使之成为古今对话、牵手浦江两岸的格局成为具有古代历史韵味的现代化公共开放空间。"

3.3 绿化配植

以毛竹、普济竹、茶杆竹等竹类植物和香樟密林作为弧形坡道长廊，并孤植一些大规格的银杏、罗汉松、红枫、紫薇等老树作为镇园之宝并在象征着护城河的溪流边种植枫杨、嫁接白蜡等老树桩，将杜鹃、山茶等花灌木植于林下，使园内绿化呈现古朴清新、古韵悠扬、绿意盎然的古城风韵。

3.4 地形竖向设计

由于古城公园的南面为办公、住宅和小商品市场，故 A、B、C 三块绿地的地形竖向设计均为南高北低，将杂乱、不美观的建筑物加以掩蔽；靠人民路一侧作微地形起伏，以利自然排水、造景和组织空间。

3.5 绿化树种选择

古城公园的树种选用能反映中国园林特色的传统植物和上海的乡土树种，如桂花、垂柳、香樟、银杏、枫杨、竹、榉树、玉兰、枫树、石榴、海棠、梅花、杜鹃、牡丹、南天竹、葱兰、鸢尾、萱草等，种植形式自然、传统，尽可能不用或少用需修剪的造型类植物，其中，背景林以竹类、香樟、桂花为主体，特大规格的桂花、银杏、榉树、罗汉松等作庭荫树，孤植或丛植在草坪上；海棠、石榴、枫树等成片栽植在林缘或庭荫树下，形成花林、色叶林；垂柳、落羽杉、枫杨等临水栽植，梅花、罗汉松、杜鹃等栽植在竹林边，形成"岁寒三友"景观等。

3.6 功能设置

在古城公园 6.19hm² 绿地中，A 块绿地设有丹凤阁(现代、观光功能建筑)、钱业会馆(异地保护建筑)和 3 处集散广场、大树地坪等，供市民活动、休息。B 块绿地设有七彩广场、林荫花境和树荫广场，后者与鄂尔多斯广场(步行街)相衔接，使绿地与商业街连成一体，为古城公园增添观光、休闲功能。在绿地上土坡下设置半地下式绿化管理建筑和公厕，使古城公园绿地具有更为完善的使用功能。

4. 实习作业

（1）思考在城市中心的老旧城区当中，绿地的建设具有相对复杂的历史与现实的背景，古城公园绿地的建设方案为我们提供了一个相当具有启发意义和实践意义的成功实例，试分析在处理新城与旧区、生活与生态环境、历史与未来、都市喧嚣与公园清雅氛围之间采用怎样恰当的规划设计方法和施工工艺，来解决城市用地紧张与绿地建设的矛盾关系？

（2）分析并绘制古城公园与周边城市景物之间、公园内部各景点之间的视线关系。

（3）草测步行长廊，并绘制节点大样图。

（曾洪立 编写）

【世纪公园】

1. 背景资料

世纪公园位于浦东新区世纪大道终点，占地 140.3hm²，是上海内环绕中心区域内最大、最富有自然特征的生态型城市公园。公园距市中心 8km、虹桥国际机场 24km、浦东国际机场 28km，公园南北有方便的地铁出入口。

公园经国际招标设计，由英国 LUC 公司和上海园林设计院共同完成总体设计方案，由上海市浦东土地发展（控股）公司筹资承建，于 2000 年正式开放。

在浦东大型绿地规划时就设想筹办国际性花卉园艺博览会与建设公园相结合，但因故未成。开放同年的 9 月，由中华人民共和国建设部、上海市人民政府共同在此主办第三届中国国际园林花卉博览会，主题为"绿都花海"——人·城市·自然。布展原则：利用公园已有的地形地貌和树木为背景、载体，每个布展景点以植物造景为主，展示花卉精品，反映各地园林特色，体现人与自然、生态与城市、东方与西方园林艺术的完美结合。

2. 实习目的

（1）了解当代海派风格园林的特点，体验东西方相融合的园林艺术氛围。

（2）掌握生态型城市园林的设计原则和表现形式。

（3）学习大型城市公园布局分区的依据，掌握其在分担城市功能方面所起到的作用，在用地、交通、体量、造型方面与城市尺度之间的协调依托关系。

（4）学习如何在现代化城市公园当中体现我国传统的造园手法和工艺特征。

3. 实习内容

3.1 总体布局

公园总体设计体现了东西方园林艺术的融合，形成人、城市、自然相融合的海派风格。园内以大面积的森林、草坪、湖泊为主体，辟有乡土田园区、观景区、湖滨区、疏林草坪区、鸟类保护区、国际花园区、小型高尔夫球场等 7 个景区。园内除有城市河道——张家浜流经外，凿有 12.6hm² 的中心湖泊——镜天湖，此湖是城市的重要泄、蓄水场所之一，也是市中心的湿地保护地。湖中有白天鹅、野鸭、鸳鸯等水禽和各种鱼类，湖畔设有亲水平台、露天音乐广场、会晤广场、儿童游乐场，展览厅等活动场所，建有高柱喷泉、大型"绿色"浮雕、世纪花钟、林间溪流、卵石沙滩等园林景点。

3.2 乡土园林区

3.2.1 三号门

是世纪公园建成开放的第一扇大门，也是世纪公园内规模最大的入口，园门广场可容纳上千人。该门采用钢结构，以海鸥展翅的轻盈造型配之晶莹剔透的玻璃幕墙，凸显了整体建筑的现代感。

3.2.2 东方虹珠盆景园

位于 3 号门东侧，园内有 160 余株盆景，入口处巨石被称为"飞来石"。

3.3 湖滨区

3.3.1 世纪花钟

是世纪公园标志性景点，它背靠镜天湖，面向世纪大道，处于世纪大道末端。圆形的花坛直径达 12m，以绿色的瓜子黄杨为刻度，以花卉作点缀，整个花钟绚丽多彩。世纪花钟由卫星仪器控制定时，误差仅 0.03s，既具有科学性、艺术性，又具有实用性。

3.3.2 镜天湖

位于 1 号门内，面积为 12.5hm² 的镜天湖。它由人工挖掘而成，最深处达 5m，目前是上海地区面积最大的人工湖泊。镜天湖与公园外缘的张家浜相通，湖的东面建有水

[南方实习]·世纪公园

"世纪公园"平面图（摘自《上海园林绿地佳作》）

A. 主入口
B. 观景区
C. 湖滨区
D. 迷你高尔夫球场
E. 疏林草坪区
F. 鸟类保护区
G. 乡土田园区
H. 国际花园区
I. 中心湖泊

1. 主要入口
2. 观赏平台
3. 音乐喷泉
4. 绿色世界浮雕
5. 三号门
6. 大草坪
7. 银杏大道
8. 公园管理处
9. 缘池
10. 卵石沙滩
11. 宛溪戏水
12. 群龙谊月（大喷泉）
13. 秋园
14. 冬园
15. 夏园
16. 春园
17. 音乐广场（筹建中）
18. 高尔夫球场
19. 蒙特利尔园
20. 奥尔梅加头像
21. 绿色迷宫

闸，用以控制湖内的水位。

3.3.3 露天剧场

露天剧场位于世纪公园西侧，占地面积 8000m²，倚坡而建，前区观众席可容纳人数 2500 座，全开放条件下可接待游客 4000 人次。观众席前设舞台及音乐罩、灯控、音控及一些辅助用房，其规模目前是全国最大的人造露天剧场。这白色钢膜制成的音乐罩是用于增强音响效果的，它可以将演唱者的声音汇集起来传向观众，声音异常清晰、响亮。

3.3.4 音乐喷泉

位于观景区，该喷泉集声、光、动、形、韵为一体，具有极强的观赏性、多视角的艺术性和游客的参与性。它的设计理念采用了几何图形排列，20m×20m 正方形旱喷泉分割成 4m×4m 的单元格。每个单元格由 8 个 DN25 可调直流喷头以 1.33m 等距排列，采用一泵一喷头，多媒体电脑变频控制；每个喷头下设 3 只不同色彩的专用防水灯，208 个喷头和 600 只彩灯使光和水融为一体，达到了完美的效果，体现了高、新、尖技术。

3.3.5 云帆桥

位于世纪公园中央，西临镜天湖，东依公园生态湖泊——鸟类保护区，南北连接公园两大游憩区域。该桥造型采用钢悬索结构形式，跨度达 43m，是上海地区公园中最大的步行桥。

3.3.6 绿色世界浮雕墙

由花岗石制成，全长 80m，总面积 178m²，作品展现了亚洲太平洋地区的 29 种动物和植物，从左至右依次为热带、亚热带、温带、寒带，由陆地到海洋，体现了物种与生态环境的合理过渡。该雕塑设计制作由著名旅美画家陈逸飞先生担任艺术总监，集中展示了人与自然和谐的主题。

3.3.7 观景平台

位于镜天湖北侧，上下呈四层阶梯状，错落布置。平台两侧可观赏到四时花境内种植的多种植物，如欧亚活血丹、美丽月见草、牛至、吊绅柳、佛甲草和德国鸢尾等。在平台西侧栽种了扬州琼花，登上顶端可远眺镜天湖。

3.4 疏林草坪区

3.4.1 春园

位于镜天湖的西南角，占地 0.6hm²，园内种有梅花、蜡梅、迎春花、晚樱、桃花、海棠、金丝桃、竹、柳等早春植物。

3.4.2 夏园

位于森林群落景区，占地 0.5hm²，园内种植观赏植物杜鹃、石榴、紫薇、向日葵、木槿、槐花、栀子、凌霄等。

3.4.3 秋园

位于森林群落景区，占地 0.3hm²，园内植观赏植物有桂花、芙蓉、芦苇、决明、红枫、柿、各种菊科植物等。

3.4.4 冬园

位于森林群落景区，占地 0.3hm²，园内种植观赏植物枇杷、蜡梅、瑞香、山矾、海红、山茶、马尾松、竹类等。

3.4.5 卵石沙滩

位于镜天湖的西南角，长约 500m，蜿蜒曲折，滩上大小卵石错落有致。

3.4.6 群龙追月（也称大喷泉）

是公园内的一处特色景点，位于七号门附近。喷泉长 38m，宽 14m，有 327 个大小喷头和 300 多个射灯排列组合成 1 个小环和 4 个大环。喷水最高可达 80m，规模宏大，喷水造型有 108 种图案。

3.4.7 宛溪戏水

位于南山疏林草坪区，溪流长达 500 余米，源于南山顶端，顺坡而下。

3.4.8 南山草坪

位于大喷泉对面的南山坡，由湖中挖出的泥土堆积而成，可北望浦东景观。

3.4.9 会展厅

位于世纪公园中心位置，色彩素雅、靠水而筑。建筑面积 1650m²，具有展示、接待、会晤等多种功能。

3.5 鸟类保护区与工程细部处理

3.5.1 竹林

位于公园鸟类保护区，种植了毛竹、哺鸡竹、慈孝竹、凤尾竹等竹类品种，共计2万余株，面积1万 m^2。

3.5.2 银杏大道

位于鸟类保护区的三岔路口。该处种有一株胸径48cm，高20m，树龄近百年的银杏树。

3.5.3 蒙特利尔园

位于世纪公园鸟类保护区，2000年建成，占地面积2万 m^2，总投资2000万元人民币。整个蒙特利尔园由岛屿、湖泊、大展厅、多媒体影视厅、咖啡吧等组成，园内主要展示加拿大高科技多媒体技术，该园的总体设计思想体现了两地人民珍视人、自然与科技和谐的主题。2001年开设了蒙特利尔园网站。

3.5.4 大草坪

位于银杏大道南侧，种植高羊茅草，形似起伏的小山丘。

3.6 高尔夫球场区

园内小型高尔夫球场区，居世纪公园西侧。会所面积 $670m^2$，由休息厅、咖啡屋、球具出租屋、浴室等组成。小型高尔夫球场占地面积 $35000m^2$，设有九个球洞，可进行以切杆、推杆为主的高尔夫球运动。球场设计精致、环境优雅，沙坑、池塘、灌木丛等障碍区配置合理，是一座高雅的健身活动场所。

3.7 异国园区与工程细部处理

3.7.1 奥尔梅加头像

奥尔梅加民族雕刻技艺出众，头像雕塑更是其文明成就的集中体现。该"奥尔梅加头像8号"的复制品，系墨西哥维拉克鲁斯州政府赠与上海市政府的礼物，是两地人民友谊的象征。

3.7.2 绿色迷宫

位于异国园区，它以绿色植物"珊瑚"围合而成。外围高3m，中间高2m，占地面积 $1200m^2$，目前是上海市区内最大的绿色游戏迷宫，是娱乐性的园林景观。

4. 实习作业

（1）世纪公园是浦东新区建设"国际化经济中心"的城市进程中一个非常重要的项目，试分析它在布局、功能组织、景观特色、游览方式等方面是如何体现"国际化"的建设宗旨？

（2）利用博览会的机遇，为城市留下珍贵的绿色空间财富，是国际上众多城市在当今采取过的建设方式，试分析为适应大型展览的要求，世纪公园作了哪些设计方面的考虑？

（曾洪立 编写）

【太平桥绿地】

1. 背景资料

太平桥绿地是上海中心城区旧城改造的规划绿地。位于市中心黄陂路兴业路口，北侧为淮海路商业街及现代商务区；西侧是"中共一大会址"新天地商务休闲区；东侧是旧城改造住宅区。占地 4.4hm²，其中绿地 3.2hm²，湖面 1.2hm²，湖水量达 2 万多立方米。

该绿地由上海市园林设计院和美国 SOM 公司合作设计。

绿地规划立意为：以湖光、山色、丛林为特点，将湖中的小岛、起伏的山石、小品建筑各类灯饰等要素有机配置，形成一个独具特色的现代化城市山水园林的景观空间。

2. 实习目的

（1）了解中心旧城区改造工程当中绿地规划设计需要遵循的原则。

（2）学习富有历史文化信息的中心旧城区改造工程当中绿地规划设计的方法，并解决绿地与旧建筑、市政设施、道路交通之间的矛盾问题。

（3）掌握植物配置与栽种的工程做法。

3. 实习内容

3.1 总体布局

绿地规划设计既要提供休闲场所和景观，又要烘托历史文化氛围。

以湖面为主体，使整个绿地构成了沿东西长轴方向三个层次的园林景观，即绿地北侧宽阔的湖滨亲水台阶和平台、中部开阔的湖面水景、南侧山林草坡。整个绿地构图简洁流畅，气势恢弘，山体、湖面、绿树互为衬托，游人可环湖游览，或顺着湖滨亲水台阶临近水面，或沿山间小径登高远眺，充分享受湖光山色。

3.2 园景与工程细部处理

3.2.1 水体

水体是太平桥地区的标志和焦点，在用地极其紧张的情况下，水面的大小和形态受到严格的限制。设计中充分考虑了行人的安

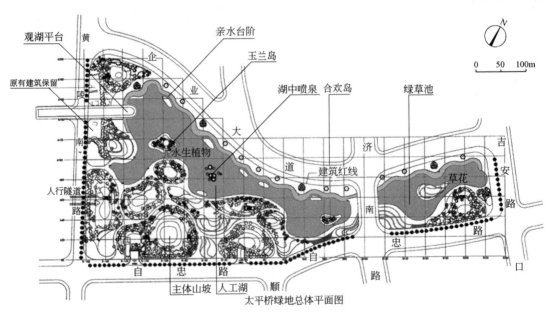

太平桥绿地总体平面图

"太平桥公园"平面图（引自《园林景观设计详细图集》）

[南方实习]·太平桥绿地

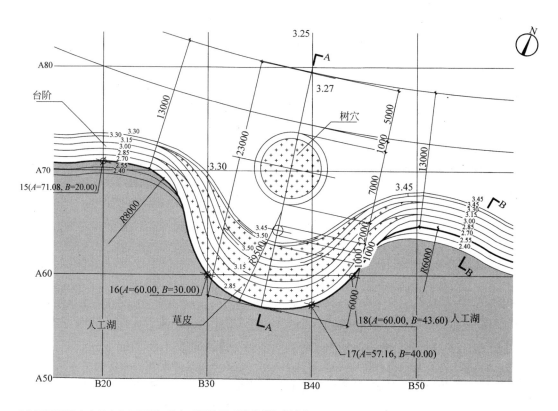

"太平桥绿地亲水平台"平面图(引自《园林景观设计详细图集》)

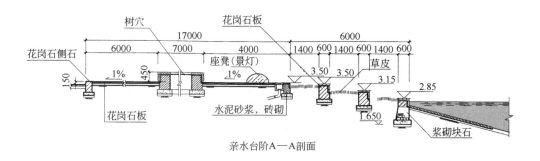

亲水台阶A—A剖面

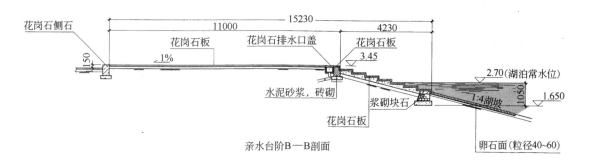

亲水台阶B—B剖面

"太平桥绿地亲水平台"剖面图(引自《园林景观设计详细图集》)

横向剖面图

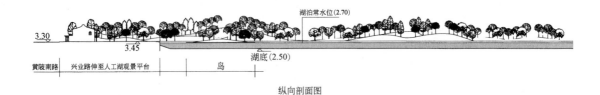

纵向剖面图

"太平桥绿地"剖面图(引自《园林景观设计详细图集》)

全和湖泊的生态平衡。湖岸边水深为0.2m，湖岸形成1:4的平均坡度，湖底最深处2.5m，这样，既不会造成垃圾沉积，又提高了安全系数。湖区内配置了循环系统、喷泉系统、充气系统、生化系统、防溢系统、控制系统，湖底还使用了火山岩土为原料的防水毯，充分确保湖体水质。

3.2.2 绿地设计

充分考虑与"一大会址"的关系，巧妙地利用兴业路路端设计了一个亲水平台式的小广场，伸入湖面，使游人能在绿地中更好地眺望"一大会址"，同时也能使人联想到党的诞生地"南湖"。园西保留了3栋建筑，面积约1500m^2。经保护性整修，使石库门建筑有秀美呼之欲出，映衬着"一大会址"建筑，共同展现海派人文风貌。绿地的地形设计充分考虑与地下建筑的结合，地下新建110kV变电站和10000m^2停车库，地上是由多个土坡连接而成绿地的主体山，其最高的山坡离地5m，山间小路穿在各个山坡间，让游人感受山林野趣。

3.3 植物配置

绿地的植物配置以乔木为主，以乔木与草地两层次布置，形成简洁、高大、浓密的景观效果。绿地中栽种乔木1250株，均为上海本地的乡土树种。

4. 实习作业

旧城区改造一直是国内外具有历史氛围的城镇建设当中的重要和敏感课题，新天地的成功开发是围绕着这一课题，经过多方通力合作而完成的城市建设佳作，其中园林环境氛围的创作为烘托这一主题起到了重要的作用，简析这里的城市园林环境营造的成功之处。

(曾洪立 编写)

【徐家汇公园】

1. 背景资料

徐家汇公园位于徐汇区的中心地段，毗邻徐家汇广场东北部，东接宛平路，西靠天平路，南至肇嘉浜路，北为衡山路，总占地6.67hm²。其中一期工程是原大中华橡胶厂，占地面积3.35hm²；二期工程是原中国唱片厂和宛平路幼儿园，占地面积3.32hm²。

1.1 沿革

徐家汇公园（大中华绿地）是在大中华橡胶厂原址上进行改造、建设的一块大型公共绿地，占地面积33500m²，总投资36000万元（其中前期运迁费32000万元），所需资金由市、区两级政府共筹，项目建设由徐汇区园林所实施。绿地建设动迁了建厂80年的大中华橡胶厂，这是改革开放后在城市改造、企业发展上的佳例，将污染厂外迁，改善徐家汇地区的环境质量，提高土地价值、商业价值、居住价值。工厂又能以新的策略走上新的台阶。绿地的建设是上海市在调整企业产品结构和城市功能布局，提高生活质量等方面得到市民拥戴的项目。工程分两期进行，第一期已于2001年9月竣工开放。徐家汇公园充分考虑到周边的娱乐、休闲和商业环境，绿地以大型乔木为主，面对衡山路、肇嘉浜路形成几个通透的视觉走廊，提高整体环境的园林和休闲品位。建设徐家汇公园，形成了徐家汇地区的"绿肺"，缓解了热岛效应，释放有益的氧气，完善区域功能，提高城市生态环境的品质。此举开创了上海"三废"企业撤点和生态环境建设相结合的典范。

1.2 设计构思框架

天人合一：创造城市与自然有机融合的生态环境，以绿为主，建成文化内涵丰富，具人性化的城市绿色空间。

整体协调：绿地与周边环境，特别是衡山路特色休闲街、成片的花园住宅、新式里弄、住宅公寓及肇嘉浜路绿地与周边地区相互协调，在内容、风格上有机联系，互为补充，各具特色。

因地制宜：规划从基地现状出发，保留原有乔木，形成独特、完美的园林景观，使其成为城市景观面貌的重要组成部分。

空间塑造：由广场、水景、乔木群林和成片花木、草皮构成"旷"景观空间；由植被、小品、装饰及地形形成"奥"景观空间。

以人为本：依照各类绿地使用者的行为特点进行设计，满足各阶层的审美情趣，关注年老者、残疾人的行动便利因素。

地域特色：将殖民时期遗留的多元建筑风格与上海历史文化特色结合起来。

植物配置：模拟自然群落，增加绿视率，引进植物新品种，提高生态效益。

2. 实习目的

（1）学习尊重历史、体现历史的设计原则和方法。

（2）掌握现代风格的园林设计方法，如ART DECO风格、象征、隐喻等。

（3）体验丰富多变的园林空间。

（4）学习细部处理。诸如无障碍设施、钢和玻璃构筑物的细部节点、公园引导性标志物、道路铺装、地被植物的运用等。

3. 实习内容

3.1 总体布局

3.1.1 总体设计

规划以公园所处特殊的地理位置及所在区域内包含的独特城市特征——繁华的徐家汇商业中心、风情衡山路、具现代气息的肇嘉浜路及基地内从殖民时期至今各个时期的构筑物，设计融合这些元素，充分反映了这

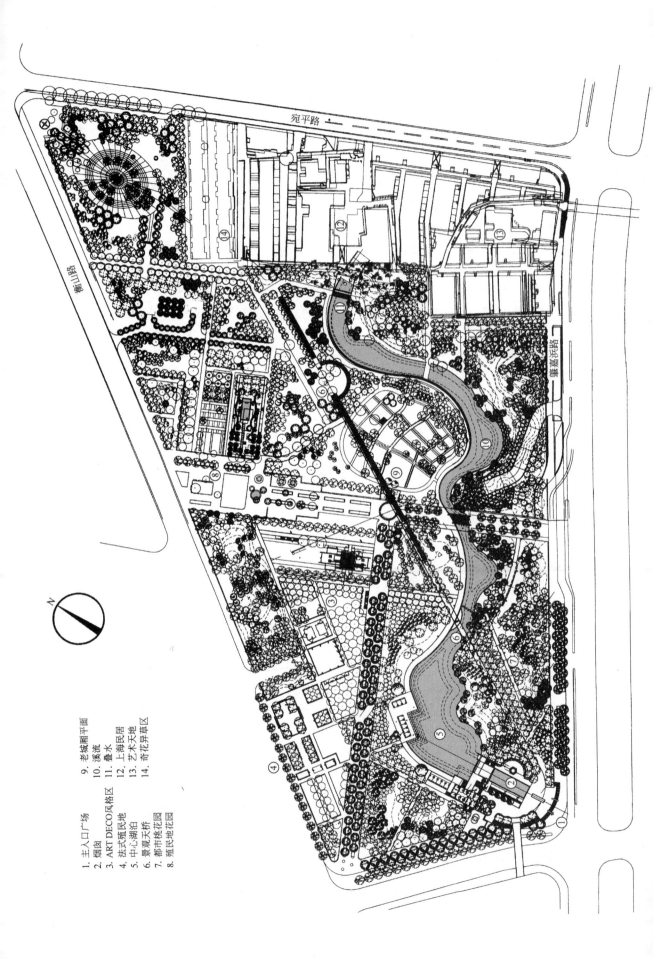

块土地上所发生的历史情景，使人联想上海城市的历史，并呈现城市未来景象。

3.1.2 平面布局

形似上海的版图，弯曲的黄浦江、古老的城厢、立体高架，犹如翻开一本记载上海历史的画卷，远古的田野、明清的城廓、租界时期的建筑，石库门民居、民族工业的大烟囱……一座几乎贯穿东西的"景观天桥"，形象地展示了上海这座城市从过去到现在，从现在走向未来的历史景象，巧妙地把上海的人文景观特色，突出展现在徐家汇公园内。

3.1.3 场所设施

在营造优美的绿色生态空间的同时，满足现代的服务功能，如：大型的地下停车场、汽车站、公用电话亭、厕所及专门为残疾人设置的无障碍通道。绿地内有多处供游人停留、驻足的休闲场所，道路四通八达，园内的水景、湖面、景桥、汀步可满足现代人的亲水欲望。

3.2 园景与工程细部处理
3.2.1 主入口广场

由天然石块制作的公园铭牌及水池作序幕，突出保留代表中国民族工业先驱的原大中华橡胶厂烟囱，对它进行修缮、恢复，在其顶部增加具现代质感的不锈钢孔柱及屏射的灯光，这将成为徐家汇公园的标志性雕塑，给游人以强烈的视觉冲击力；基座用花岗岩石块围合成六角梯形面，用浮雕介绍基地的历史、现在和未来，对子孙后代具有教育意义。

3.2.2 ART DECO 风格区

沿衡山路一侧原有较多的由西方国家 PIET MONDRIAN 及毕加索等所倡导 ART DECO 风格的构筑物，以原始线条和纯净的色彩所构成，为世界文化遗产。设计通过高低不同的景墙作艺术修饰处理，周边的植物也与其风格相协调，成为ART DECO 风格的示范区。

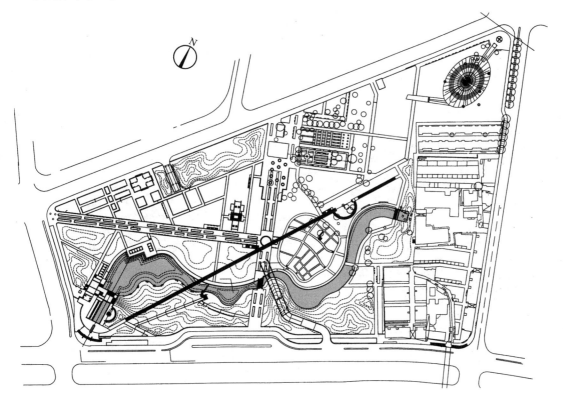

"徐家汇公园"平地竖向图(引自《园林景观设计详细图集》)

3.2.3 殖民地花园

在衡山路一侧原中国唱片厂内保留了一幢比较完整的殖民地风格的建筑；在建筑的东侧拟创造以对称和几何图形为主要布局的规则式的花园空间，强化现代风格，设计成典型的殖民地式庭园。

3.2.4 衡山路法式殖民地

衡山路是一条保留较好的具有法国情调的林荫大道，公园一侧的艺术长廊也具有十分浓郁的艺术氛围，种植设计沿用衡山路林荫大道的概念，并在园内设置了几座与艺术长廊风格一致的艺术墙体来渲染氛围。

3.2.5 典型的上海民居

沿宛平路有一群典型的上海民居，设计中尽量保留较有代表性的居民建筑，重新开发其内部功能，拆除整理无保留价值的建筑，布置绿化，适当补充现代气息的建筑，使新与旧产生对话，开发商业价值，以园养绿。

3.2.6 水面

整个公园以水面为界，南侧以自然式景观为主，北侧采用规整手法营造人文景观。

3.3 绿化设计

以生态平衡的绿化环境为设计目标。绿化布局在规整中具有自然形态，在自然中蕴含章法，通过后现代主义的设计方法体现植物多样性，构成层次丰富的人工群落，创造生态效应良好的复合生态空间。使公园的绿化空间同时具有典雅、野趣、简朴、宁静、变幻等多种形态。

3.3.1 肇嘉浜路天平路入口广场

以春景为主，木兰科植物为基调，布置紫薇、梅花、海棠及喜树、垂柳、树柳等。在视野上突出保留标志性构筑物——大中华橡胶厂"烟囱"。

3.3.2 临近天平路一侧

以季相变化明显的秋景为主，周边有香樟、女贞、杜英作陪衬，主要树种有火炬漆、黄连木、栾树等，由红枫、塔枫、火棘、火焰南天竹等渲染气氛，当中布置疏林草地。

3.3.3 入口广场

东北侧以开花植物为主，种植有樱花林、白玉兰、紫玉兰、含笑、桂花等，与小品建筑互为映衬。

3.3.4 天桥两侧

绿化疏密有致，有深山含笑、香樟等形成的密林，亦有疏林及木本绣球形成的花道，从

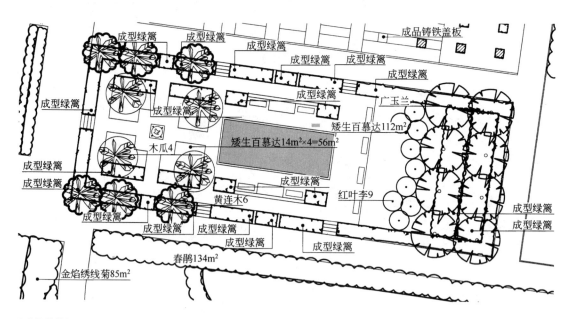

"殖民地花园"平面图(引自《园林景观设计详细图集》)

人行天桥极目远眺，花海绿丛，清流交织。

3.3.5 ART DECO 风格区

追求简洁、明朗的布置手法。乔木种植成行成排、地被造型简洁，景观氛围典雅。植物品种主要有棕榈、加拿利海枣、华盛顿棕榈等，并以上海典型的乡土树种及草皮为主，下木较少。

3.3.6 河滨绿化

以营造自然气息为主，栽植水生植物如鸢尾、睡莲及富有野趣的水草等，乔木为耐水湿、姿态优美的垂柳、旱柳及榔榆、枫杨等。

3.3.7 中心区域

绿化配合设计理念，以保留古城风貌为主，将上海乡土树种点缀其间，有榔榆、苦楝及香樟等。

3.3.8 衡山路一侧

绿化以悬铃木作为林荫道，使法国风情、浪漫情调体现于一草一木中，有节奏韵律地绿化种植，营造经典浪漫。

3.3.9 绿地北侧

为著名高级住宅区和花园住宅，通过立体三维造景，将绿化内涵与环境的有机融

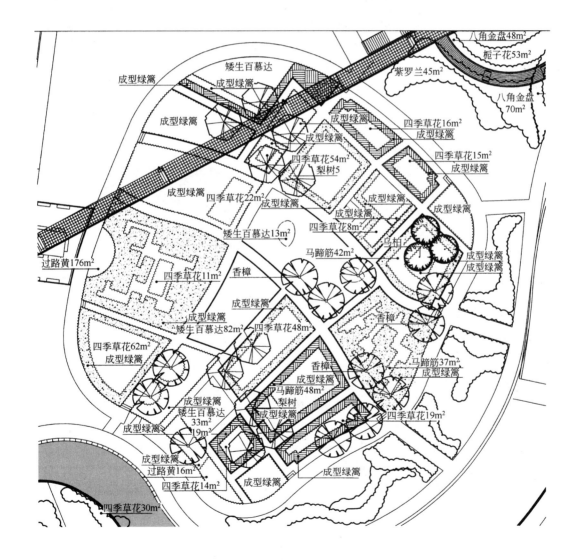

"老城厢"平面图(引自《园林景观设计详细图集》)

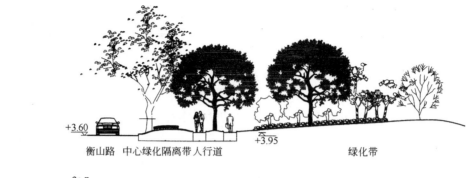

"衡山路局部"断面图(引自《园林景观设计详细图集》)

合,形成疏林草地及生态景观优美的常绿、落叶混交林及构成严谨的现代整形绿化。

3.3.10 主要的景观路

由香樟、悬铃木及色彩、季相变化丰富的榉树、银杏等构成,地被以瓜子黄杨、夏鹃、草皮等时续时断地铺就。

建成后的徐家汇公园,运用文学艺术手法,如象征、修饰、隐喻等,展现上海的历史,被部分业界专家称为具有后现代主义风格。

4. 实习作业

(1) 徐家汇公园被认为是具有后现代主义风格的园林艺术作品,试分析公园内的后现代园林设计手法,评价其产生的实际效果和具有在我国环境下值得推广的做法。

(2) 精致的绿地细部设计体现了徐家汇公园不同凡响的品位,通过草测景点、构筑物、列举6~8处植物配置、场地设计、建筑小品、材料结构运用的佳例。

(3) 对旧有工业设施,公园设计采取了利用并改造的设计方式将它们转变为公园内的设计要素,并赋予了恰当的功能,举2、3例说明。

(曾洪立 编写)

【延安中路绿地(广场公园)】

1. 背景资料

延安中路大型公共绿地位于延安路与南北高架交汇处，共分七大块，分别坐落在黄浦、卢湾、静安三个区的交界处。具体位于延安中路高架与南北高架交叉点的周边地块，东起普安路，西至石门路，北起大沽路，南至金陵路、长乐路，经调整后的绿地总面积223365m²。延中绿地是上海市中心最大的"绿肺"。绿地沿高架道路和地面道路向四方延伸，形成融会贯通，不可分割的整体。绿地的建成极大地改善了中心城区的生态环境，缓解城市热岛效应，与高架道路和周边高楼大厦形成现代化国际大都市的城市景观，成为上海市一道亮丽的风景线。工程分两期实施。

一期工程面积111765m²，涉及黄浦区、卢湾区、静安区面积74200m²的五块地块已于2000年2月12日动工，6月30日竣工。

二期工程面积约111600m²，已于2000年9月开始动迁，11月底动迁完毕，开工建设，2001年6月竣工。

2. 实习目的

(1) 了解城市绿地在城市发展新形势下的发展趋势，以及对城市生活、城市景观、城市文化产生的巨大影响。

(2) 学习主题园林的设计构思、表现方法和技艺。

(3) 掌握新材料、新形式、新技术在园林景观营造中的应用。

3. 实习内容

3.1 总体布局

以"蓝"与"绿"为主题，用自然的地形、地貌，茂盛的树林灌丛，疏朗的草坪地被，潺潺的流水小溪，逼真的地质断层和奇妙的"绿色烟囱"，营造出一幅绚丽多姿的城市绿色声音景观，以唤起人们保护水资源、保护植物生长空间的环保意识。

3.2 分区及组景特色

3.2.1 春之园

自瑞金路向东，其布局简洁开朗，以一片苍劲茂密的绿林为"源头"。地块中间是

"延安中路绿地公园"平面图(引自《园林景观设计详细图集》)

翠竹林带——以毛竹为主景，将轴线串联起来，堆置的起伏地形间设置榉树、合欢、银杏等林下休憩区，坡上毛竹、桂花、香樟、合欢成片栽种。此处的水被处理成细微的雾状，构成一个自然山体中水由植物涵养而慢慢汇聚成一溪春水向东流的景象。绿地中保留原中德医院西班牙式建筑，其南部建西班牙式庭院。

3.2.2 感觉园

水与绿以较为规则的方式展开，以浓密的绿化种植分割成一系列独立的空间，每个空间中以植物的色、香、形、质和排列组合形成轻松、趣味、惊奇的直觉、错觉、幻觉等感官上不同体验，按人的五种感觉组成：嗅觉园、触觉园、视觉园、听觉园、味觉园，最终五种感觉汇集，形成第六感觉——直觉园。

3.2.3 地质园

地势呈四面向中央倾斜，主景岩壁建于北侧，以常绿树为背景。8m高（地上6m，地下2m）绝壁，其岩石面呈自然形成的水成岩，瀑布倾泻而下，终年侵蚀之石上长出植物，展现荒野、水、岩石及植被的主题景观，寓意保护自然环境，形成了城市绿洲。

3.2.4 干河区

该区与地质园的岩石景观相连成一个整体，呈三角状，地形处理成连绵的丘陵道路，以干河的形式，蜿蜒崎岖，曲径通幽。干河床由大小天然卵石组成河滩，给人似在水中航行之感，也为市民提供兼用的健身步道。

3.2.5 芳草地

绿地中央为2500m²的大草坪，地形外高内低，形成休闲草坪空间，布局以自然为主，局部对称，用喷泉为对景，以产生微妙的对比。

3.2.6 自然生态园——水园

在起伏的山丘上，一条干枯的河流自西南向东北流淌，汇入大水池，因其处在茂密的竹林灌丛之中，显得自然野趣。卵石河滩、空中的水雾气，令人产生虚无缥缈之感。水畔的水生、半水生植物和葱郁的林

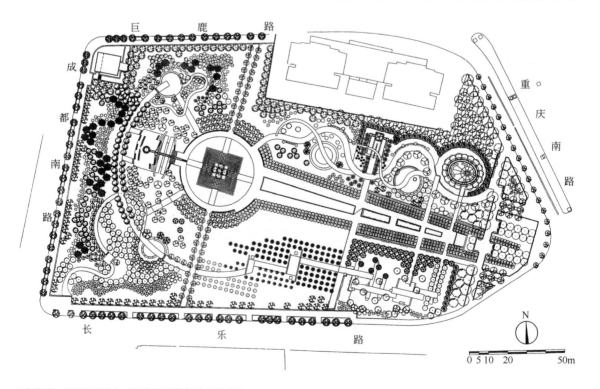

"感觉园"平面图（引自《园林景观设计详细图集》）

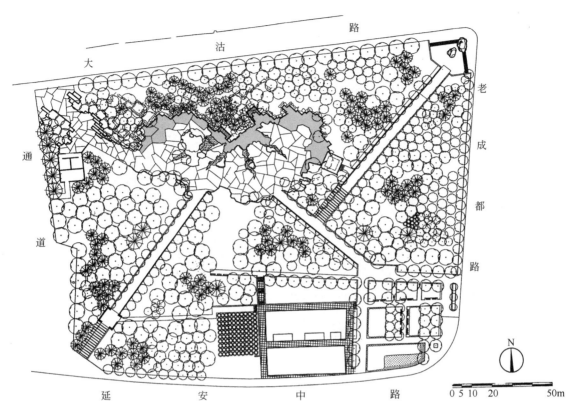

"地质园"平面图(引自《园林景观设计详细图集》)

木,使人暂忘外面的喧嚣和烦恼。城市新景点——"绿色烟囱"形成强烈的对比,加重了深度感和高度感。

3.3 植物配植

一期种植乔木26种,3107株;灌木29种,4865株;地被64种,45793m²。乔木选有银杏、香樟、广玉兰、女贞、马褂木、杜英、无患子、榉树、红枫、雪松、香榧和多种竹类。嗅觉园以四季芳香植物为主布置四季园,主要采用的芳香植物有:春季——丁香、含笑;夏季——栀子花;秋季——桂花;冬季——蜡梅。春园——椭圆形休息空地四周布置白玉兰、含笑、垂丝海棠、丁香、樱花、桃花、杜鹃、红花檵木,并以刚竹为视觉焦点;夏园——在弧形道边间种合欢、紫薇、广玉兰、八仙花、栀子花、六月雪;秋园——一个矩形图案广场的中心为一株大榉树,四周配银杏、榉树、无患子、栾树、桂花、青枫、红枫等;冬园——白皮松、五针松、粗榧、蜡梅、梅、山茶、火棘、南天竹。触觉园通过枝叶质地(革、草、纸、蜡质等)、形状(锯齿、尖齿、倒齿等)产生不同触觉,如:火棘、枸骨、蜡梅,以块面、立体形式布置(绿篱、树墙)产生质地的对比。视觉园利用植物排列式的种植形式,如:景观轴线近300m长的大道,东宽7m,西宽17m,形成东窄西宽、人的视觉聚焦格局,中间自内向外是四季草花花坛,两侧分别为山茶——珊瑚绿篱——三排水杉,在狭窄的空间中更加大纵深感。视觉园起点在成都路一侧,终点是西端的樟树水景广场,其间视觉感受无处不在,如:棕榈树阵、连续起伏的地坪、层次鲜明的灌木丛等无论是立体层次,还是平面布局都给人以视觉上的不同感受,既对比强烈,又十分自然。芳草地的休闲草坪外缘配植以松科、木兰科植物为主,

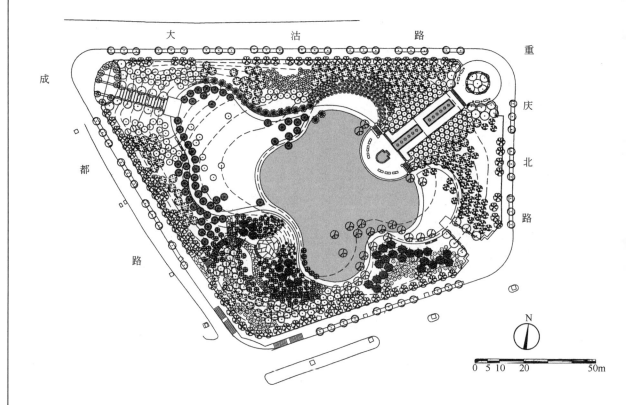

"芳草园"平面图(引自《园林景观设计详细图集》)

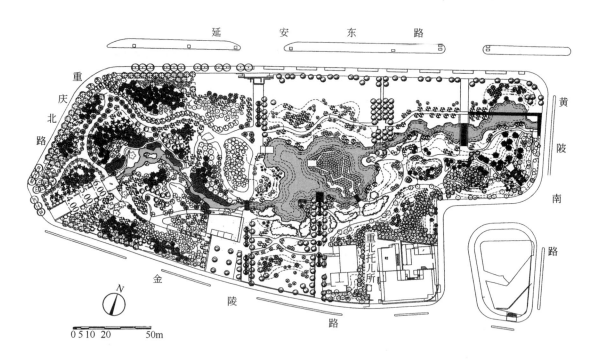

"自然生态园——水园"平面图(引自《园林景观设计详细图集》)

落叶乔木点缀其间。

3.4 风景园林构筑物及小品

触觉园内配合展示太湖石、黄石、黄岗石、钟乳石、玄武石、黄蜡石、卵石等，通过对岩石外表面与内切面的触觉、对比体验岩石质地，如：自然面、烧毛面、斧斫面、磨光面、锯平面等。有些岩石上雕刻图文、增加情景交融的内涵。地质园林中休憩亭，柱子用金属材料做成，高约30m，似乎竹在风中摇曳，象征自然的原始力量。夜晚，这些风竹柔光发亮，为上海增添新的夜景。"绿色烟囱"格外亮丽。感觉园北的水景区中，独特造型的现代园林建筑，似亭非亭。自然岩石与现代金属有机结合，水柱由弧状顶棚的圆孔中喷出，落水又顺顶棚流淌形成水幕与溪流，十分壮观。

3.5 综合效益

延中绿地的建设极大地改善了上海市中心区的生态环境，据有关资料表示，环境温度较建设前降低了4~5℃，湿度提高了2~3%，周边居民的精神愉快度增加。

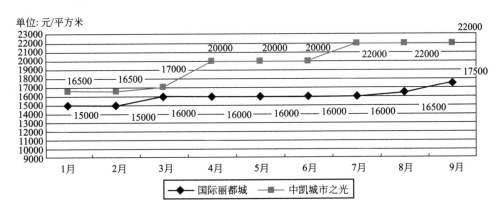

近期上海中心区域典型楼盘销售均价走势

4. 实习作业

（1）分析延中绿地在城市中心区建设当中所起到的重要作用。

（2）大规模的城市绿地组团聚集在一起，共同组合成广场公园群，同时又各自相对独立，从公园立意的角度，试分析在各组团绿地的设计当中，试如何体现相互之间的联系性和保持独立性的。

（3）搜集绿地当中叠山塑石、植物配置、建筑小品、水景生成的新颖别致的处理方法。

（4）草测8~10处景点的平面图、立面图，注意比例、尺度、材料运用的独到之处，并通过速写等方式将园景记录下来。

（5）速写公园风景4~6幅。

（曾洪立 编写）

【龙华烈士陵园】

1. 背景资料

位于龙华镇龙华西路 2887 号，东邻名刹龙华寺，和龙华古塔隔路相望。

龙华公园前身为血华公园。1952 年 5 月 1 日对外开放，改名龙华公园。1964 年园地扩大至 8 万 m^2，1984 年扩建后园地增至 10 万多平方米。

整修扩建后的龙华公园大门朝南，园门内外两侧桃树成林。大门内，挺立着一座 10m 多高的赭红色岩石假山，假山前筑有花坛，布置适时花卉，使四季花开不绝。假山东侧约 20m 处是儿童乐园，乐园大门是一座建于民国 17 年（1928 年）的五斗牌坊，正面书"儿童园"，背面书"龙华园"，园内设有宇宙飞船、龙型荡船、滑梯、转盘等儿童游乐活动设备。乐园北面有一块长方形大草坪，两侧是画廊，四隅分别建一座高约 4m 的军乐台和 3 只精巧的小亭。在草坪北缘有一座古朴典雅的茶室，茶室西北有一占地 600 多平方米的池塘，砌石驳岸，池内养鱼，清澈见底。池塘正北有一广场，可供近千人活动。广场东、西、北三面有土山环抱，山上植松柏等乔木，广场西南有长廊、水榭。园内树木约 9000 株，其中桃树约有 500 株，桂花树约 200 株，其他有雪松、梧桐、蜡梅、广玉兰、青枫等。花卉有 120 余个品种。

抗日战争前，国民党的淞沪警备司令部位于龙华公园西侧，内设看守所。民国 16~26 年间，数以千计的革命志士被关押于此。龙华公园东北（今龙华路 2501 弄 1 号）为淞沪警备司令部的刑场，中共中央政治局成员罗亦农、杨殷、彭湃、陈延年，"左联"作家李求实、柔石、殷夫、胡也频、冯铿等上百位革命者均在此英勇就义。为了缅怀革命先烈，1985 年经中共中央办公厅和国务院办公厅批准，把国民党淞沪警备司令部、烈士就义地原址和龙华公园建为龙华烈士陵园。但因征地、动迁、投资等复杂原因，延至 1990 年 11 月 1 日第一期工程才动工。工程主要项目是建造临时纪念碑，布置龙华烈士纪念馆，修复原国民党淞沪警备司令部部分遗址和整修就义地等，至 1991 年 6 月 26 日竣工。江泽民同志为龙华烈士陵园纪念碑题写了"丹心碧血为人民"，邓小平为陵园题写了园名，陈云为龙华烈士纪念馆题写了馆名。1991 年 7 月 1 日，陵园局部向社会开放。

1992 年 7 月 14 日，中共上海市委决定将在漕溪北路的上海烈士陵园并入龙华烈士陵园，土地面积由 184 亩多扩大至 285 亩多（19 万多平方米）。1995 年 7 月 1 日工程按时竣工并正式对外开放。

2. 实习目的

（1）了解墓园规划设计的一般原则和功能布局。

（2）学习各种类型纪念设施结合风景设计的方法和实例，掌握园林各要素在墓地设计中的特殊性。

3. 实习内容

3.1 总体布局

规划与建筑设计的特点可以归纳为：主题、主轴线、主体建筑的交融；昨天、今天、明天的交接；建筑、园林、雕塑艺术的交辉。突出地把园名建筑、纪念碑以及纪念馆三组特定纪念建筑群作为主体。其他建筑都围绕主轴线向四周放射，体现陵园的整体效应。

3.2 园景

3.2.1 纪念瞻仰区

位于陵园中、南部的南北主轴线上，东西宽 160m，南北长 440m，占地 7 万多平方

1. 纪念瞻仰区
2. 碑林遗址区
3. 就义地
4. 地下通道
5. 烈士墓区
6. 雕塑
7. 纪念堂
8. 入口
9. 龙华寺

"龙华烈士陵园"平面图(引自《上海园林志》)

米。大门广场内是一座有传统特色的门楼，楼顶上为邓小平同志所题的"龙华烈士陵园"6个金色大字。门外广场东侧保留原龙华公园挺立的红岩巨石，象征革命烈士威武不屈的英姿。门楼后是香樟林广场，穿过广场是一条笔直的长甬道，过纪念桥后，甬道向两边拓宽，象征革命道路越走越宽广。其后为三层逐层升高和逐层向两旁扩大的平台。第一、二层平台的中央为中心广场，是用红白相间的花岗石铺成。在第三层广场正中一座用红色花岗石筑成的巨大横碑似由鲜花凌空托起，碑的正面镌刻着"丹心碧血为人民"7个镏金大字，反面是中共上海市委、市政府署名的龙华烈士陵园碑文。纪念碑后面是烈士纪念馆，面积1万多平方米。纪念馆呈金字塔形，四层阶梯建筑内墙面装贴的红花岗石，与塔上覆盖着的天蓝色幕墙玻璃相贯组合，形成4个充满阳光与生机勃勃的四角中庭，在庄严肃穆中透出现代气息。纪念馆是陵园的主体，也是整个陵园的中心。

在第二层平台两旁，有"独立、民主"、"解放、建设"两组主题雕塑，作者为叶毓山。雕塑用四川平武产的芝麻白花岗石雕刻而成，各高6.5m，长12m，共有22个人物，四面可瞻仰。"独立、民主"一组群雕以近代上海革命历史为背景，从鸦片战争到解放上海等情节组成，表现了先烈们悲壮激昂、浩气冲天的战斗精神。"解放、建设"一组群雕则展示了解放后人民当家作主，建设日新月异的腾飞景象。

3.2.2 碑林遗址区

在陵园东侧，紧依千年古刹龙华寺，占地20亩（1.33万 m^2），由两座碑亭、四座碑廊、两座碑墙和大型梯形式花坛组成。碑林入口处是一座名为《且为忠魂舞》的大型烈士群雕，底座旁刻着毛泽东手书的《蝶恋花·答李淑一》。这座雕塑原置于上海烈士陵园，这次仍由原作者刘巽发迁塑于此。两亭为方形，攒尖顶，全部以白水泥建成，亭中央各立一根四面有碑刻的碑柱。两廊外的一侧建有对称的两座各长50余米的大型碑墙，一墙镌刻鲁迅《为了忘却的纪念》全文手迹；另一墙镌刻自民国16年以来在上海牺牲及曾关押于龙华的烈士诗文29篇。在茂林修竹间，还竖立数十块保持自然形态、大小不等的石林碑刻，星罗棋布，自然成林。

3.2.3 就义地及地下通道

位于陵园的东北隅，南衔遗址碑林区，西邻纪念瞻仰区，面积约1500m^2，为全国重点文物保护单位。就义地与纪念区、男女看守所由一条长300余米的地下通道连接，东南角屹立着20多块斧劈石，表示后人对烈士们宁死不屈的高风亮节的崇敬和怀念。

3.2.4 烈士墓区

是由烈士纪念堂和烈士墓地及无名烈士墓组成。烈士纪念堂造型别致，圆形的顶部是斜面几何形钢架玻璃天棚结构，墙面内外有三块"百年英烈历史浮雕"。纪念堂内有一幅2.3m高，13.5m长的瓷版画，主题"碧血"，内容取材于春秋时期"碧血丹心"的成语故事，和表现历代人民对爱国志士的缅怀，气势非凡。烈士墓地面积1800m^2，分东西两区，中间是14m宽的通道和花坛。墓地内遍植草皮，道路用鹅卵石铺设。卧式墓碑用印度红花岗石，烈士英名由刘小晴书写，烈士遗像以钛白铜板网制成。纪念堂西北角的两层楼房，为生前有较大贡献的干部骨灰存放之处。

3.3 绿化配植

陵园的植物配置是以相应的植物风姿来烘托景区的主题内涵，园中有大块草坪，大面积的松柏、香樟、枫、桃花、桂花、杜鹃林，使陵园呈现"春日桃花溢园，秋日红叶满地，四季松柏常青"的景色。

3.3.1 园门内广场

保留龙华公园原有的一片香樟林，树的胸径达0.35m以上，树冠衔接郁闭。外围散布有龙柏、罗汉松等大树，下层配植冬青等小灌木，形成陵园入口的一处特色景点。

3.3.2 龙华观桃

是上海历史上有名的胜景，在陵园大门东侧有大片桃花林，种植碧桃、垂丝桃、寿星桃等品种约500株，周边内侧还种有红花夹竹桃。每当阳春三月，桃花盛开时，但见落英缤纷，和不远处隔路相望的龙华古塔交相辉映。"龙华千古仰高风，壮士身亡志未穷，墙外桃花墙里血，一般鲜艳一般红"，这首为人们传颂的革命诗篇，更使桃花与陵园联成一体。

3.3.3 南北、东西轴线

陵园南北主轴线甬道两侧密植高大龙柏，圆柱形树冠绵延成两道绿墙，外侧成排种植四季常青的雪松。甬道外面两侧种四季叶色呈红的红枫，下层地被铺种杜鹃花，组成上红下绿的景观。甬道中段两旁对称的大花坛中，满坛鲜花簇拥至烈士纪念碑前。

东西副轴线与南北主轴线垂直交错，成为东西向的林荫干道，两旁以广玉兰为主调树种，配植茶花、栀子花、八角金盘、八仙花等花灌木。副轴线东段伸入的碑林区全部植竹丛，青青翠竹既象征烈士们的高尚气节，又突出了江南园林的风格。另一条副轴线位于陵园西北部，绿化以墓地为主体，列植蜀桧作为背景树，墓地前面铺就常绿草坪，四周群植蜡梅、南天竹、桂花、石榴、紫薇。

3.3.4 滨河绿地

在河边池旁点植合欢、柳等树种。

3.3.5 苗圃

在纪念馆北端有苗圃，栽培盆花、各种红色草花及花灌木等，用以补充、调换园中花卉，使陵园花坛常年显出生机。

4. 实习作业

（1）龙华烈士陵园是如何通过植物配置的方式来渲染对革命烈士的纪念气氛的，举2~3例说明。

（2）在龙华烈士陵园中，纪念碑的形式有很多种，请列举出其中的4~6种，并绘图说明它们的布置方式有哪些特色？

（3）实测碑林遗址区内的碑亭和碑廊。

（曾洪立 编写）

参 考 文 献

1. 周维权. 中国古典园林史. 清华大学出版社，1999
2. 苏州园林设计院. 苏州园林. 中国建筑工业出版社，1999
3. 陈从周. 中国园林鉴赏词典. 华东师范大学出版社，2000
4. 潘谷西. 江南理景艺术. 东南大学出版社，2001
5. 陈从周. 中国园林. 广东旅游出版社，1996
6. 杨鸿勋. 江南园林论. 上海人民出版社，1996
7. 刘敦桢. 苏州古典园林. 中国建筑工业出版社，2005
8. 章采烈. 中国园林艺术通论. 上海科学技术出版社，2004
9. 周红卫. 从拙政园看苏州园林的色彩美. 苏州大学学报（工科版），2002.6：63~65
10. 周红卫. 繁花似锦，林木绝胜——谈拙政园的种植设计. 美与时代，2005.1：49~50
11. 吴庚新，钱勃. 北海琼华岛保护与发展初探. 北海公园管理处
12. 朱诚如. 明清两代皇宫——故宫
13. 祝勇. 乾隆花园皇帝的江湖. 紫禁城，2004.1：50~51
14. 宁寿宫花园的掇山与置石艺术. 故宫博物院院刊，2005.5
15. 清华大学建筑学院. 颐和园. 中国建筑工业出版社，2000
16. 苏州园林管理局. 苏州园林. 同济大学出版社，1991
17. 袁学汉，龚建毅. 苏州园林名胜. 内蒙古人民出版社，2000
18. 刘少宗. 中国优秀园林设计集（二）. 天津大学出版社，1997
19. 刘少宗. 中国优秀园林设计集（三）. 天津大学出版社，1997
20. 张科. 浙江风景名胜. 浙江摄影出版社，2000
21. 梅重等. 西湖天下景. 浙江摄影出版社，2000
22. 魏皓奔. 西泠印社. 杭州出版社，2005
23. 李虹. 西湖老照片. 杭州出版社，2005
24. 张建庭. 西湖八十景. 杭州出版社，2005
25. 施奠东. 湖山便览. 上海古籍出版社，1998
26. 刘延捷. 太子湾公园的景观构思与设计. 中国园林，1990(4)
27. 天津大学建筑系承德文物局. 承德古建筑. 中国建筑工业出版社，1982
28. 陈宝森. 承德避暑山庄·外八庙. 中国建筑工业出版社，1995.10
29. 孟兆祯. 避暑山庄园林艺术. 紫禁城出版社，1985
30. 中国城市规划设计院. 中国新园林. 中国林业出版社，1985.9
31. 天津大学建筑系，北京市园林局. 清代御苑撷英. 天津大学出版社，1990.9
32. 徐庭发. 清代内廷宫苑. 天津大学出版社，1986
33. 北京市园林局. 北京园林优秀设计集锦. 中国建筑工业出版社，1996
34. 中国圆明园学会筹备委员会. 圆明园（1、2、3、4）. 中国建筑工业出版社
35. 周维权. 园林·风景·建筑. 百花文艺出版社，2006
36. 何重义，曾昭奋. 圆明园园林艺术. 科学出版社，1995
37. 罗哲文. 中国古园林. 中国建筑工业出版社，1999
38. 卜复鸣. 艺圃的植物配置. 园林，2005(8)

39. 李战修. 菖蒲如画, 古韵新风——菖蒲河公园景观园林设计. 中国园林, 2003(1)
40. 魏科. 皇城根遗址公园的规划建设. 城市规划, 2003(9)
41. 檀馨. 元土城遗址公园的设计. 中国园林, 2003(11)
42. 潘君明. 虎丘趣闻录. 古吴轩出版社, 1995
43. 陆肇域. 虎阜志. 古吴轩出版社, 1995
44. 董寿琪. 虎丘. 古吴轩出版社, 1998
45. 苏州市园林管理局编. 苏州园林(2). 1984
46. 杭州市园林文物局编. 西湖风景园林 1949~1989. 上海科学技术出版社, 1990
47. 田汝成. 西湖游览志. 上海古籍出版社, 1998
48. 施奠东. 西湖志. 上海古籍出版社, 1995
49. 冷晓. 灵隐寺. 杭州出版社, 2004
50. 西湖文艺编辑部. 灵隐. 西湖文艺编辑部出版, 1979
51. 王敬之. 灵隐探幽. 中国旅游出版社, 1981
52. 杭州园林植物配置的研究. 杭州园林植物配置(专辑). 项目编号(五)—52—(二)城市建设杂志社, 1981
53. 张国强, 贾建中. 风景园林设计——中国风景园林规划设计作品集 3. 中国建工出版社, 2005
54. 邵忠. 苏州古典园林艺术. 中国林业出版社, 2001
55. 周铮. 留园. 古吴轩出版社, 1998.7
56. 上海市绿化管理局. 上海园林绿地佳作. 中国林业出版社, 2004
57. 上海园林设计院. 园林景观设计详细图集. 中国建筑工业出版社, 2004
58. 周在春, 朱祥明. 上海园林景观设计精选. 同济大学出版社, 1999
59. 程绪珂, 王焘. 上海园林志. 上海社会科学出版社, 2000

- http://www.suda.edu.cn/garden/homepage.htm6
- http://csgarden.infohook.com/lgrd/lmain.htm
- http://www.szszl.com/index.htm
- http://www.ge-garden.net/introduce.html
- http://www.jichanggarden.com/index.asp
- http://bbs.66ren.com/viewthread.php?tid=258
- http://www.foresee.com.cn/gallery/harvey_huadong_2005_shuzhou2/R0015227
- http://www.chinacsw.com/cszx/hangzhou/guji1.htm
- http://www.livezj.com/bbs/dispbbs.asp?BoardID=5&id=28762
- http://info.lbx18.com/03/01/35
- http://www.bjbpl.gov.cn/WZGB/ShowPage/showdetails.aspx?typeid=208&iid=6622
- http://www.shiy.net/ylxs/zgyl/szyl/200605/6756_2.html
- http://www.lvyou114.com/jingdian/jingdianlist0/196.htm
- http://www.sg.com.cn/556/556b28.htm
- http://www.yuyuantanpark.com
- http://www.trtpark.com/index.htm
- http://www.lsysh.com/Article/ShowArticle.asp?ArticleID=693 （历史与社会教学网）
- http://www.bjdclib.com/web_lib/hcwh/zjgx/hcgyzgy/001.htm
- http://qszl.spaces.live.com

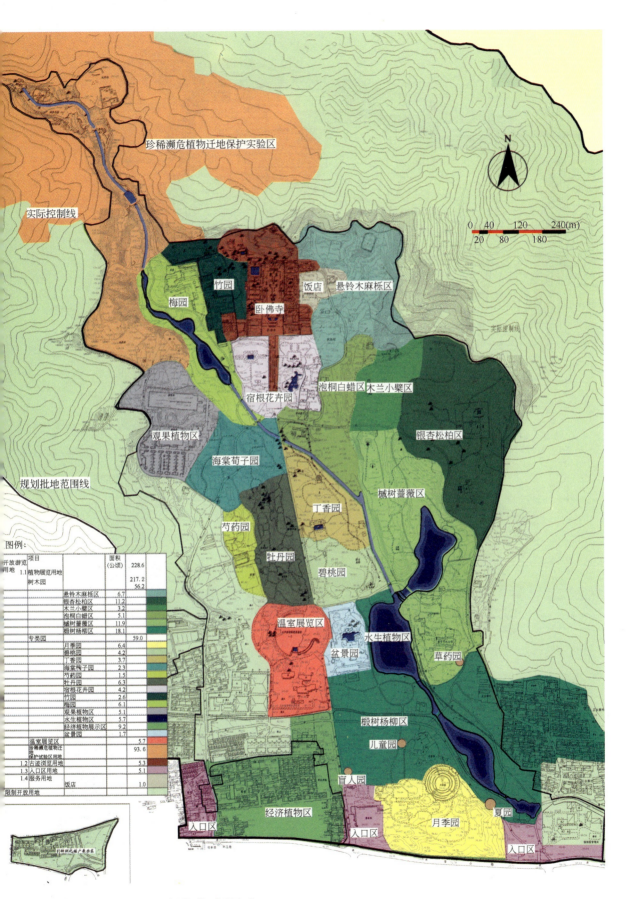

植物分区规划图（北京京华园林设计所提供）[彩图 1]

环古城风貌工程平面图(苏州园林设计院提供)[彩图2]